21世纪高等学校物联网专业规划教材

路由和交换技术实验及实训（第2版）
——基于Cisco Packet Tracer

沈鑫剡　李兴德　魏涛　邵发明　俞海英　编著

清华大学出版社
北京

内 容 简 介

本书是与《路由和交换技术(第 2 版)》配套的实验指导书,详细介绍了 Cisco Packet Tracer 软件实验平台的功能和使用方法,以及在该软件实验平台上完成交换机和交换式以太网、虚拟局域网、生成树、链路聚合、路由器和网络互联、路由协议、网络地址转换、三层交换机和三层交换以及 IPv6 等相关实验的方法和步骤。每一个实验都对实验原理、实验过程中使用的 Cisco IOS 命令和实验步骤进行了深入讨论。

本书适合作为"路由和交换技术"课程的实验指南,也可作为使用 Cisco 设备完成交换式以太网和互联网络设计、实施的工程技术人员的参考书。

本书封面贴有清华大学出版社防伪标签,无标签者不得销售。
版权所有,侵权必究。举报: 010-62782989,beiqinquan@tup.tsinghua.edu.cn。

图书在版编目(CIP)数据

路由和交换技术实验及实训: 基于 Cisco Packet Tracer/沈鑫剡等编著. —2 版. —北京: 清华大学出版社,2019(2024.1重印)
(21 世纪高等学校物联网专业规划教材)
ISBN 978-7-302-51409-1

Ⅰ. ①路… Ⅱ. ①沈… Ⅲ. ①计算机网络—路由选择—高等学校—教材 ②计算机网络—信息交换机—高等学校—教材 Ⅳ. ①TN915.05

中国版本图书馆 CIP 数据核字(2018)第 239134 号

责任编辑: 刘向威　张爱华
封面设计: 刘　键
责任校对: 梁　毅
责任印制: 宋　林

出版发行: 清华大学出版社
网　　址: https://www.tup.com.cn,https://www.wqxuetang.com
地　　址: 北京清华大学学研大厦 A 座　　　　邮　编: 100084
社 总 机: 010-83470000　　　　　　　　　　邮　购: 010-62786544
投稿与读者服务: 010-62776969,c-service@tup.tsinghua.edu.cn
质量反馈: 010-62772015,zhiliang@tup.tsinghua.edu.cn
课件下载: https://www.tup.com.cn,010-83470236

印 装 者: 三河市龙大印装有限公司
经　　销: 全国新华书店
开　　本: 185mm×260mm　　印　张: 26.5　　　　字　数: 647 千字
版　　次: 2013 年 6 月第 1 版　2019 年 4 月第 2 版　印　次: 2024 年 1 月第 6 次印刷
印　　数: 7501~8500
定　　价: 69.00 元

产品编号: 078639-01

前言
FOREWORD

本书是与《路由和交换技术(第2版)》配套的实验教材,详细介绍了 Cisco Packet Tracer 软件实验平台的功能和使用方法,以及在该软件实验平台上完成交换机和交换式以太网、虚拟局域网、生成树、链路聚合、路由器和网络互联、路由协议、网络地址转换、三层交换机和三层交换以及 IPv6 等相关实验的方法和步骤。

本书针对教材的每一章内容设计了大量的实验,这些实验一部分是教材中的案例和实例的具体实现,用于验证教材内容,帮助读者更好地理解、掌握教材内容;另一部分是实际问题的解决方案,给出用 Cisco 网络设备设计具体网络的方法和步骤。每一个实验都对实验原理、实验过程中使用的 Cisco IOS 命令和实验步骤进行了深入讨论,不仅使读者掌握用 Cisco 设备完成交换式以太网和互联网络设计、实施的方法和步骤,而且使读者进一步理解实验所涉及的原理和技术。

Cisco Packet Tracer 软件实验平台的人机界面非常接近实际设备的配置过程,除了连接线缆等物理动作外,读者通过 Cisco Packet Tracer 软件实验平台完成实验与通过实际 Cisco 网络设备完成实验几乎没有差别。通过 Cisco Packet Tracer 软件实验平台,读者完全可以完成复杂的交换式以太网和互联网络的设计、配置和验证过程。更为难得的是,Cisco Packet Tracer 软件实验平台可以模拟 IP 分组端到端传输过程中交换机、路由器等网络设备处理 IP 分组的每一个步骤,显示各个阶段应用层消息,传输层报文,IP 分组,封装 IP 分组的链路层帧的结构、内容和首部中每一个字段的值,使读者可以直观地了解 IP 分组的端到端传输过程及 IP 分组端到端传输过程中各层 PDU 的细节和变换过程。

"路由和交换技术"课程是一门实验性很强的课程,需要通过实际网络设计过程来加深对教学内容的理解,培养学生分析问题、解决问题的能力,但实验又是一大难题,因为很少有学校可以提供设计、实施复杂交换式以太网和互联网络的网络实验室,Cisco Packet Tracer 软件实验平台和本书很好地解决了这一难题。

作为与《路由和交换技术(第2版)》配套的实验教材,本书和《路由和交换技术(第2版)》相得益彰。《路由和交换技术(第2版)》内容为读者提供了复杂交换式以太网和互联网络设计原理和技术,本书提供了在 Cisco Packet Tracer 软件实验平台上运用《路由和交换技术(第2版)》内容提供的理论和技术进行设计、配置和调试各种规模的交换式以太网和互联网络的步骤和方法,读者用《路由和交换技术(第2版)》提供的网络设计原理和技术指导实验，反过来又通过实验来加深理解《路由和交换技术（第 2 版）》内容，课堂教学和实验形成良性互动。

与《路由和交换技术实验及实训》相比，本书主要做了以下改进：一是基于 Cisco Packet Tracer 7.1.1 设计实验；二是增加了一些只有 Cisco Packet Tracer 7.1.1 支持的实验；三是对《路由和交换技术实验及实训》内容重新进行了梳理，增强了内容的逻辑性和可读性。

本书既是一本与《路由和交换技术（第 2 版）》教材配套的实验指导书，又是一本指导读者用 Cisco 设备完成交换式以太网和互联网络设计、实施的网络工程手册，同时还是一本很好的 CCNA 路由和交换的实验辅导教材。因此，它是一本理想的网络工程专业路由和交换技术课程的实验教材；对准备完成 CCNA 路由和交换认证的人员以及从事校园网、企业网设计与实施的工程技术人员，也是一本非常好的参考书。

限于作者的水平，书中疏漏之处在所难免，殷切希望读者批评指正，也殷切希望读者能够就本书内容和叙述方式提出宝贵意见和建议，以便进一步完善本书内容。作者 E-mail 地址为：shenxinshan@163.com。

作　者
2018 年 6 月

目录
CONTENTS

第 1 章　实验基础 ………………………………………………………………… 1

1.1　Cisco Packet Tracer 7.1.1 使用说明 ……………………………………… 1
  1.1.1　功能介绍 ……………………………………………………… 1
  1.1.2　Cisco Packet Tracer 7.1.1 登录过程 ………………………… 2
  1.1.3　用户界面 ……………………………………………………… 3
  1.1.4　工作区分类 …………………………………………………… 9
  1.1.5　操作模式 ……………………………………………………… 9
  1.1.6　设备类型和配置方式 ………………………………………… 10
1.2　IOS 命令模式 …………………………………………………………… 13
  1.2.1　用户模式 ……………………………………………………… 13
  1.2.2　特权模式 ……………………………………………………… 14
  1.2.3　全局模式 ……………………………………………………… 15
  1.2.4　IOS 帮助工具 ………………………………………………… 16
  1.2.5　取消命令过程 ………………………………………………… 17
1.3　网络设备配置方式 ……………………………………………………… 18
  1.3.1　控制台端口配置方式 ………………………………………… 18
  1.3.2　Telnet 配置方式 ……………………………………………… 20

第 2 章　交换机和交换式以太网实验 ………………………………………… 23

2.1　交换机实验基础 ………………………………………………………… 23
  2.1.1　直通线和交叉线 ……………………………………………… 23
  2.1.2　交换机实验中需要注意的几个问题 ………………………… 24
2.2　集线器和交换机工作原理验证实验 …………………………………… 25
  2.2.1　实验内容 ……………………………………………………… 25
  2.2.2　实验目的 ……………………………………………………… 26
  2.2.3　实验原理 ……………………………………………………… 26

  2.2.4 关键命令说明 ·········· 27
  2.2.5 实验步骤 ·········· 27
  2.2.6 命令行接口配置过程 ·········· 36
 2.3 交换式以太网实验 ·········· 37
  2.3.1 实验内容 ·········· 37
  2.3.2 实验目的 ·········· 37
  2.3.3 实验原理 ·········· 37
  2.3.4 实验步骤 ·········· 38
 2.4 交换机远程配置实验 ·········· 43
  2.4.1 实验内容 ·········· 43
  2.4.2 实验目的 ·········· 43
  2.4.3 实验原理 ·········· 43
  2.4.4 关键命令说明 ·········· 43
  2.4.5 实验步骤 ·········· 45
  2.4.6 命令行接口配置过程 ·········· 49

第 3 章 虚拟局域网实验 ·········· 51
 3.1 单交换机 VLAN 配置实验 ·········· 51
  3.1.1 实验内容 ·········· 51
  3.1.2 实验目的 ·········· 52
  3.1.3 实验原理 ·········· 52
  3.1.4 关键命令说明 ·········· 52
  3.1.5 实验步骤 ·········· 54
  3.1.6 命令行接口配置过程 ·········· 62
 3.2 跨交换机 VLAN 配置实验 ·········· 63
  3.2.1 实验内容 ·········· 63
  3.2.2 实验目的 ·········· 63
  3.2.3 实验原理 ·········· 64
  3.2.4 实验步骤 ·········· 65
  3.2.5 命令行接口配置过程 ·········· 68
 3.3 交换机远程配置实验 ·········· 70
  3.3.1 实验内容 ·········· 70
  3.3.2 实现目的 ·········· 70
  3.3.3 实现原理 ·········· 70
  3.3.4 实验步骤 ·········· 71
  3.3.5 命令行接口配置过程 ·········· 73
 3.4 RSPAN 配置实验 ·········· 74
  3.4.1 实验内容 ·········· 74
  3.4.2 实验目的 ·········· 74

3.4.3 实验原理 ··· 75
3.4.4 关键命令说明 ··· 75
3.4.5 实验步骤 ··· 76
3.4.6 命令行接口配置过程 ··· 78
3.5 VTP 配置实验 ·· 80
3.5.1 实验内容 ··· 80
3.5.2 实验目的 ··· 81
3.5.3 实验原理 ··· 81
3.5.4 关键命令说明 ··· 82
3.5.5 实验步骤 ··· 83
3.5.6 命令行接口配置过程 ··· 88

第 4 章 生成树实验 ··· 91

4.1 容错实验 ·· 91
4.1.1 实验内容 ··· 91
4.1.2 实验目的 ··· 91
4.1.3 实验原理 ··· 91
4.1.4 关键命令说明 ··· 92
4.1.5 实验步骤 ··· 93
4.1.6 命令行接口配置过程 ··· 97
4.2 负载均衡实验 ·· 98
4.2.1 实验内容 ··· 98
4.2.2 实验目的 ··· 98
4.2.3 实验原理 ··· 99
4.2.4 实验步骤 ··· 100
4.2.5 命令行接口配置过程 ··· 103
4.2.6 端口状态快速转换过程 ··· 105

第 5 章 链路聚合实验 ··· 106

5.1 链路聚合配置实验 ·· 106
5.1.1 实验内容 ··· 106
5.1.2 实验目的 ··· 106
5.1.3 实验原理 ··· 107
5.1.4 关键命令说明 ··· 107
5.1.5 实验步骤 ··· 108
5.1.6 命令行接口配置过程 ··· 110
5.2 链路聚合与 VLAN 配置实验 ·· 111
5.2.1 实验内容 ··· 111
5.2.2 实验目的 ··· 111

　　　　5.2.3　实验原理……………………………………………………………………112
　　　　5.2.4　实验步骤……………………………………………………………………113
　　　　5.2.5　命令行接口配置过程………………………………………………………116
　　5.3　链路聚合与生成树配置实验……………………………………………………………117
　　　　5.3.1　实验内容……………………………………………………………………117
　　　　5.3.2　实验目的……………………………………………………………………118
　　　　5.3.3　实验原理……………………………………………………………………118
　　　　5.3.4　实验步骤……………………………………………………………………119
　　　　5.3.5　命令行接口配置过程………………………………………………………121
　　5.4　链路聚合与 RSPAN 配置实验…………………………………………………………123
　　　　5.4.1　实验内容……………………………………………………………………123
　　　　5.4.2　实验目的……………………………………………………………………123
　　　　5.4.3　实验原理……………………………………………………………………123
　　　　5.4.4　实验步骤……………………………………………………………………124
　　　　5.4.5　命令行接口配置过程………………………………………………………126

第 6 章　路由器和网络互联实验……………………………………………………………128

　　6.1　直连路由项配置实验……………………………………………………………………128
　　　　6.1.1　实验内容……………………………………………………………………128
　　　　6.1.2　实验目的……………………………………………………………………129
　　　　6.1.3　实验原理……………………………………………………………………129
　　　　6.1.4　关键命令说明………………………………………………………………130
　　　　6.1.5　实验步骤……………………………………………………………………130
　　　　6.1.6　命令行接口配置过程………………………………………………………135
　　6.2　PSTN 和以太网互联实验………………………………………………………………136
　　　　6.2.1　实验内容……………………………………………………………………136
　　　　6.2.2　实验目的……………………………………………………………………136
　　　　6.2.3　实验原理……………………………………………………………………136
　　　　6.2.4　关键命令说明………………………………………………………………137
　　　　6.2.5　实验步骤……………………………………………………………………137
　　　　6.2.6　命令行接口配置过程………………………………………………………143
　　6.3　静态路由项配置实验……………………………………………………………………143
　　　　6.3.1　实验内容……………………………………………………………………143
　　　　6.3.2　实验目的……………………………………………………………………143
　　　　6.3.3　实验原理……………………………………………………………………144
　　　　6.3.4　关键命令说明………………………………………………………………145
　　　　6.3.5　实验步骤……………………………………………………………………145
　　　　6.3.6　命令行接口配置过程………………………………………………………150

6.4 点对点信道互联以太网实验 ································ 151
6.4.1 实验内容 ································ 151
6.4.2 实验目的 ································ 152
6.4.3 实验原理 ································ 152
6.4.4 关键命令说明 ································ 152
6.4.5 实验步骤 ································ 154
6.4.6 命令行接口配置过程 ································ 159

6.5 默认路由项配置实验 ································ 160
6.5.1 实验内容 ································ 160
6.5.2 实验目的 ································ 160
6.5.3 实验原理 ································ 161
6.5.4 实验步骤 ································ 162
6.5.5 命令行接口配置过程 ································ 166

6.6 路由项聚合实验 ································ 167
6.6.1 实验内容 ································ 167
6.6.2 实验目的 ································ 168
6.6.3 实验原理 ································ 168
6.6.4 实验步骤 ································ 169
6.6.5 命令行接口配置过程 ································ 172

6.7 HSRP 实验 ································ 173
6.7.1 实验内容 ································ 173
6.7.2 实验目的 ································ 174
6.7.3 实验原理 ································ 174
6.7.4 关键命令说明 ································ 175
6.7.5 实验步骤 ································ 176
6.7.6 命令行接口配置过程 ································ 183

6.8 路由器远程配置实验 ································ 185
6.8.1 实验内容 ································ 185
6.8.2 实验目的 ································ 185
6.8.3 实验原理 ································ 185
6.8.4 关键命令说明 ································ 186
6.8.5 实验步骤 ································ 186
6.8.6 命令行接口配置过程 ································ 188

第 7 章 路由协议实验 ································ 190

7.1 RIP 配置实验 ································ 190
7.1.1 实验内容 ································ 190
7.1.2 实验目的 ································ 191
7.1.3 实验原理 ································ 191

7.1.4 关键命令说明 …………………………………………………………… 191
7.1.5 实验步骤 ………………………………………………………………… 193
7.1.6 命令行接口配置过程 …………………………………………………… 201
7.2 RIP 计数到无穷大实验 …………………………………………………………… 203
7.2.1 实验内容 ………………………………………………………………… 203
7.2.2 实验目的 ………………………………………………………………… 203
7.2.3 实验原理 ………………………………………………………………… 203
7.2.4 关键命令说明 …………………………………………………………… 204
7.2.5 实验步骤 ………………………………………………………………… 205
7.2.6 命令行接口配置过程 …………………………………………………… 208
7.3 单区域 OSPF 配置实验 …………………………………………………………… 209
7.3.1 实验内容 ………………………………………………………………… 209
7.3.2 实验目的 ………………………………………………………………… 210
7.3.3 实验原理 ………………………………………………………………… 210
7.3.4 关键命令说明 …………………………………………………………… 211
7.3.5 实验步骤 ………………………………………………………………… 211
7.3.6 命令行接口配置过程 …………………………………………………… 214
7.4 多区域 OSPF 配置实验 …………………………………………………………… 215
7.4.1 实验内容 ………………………………………………………………… 215
7.4.2 实验目的 ………………………………………………………………… 216
7.4.3 实验原理 ………………………………………………………………… 217
7.4.4 实验步骤 ………………………………………………………………… 217
7.4.5 命令行接口配置过程 …………………………………………………… 219
7.5 BGP 配置实验 …………………………………………………………………… 222
7.5.1 实验内容 ………………………………………………………………… 222
7.5.2 实验目的 ………………………………………………………………… 223
7.5.3 实验原理 ………………………………………………………………… 224
7.5.4 关键命令说明 …………………………………………………………… 224
7.5.5 实验步骤 ………………………………………………………………… 225
7.5.6 命令行接口配置过程 …………………………………………………… 231
7.6 RIP 与 HSRP 实验 ………………………………………………………………… 235
7.6.1 实验内容 ………………………………………………………………… 235
7.6.2 实验目的 ………………………………………………………………… 235
7.6.3 实验原理 ………………………………………………………………… 236
7.6.4 实验步骤 ………………………………………………………………… 236
7.6.5 命令行接口配置过程 …………………………………………………… 238

第 8 章 网络地址转换实验 241

8.1 PAT 配置实验 241
- 8.1.1 实验内容 241
- 8.1.2 实验目的 241
- 8.1.3 实验原理 242
- 8.1.4 关键命令说明 243
- 8.1.5 实验步骤 244
- 8.1.6 命令行接口配置过程 250

8.2 无线路由器配置实验 251
- 8.2.1 实验内容 251
- 8.2.2 实验目的 252
- 8.2.3 实验原理 252
- 8.2.4 实验步骤 252

8.3 多个内部网络串联接入互联网实验 259
- 8.3.1 实验内容 259
- 8.3.2 实验目的 260
- 8.3.3 实验原理 260
- 8.3.4 实验步骤 261

8.4 动态 NAT 配置实验 269
- 8.4.1 实验内容 269
- 8.4.2 实验目的 269
- 8.4.3 实验原理 269
- 8.4.4 关键命令说明 270
- 8.4.5 实验步骤 271
- 8.4.6 命令行接口配置过程 274

8.5 静态 NAT 配置实验 276
- 8.5.1 实验内容 276
- 8.5.2 实验目的 277
- 8.5.3 实验原理 277
- 8.5.4 实验步骤 278
- 8.5.5 命令行接口配置过程 282

8.6 综合 NAT 配置实验 283
- 8.6.1 实验内容 283
- 8.6.2 实验目的 283
- 8.6.3 实验原理 284
- 8.6.4 关键命令说明 285
- 8.6.5 实验步骤 286
- 8.6.6 命令行接口配置过程 292

第9章 三层交换机和三层交换实验 ········· 294

9.1 多端口路由器互联 VLAN 实验 ········· 294
- 9.1.1 实验内容 ········· 294
- 9.1.2 实验目的 ········· 294
- 9.1.3 实验原理 ········· 295
- 9.1.4 实验步骤 ········· 296
- 9.1.5 命令行接口配置过程 ········· 300

9.2 三层交换机三层接口实验 ········· 301
- 9.2.1 实验内容 ········· 301
- 9.2.2 实验目的 ········· 302
- 9.2.3 实验原理 ········· 302
- 9.2.4 关键命令说明 ········· 302
- 9.2.5 实验步骤 ········· 303
- 9.2.6 命令行接口配置过程 ········· 305

9.3 单臂路由器互联 VLAN 实验 ········· 306
- 9.3.1 实验内容 ········· 306
- 9.3.2 实验目的 ········· 306
- 9.3.3 实验原理 ········· 307
- 9.3.4 关键命令说明 ········· 307
- 9.3.5 实验步骤 ········· 308
- 9.3.6 命令行接口配置过程 ········· 310

9.4 三层交换机 IP 接口实验 ········· 312
- 9.4.1 实验内容 ········· 312
- 9.4.2 实验目的 ········· 312
- 9.4.3 实验原理 ········· 312
- 9.4.4 关键命令说明 ········· 313
- 9.4.5 实验步骤 ········· 313
- 9.4.6 命令行接口配置过程 ········· 317

9.5 多个三层交换机互连实验 ········· 318
- 9.5.1 实验内容 ········· 318
- 9.5.2 实验目的 ········· 318
- 9.5.3 实验原理 ········· 318
- 9.5.4 实验步骤 ········· 319
- 9.5.5 命令行接口配置过程 ········· 323

9.6 两个三层交换机互连实验 ········· 324
- 9.6.1 实验内容 ········· 324
- 9.6.2 实验目的 ········· 324

9.6.3 实验原理 ····· 325
9.6.4 关键命令说明 ····· 329
9.6.5 实验步骤 ····· 329
9.6.6 命令行接口配置过程 ····· 339

9.7 三层交换机链路聚合实验 ····· 344
9.7.1 实验内容 ····· 344
9.7.2 实验目的 ····· 344
9.7.3 实验原理 ····· 345
9.7.4 实验步骤 ····· 346
9.7.5 命令行接口配置过程 ····· 351

第 10 章 IPv6 实验 ····· 354

10.1 基本配置实验 ····· 354
10.1.1 实验内容 ····· 354
10.1.2 实验目的 ····· 354
10.1.3 实验原理 ····· 355
10.1.4 关键命令说明 ····· 355
10.1.5 实验步骤 ····· 355
10.1.6 命令行接口配置过程 ····· 360

10.2 静态路由项配置实验 ····· 361
10.2.1 实验内容 ····· 361
10.2.2 实验目的 ····· 361
10.2.3 实验原理 ····· 362
10.2.4 关键命令说明 ····· 362
10.2.5 实验步骤 ····· 362
10.2.6 命令行接口配置过程 ····· 365

10.3 RIP 配置实验 ····· 366
10.3.1 实验内容 ····· 366
10.3.2 实验目的 ····· 367
10.3.3 实验原理 ····· 367
10.3.4 关键命令说明 ····· 367
10.3.5 实验步骤 ····· 368
10.3.6 命令行接口配置过程 ····· 370

10.4 单区域 OSPF 配置实验 ····· 370
10.4.1 实验内容 ····· 370
10.4.2 实验目的 ····· 371
10.4.3 实验原理 ····· 371
10.4.4 关键命令说明 ····· 371

   10.4.5 实验步骤 ··· 372
   10.4.6 命令行接口配置过程 ··· 375
 10.5 双协议栈配置实验 ··· 377
   10.5.1 实验内容 ··· 377
   10.5.2 实验目的 ··· 377
   10.5.3 实验原理 ··· 377
   10.5.4 实验步骤 ··· 378
   10.5.5 命令行接口配置过程 ··· 381
 10.6 隧道配置实验 ··· 382
   10.6.1 实验内容 ··· 382
   10.6.2 实验目的 ··· 382
   10.6.3 实验原理 ··· 383
   10.6.4 关键命令说明 ··· 383
   10.6.5 实验步骤 ··· 384
   10.6.6 命令行接口配置过程 ··· 386
 10.7 NAT-PT 配置实验一 ··· 388
   10.7.1 实验内容 ··· 388
   10.7.2 实验目的 ··· 388
   10.7.3 实验原理 ··· 389
   10.7.4 关键命令说明 ··· 390
   10.7.5 实验原理 ··· 391
   10.7.6 命令行接口配置过程 ··· 396
 10.8 NAT-PT 配置实验二 ··· 398
   10.8.1 实验内容 ··· 398
   10.8.2 实验目的 ··· 399
   10.8.3 实验原理 ··· 399
   10.8.4 关键命令说明 ··· 399
   10.8.5 实验步骤 ··· 400
   10.8.6 命令行接口配置过程 ··· 407

参考文献 ··· 409

第 1 章 实验基础

Cisco Packet Tracer 是一个非常理想的软件实验平台,可以完成各种规模校园网和企业网的设计、配置和调试过程,可以基于具体网络环境,分析各种协议运行过程中网络设备之间交换的报文类型、报文格式及报文处理流程,可以直观了解 IP 分组端到端传输过程中交换机、路由器等网络设备对 IP 分组的作用过程。除了不能实际物理接触外,Cisco Packet Tracer 提供了和实际实验环境几乎一样的仿真环境。

1.1 Cisco Packet Tracer 7.1.1 使用说明

1.1.1 功能介绍

Cisco Packet Tracer 是 Cisco(思科)为网络初学者提供的一个学习软件,初学者通过模拟分组端到端传输过程中的每一个步骤,加深理解网络技术和网络设计原理,掌握协议实现过程和各种协议之间的相互作用过程。作为辅助教学工具和软件实验平台,Cisco Packet Tracer 可以在课程教学过程中完成以下功能。

1. 完成网络设计、配置和调试过程

根据网络设计要求选择 Cisco 网络设备,如路由器、交换机等,用合适的传输媒体将这些网络设备互连在一起,进入设备配置界面对网络设备逐一进行配置,通过启动分组端到端传输过程检验网络任意两个终端之间的连通性。如果发现问题,通过检查网络拓扑结构、互连网络设备的传输媒体、设备配置信息、设备建立的控制信息(如交换机转发表、路由器路由表等)确定问题的起因,并加以解决。

2. 模拟协议操作过程

网络中分组端到端传输过程是各种协议、各种网络技术相互作用的结果,因此,只有了解网络环境下各种协议的工作流程、各种网络技术的工作机制及它们之间的相互作用过程,才能掌握完整、系统的网络知识。对于初学者,掌握网络设备之间各种协议实现过程中相互传输的报文类型、报文格式、报文处理流程对理解网络工作原理至关重要。Cisco Packet Tracer 模拟操作模式给出了网络设备之间各种协议实现过程中每一个步骤涉及的报文类型、报文格式及报文处理流程，可以让初学者观察、分析协议执行过程中的每一个细节。

3. 验证教材内容

《路由和交换技术（第 2 版）》（以下简称主教材）的主要特色是，在讲述每一种协议或技术前，先构建一个运用该协议或技术的网络环境，并在该网络环境下详细讨论该协议或技术的工作机制，而且，所提供的网络环境和人们实际应用中所遇到的实际网络十分相似，较好地解决了教学内容和实际应用的衔接问题。因此，可以在教学过程中，用 Cisco Packet Tracer 完成主教材中每一个网络环境的设计、配置和调试过程，并通过 Cisco Packet Tracer 模拟操作模式，直观了解 IP 分组端到端传输过程中 Cisco 网络设备对 IP 分组的作用过程，以此验证主教材内容，并通过验证过程，更进一步加深学生对主教材内容的理解，真正做到弄懂弄透。

1.1.2 Cisco Packet Tracer 7.1.1 登录过程

Cisco Packet Tracer 7.1.1 是目前常用的 Cisco Packet Tracer 版本，第一次启动时，需要完成登录过程，登录界面如图 1.1 所示。为了完成登录过程，需要在 https://www.netacad.com/ 上注册一个免费账号。通过输入免费账号对应的信箱地址和口令，完成登录过程。Cisco Packet Tracer 7.1.1 只需在首次启动时完成登录过程，以后使用时无须再次登录。

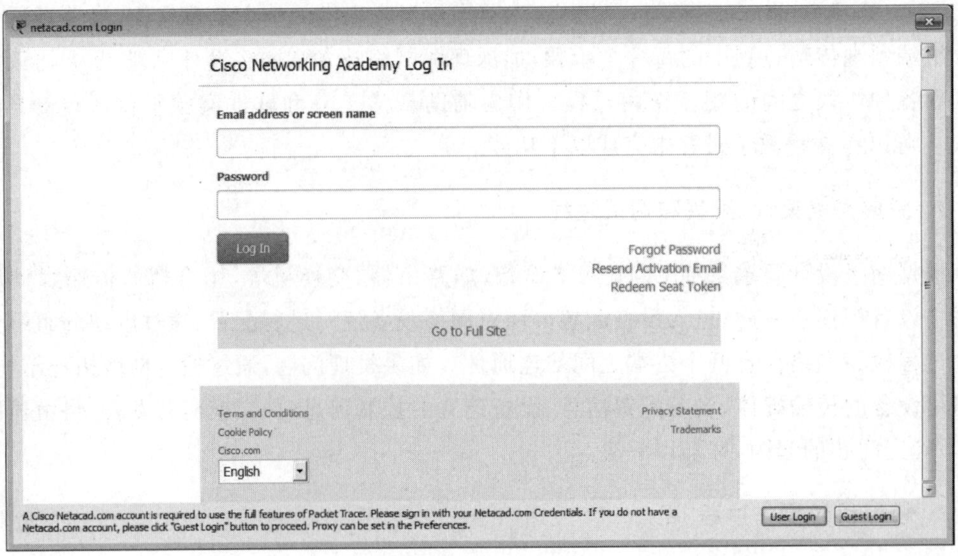

图 1.1 登录界面

1.1.3 用户界面

启动 Cisco Packet Tracer 7.1.1 后,出现如图 1.2 所示的用户界面。用户界面可以分为菜单栏、主工具栏、公共工具栏、工作区、物理和逻辑工作区栏、模式选择栏、设备类型选择框、设备选择框和用户创建分组窗口等。

图 1.2 Cisco Packet Tracer 7.1.1 用户界面

1. 菜单栏

菜单栏给出该软件提供的 7 个菜单。

File(文件)菜单给出工作区新建、打开和存储文件命令。

Edit(编辑)菜单给出复制、粘贴和撤销输入命令。

Options(选项)菜单给出 Cisco Packet Tracer 的一些配置选项。

View(视图)菜单给出放大、缩小工作区中某个设备的命令。

Tools(工具)菜单给出几个分组处理命令。

Extensions(扩展)菜单给出有关 Cisco Packet Tracer 扩展功能的子菜单。

Help(帮助)菜单给出 Cisco Packet Tracer 详细的使用说明。所有初次使用 Cisco Packet Tracer 的读者必须详细阅读 Help 菜单中给出的使用说明。

由于可以通过 Options 菜单,完成一些对 Cisco Packet Tracer 运行过程有影响的优先(Preferences)项的设置过程,因此,这里重点介绍 Options 菜单。完成 Options → Preferences 操作过程,弹出如图 1.3 所示的优先项配置界面。对 Cisco Packet Tracer 运行过程有较大影响的优先项主要包含在 Interface(接口)、Hide(隐藏)和 Font(字体)选项卡下的优先项中。Interface 选项卡下的优先项如图 1.3 所示,勾选这些优先项与否,会对 Cisco Packet Tracer 仿真过程产生影响。如通过勾选 Show Animation,可以以动画方式展示报文传输过程;通过勾选 Show Device Model Labels,可以为每一个设备显示用于标识该设备类型的标签;通过勾选 Enable Cable Length Effects,使得物理工作区中的实际线缆长度能够对逻辑工作区中的连通性产生影响。

如果目录 Cisco Packet Tracer 7.1.1\Languages 下有多种语言包,下半部分的语言框中将列出所有这些语言包。选中其中一种语言包,单击 Change Language 按钮,完成语言选择过程。默认语言是英语。

Hide 选项卡下的优先项如图 1.4 所示。为了直观地显示 AP 和无线路由器的信号传播范围,需要勾选 Show Wireless Grid 和 Fill Wireless Grid With Pattern。

Font 选项卡下的优先项如图 1.5 所示,通过设置这些优先项,一是可以调整字体的颜色,二是可以调整字体的大小。

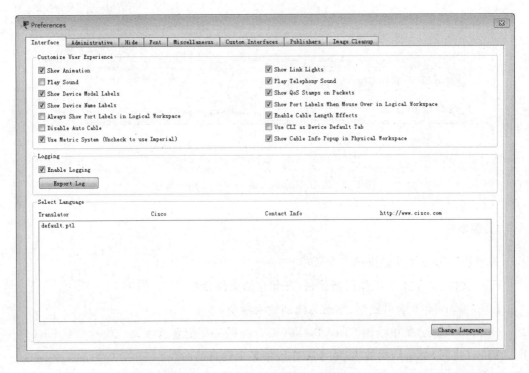

图 1.3 Interface 选项卡下的优先项

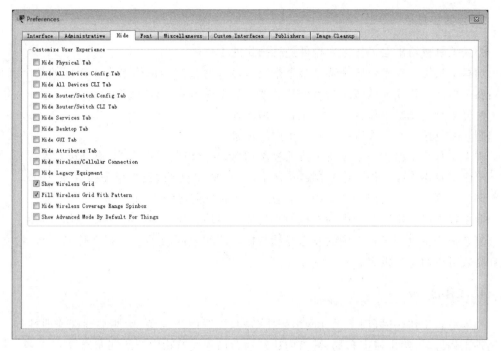

图 1.4　Hide 选项卡下的优先项

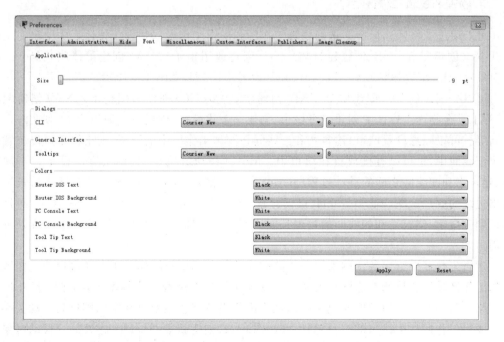

图 1.5　Font 选项卡下的优先项

2. 主工具栏

主工具栏给出 Cisco Packet Tracer 的常用命令，这些命令通常包含在各个菜单中。

3. 公共工具栏

公共工具栏给出对工作区中构件进行操作的工具。

选择工具用于在工作区中移动某个指定区域。通过拖动鼠标指定工作区的某个区域，然后在工作区中移动该区域。当需要从其他工具中退出时，单击选择工具。

注释工具用于在工作区中任意位置添加注释。

删除工具用于在工作区中删除某个网络设备。

查看工具用于检查网络设备生成的控制信息，如路由器路由表、交换机转发表等。

绘图工具用于在工作区中绘制各种图形，如直线、正方形、长方形和椭圆等。

调整图形大小工具用于任意调整通过绘图工具绘制的图形的大小。

简单报文工具用于在选中的发送终端与接收终端之间启动一次 ping 操作。

复杂报文工具用于在选中的发送终端与接收终端之间启动一次报文传输过程，报文类型和格式可以由用户设定。

4. 工作区

作为逻辑工作区时，用于设计网络拓扑结构、配置网络设备、检测端到端连通性等。作为物理工作区时，给出城市布局、城市内建筑物布局和建筑物内配线间布局等。

5. 物理和逻辑工作区栏

可以通过工作区选择按钮选择物理工作区和逻辑工作区。物理工作区栏中给出的工具包括 NC（创建城市）、NB（创建建筑物）、NG（创建通用柜子）、NW（创建配线间）、Move（移动对象）、Grid（配置栅格）、Set Background（设置背景）等，如图 1.6 所示。

可以分别通过 NC（创建城市）、NB（创建建筑物）、NG（创建通用柜子）、NW（创建配线间）等工具在物理工作区中创建一个城市、创建一个建筑物、创建一个通用柜子、创建一个配线间等。可以随意设置城市、建筑物和配线间在物理工作区中的位置，网络设备可以放置在各个配线间中，也可以直接放置在城市中。Move（移动对象）工具用于完成设备在不同城市、建筑物和配线间之间的移动过程。Grid（配置栅格）工具用于配置每一个栅格的长宽和栅格边线的颜色。Set Background（设置背景）工具不仅可以设置物理工作区背景，而且还可以调整城市、建筑物和配线间的物理长度和宽度等。图 1.7 所示是物理工作区背景设置界面。

逻辑工作区中给出各个网络设备之间的连接状况和拓扑结构。可以通过物理工作区和逻辑工作区的结合检测互连网络设备的传输媒体的长度是否符合标准要求，如一旦互连两个网络设备的双绞线缆长度超过 100m，两个网络设备连接该双绞线缆的端口将自动关闭。

逻辑工作区栏中给出的工具包括 New Cluster（创建新集群）、Move Object（移动对象）、Set Tiled Background（设置工作区背景）、Viewport（视窗）等。为了体现设备之间的层次关系，可以将属于同一层次的设备作为一个 Cluster（集群）。Move Object（移动对象）工具可以完成设备在不同集群之间的移动过程。Viewport（视窗）工具可以选择只显示工作区中已经布置设备的区域，也可以选择显示整个工作区。

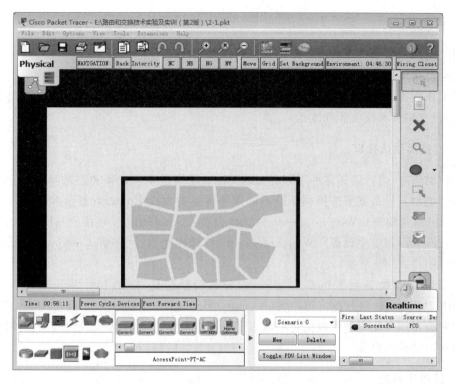

图 1.6 物理工作区栏

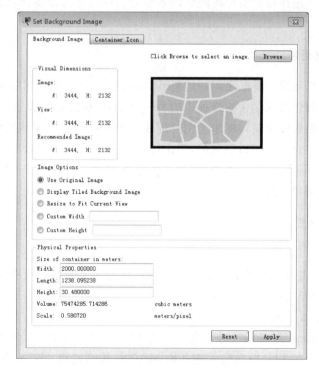

图 1.7 物理工作区背景设置界面

6. 模式选择栏

模式选择栏用于选择实时操作模式和模拟操作模式。

实时操作模式可以验证网络任何两个终端之间的连通性。

模拟操作模式可以给出分组端到端传输过程中的每一个步骤,及每一个步骤涉及的报文类型、报文格式和报文处理流程。

7. 设备类型选择框

设计网络时,可以选择多种不同类型的 Cisco 网络设备。设备类型选择框用于选择网络设备的类型。设备类型选择框中给出的网络设备类型有 Routers(路由器)、Switches(交换机)、Hubs(集线器)、Wireless Devices(无线设备)、Connections(连接线)、End Devices(终端设备)、Security(安全设备)、Wan Emulation(广域网仿真设备)和 Custom Made Devices(定制设备)等。

广域网仿真设备用于仿真广域网,如公共交换电话网(Public Switched Telephone Network,PSTN)、非对称数字用户线(Asymmetric Digital Subscriber Line,ADSL)等。

定制设备用于用户创建根据特定需求完成模块配置的设备,如安装无线网卡的终端、安装扩展接口的路由器等。

8. 设备选择框

设备选择框用于选择指定类型的网络设备型号。可以通过设备选择框选择 Cisco 各种型号的路由器。

9. 用户创建分组窗口

为了检测网络任意两个终端之间的连通性,需要生成分组并端到端传输分组。为了模拟协议操作过程和分组端到端传输过程中的每一个步骤,也需要生成分组,并启动分组端到端传输过程。用户创建分组窗口就用于用户创建分组并启动分组端到端传输过程。图 1.2 所示的用户创建分组窗口是可以隐藏的,单击图 1.2 中的展开/折叠按钮,将隐藏用户创建分组窗口,此时,展开/折叠按钮将出现在左边边框附近。单击展开/折叠按钮将出现如图 1.2 所示的用户创建分组窗口。

10. 其他命令按钮

1) Power Cycle Devices

单击该按钮,使得所有设备重新加电。如果对设备完成的配置没有保存在启动配置文件中,设备将丢失已经完成的配置。

2) Fast Forward Time

单击该按钮,将加快设备的推进速度。如交换机启动后,首先执行 STP(Spanning Tree Protocol,生成树协议),STP 收敛后才能开始 MAC 帧传输过程。STP 收敛时间比较长,为了节省时间,可以通过单击 Fast Forward Time 按钮,使得交换机快速完成 STP 收敛过程。

1.1.4 工作区分类

工作区可以分为逻辑工作区和物理工作区。

1. 逻辑工作区

启动 Cisco Packet Tracer 后，自动选择逻辑工作区，如图1.2所示。可以在逻辑工作区中放置和连接设备，完成设备配置和调试过程。逻辑工作区中的设备之间只有逻辑关系，没有物理距离的概念。因此，对于需要确定设备之间物理距离的网络实验，需要切换到物理工作区后进行。

2. 物理工作区

物理工作区用于给出城市间地理关系、每一个城市内建筑物布局、建筑物内配线间布局等，如图1.6所示。当然，也可以直接在城市中某个位置放置配线间和网络设备。一般情况下，在指定城市中创建并放置新的建筑物，在指定建筑物中创建并放置新的配线间。

逻辑工作区中创建的网络所关联的设备，初始时全部放置于 Home City（家园城市）中 Corporate Office（公司办公楼）内的 Main Wiring Closet（主配线间）中，可以通过 Move Object 工具完成网络设备配线间之间的移动，也可以直接将设备移动到城市中。当两个互连的网络设备放置在不同的配线间或城市不同位置时，可以计算出互连这两个网络设备的传输媒体的长度。如果启动物理工作区距离和逻辑工作区设备之间连通性之间的关联，一旦互连两个网络设备的传输媒体距离超出标准要求，两个网络设备连接该传输媒体的端口将自动关闭。

1.1.5 操作模式

Cisco Packet Tracer 操作模式分为实时操作模式和模拟操作模式。

1. 实时操作模式

实时操作模式仿真网络实际运行过程，用户可以检查网络设备配置，转发表、路由表等控制信息，通过发送分组检测端到端连通性。实时操作模式下，完成网络设备配置过程后，网络设备自动完成相关协议执行过程。

2. 模拟操作模式

模拟操作模式下，用户可以观察、分析分组端到端传输过程中的每一个步骤。图1.8所示是模拟操作模式的用户界面。Event List（事件列表）给出报文或分组形式的 PDU（Protocol Data Unit，协议数据单元）的逐段传输过程，单击事件列表中某个报文，可以查看该报文内容和格式。Scenario（情节）用于设定模拟操作模式需要模拟的过程，如分组的端到端传输过程。Auto Capture/Play 按钮用于启动整个模拟操作过程,按钮下面的滑动条用于控制模拟操作过程的速度。Capture/Forward 按钮用于单步推进模拟操作过程。Back 按钮用于回到上一步模拟操作结果。Edit Filters(编辑过滤器)菜单用于选择协议。模拟操作过程中,事件列表中将只列出选中的协议所对应的 PDU。

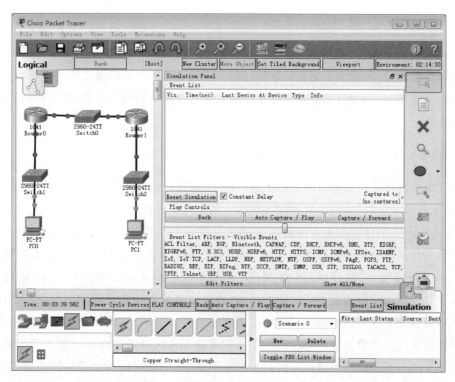

图 1.8　模拟操作模式

由于通过单击事件列表中的报文或分组可以详细分析报文或分组格式,对应段中相关网络设备处理该报文或分组的流程和结果,因此,模拟操作模式是找出网络不能正常工作的原因的理想工具,同时,也是初学者深入了解协议操作过程和网络设备处理报文或分组的流程的理想工具。模拟操作模式是实际网络环境无法提供的学习工具。

值得指出的是,模拟操作模式下,需要用户手工推进网络设备的协议执行过程。因此,完成网络设备配置过程后,可能需要用户完成多个推进步骤后,才能看到协议执行结果。

1.1.6　设备类型和配置方式

Cisco Packet Tracer 提供了设计复杂互联网络可能涉及的网络设备类型,如路由器、交换机、集线器、无线设备、连接线、终端设备、安全设备、广域网仿真设备等。其中,广域网仿真设备用于仿真广域网,如 PSTN、ADSL、帧中继等,通过广域网仿真设备可以设计出以广域网为互连路由器的传输网络的复杂互联网络。

一般在逻辑工作区和实时操作模式下进行网络设计,如果用户需要将某个网络设备放置到工作区中,用户在设备类型选择框中选择特定设备类型,如路由器,然后在设备选择框中选择特定设备型号,如 Cisco 1841 路由器,按住鼠标左键将其拖放到工作区的任意位置,释放鼠标左键。单击网络设备进入网络设备的配置界面,每一个网络设备通常有Physical(物理)、Config(图形接口)、CLI(Command Line Interface,命令行接口)三个配置选项。

1. 物理配置选项

物理配置用于为网络设备选择可选模块。图 1.9 所示是路由器 1841 的物理配置界面,可以为路由器的两个插槽选择模块。为了将某个模块放入插槽,先关闭电源,然后选定模块,按住鼠标左键将其拖放到指定插槽,释放鼠标左键。如果需要从某个插槽取走模块,同样也是先关闭电源,然后选定某个插槽模块,按住鼠标左键将其拖放到模块所在位置,释放鼠标左键。插槽和可选模块允许用户根据实际网络应用环境扩展网络设备的接口类型和数量。

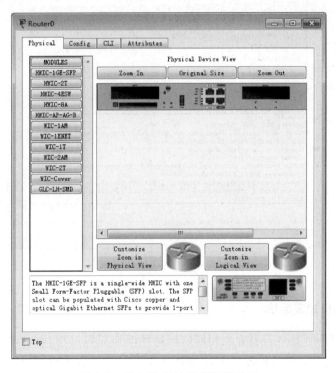

图 1.9 路由器 1841 物理配置界面

2. 图形接口配置选项

图形接口为初学者提供方便、易用的网络设备配置方式,是初学者入门的捷径。图1.10所示是路由器 1841 图形接口配置界面。初学者很容易通过图形接口完成路由器接口的 IP地址、子网掩码,路由器静态路由项等配置过程。图形接口不需要初学者掌握 Cisco 互联网操作系统(Internetwork Operating System,IOS)命令就能完成一些基本功能的配置过程,且配置过程直观、简单、容易理解。更难得的是,在用图形接口配置网络设备的同时,Cisco Packet Tracer 给出完成同样配置过程需要的 IOS 命令序列。

通过图形接口提供的基本配置功能,初学者可以完成简单网络的设计和配置过程,观察简单网络的工作原理和协议操作过程,以此验证教学内容。但随着教学内容的深入和网络复杂程度的提高,要求读者能够通过 CLI(命令行接口)配置网络设备的一些复杂的功能。因此,一开始用图形接口和命令行接口两种配置方式完成网络设备的配置过程,通过相互比较,进一步加深对 Cisco IOS 命令的理解,随着教学内容的深入,强调用命令行接口完成网络设备的配置过程。

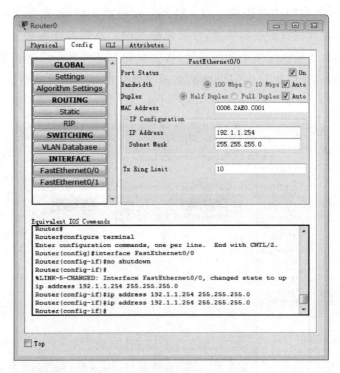

图 1.10　路由器 1841 图形接口配置界面

3. 命令行接口配置选项

CLI 提供与实际 Cisco 设备完全相同的配置界面和配置过程,因此,CLI 是读者需要重点掌握的配置方式。掌握这种配置方式的难点在于需要读者掌握 Cisco IOS 命令,并会灵活运用这些命令。因此,在以后章节中,不仅对用到的 Cisco IOS 命令进行解释,还对命令的使用方式进行讨论,让读者对 Cisco IOS 命令有较为深入的理解。图 1.11 所示是命令行接口配置界面。

本节只对 Cisco Packet Tracer 7.1.1 做一些基本介绍,对于通过 Cisco Packet Tracer 7.1.1 构建一个用于解决实际问题的网络环境的步骤和方法,在以后讨论具体网络实验时再予以详细讲解。

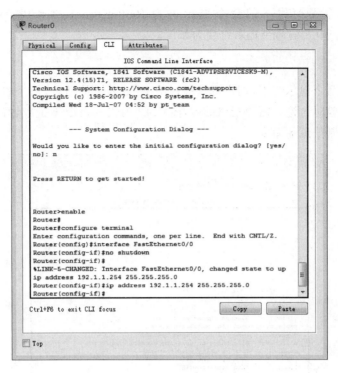

图 1.11 命令行接口配置界面

1.2 IOS 命令模式

Cisco 网络设备可以看作是专用计算机系统,同样由硬件系统和软件系统组成,核心系统软件是 IOS,IOS 用户界面是命令行接口界面,用户通过输入命令实现对网络设备的配置和管理。为了安全,IOS 提供三种命令行模式,分别是 User Mode(用户模式)、Privileged Mode(特权模式)和 Global Mode(全局模式)。不同模式下,用户具有不同的配置和管理网络设备的权限。

1.2.1 用户模式

用户模式是权限最低的命令行模式,用户只能通过命令查看一些网络设备的状态,没有配置网络设备的权限,也不能修改网络设备状态和控制信息。用户登录网络设备后,立即进入用户模式。图 1.12 所示是用户模式下可以输入的命令列表。用户模式下的命令提示符如下。

```
Router>
```

Router 是默认的主机名,全局模式下可以通过命令 hostname 修改默认的主机名。如在全局模式下（全局模式下的命令提示符为 Router(config)#）输入命令 hostname routerabc 后，用户模式的命令提示符变为如下。

routerabc>

在用户模式命令提示符下，用户可以输入图 1.12 列出的命令，命令格式和参数在以后完成具体网络实验时讨论。需要指出的是，图 1.12 列出的命令不是配置网络设备、修改网络设备状态和控制信息的命令。

图 1.12 用户模式命令提示符和命令列表

1.2.2 特权模式

通过在用户模式命令提示符下输入命令 enable，进入特权模式。图 1.13 所示是特权模式下可以输入的部分命令列表。为了安全，可以在全局模式下通过命令 enable password abc 设置进入特权模式的口令 abc。一旦设置口令，在用户模式命令提示符下，不仅需要输入命令 enable，还需要输入口令，如图 1.13 所示。特权模式下的命令提示符如下。

Router#

同样，Router 是默认的主机名。特权模式下，用户可以修改网络设备的状态和控制信息，如交换机转发表（MAC Table）等，但不能配置网络设备。

图 1.13　特权模式命令提示符和部分命令列表

1.2.3　全局模式

通过在特权模式命令提示符下输入命令 configure terminal，进入全局模式。图 1.14 所示是从用户模式进入全局模式的过程和全局模式下可以输入的部分命令列表。全局模式下的命令提示符如下。

Router(config)#

同样，Router 是默认的主机名。全局模式下，用户可以对网络设备进行配置，如配置路由器的路由协议和参数，对交换机基于端口划分 VLAN(Virtual LAN，虚拟局域网)等。

全局模式下，用户可以完成对整个网络设备有效的配置，如果需要完成对网络设备部分功能块的配置，如路由器某个接口的配置，则需要从全局模式进入这些功能块的配置模式，从全局模式进入路由器接口 FastEthernet0/0 的接口配置模式需要输入的命令及路由器接口配置模式下的命令提示符如下。

Router(config)# interface FastEthernet0/0
Router(config-if)#

图 1.14 全局模式命令提示符和部分命令列表

1.2.4 IOS 帮助工具

1. 查找工具

如果忘记某个命令,或是命令中的某个参数,可以通过输入?完成查找过程。在某种模式命令提示符下,通过输入?,界面将显示该模式下允许输入的命令列表。如图 1.14 所示,在全局模式命令提示符下输入?,界面将显示全局模式下允许输入的命令列表,如果单页显示不完,则分页显示。

在某个命令中需要输入某个参数的位置输入?,界面将列出该参数的所有选项。命令 router 用于为路由器配置路由协议,如果不知道如何输入选择路由协议的参数,在需要输入选择路由协议的参数的位置输入?,界面将列出该参数的所有选项。以下是显示选择路由协议的参数的所有选项的过程。

```
Router(config)# router ?
  bgp    Border Gateway Protocol (BGP)
  eigrp  Enhanced Interior Gateway Routing Protocol (EIGRP)
  ospf   Open Shortest Path First (OSPF)
  rip    Routing Information Protocol (RIP)
Router(config)# router
```

2. 命令和参数允许输入部分字符

无论是命令，还是参数，IOS 都不要求输入完整的单词，只需要输入单词中的部分字符，只要这一部分字符能够在命令列表中，或是参数的所有选项中能够唯一确定某个命令或参数选项。如在路由器中配置 RIP 路由协议的完整命令如下。

```
Router(config)#router rip
Router(config-router)#
```

但无论是命令 router，还是选择路由协议的参数 rip 都不需要输入完整的单词，而只需要输入单词中的部分字符，如下所示。

```
Router(config)#ro r
Router(config-router)#
```

由于全局模式下的命令列表中没有两个以上前两个字符是 ro 的命令，因此，输入 ro 已经能够使 IOS 唯一确定命令 router。同样，路由协议的所有选项中没有两项以上是以字符 r 开头的，因此，输入 r 已经能够使 IOS 唯一确定 rip 选项。

3. 历史命令缓存

通过↑键可以查找以前使用的命令，通过←和→键可以将光标移动到命令中需要修改的位置。如果某个命令需要输入多次，每次输入时，只有个别参数可能不同，无须每一次都全部重新输入命令及参数，可以通过↑键显示上一次输入的命令，通过←键移动光标到需要修改的位置，对命令中需要修改的部分进行修改即可。

1.2.5 取消命令过程

在命令行接口配置方式下，如果输入的命令有错，需要取消该命令，在与原命令相同的命令提示符下，输入命令：

no 需要取消的命令

如以下是创建编号为 3 的 VLAN 的命令。

```
Switch(config)#vlan 3
```

则以下是删除已经创建的编号为 3 的 VLAN 的命令。

```
Switch(config)#no vlan 3
```

如以下是用于关闭路由器接口 FastEthernet0/0 的命令序列。

```
Router(config)#interface FastEthernet0/0
Router(config-if)#shutdown
```

则以下是用于开启路由器接口 FastEthernet0/0 的命令序列。

```
Router(config)#interface FastEthernet0/0
```

Router(config-if)#no shutdown

如以下是用于为路由器接口 FastEthernet0/0 配置 IP 地址 192.1.1.254 和子网掩码 255.255.255.0 的命令序列。

Router(config)#interface FastEthernet0/0
Router(config-if)#ip address 192.1.1.254 255.255.255.0

则以下是取消为路由器接口 FastEthernet0/0 配置的 IP 地址和子网掩码的命令序列。

Router(config)#interface FastEthernet0/0
Router(config-if)#no ip address 192.1.1.254 255.255.255.0

1.3 网络设备配置方式

Cisco Packet Tracer 通过单击某个网络设备启动配置界面,在配置界面中通过选择 Config(图形接口)或 CLI(命令行接口)开始网络设备的配置过程,但实际网络设备的配置过程肯定与此不同。目前存在多种配置实际网络设备的方式,主要有控制台端口配置方式、Telnet 配置方式、Web 界面配置方式、SNMP 配置方式和配置文件加载方式等。对于路由器和交换机,Cisco Packet Tracer 支持除 Web 界面配置方式以外的其他所有配置方式。这里主要介绍控制台端口配置方式和 Telnet 配置方式。

1.3.1 控制台端口配置方式

1. 工作原理

交换机和路由器出厂时,只有默认配置,如果需要对刚购买的交换机和路由器进行配置,最直接的配置方式是采用如图 1.15 所示的控制台端口配置方式,用串行口连接线互连 PC 的 RS-232 串行口和网络设备的 Console(控制台)端口,启动 PC 的超级终端程序,完成超级终端程序参数配置,按 Enter 键进入网络设备的命令行接口配置界面。

一般情况下,通过控制台端口配置方式完成网络设备的基本配置,如交换机管理地址和默认网关地址、路由器各个接口的 IP 地址、静态路由项或路由协议等。其目的是建立终端与网络设备之间的传输通路,只有建立终端与网络设备之间的传输通路后,才能通过其他配置方式对网络设备进行配置。

(a) 交换机配置方式   (b) 路由器配置方式

图 1.15 控制台端口配置方式

2. Cisco Packet Tracer 实现过程

图 1.16 所示是 Cisco Packet Tracer 通过控制台端口配置方式完成交换机和路由器初始配置的界面。在逻辑工作区中放置终端和网络设备,选择 Console(这里的 Console 是连接线类型,即连接线类型是互连串行口和控制台端口的串行口连接线)互连终端与网络设备。通过单击终端(PC0 或 PC1)启动终端的配置界面,选择 Desktop(桌面)选项卡,单击 Terminal Configuration(超级终端),弹出如图 1.17 所示的超级终端配置界面,单击 OK 按钮,进入网络设备命令行接口配置界面。图 1.18 所示的是交换机命令行接口配置界面。

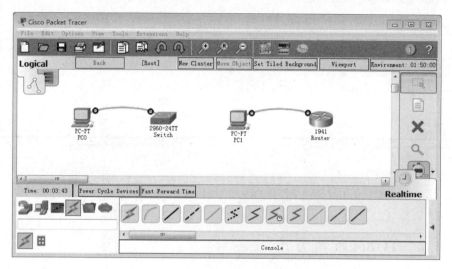

图 1.16 放置和连接设备后的逻辑工作区界面

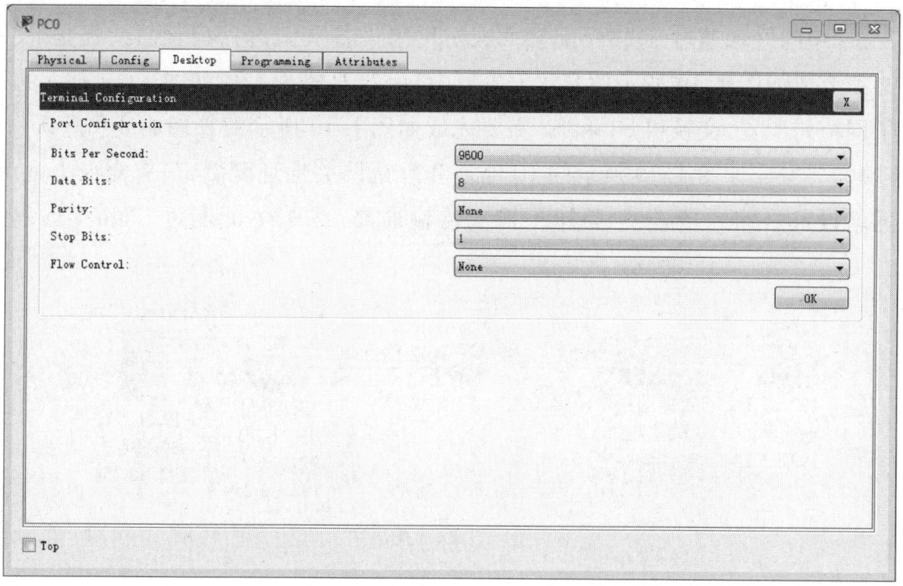

图 1.17 超级终端配置界面

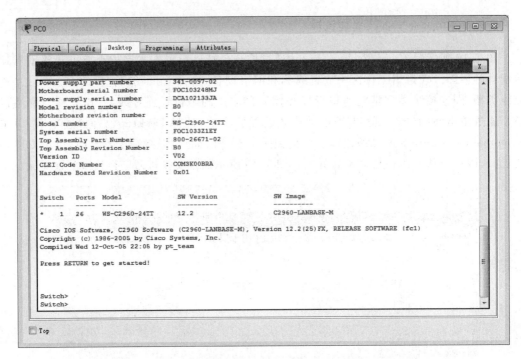

图1.18　通过超级终端进入的交换机命令行接口配置界面

1.3.2　Telnet配置方式

1. 工作原理

图1.19中的终端通过Telnet配置方式对网络设备实施远程配置的前提是,交换机和路由器必须完成如图1.19所示的基本配置,如路由器R需要完成如图1.19所示的接口IP地址和子网掩码配置,交换机S1和S2需要完成如图1.19所示的管理地址和默认网关地址配置,终端需要完成如图1.19所示的IP地址和默认网关地址配置,只有完成上述配置后,终端与网络设备之间才能建立Telnet报文传输通路,终端才能通过Telnet远程登录网络设备。

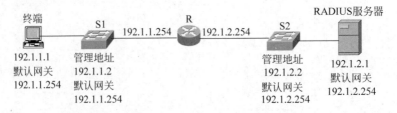

图1.19　Telnet配置方式

Telnet配置方式与控制台端口配置方式的最大不同在于,Telnet配置方式必须在已经建立终端与网络设备之间的Telnet报文传输通路的前提下进行,而且单个终端可以通过

Telnet 配置方式对一组已经建立与终端之间的 Telnet 报文传输通路的网络设备实施远程配置。控制台端口配置方式只能对单个通过串行口连接线连接的网络设备实施配置。

2. Cisco Packet Tracer 实现过程

图 1.20 所示是 Cisco Packet Tracer 实现用 Telnet 配置方式配置网络设备的逻辑工作区界面。首先需要在逻辑工作区放置和连接网络设备，对网络设备完成基本配置，建立终端 PC 与各个网络设备之间的 Telnet 报文传输通路。为了建立终端 PC 与各个网络设备之间的 Telnet 报文传输通路，需要对路由器 Router 的接口配置 IP 地址和子网掩码，对终端 PC 配置 IP 地址、子网掩码和默认网关地址等。对实际网络设备的基本配置一般通过控制台端口配置方式完成，因此，控制台端口配置方式在网络设备的配置过程中是不可或缺的。在 Cisco Packet Tracer 中，既可以通过单击某个网络设备启动该网络设备的配置界面，也可以通过控制台端口配置方式逐个配置网络设备。由于课程学习的重点在于掌握原理和方法，因此，在以后的实验中，通常通过单击某个网络设备启动该网络设备的配置界面，通过配置界面提供的图形接口或命令行接口完成网络设备的配置过程。具体操作步骤和命令输入过程在以后章节中详细讨论。

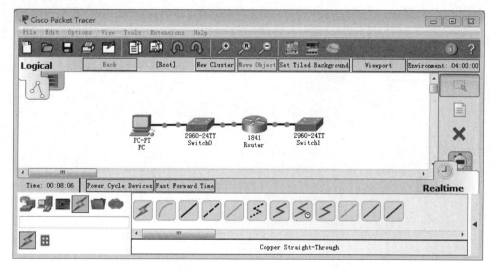

图 1.20 放置和连接设备后的逻辑工作区界面

一旦建立终端 PC 与各个网络设备之间的 Telnet 报文传输通路，单击终端 PC，启动终端的配置界面，选择 Desktop(桌面)选项卡，单击 Command Prompt(命令提示符)，弹出如图 1.21 所示的命令提示符界面，通过建立与某个网络设备之间的 Telnet 会话开始通过 Telnet 配置方式配置该网络设备的过程。图 1.21 所示是终端 PC 通过 Telnet 远程登录交换机 Switch0 后出现的交换机命令行接口配置界面。

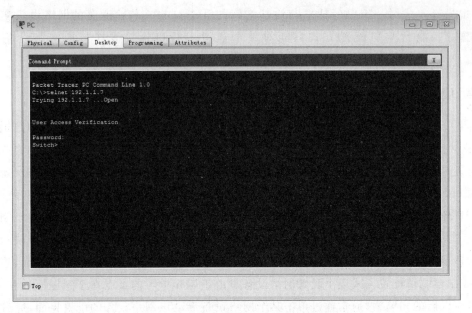

图 1.21 终端 PC 远程配置交换机 Switch0 界面

第 2 章 交换机和交换式以太网实验
CHAPTER 2

交换式以太网是以交换机为分组交换设备的数据报分组交换网络,深入了解交换机转发 MAC 帧过程、交换机和集线器工作机制上的区别是掌握交换式以太网的关键。

2.1 交换机实验基础

实现两个交换机之间互连的双绞线缆和实现终端与交换机之间互连的双绞线缆是不同的,进行以太网实验前,需要了解这两种双绞线缆之间的区别。Cisco 交换机同时运行多种协议,这些协议的运行会对以太网实验结果带来影响,因此,需要了解排除这些影响的方法。

2.1.1 直通线和交叉线

直通线和交叉线都是两端连接 RJ-45 连接器(俗称水晶头)的双绞线缆,一条双绞线缆包含 4 对 8 根线路,其中只有两对线路用于发送、接收信号,这两对线路分别是连接 RJ-45 连接器引脚中编号为 1/2 的引脚的一对线路和编号为 3/6 的引脚的一对线路。如果双绞线缆两端按照如图 2.1(a)所示的 EIA/TIA568B 规格连接 RJ-45 连接器,则称该双绞线缆为直通线(Copper Straight-Through)。如果双绞线缆一端按照如图 2.1(b)所示的 EIA/TIA568A 规格连接 RJ-45 连接器,另一端按照如图 2.1(a)所示的 EIA/TIA568B 规格连接 RJ-45 连接器,则称该双绞线缆为交叉线(Copper Cross-Over)。图 2.2 所示是直通线和交叉线的使用方式。直通线保证一端 RJ-45 连接器中编号为 1/2 的一对引脚和另一端 RJ-45 连接器中编号为 1/2 的一对引脚相连,同样,一端 RJ-45 连接器中编号为 3/6 的一对引脚和另一端 RJ-45 连接器中编号为 3/6 的一对引脚相连。这就要求直通线连接的两端设备用于发送、接收信号的两对引脚的编号是不同的,如一端用编号为 1/2 的一对引脚发送信号,编号为 3/6 的一对引脚接收信号,另一端用编号为 1/2 的一对引脚接收信号,编号为 3/6 的一对引脚发送信号。交叉线保证一端 RJ-45 连接器中编号为 1/2 的一对引脚和另一端 RJ-45 连接器中编号为 3/6 的一对引脚相连,同样,一端 RJ-45 连接器中编号为 3/6 的一对引脚和另一端 RJ-45 连接器中编号为 1/2 的一对引脚相连。这就要求交叉线连接的两端设备用于发送、接收信号的两对引脚的编号是相同的,如两端都用编号为 1/2 的一对引脚发送信号,编号为 3/6 的一对引脚接收信号。

同一类型的设备,用于发送、接收信号的两对引脚的编号是相同的,需要通过交叉线连接。不同类型的设备,用于发送、接收信号的两对引脚的编号有可能是不同的,对于用不同编号的两对引脚发送、接收信号的两端设备,需要通过直通线连接。Cisco 网络设备中,相同类型设备之间,如交换机之间、路由器之间、终端之间,通过交叉线连接;不同类型设备之间,如交换机与终端之间、交换机与路由器之间,通过直通线连接。路由器和终端之间通过交叉线连接。

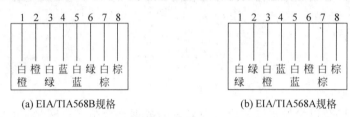

图 2.1 EIA/TIA568B 和 EIA/TIA568A

图 2.2 直通线和交叉线的使用方法

值得指出的是,目前许多实际网络设备具有线缆类型检测功能,能够根据端口连接的线缆类型自动调整端口中用于发送、接收信号的两对引脚。对于这些设备,无须区分直通线和交叉线。

Cisco Packet Tracer 中的 2960 交换机可以通过在接口配置模式下输入命令 mdix auto,使该交换机端口具有线缆类型检测功能。如使交换机 FastEthernet0/1 端口具有线缆类型检测功能的命令序列如下。

Switch(config)#interface FastEthernet0/1
Switch(config-if)#mdix auto
Switch(config-if)#exit

2.1.2 交换机实验中需要注意的几个问题

1. CDP 干扰

对于图 2.3 所示的交换机连接终端情况,交换机实验需要验证以下几个问题。

图 2.3 交换机连接终端情况

- 转发表建立前,交换机以广播方式转发 MAC 帧;
- 如果转发表中存在与某个 MAC 帧的目的 MAC 地址匹配的转发项,交换机以单播方式转发该 MAC 帧;
- 交换机每通过端口接收到 MAC 帧,在转发表中都创建一项转发项,转发项中的 MAC 地址为该 MAC 帧的源 MAC 地址,转发端口(或输出端口)为交换机接收该 MAC 帧的端口。

但 Cisco 交换机默认状态下启动 Cisco 发现协议(Cisco Discovery Protocol,CDP),CDP 能够检测到与交换机直接连接的设备,因此,即使终端不发送 MAC 帧,交换机也能检测到各个端口连接的终端,并在转发表中创建相应的转发项。为了防止 CDP 干扰交换机实验,应该在交换机中停止运行 CDP。通过在全局模式下输入以下命令来停止运行 CDP。

```
Switch(config)#no cdp run
```

cdp run 是启动 CDP 运行的命令,前面加 no 变为停止运行 CDP 的命令。Cisco 通常用在某个命令前面加 no 的方式表示与该命令功能相反的命令。

2. 地址解析过程

Cisco Packet Tracer 无法通过给出源和目的终端的 MAC 地址直接构建 MAC 帧,并启动 MAC 帧源终端至目的终端的传输过程,需要通过给出源和目的终端的 IP 地址构建 IP 分组,然后启动 IP 分组源终端至目的终端的传输过程。如果互联源终端和目的终端的网络是以太网,该 IP 分组被封装成以源和目的终端的 MAC 地址为源和目的 MAC 地址的 MAC 帧,并经过以太网完成该 MAC 帧源终端至目的终端的传输过程。由于在源终端根据目的终端的 IP 地址解析出目的终端的 MAC 地址的过程中,需要和目的终端相互交换地址解析协议(Address Resolution Protocol,ARP)报文,交换机转发表中将因此创建源和目的终端 MAC 地址对应的转发项,影响交换机实验的过程。一旦终端完成某个 IP 地址的地址解析过程,该 IP 地址与对应的 MAC 地址之间的绑定项将在 ARP 缓冲区中保持一段时间,在该段时间内,终端无须再对该 IP 地址进行地址解析过程。

为了避免 ARP 地址解析过程对交换机实验的影响,先完成终端之间的 IP 分组传输过程,其目的是在每一个终端中建立所有其他终端的 IP 地址与它们的 MAC 地址之间的关联。然后,清除交换机中的转发表内容。完成这些操作后,开始交换机实验。

清除交换机中的转发表内容的过程:选择交换机命令行接口(CLI),在特权模式下输入以下用于清除转发表内容的命令。

```
Switch#clear mac-address-table
```

2.2 集线器和交换机工作原理验证实验

2.2.1 实验内容

网络结构如图 2.4 所示,查看交换机连接集线器端口和连接终端端口的通信方式。在假定交换机初始 MAC 表为空的前提下,依次进行以下①~⑤MAC 帧传输过程,并观察每一次 MAC 帧传输过程中，该 MAC 帧所到达的终端。

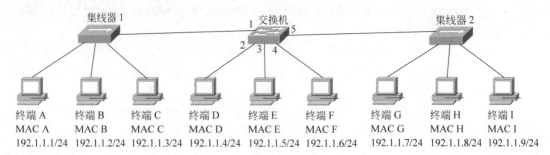

图 2.4　网络结构

① 终端 A→终端 B。
② 终端 B→终端 A。
③ 终端 D→终端 E。
④ 终端 E→终端 D。
⑤ 终端 G→终端 A。

2.2.2　实验目的

（1）验证交换机端口通信方式与所连接的网段之间的关系。
（2）验证集线器广播 MAC 帧过程。
（3）验证交换机地址学习过程。
（4）验证交换机转发、广播和丢弃接收到的 MAC 帧的条件。
（5）验证交换机端口采用不同通信方式的条件。
（6）验证以太网端到端数据传输过程。

2.2.3　实验原理

当交换机端口连接一个冲突域时（如图 2.4 所示），该交换机端口采用半双工通信方式。当交换机端口只连接一个终端时，该交换机端口采用全双工通信方式，交换机端口与终端之间不再构成冲突域。

对于 MAC 帧终端 A→终端 B 传输过程，集线器 1 接收到终端 A 发送的 MAC 帧后，将该 MAC 帧从所有其他端口广播出去，该 MAC 帧到达终端 B、终端 C 和交换机端口 1。交换机从端口 1 接收到该 MAC 帧后，在 MAC 表中创建一项 MAC 地址为 MAC A、转发端口为端口 1 的转发项。由于交换机的 MAC 表中不存在 MAC 地址为 MAC B 的转发项，交换机广播该 MAC 帧，该 MAC 帧到达终端 D、终端 E、终端 F 和集线器 2，并经过集线器 2 广播，到达终端 G、终端 H 和终端 I。

对于 MAC 帧终端 B→终端 A 传输过程，集线器 1 接收到终端 B 发送的 MAC 帧后，将该 MAC 帧从所有其他端口广播出去，该 MAC 帧到达终端 A、终端 C 和交换机端口 1。交换机从端口 1 接收到该 MAC 帧后，在 MAC 表中创建一项 MAC 地址为 MAC B、转发端口为端口1的转发项。由于 MAC 表中存在 MAC 地址为 MAC A 的转发项,且该转发项中的转发端口(端口1)与交换机接收该 MAC 帧的端口相同,交换机丢弃该 MAC 帧。

对于 MAC 帧终端 D→终端 E 传输过程,交换机从端口2接收到该 MAC 帧后,在 MAC 表中创建一项 MAC 地址为 MAC D、转发端口为端口2的转发项。由于交换机的 MAC 表中不存在 MAC 地址为 MAC E 的转发项,交换机广播该 MAC 帧,该 MAC 帧到达终端 E、终端 F、集线器1和集线器2,并经过集线器1和集线器2广播,到达终端 A、终端 B、终端 C、终端 G、终端 H 和终端 I。

对于 MAC 帧终端 E→终端 D 传输过程,交换机从端口3接收到该 MAC 帧后,在 MAC 表中创建一项 MAC 地址为 MAC E、转发端口为端口3的转发项。由于交换机的 MAC 表中存在 MAC 地址为 MAC D 的转发项,交换机将该 MAC 帧从转发项指定的端口中转发出去,该 MAC 帧只到达终端 D。

对于 MAC 帧终端 G→终端 A 传输过程,集线器2接收到终端 G 发送的 MAC 帧后,将该 MAC 帧从所有其他端口广播出去,该 MAC 帧到达终端 H、终端 I 和交换机端口5。交换机从端口5接收到该 MAC 帧后,在 MAC 表中创建一项 MAC 地址为 MAC G、转发端口为端口5的转发项。由于交换机的 MAC 表中存在 MAC 地址为 MAC A 的转发项,交换机将该 MAC 帧从转发项指定的端口中转发出去,该 MAC 帧到达集线器1,并经过集线器1广播,到达终端 A、终端 B 和终端 C。

2.2.4 关键命令说明

1. 清除 MAC 表

```
Switch#clear mac-address-table
```

clear mac-address-table 是特权模式下使用的命令。该命令的作用是清除交换机转发表(也称 MAC 表)中的动态转发项。

2. 停止运行 CDP

```
Switch(config)#no cdp run
```

no cdp run 是全局模式下使用的命令,该命令的作用是停止运行 CDP。

2.2.5 实验步骤

(1) 启动 Cisco Packet Tracer,在逻辑工作区根据图 2.4 所示的网络结构放置和连接设备,完成设备放置和连接后的逻辑工作区界面如图 2.5 所示。分别将 PC0~PC2 用直通线(Copper Straight-Through)连接到集线器 Hub0 的 FastEthernet0/0~FastEthernet0/2 端口。分别将 PC3~PC5 用直通线连接到交换机 Switch0 的 FastEthernet0/1~FastEthernet0/3 端口。分别将 PC6~PC8 用直通线连接到集线器 Hub1 的 FastEthernet0/0~FastEthernet0/2 端口。用交叉线(Copper Cross-Over)连接集线器 Hub0 的 FastEthernet0/3 端口和交换机

Switch0 的 FastEthernet0/4 端口。用交叉线连接集线器 Hub1 的 FastEthernet0/3 端口和交换机 Switch0 的 FastEthernet0/5 端口。

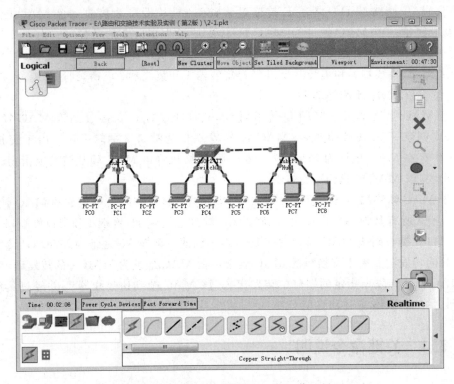

图 2.5　放置和连接设备后的逻辑工作区界面

用直通线连接 PC0 和集线器 Hub0 的 FastEthernet0/0 端口的步骤如下。在设备类型选择框中单击连接线(Connections)，在设备选择框中单击直通线(Copper Straight-Through)，出现水晶头形状的光标。移动光标到 PC0，单击，弹出如图 2.6 所示的 PC0 接口列表，选择 FastEthernet0 接口。移动光标到集线器 Hub0，单击，弹出如图 2.7 所示的集线器 Hub0 未连接的端口列表，选择 FastEthernet0 端口，完成用直通线连接 PC0 和集线器 Hub0 的 FastEthernet0/0 端口的过程。

图 2.6　PC0 接口列表　　　　　图 2.7　集线器 Hub0 端口列表

（2）按照图 2.4 所示的配置信息完成各个终端的 IP 地址和子网掩码配置过程。为 PC0 配置 IP 地址 192.1.1.1 和子网掩码 255.255.255.0 的过程如下，在 PC0 图形接口 Config 选项卡下单击快速以太网接口(FastEthernet0)，弹出如图 2.8 所示的接口配置界面，选中静态 IP 地址配置方式(Static)，在 IP Address(IP 地址栏)中输入 IP 地址 192.1.1.1，在子网掩码栏(Subnet Mask)中输入子网掩码 255.255.255.0。完成 PC0 IP 地址和子网掩码配置过程后,记录 PC0 的 MAC 地址 0001.97CD.38B6。以同样的方式记录其他相关终端的 MAC 地址。

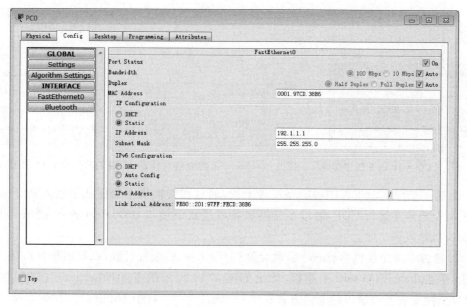

图 2.8　PC0 以太网接口配置界面

(3) 首先查看终端的 ARP 缓冲区。单击公共工具栏中查看工具,出现放大镜形状光标,移动光标到 PC0,单击 PC0,弹出如图 2.9 所示的 PC0 控制信息列表,单击 ARP Table,弹出如图 2.10 所示的初始状态下的 PC0 ARP 缓冲区(ARP Table)内容,ARP 缓冲区内容为空。完成查看过程后,需要通过单击公共工具栏中选择工具退出查看过程。

图 2.9　PC0 控制信息列表　　　　图 2.10　初始状态下 PC0 ARP 缓冲区中信息

完成 PC0 与 PC1 之间、PC3 与 PC4 之间、PC6 至 PC0 的 ICMP 报文传输过程。启动 PC0 与 PC1 之间 ICMP 报文传输过程的步骤如下:单击公共工具栏中简单报文工具,在逻辑工作区出现信封形状光标,移动光标到 PC0,单击,再移动光标到 PC1,单击,完成 PC0 与 PC1 之间的一次 Ping 操作。

再次查看 PC0 ARP 缓冲区内容,PC0 的 ARP 缓冲区(ARP Table)内容如图 2.11 所示,其中已经存在 PC1 的 IP 地址(IP Address)与 PC1 的 MAC 地址(Hardware Address)之间的绑定项、PC6 的 IP 地址(IP Address)与 PC7 的 MAC 地址(Hardware Address)之间的绑定项。

查看交换机 Switch0 的转发表(MAC Table)。启动查看工具后,移动光标到交换机 Switch0,单击 Switch0,弹出如图 2.12 所示的 Switch0 控制信息列表,单击 MAC Table,弹出如图 2.13 所示的转发表内容,其中已经存在的 MAC 地址分别是 PC0、PC1、PC3、PC4 和 PC6 的 MAC 地址的转发项。因此,需要通过命令清空交换机 Switch0 的转发表。

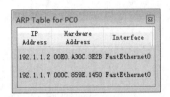
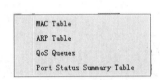

图 2.11　PC0 ARP 缓冲区中信息　　图 2.12　Switch0 控制信息列表　　图 2.13　交换机 MAC 表

(4) 为了消除实验过程中可能存在的干扰,通过在交换机全局模式下输入命令 no cdp run,使交换机停止运行 CDP,通过在交换机特权模式下输入命令 clear mac-address-table,清空交换机转发表。

(5) 通过单击交换机 Switch0 启动交换机 Switch0 的配置过程,选择图形接口(Config)选项卡,单击 FastEthernet0/4 端口,弹出如图 2.14 所示的 FastEthernet0/4 端口配置界面,端口属性值表明该端口的通信方式是半双工通信方式(Half Duplex)。在图形接口选项卡下单击 FastEthernet0/1 端口,弹出如图 2.15 所示的 FastEthernet0/1 端口配置界面,端口属性值表明该端口的通信方式是全双工通信方式(Full Duplex)。

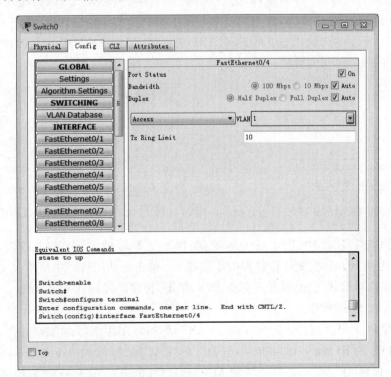

图 2.14　连接集线器端口通信方式

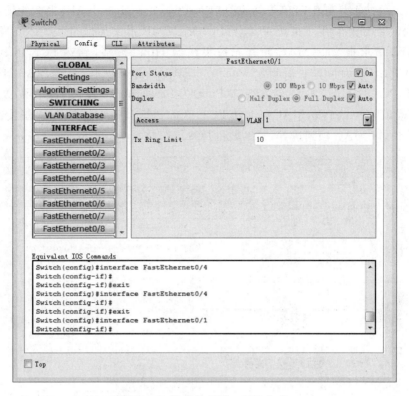

图 2.15　连接终端端口通信方式

（6）通过在模式选择栏选择模拟操作模式进入模拟操作模式，单击 Edit Filters 按钮，弹出报文类型过滤框，选中 ICMP 报文类型，如图 2.16 所示。

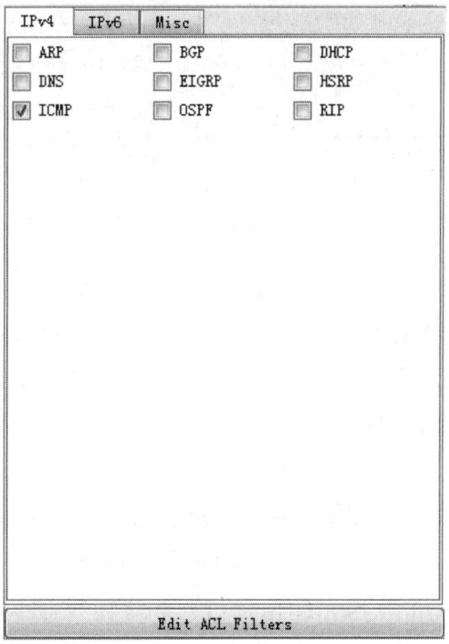

图 2.16　ACL 过滤器选中的协议

（7）通过公共工具栏中简单报文工具启动 PC0 至 PC1 的 ICMP 报文传输过程，单击 Capture/Forward 按钮，单步推进 PC0 至 PC1 的 ICMP 报文传输过程。PC0 发送的封装 ICMP ECHO 请求报文的 MAC 帧首先被集线器 Hub0 广播，到达 PC1、PC2 和交换机 Switch0 的 FastEthernet0/4 端口，Switch0 在 MAC 表中创建一项 MAC 地址（MAC Address）为 PC0 的 MAC 地址、转发端口（Port）为 FastEthernet0/4 的转发项，如图 2.17 所示，然后广播该 MAC 帧，该 MAC 帧到达 PC3、PC4、PC5 和集线器 Hub1。集线器 Hub1 广播该 MAC 帧，该 MAC 帧到达 PC6、PC7 和 PC8。

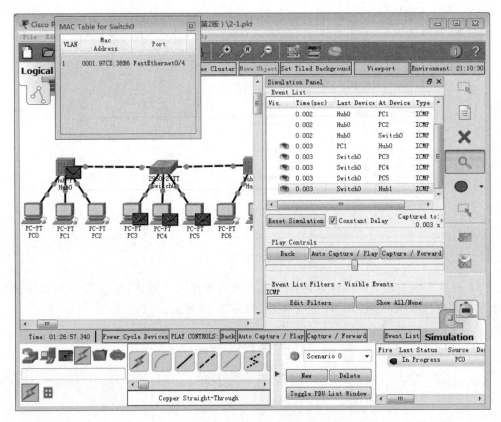

图 2.17　MAC 帧 PC0 至 PC1 传输过程

PC1 回送的封装 ICMP ECHO 响应报文的 MAC 帧被集线器 Hub0 广播，到达 PC0、PC2 和交换机 Switch0 的 FastEthernet0/4 端口，Switch0 在 MAC 表中创建一项 MAC 地址（MAC Address）为 PC1 的 MAC 地址、转发端口（Port）为 FastEthernet0/4 的转发项，如图 2.18 所示，然后丢弃该 MAC 帧。

（8）通过公共工具栏中简单报文工具启动 PC3 至 PC4 的 ICMP 报文传输过程，PC3 发送的封装 ICMP ECHO 请求报文的 MAC 帧到达交换机 Switch0 用于连接 PC3 的 FastEthernet0/1 端口，Switch0 在 MAC 表中创建一项 MAC 地址（MAC Address）为 PC3 的 MAC 地址、转发端口（Port）为 FastEthernet0/1 的转发项，如图 2.19 所示，然后广播该 MAC 帧，该 MAC 帧到达 PC4、PC5、集线器 Hub0 和集线器 Hub1。集线器 Hub0 和 Hub1 分别广播该 MAC 帧，该 MAC 帧到达 PC0、PC1、PC2、PC6、PC7 和 PC8。

第 2 章 交换机和交换式以太网实验

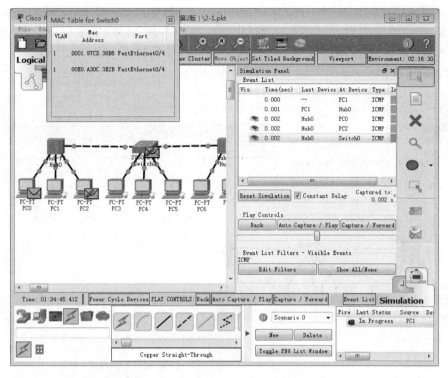

图 2.18 MAC 帧 PC1 至 PC0 传输过程

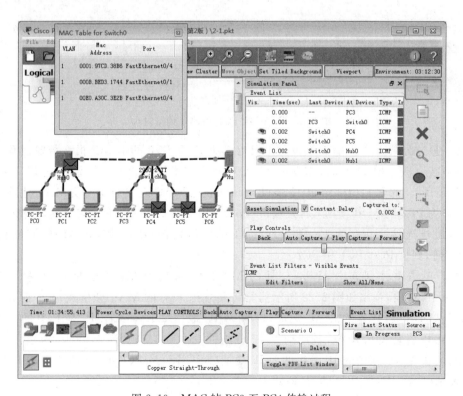

图 2.19 MAC 帧 PC3 至 PC4 传输过程

PC4 回送的封装 ICMP ECHO 响应报文的 MAC 帧到达交换机 Switch0 用于连接 PC4 的 FastEthernet0/2 端口，Switch0 在 MAC 表中创建一项 MAC 地址（MAC Address）为 PC4 的 MAC 地址、转发端口（Port）为 FastEthernet0/2 的转发项，如图 2.20 所示，然后从连接 PC3 的 FastEthernet0/1 端口转发该 MAC 帧。

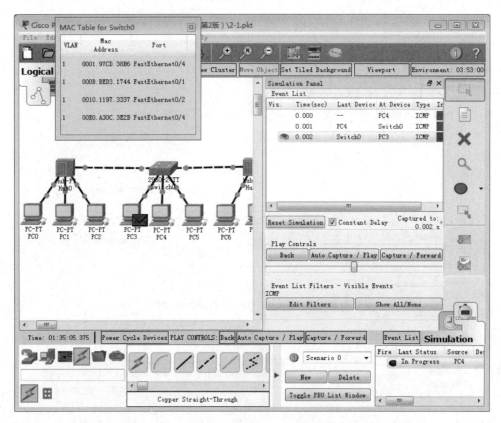

图 2.20　MAC 帧 PC4 至 PC3 传输过程

(9) 通过公共工具栏中简单报文工具启动 PC6 至 PC0 的 ICMP 报文传输过程。PC6 发送的封装 ICMP ECHO 请求报文的 MAC 帧首先被集线器 Hub1 广播，到达 PC7、PC8 和交换机 Switch0 的 FastEthernet0/5 端口，Switch0 在 MAC 表中创建一项 MAC 地址（MAC Address）为 PC6 的 MAC 地址、转发端口（Port）为 FastEthernet0/5 的转发项，如图 2.21 所示，然后通过连接 Hub0 的 FastEthernet0/1 端口转发该 MAC 帧，该 MAC 帧被集线器 Hub0 广播，到达 PC0、PC1 和 PC2。

(10) 单击事件列表中 Hub0 广播的 MAC 帧，弹出 ICMP 报文格式，选择 Inbound PDU Details 选项，弹出如图 2.22 所示的 PC6 传输给 PC0 的 MAC 帧格式，其中源 MAC 地址（SRC ADDR）是 PC6 的 MAC 地址，目的 MAC 地址（DEST ADDR）是 PC0 的 MAC 地址，类型字段值是表示 MAC 帧净荷是 IP 分组的 0x0800（TYPE：0x0800，0x 表示十六进制）。封装在 MAC 帧中的 IP 分组的源 IP 地址（SRC IP）是 PC6 的 IP 地址 192.1.1.7，目的 IP 地址（DST IP）是 PC0 的 IP 地址 192.1.1.1。

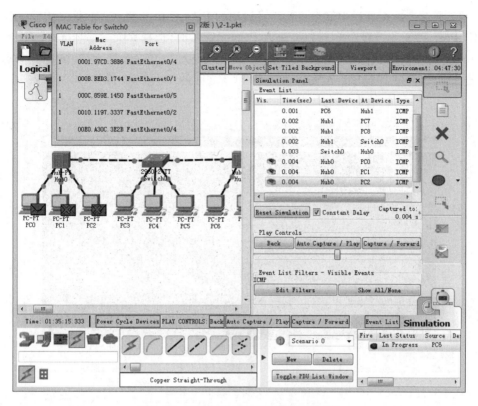

图 2.21 MAC 帧 PC6 至 PC0 传输过程

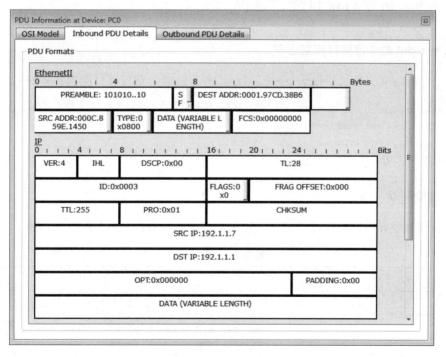

图 2.22 PC6 至 PC0 ICMP 报文封装过程

(11) 通过公共工具栏中简单报文工具启动的 PC0 至 PC6 的 ICMP 报文传输过程等同于 PC0 Ping PC6 的过程。单击 PC0 进入 PC0 配置界面，选择桌面（Desktop）选项卡，单击 Desktop 下的命令提示符（Command Prompt）图标，进入 PC0 命令提示符，在 PC0 命令提示符下输入命令 ping 192.1.1.7，完成 PC0 和 PC6 之间的一次 Ping 操作，如图 2.23 所示。

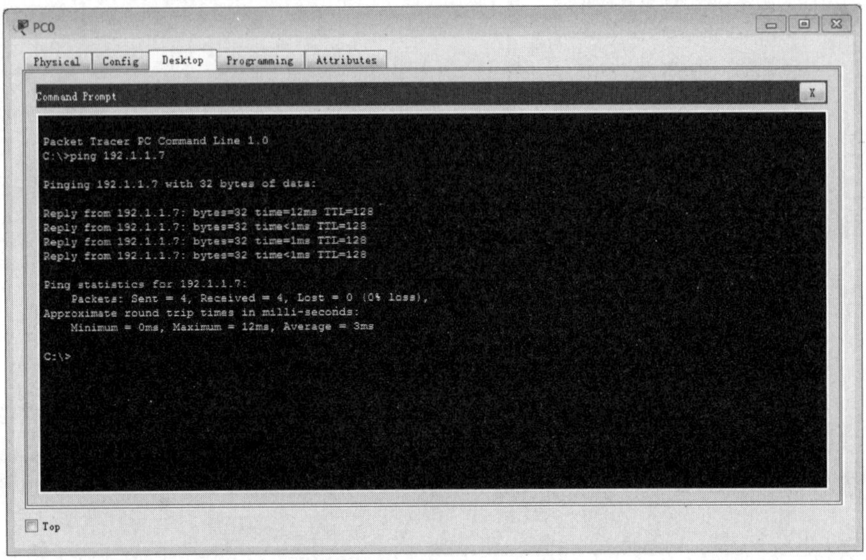

图 2.23　PC0 Ping PC6 界面

2.2.6　命令行接口配置过程

1. Switch0 命令行接口配置过程

用于完成清除交换机转发表、停止运行 CDP 功能的命令行接口配置过程如下。

Switch＞enable
Switch＃clear mac‐address‐table
Switch＃configure terminal
Switch(config)＃no cdp run

2. 命令列表

交换机命令行接口配置过程中使用的命令及功能和参数说明如表 2.1 所示。

表 2.1　命令列表

命　令　格　式	功能和参数说明
enable	没有参数，从用户模式进入特权模式
configure terminal	没有参数，从特权模式进入全局模式
exit	没有参数，退出当前模式，回到上一层模式
no cdp run	停止运行 CDP
clear mac-address-table	清空交换机转发表

注：本教材命令列表中加粗的单词是关键词，斜体的单词是参数，关键词是固定的，参数是需要设置的。

2.3 交换式以太网实验

2.3.1 实验内容

构建如图 2.24 所示的交换式以太网结构,在三个交换机的初始转发表为空的情况下,分别完成终端 A 与终端 B、终端 C 和终端 D 之间的 MAC 帧传输过程,查看三个交换机的 MAC 表。清空交换机 S1 的 MAC 表,查看终端 A 与终端 B 之间的 MAC 帧传输过程。将终端 A 转接到交换机 S3,查看终端 B 至终端 A、终端 C 至终端 A 的 MAC 帧传输过程。

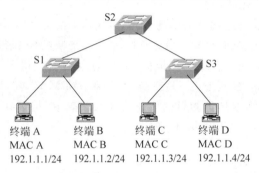

图 2.24 交换式以太网结构

2.3.2 实验目的

(1) 验证交换式以太网的连通性,证明连接在交换式以太网上的任何两个分配了相同网络号、不同主机号的 IP 地址的终端之间能够实现 IP 分组传输过程。
(2) 验证转发表建立过程。
(3) 验证交换机 MAC 帧转发过程,重点验证交换机过滤 MAC 帧的功能,即如果交换机接收 MAC 帧的端口与该 MAC 帧匹配的转发项中的转发端口相同,交换机丢弃该 MAC 帧。
(4) 验证转发项与交换式以太网拓扑结构一致性的重要性。

2.3.3 实验原理

终端 A 至终端 B 的 MAC 帧在如图 2.24 所示的以太网内广播,分别到达三个交换机,因此,三个交换机的转发表中都存在 MAC 地址为 MAC A 的转发项。终端 B 至终端 A 的 MAC 帧由交换机 S1 直接从连接终端 A 的端口转发出去,因此,只有交换机 S1 中存在 MAC 地址为 MAC B 的转发项。完成终端 A 与终端 C 和终端 D 之间的 MAC 帧传输过程后,三个交换机的转发表中都存在 MAC 地址分别为 MAC C 和 MAC D 的转发项。

如果在清除交换机 S1 中的转发表内容后启动终端 B 至终端 A 的 MAC 帧传输过程,由于交换机 S1 广播该 MAC 帧,那么交换机 S2 连接交换机 S1 的端口接收到该 MAC 帧。

由于交换机 S2 中与该 MAC 帧匹配的转发项中的转发端口就是交换机 S2 连接交换机 S1 的端口,交换机 S2 将丢弃该 MAC 帧。

在三个交换机的转发表中均存在终端 A 对应的转发项的前提下,断开终端 A 与交换机 S1 之间的连接,并重新将终端 A 连接到交换机 S3 中,并启动终端 B 至终端 A 的 MAC 帧传输过程。由于在终端 A 发送的 MAC 帧到达交换机 S2 前,因此交换机 S2 的转发表中仍然保留 MAC 地址为 MAC A、转发端口为交换机 S2 连接交换机 S1 的端口的转发项。由于交换机 S1 监测到原来连接终端 A 的端口处于关闭状态,因此将以该端口为转发端口的转发项变为无效转发项。在这样的情况下,如果启动终端 B 至终端 A 的 MAC 帧传输过程,交换机 S1 将广播该 MAC 帧。当交换机 S2 通过连接交换机 S1 的端口接收到该 MAC 帧时,由于交换机 S2 中与该 MAC 帧匹配的转发项的转发端口与接收该 MAC 帧的端口相同,交换机 S2 将丢弃该 MAC 帧。

同样,对于交换机 S3,在终端 A 发送的 MAC 帧到达交换机 S3 前,交换机 S3 的转发表中仍然保留 MAC 地址为 MAC A、转发端口为交换机 S3 连接交换机 S2 的端口的转发项。如果启动终端 C 至终端 A 的 MAC 帧传输过程,交换机 S3 将通过连接交换机 S2 的端口输出该 MAC 帧。

解决上述问题的方法有两个:一是终端 A 广播一帧 MAC 帧,即发送一帧以终端 A 的 MAC 地址为源地址,以广播地址为目的地址的 MAC 帧;二是等到所有交换机的转发表中与终端 A 的 MAC 地址匹配的转发项过时。

2.3.4 实验步骤

(1) 启动 Cisco Packet Tracer,在逻辑工作区中按照如图 2.24 所示的网络结构放置和连接设备。需要强调的是,用于互连交换机的连接线是交叉线(Copper Cross-Over),用于互连交换机和终端的连接线是直通线(Copper Straight-Through)。按照如图 2.24 所示的终端配置信息完成各个终端的 IP 地址和子网掩码配置过程。图 2.25 所示的是 PC0 以太网接口的配置界面,PC0 的 MAC 地址(MAC Address)是 0030.F281.B640。

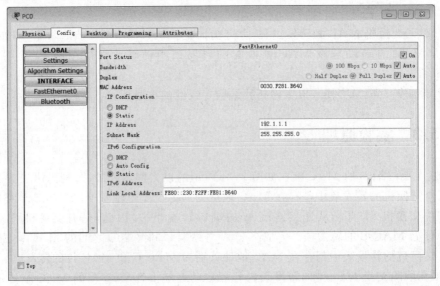

图 2.25 PC0 以太网接口的配置界面

(2) 先完成 PC0 与 PC1、PC2、PC3 之间的 ICMP 报文传输过程,在各个终端的 ARP 缓冲区中建立对应的 IP 地址与 MAC 地址之间的绑定项,然后清空各个交换机的转发表。

(3) 进入模拟操作模式,勾选 ICMP 协议,启动 PC0 至 PC1 的 ICMP 报文传输过程,单步推进 PC0 至 PC1 的 ICMP 报文传输过程。PC0 发送的封装 ICMP ECHO 请求报文的 MAC 帧首先到达交换机 Switch1 的 FastEthernet0/1 端口,Switch1 在 MAC 表中创建一项 MAC 地址(MAC Address)为 PC0 的 MAC 地址、转发端口(Port)为 FastEthernet0/1 的转发项,如图 2.26 所示,然后广播该 MAC 帧。该 MAC 帧到达 PC1 和交换机 Switch2 的 FastEthernet0/1 端口,Switch2 在 MAC 表中创建一项 MAC 地址(MAC Address)为 PC0 的 MAC 地址、转发端口(Port)为 FastEthernet0/1 的转发项,如图 2.26 所示,然后广播该 MAC 帧。该 MAC 帧到达交换机 Switch3 的 FastEthernet0/3 端口,Switch3 在 MAC 表中创建一项 MAC 地址(MAC Address)为 PC0 的 MAC 地址、转发端口(Port)为 FastEthernet0/3 的转发项,如图 2.26 所示,然后广播该 MAC 帧。该 MAC 帧到达 PC2 和 PC3。

PC1 回送的封装 ICMP ECHO 响应报文的 MAC 帧到达交换机 Switch1 的 FastEthernet0/2 端口,Switch1 在 MAC 表中创建一项 MAC 地址(MAC Address)为 PC1 的 MAC 地址、转发端口(Port)为 FastEthernet0/2 的转发项,如图 2.26 所示。Switch1 通过连接 PC0 的端口将该 MAC 帧转发出去。

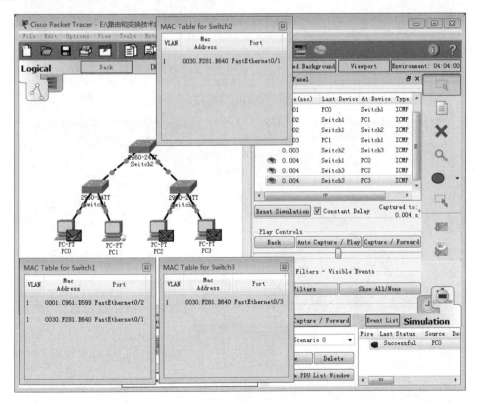

图 2.26　PC0 与 PC1 之间的 ICMP 报文传输过程

完成 PC0 与 PC2 之间 ICMP 报文传输过程后的三个交换机的转发表(MAC Table)内容如图 2.27 所示。完成 PC0 与 PC3 之间 ICMP 报文传输过程后的三个交换机的转发表(MAC Table)内容如图 2.28 所示。

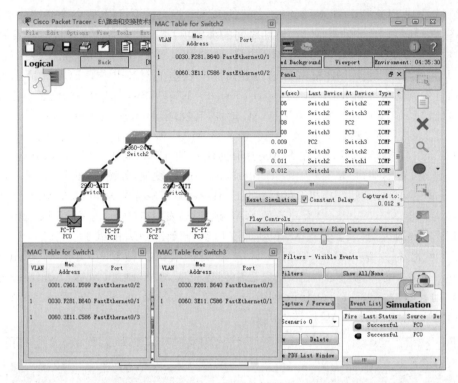

图 2.27　PC0 与 PC2 之间 ICMP 报文传输过程

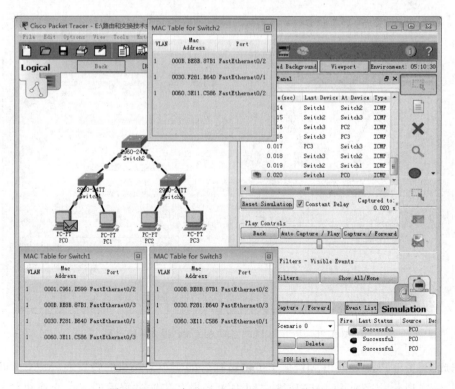

图 2.28　PC0 与 PC3 之间 ICMP 报文传输过程

（4）清空交换机 Switch1 的转发表，启动 PC1 至 PC0 的 MAC 帧传输过程，PC1 发送的 MAC 帧到达交换机 Switch1 的 FastEthernet0/2 端口，Switch1 在 MAC 表中创建一项 MAC 地址（MAC Address）为 PC1 的 MAC 地址、转发端口（Port）为 FastEthernet0/2 的转发项，如图 2.29 所示。然后广播该 MAC 帧。该 MAC 帧到达交换机 Switch2 的 FastEthernet0/1 端口，Switch2 发现与该 MAC 帧匹配的转发项的转发端口与接收该 MAC 帧的端口相同，丢弃该 MAC 帧。

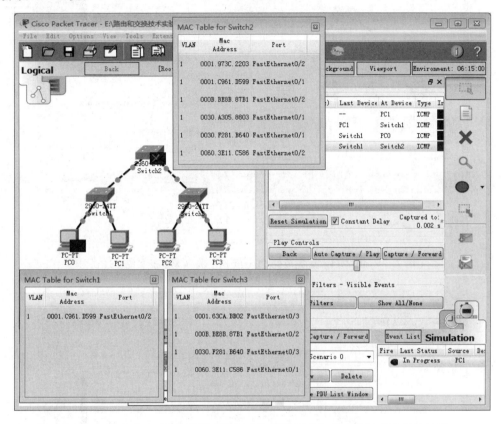

图 2.29　清空 Switch1 的转发表后完成的 PC1 至 PC0 的 ICMP 报文传输过程

（5）断开 PC0 与交换机 Switch1 之间的连接，并将 PC0 重新连接到交换机 Switch3 上，通过简单报文工具启动 PC1 至 PC0 的 MAC 帧传输过程，由于交换机 Switch1 连接终端 A 的端口处于关闭状态，因此以该端口为转发端口的转发项变为无效转发项。在这种情况下，如果启动 PC1 至 PC0 的 MAC 帧传输过程，那么交换机 Switch1 将广播该 MAC 帧。当交换机 Switch2 接收到该 MAC 帧，发现与该 MAC 帧匹配的转发项的转发端口与接收该 MAC 帧的端口相同，交换机 Switch2 将丢弃该 MAC 帧，如图 2.30 所示。

（6）在 PC0 发送 MAC 帧前，交换机 Switch3 转发表中与 PC0 的 MAC 地址 0030.F281.B640 匹配的转发项的转发端口不是交换机 Switch3 连接 PC0 的端口，而是交换机 Switch3 连接交换机 Switch2 的端口，如图 2.31 所示。因此，如果启动 PC2 至 PC0 MAC 帧传输过程，交换机 Switch3 将该 MAC 帧通过连接交换机 Switch2 的端口输出，该 MAC 帧到达交换机 Switch2，Switch2 将该 MAC 帧通过连接交换机 Switch1 的端口输出，该 MAC 帧到达交换机 Switch1，Switch1 广播该 MAC 帧。

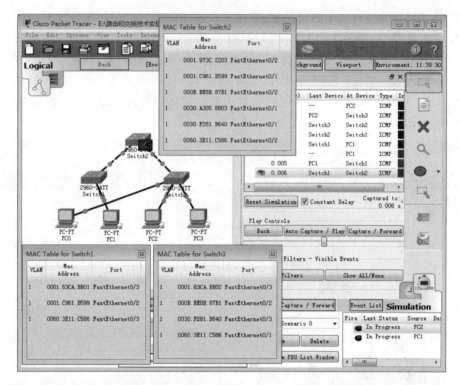

图 2.30 转接 PC0 后完成的 PC1 至 PC0 的 ICMP 报文传输过程

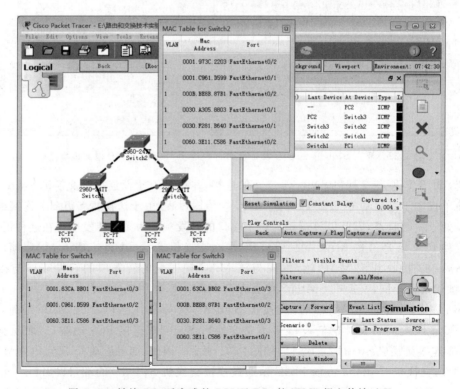

图 2.31 转接 PC0 后完成的 PC2 至 PC0 的 ICMP 报文传输过程

2.4 交换机远程配置实验

2.4.1 实验内容

构建如图 2.32 所示的网络结构,实现 PC 远程配置交换机 S1 和 S2 的功能。实际网络环境下,一般首先通过控制台端口完成网络设备基本信息配置过程,如交换机管理接口地址及建立 PC 与交换机管理接口之间传输通路相关的信息。然后,由 PC 统一对网络设备实施远程配置。

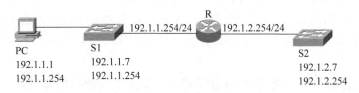

图 2.32 网络结构

2.4.2 实验目的

(1) 针对图 2.32 所示的网络结构,验证建立 PC 与交换机 S1 和 S2 之间的 Telnet 报文传输通路的过程。
(2) 验证通过 Telnet 对交换机 S1 和 S2 实施远程配置的过程。

2.4.3 实验原理

本实验一是需要为每一个交换机定义管理接口,并为管理接口分配 IP 地址;二是需要保证 PC 与每一个交换机的管理接口之间的连通性;三是需要启动交换机远程登录功能。通常情况下,远程登录过程中,交换机需要鉴别远程登录用户的身份,因此,需要在交换机中配置鉴别信息,交换机通过配置的鉴别信息对用户的身份和配置权限进行鉴别,只有具有配置权限的用户才能对交换机进行远程配置。配置的鉴别信息包括用户名、口令和 enable 口令。用户名和口令用于鉴别授权用户,enable 口令用于管制用户远程配置的权限,如是否允许使用全局模式下的所有配置命令。

2.4.4 关键命令说明

1. 配置路由器接口

下述命令序列用于开启该路由器接口 FastEthernet0/0,并为路由器接口 FastEthernet0/0 分配 IP 地址和子网掩码。

```
Router(config)#interface FastEthernet0/0
Router(config-if)#no shutdown
Router(config-if)#ip address 192.1.1.254 255.255.255.0
Router(config-if)#exit
```

interface FastEthernet0/0 是全局模式下使用的命令，(config)#是全局模式下的命令提示符。该命令的作用是进入路由器接口 FastEthernet0/0 的接口配置模式，FastEthernet0/0 中包含两部分信息：一是接口类型 FastEthernet，表明该接口是快速以太网接口；二是接口编号 0/0，用于区分相同类型的多个接口。

no shutdown 是接口配置模式下使用的命令，(config-if)#是接口配置模式下的命令提示符。该命令的作用是开启 FastEthernet0/0 接口。路由器接口 FastEthernet0/0 的默认状态是关闭，需要通过该命令开启路由器接口 FastEthernet0/0。

ip address 192.1.1.254 255.255.255.0 是接口配置模式下使用的命令，该命令的作用是为指定路由器接口（这里是 FastEthernet0/0）分配 IP 地址 192.1.1.254 和子网掩码 255.255.255.0。

exit 命令的作用是退出当前模式，返回到上一层模式。接口配置模式下执行该命令的结果是返回到全局模式。全局模式下执行该命令的结果是返回到特权模式。特权模式下执行该命令的结果是返回到用户模式。

2. 配置管理地址

交换机的管理地址是 IP 接口地址，为了定义 IP 接口，需要先创建 VLAN，所有交换机存在默认 VLAN——VLAN 1，可以为 VLAN 1 定义 IP 接口，并配置 IP 地址和子网掩码，为 VLAN 1 对应的 IP 接口配置的 IP 地址和子网掩码就是该交换机的管理地址。配置命令如下：

```
Switch(config)#interface vlan 1
Switch(config-if)#ip address 192.1.1.7 255.255.255.0
Switch(config-if)#no shutdown
Switch(config-if)#exit
```

interface vlan 1 是全局模式下使用的命令，该命令的作用是定义 VLAN 1 对应的 IP 接口，并进入该 IP 接口的配置模式。交换机执行该命令后，进入接口配置模式，命令提示符由全局模式下的命令提示符 Switch(config)#变为接口配置模式下的命令提示符 Switch(config-if)#。在接口配置模式下，可以为该接口配置 IP 地址和子网掩码。

ip address 192.1.1.7 255.255.255.0 是接口配置模式下使用的命令，该命令的作用是为指定 IP 接口（这里是 VLAN 1 对应的 IP 接口）配置 IP 地址 192.1.1.7 和子网掩码 255.255.255.0。

no shutdown 是接口配置模式下使用的命令，该命令的作用是开启 VLAN 1 对应的 IP 接口，默认状态下，该 IP 接口是关闭的。如果某个 IP 接口是关闭的，不能对该 IP 接口进行访问。

3. 配置默认网关地址

当 PC 与交换机的管理接口不属于同一个网络时，需要为交换机配置默认网关地址，交换机的默认网关地址通常是与交换机管理接口连接在同一个网络的路由器接口的 IP 地址，在如图 2.32 所示的网络结构中,交换机 S2 的默认网关地址是路由器接口地址 192.1.2.254,该 IP 地址与交换机 S2 管理接口的 IP 地址 192.1.2.7 同属于网络地址 192.1.2.0/24。

Switch(config)#ip default-gateway 192.1.2.254

ip default-gateway 192.1.2.254 是全局模式下使用的命令,该命令的作用是为交换机配置默认网关地址 192.1.2.254,其中 192.1.2.254 是与交换机管理接口连接在同一个网络的路由器接口的 IP 地址。

4. 配置用户鉴别信息

1) 配置用户名和口令

用用户名和口令标识授权用户,在对该交换机进行远程配置前,必须提供用户名和口令,以证明授权用户身份。

Switch(config)#username aaa1 password bbb1

username aaa1 password bbb1 是全局模式下使用的命令,该命令的作用是定义一个用户名为 aaa1、口令为 bbb1 的授权用户。

2) 配置鉴别授权用户方式

由于 Telnet 是终端仿真协议,用于模拟终端输入方式,因此,需要在交换机仿真终端配置模式下配置鉴别授权用户的方式。

```
Switch(config)#line vty 0 4
Switch(config-line)#login local
Switch(config-line)#exit
Switch(config)#enable password ccc
```

line vty 0 4 是全局模式下使用的命令,该命令的作用有两个:一是定义允许同时建立的 Telnet 会话数量,0 和 4 是允许同时建立的 Telnet 会话的编号范围;二是从全局模式进入仿真终端配置模式,仿真终端配置模式下完成的配置同时对编号为 0~4 的 Telnet 会话作用。一旦进入仿真终端配置模式,命令提示符从全局模式命令提示符 Switch(config)# 变为仿真终端配置模式命令提示符 Switch(config-line)#。

login local 是仿真终端配置模式下使用的命令,该命令的作用是指定用本地创建的用户名和口令来鉴别登录用户身份。

enable password ccc 是全局模式下使用的命令,该命令的作用是设置进入特权模式时使用的口令 ccc。如果不对交换机设置进入特权模式的口令,用户通过 Telnet 远程登录交换机后的访问权限是很低的。

2.4.5 实验步骤

(1) 启动 Cisco Packet Tracer,在逻辑工作区中按照图 2.32 所示的网络结构放置和连接设备,完成设备放置和连接后的逻辑工作区界面如图 2.33 所示。

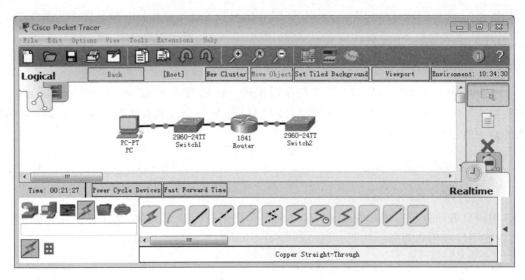

图 2.33　完成设备放置和连接后的逻辑工作区界面

(2) 按照如图 2.32 所示的配置信息完成 PC 网络信息配置过程。配置过程如下：选择桌面(Desktop)选项卡，单击 IP 配置程序(IP Configuration)，弹出如图 2.34 所示的 PC 网络信息配置界面，选中静态 IP 地址配置方式(Static)，在 IP 地址(IP Address)输入框中输入 IP 地址 192.1.1.1，在子网掩码(Subnet Mask)中输入子网掩码 255.255.255.0，在默认网关地址(Default Gateway)输入框中输入默认网关地址 192.1.1.254。

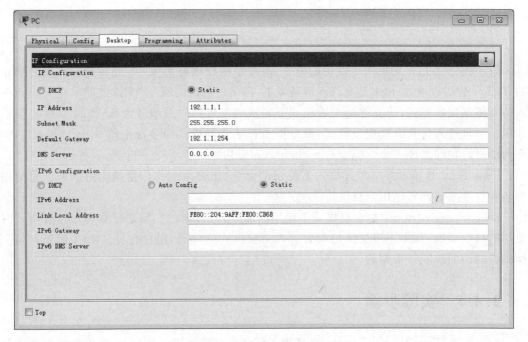

图 2.34　PC 网络信息配置界面

(3) 分别为交换机 Switch1 和 Switch2 定义 VLAN 1 对应的 IP 接口，为 IP 接口配置 IP 地址和子网掩码，并分别为交换机 Switch1 和 Switch2 配置默认网关地址。这个过程必须通过交换机命令行接口配置过程完成。

（4）为每一个交换机定义授权用户的用户名和口令。交换机 Switch1 和 Switch2 可以定义不同的授权用户标识信息，如交换机 Switch1 定义的授权用户标识信息为用户名 aaa1、口令 bbb1，交换机 Switch2 定义的授权用户标识信息为用户名 aaa2、口令 bbb2。通过配置指定用本地定义的授权用户标识信息鉴别登录用户身份。

（5）为每一个交换机设置进入特权模式时使用的口令。

（6）为路由器 Router 的两个接口配置 IP 地址和子网掩码。配置过程如下：选择路由器图形接口（Config）选项卡，单击 FastEthernet0/0，弹出如图 2.35 所示的路由器接口配置界面，接口状态（Port Status）勾选 On，在 IP 地址（IP Address）输入框中输入 IP 地址 192.1.1.254，在子网掩码（Subnet Mask）输入框中输入子网掩码 255.255.255.0。需要指出的是，路由器接口 IP 地址通常成为该接口连接的网络中的终端和交换机的默认网关地址。

图 2.35　路由器接口配置界面

（7）进入 PC 命令提示符（Command Prompt），通过在 PC 命令提示符下输入命令 telnet 192.1.1.7 启动如图 2.36 所示的交换机 Switch1 的远程登录过程。完成远程登录过程后，可以通过 PC 对交换机 Switch1 实施远程配置。同样，可以通过在 PC 命令提示符下输入命令 telnet 192.1.2.7 启动如图 2.37 所示的交换机 Switch2 的远程登录过程。

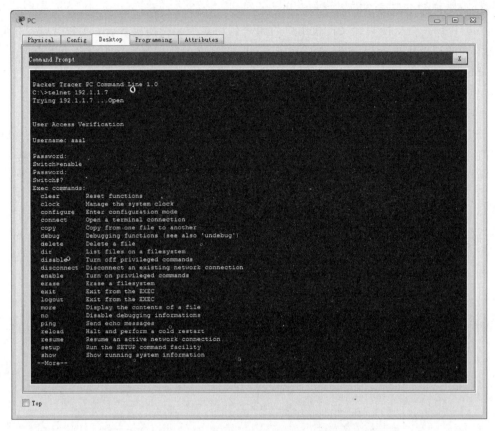

图 2.36 Switch1 的远程登录过程

图 2.37 Switch2 的远程登录过程

2.4.6 命令行接口配置过程

1. Switch1 命令行接口配置过程

Switch＞enable
Switch#configure terminal
Switch(config)#hostname Switch1
Switch1(config)#username aaa1 password bbb1
Switch1(config)#enable password ccc1
Switch1(config)#interface vlan 1
Switch1(config-if)#ip address 192.1.1.7 255.255.255.0
Switch1(config-if)#no shutdown
Switch1(config-if)#exit
Switch1(config)#ip default-gateway 192.1.1.254
Switch1(config)#line vty 0 4
Switch1(config-line)#login local
Switch1(config-line)#exit

2. Switch2 命令行接口配置过程

Switch＞enable
Switch#configure terminal
Switch(config)#hostname Switch2
Switch2(config)#username aaa2 password bbb2
Switch2(config)#enable password ccc2
Switch2(config)#interface vlan 1
Switch2(config-if)#ip address 192.1.2.7 255.255.255.0
Switch2(config-if)#no shutdown
Switch2(config-if)#exit
Switch2(config)#ip default-gateway 192.1.2.254
Switch2(config)#line vty 0 4
Switch2(config-line)#login local
Switch2(config-line)#exit

3. Router 命令行接口配置过程

Router＞enable
Router#configure terminal
Router(config)#interface FastEthernet0/0
Router(config-if)#ip address 192.1.1.254 255.255.255.0
Router(config-if)# no shutdown
Router(config-if)#exit
Router(config)#interface FastEthernet0/1
Router(config-if)#ip address 192.1.2.254 255.255.255.0
Router(config-if)# no shutdown
Router(config-if)#exit

4. 命令列表

交换机和路由器命令行接口配置过程中使用的命令及功能和参数说明如表 2.2 所示。

表 2.2 命令列表

命令格式	功能和参数说明
hostname *name*	为网络设备指定名称，参数 *name* 是作为名称的字符串
interface vlan *vlan-id*	定义由参数 *vlan-id* 指定的 VLAN 对应的 IP 接口，并进入接口配置模式
ip default-gateway *ip-address*	为二层交换机配置默认网关地址。当二层交换机需要向不在同一个网络的终端发送 IP 分组时，首先将该 IP 分组发送给默认网关。参数 *ip-address* 是默认网关地址
ip address *ip-address subnet-mask*	为接口配置 IP 地址和子网掩码。参数 *ip-address* 是需要配置的 IP 地址，参数 *subnet-mask* 是需要配置的子网掩码
no shutdown	没有参数，开启某个交换机端口或 IP 接口
exit	没有参数，退出当前模式，回到上一层模式
username *name* **password** *password*	定义用户名和口令，参数 *name* 是定义的用户名，参数 *password* 是定义的口令
line vty *line-number* [*ending-line-number*]	启动一组 Telnet 会话的配置过程，并进入仿真终端配置模式，参数 *line-number* 是起始 Telnet 会话编号，参数 *ending-line-number* 是结束 Telnet 会话编号。如果没有设置参数 *ending-line-number*，只启动单个编号为 *line-number* 的 Telnet 会话的配置过程
login [**local**]	设置用于鉴别 Telnet 登录用户身份的机制，**login** 为口令鉴别机制，**login local** 为本地鉴别机制
interface *port-id*	进入由参数 *port-id* 指定的路由器接口的接口配置模式

第 3 章 虚拟局域网实验

通过虚拟局域网实验帮助读者深刻理解虚拟局域网产生的原因、作用和实现机制。掌握将一个大型物理以太网划分为多个虚拟局域网的过程。深入了解属于每一个虚拟局域网的终端具有物理位置无关性、每一个虚拟局域网就是一个逻辑上独立的网络和每一个虚拟局域网就是一个独立的广播域等虚拟局域网特性。

3.1 单交换机 VLAN 配置实验

3.1.1 实验内容

交换机连接终端和集线器的方式及端口分配给各个 VLAN 的情况如图 3.1 所示。初始状态下各个 VLAN 对应的转发表内容为空,依次进行以下①~⑥MAC 帧传输过程,针对每一次 MAC 帧传输过程,记录下转发表的变化过程及 MAC 帧到达的终端。

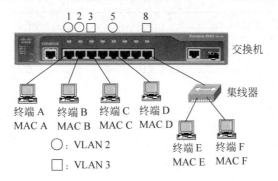

图 3.1 交换机连接终端和集线器的方式及端口分配给各个 VLAN 的情况

① 终端 A→终端 B。
② 终端 B→终端 A。
③ 终端 E→终端 B。
④ 终端 B→终端 E。
⑤ 终端 B 发送广播帧。
⑥ 终端 F→终端 E。

3.1.2 实验目的

(1) 验证交换机 VLAN 配置过程。
(2) 验证属于同一 VLAN 的终端之间的通信过程。
(3) 验证每一个 VLAN 为独立的广播域。
(4) 验证属于不同 VLAN 的两个终端之间不能相互通信。
(5) 验证转发项与 VLAN 之间的对应关系。

3.1.3 实验原理

默认情况下,交换机所有端口属于默认 VLAN—VLAN 1,因此,交换机的所有端口属于同一个广播域,任何终端发送的以广播地址为目的 MAC 地址的 MAC 帧到达连接在交换机上的所有终端。由于与交换机端口 8 连接的是集线器,因此,从端口 8 输出的 MAC 帧到达连接在集线器上的所有终端。

为了完成如图 3.1 所示的 VLAN 划分过程,在交换机中创建 VLAN 2 和 VLAN 3,并根据如表 3.1 所示的 VLAN 与交换机端口之间的映射,将交换机端口分配给 VLAN。

完成如图 3.1 所示的 VLAN 划分过程后,在①～⑥MAC 帧传输过程中,MAC 帧到达的终端如表 3.2 所示。

表 3.1　VLAN 与交换机端口映射表

VLAN	接 入 端 口
VLAN 2	1,2,5
VLAN 3	3,8

表 3.2　MAC 帧到达的终端

MAC 帧传输过程	到 达 终 端
终端 A→终端 B	终端 B、D
终端 B→终端 A	终端 A
终端 E→终端 B	终端 F、C
终端 B→终端 E	终端 A、D
终端 B 发送广播帧	终端 A、D
终端 F→终端 E	终端 E

3.1.4 关键命令说明

Cisco Packet Tracer 可以通过图形接口(Config)完成 VLAN 配置过程,3.1.5 节实验步骤中将讨论通过图形接口完成如图 3.1 所示的 VLAN 划分过程的步骤和方法。但图形接口仅仅是 Cisco Packet Tracer 为了方便初学者配置 Cisco 网络设备提供的一种工具,读者真正需要掌握的是命令行接口(CLI)配置网络设备的过程,这也是实际配置 Cisco 网络设备的主要方法。

交换机 VLAN 配置过程分为两个步骤:一是根据需要在交换机上创建多个 VLAN,默认情况下交换机只有一个 VLAN——VLAN 1；二是将交换机端口分配给不同的 VLAN。

1. 创建 VLAN

```
Switch(config)#vlan 2
Switch(config-vlan)#name aabb
Switch(config-vlan)#exit
```

vlan 2 是全局模式下使用的命令，该命令的作用：一是创建一个编号为 2(VLAN ID=2) 的 VLAN；二是进入该 VLAN 的 VLAN 配置模式。

name aabb 是特定 VLAN 配置模式下使用的命令，该命令的作用是为特定 VLAN(这里是编号为 2 的 VLAN)定义一个名字 aabb。通常情况下为特定 VLAN 起一个用于标识该 VLAN 的地理范围或作用的名字，如 Computer-ROOM。

通过 exit 命令退出 VLAN 配置模式，返回到全局模式。

2. 将交换机端口分配给 VLAN

1) 分配接入端口

```
Switch(config)#interface FastEthernet0/1
Switch(config-if)#switchport mode access
Switch(config-if)#switchport access vlan 2
Switch(config-if)#exit
```

interface FastEthernet0/1 是全局模式下使用的命令，该命令的作用是进入交换机端口 FastEthernet0/1 的接口配置模式，交换机 24 个端口的编号为 FastEthernet0/1 ～ FastEthernet0/24。

switchport mode access 是接口配置模式下使用的命令，该命令的作用是将特定交换机端口(这里是 FastEthernet0/1)指定为接入端口，接入端口是非标记端口，从该端口输入输出的 MAC 帧不携带 VLAN ID。

switchport access vlan 2 是接口配置模式下使用的命令，该命令的作用是将指定交换机端口(这里是 FastEthernet0/1)作为接入端口分配给编号为 2 的 VLAN(VLAN ID=2 的 VLAN)。

通过 exit 命令退出接口配置模式，返回到全局模式。

2) 分配共享端口

```
Switch(config)#interface FastEthernet0/2
Switch(config-if)#switchport mode trunk
Switch(config-if)#switchport trunk allowed vlan 2-4,6
Switch(config-if)#exit
```

通过在全局模式下输入命令 interface FastEthernet0/2 进入交换机端口 FastEthernet0/2 的接口配置模式。

switchport mode trunk 是接口配置模式下使用的命令，该命令的作用是将特定交换机端口(这里是 FastEthernet0/2)指定为主干端口，主干端口就是共享端口，即标记端口。除了属于本地 VLAN 的 MAC 帧外，其他从该端口输入输出的 MAC 帧携带该 MAC 帧所属

VLAN 的 VLAN ID。

switchport trunk allowed vlan 2-4,6 是接口配置模式下使用的命令,该命令的作用是指定共享特定交换机端口(这里是 FastEthernet0/2)的 VLAN 集合,"2-4,6"表示 VLAN 集合由编号 2～编号 4 的三个 VLAN 和编号为 6 的 VLAN 组成。该命令表明端口 FastEthernet0/2 被编号 2～编号 4 的三个 VLAN 和编号为 6 的 VLAN(共四个 VLAN)共享。

3.1.5 实验步骤

(1) 启动 Cisco Packet Tracer,在逻辑工作区根据如图 3.1 所示的网络结构放置和连接设备,完成设备放置和连接后的逻辑工作区界面如图 3.2 所示。终端 A～终端 F 分别对应 PC0～PC5。分别为 PC0～PC5 分配 IP 地址 192.1.1.1～192.1.1.6。

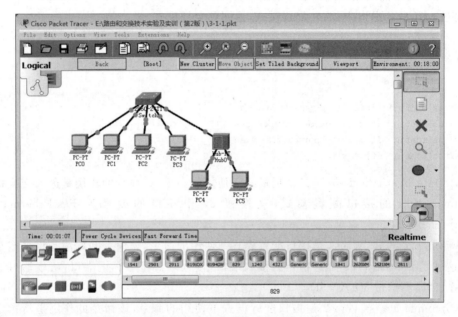

图 3.2 完成设备放置和连接后的逻辑工作区界面

(2) 为了验证默认情况下交换机所有端口都属于同一个广播域,进入模拟操作模式,勾选 ICMP 协议,在 PC1 上生成如图 3.3 所示的复杂报文。在 PC1 上生成如图 3.3 所示的复杂报文的过程如下:单击公共工具栏中复杂报文工具,逻辑工作区出现信封形状光标,移动光标到 PC1,单击,出现复杂报文生成界面,在源和目的 IP 地址输入框中输入该报文的发送端 IP 地址和接收端 IP 地址。由于需要生成一个 PC1 发送的广播报文,因此,源 IP 地址(Source IP Address)输入框中输入 PC1 的 IP 地址 192.1.1.2,在目的 IP 地址(Destination IP Address)输入框中输入广播地址 255.255.255.255。在序号(Sequence Number)输入框中输入任意值,这里是 12。选中发送一次(One Shot Time)选项,在时间(Seconds)输入框中输入任意时间值,这里是 12。交换机接收到该广播报文后,从除连接 PC1 以外的所有其他端口输出该广播报文,如图 3.4 所示。单击 Switch 传输给 PC0 的 ICMP 报文,查看 ICMP 报文封装过程,确定该广播报文最终封装成以广播地址 FFFF.FFFF.FFFF 为目的 MAC 地址(DEST ADDR)的 MAC 帧,如图 3.5 所示。

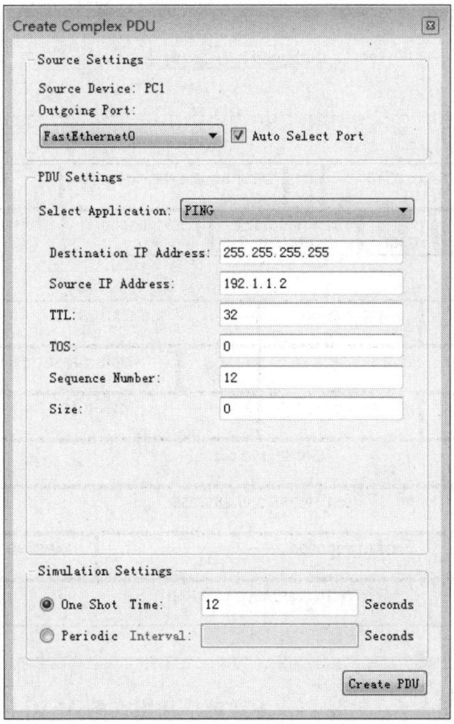

图 3.3　PC1 上创建的复杂报文

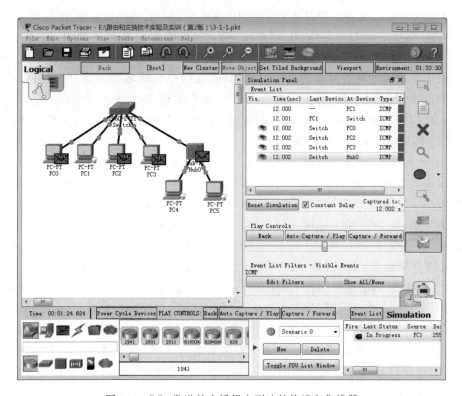

图 3.4　PC1 发送的广播报文到达的终端和集线器

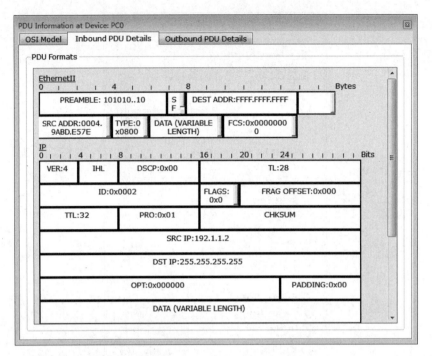

图 3.5　封装 PC1 发送的广播报文的 MAC 帧

（3）为了在 PC0 的 ARP 缓冲区中建立 PC1 的 IP 地址与 PC1 的 MAC 地址之间的绑定项，在 PC1 的 ARP 缓冲区中建立 PC0 的 IP 地址与 PC0 的 MAC 地址、PC4 的 IP 地址与 PC4 的 MAC 地址之间的绑定项，在 PC4 的 ARP 缓冲器中建立 PC1 的 IP 地址与 PC1 的 MAC 地址之间的绑定项。完成 PC0 和 PC1 之间、PC1 和 PC4 之间的 Ping 操作。值得说明的是，由于完成地址解析过程的 ARP 报文只能在同一广播域内广播，因此，划分 VLAN 后，由于 PC1 和 PC4 属于不同的 VLAN，PC1 再也无法在 ARP 缓冲器中建立 PC4 的 IP 地址与 PC4 的 MAC 地址之间的绑定项，同样，PC4 也无法在 ARP 缓冲器中建立 PC1 的 IP 地址与 PC1 的 MAC 地址之间的绑定项。

（4）在交换机图形接口（Config）下完成 VLAN 划分过程的步骤如下。进入实时操作模式，选择交换机 Switch 图形接口（Config）选项卡，单击 VLAN Database，弹出如图 3.6 所示的创建 VLAN 界面，在 VLAN 编号（VLAN Number）输入框中输入新创建的 VLAN 编号 2，在 VLAN 名（VLAN Name）输入框中输入 VLAN 名 v2，单击 Add 按钮，完成 VLAN 2 的创建过程。重复上述操作，完成 VLAN 3 的创建过程。VLAN 编号具有全局意义，VLAN 名只有本地意义，可以为 VLAN 取一个用于说明该 VLAN 用途的 VLAN 名。

单击连接 PC0 的交换机端口 FastEthernet0/1，弹出如图 3.7 所示的接口配置界面，端口类型选择 Access，端口所属 VLAN 选择 2。依次操作，将交换机端口 FastEthernet0/2 和 FastEthernet0/5 分配给 VLAN 2，将交换机端口 FastEthernet0/3 和 FastEthernet0/8 分配给 VLAN 3。Cisco 交换机配置中，Access 本义是接入端口，由于接入端口直接连接终端，只能是非标记端口，因此，Access 等同于非标记端口。对于 Cisco 设备，非标记端口只能分配给单个 VLAN。

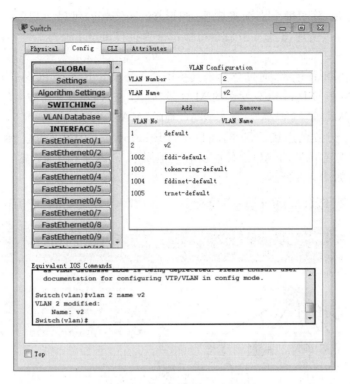

图 3.6　图形接口下创建 VLAN 界面

图 3.7　图形接口下将交换机端口分配给 VLAN 界面

值得强调的是,除了极个别配置操作,图形接口(Config)可以实现的配置操作,命令行接口(CLI)同样可以实现,3.1.6 节命令行接口配置过程将给出通过命令行接口输入的完整命令序列。

(5) 进入模拟操作模式,通过公共工具栏中简单报文工具启动 PC0 至 PC1 的 ICMP 报文传输过程,交换机接收到 PC0 发送的 MAC 帧后,由于 VLAN 2 对应的转发表为空,在转发表中添加 VLAN 编号(VLAN)为 2、MAC 地址(MAC Address)为 PC0 的 MAC 地址、转发端口(Port)为交换机连接 PC0 的端口 FastEthernet0/1 的转发项。然后,交换机将该MAC 帧通过除连接 PC0 的端口以外的所有其他属于 VLAN 2 的端口输出。该 MAC 帧到达 PC1 和 PC3,如图 3.8 所示。

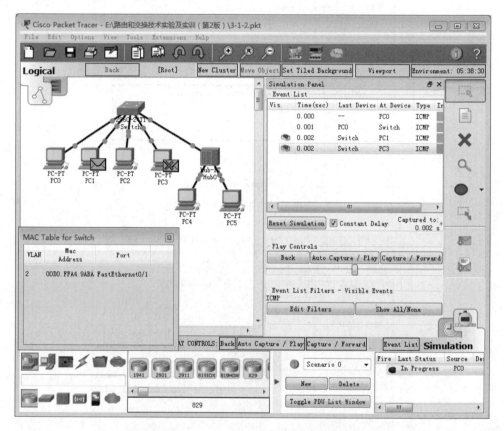

图 3.8 PC0 至 PC1 ICMP 报文传输过程

(6) PC1 至 PC0 ICMP 报文传输过程中,由于转发表中没有 PC1 的 MAC 地址匹配的转发项,在转发表中添加 VLAN 编号(VLAN)为 2、MAC 地址(MAC Address)为 PC1 的 MAC 地址、转发端口(Port)为交换机连接 PC1 的端口 FastEthernet0/2 的转发项。由于转发表中存在与 PC0 的 MAC 地址匹配的转发项,且转发项的 VLAN 编号为 2,MAC 帧通过转发项指定的转发端口输出,只到达 PC0,如图 3.9 所示。

(7) PC4 至 PC1 ICMP 报文传输过程中,集线器接收到 PC4 发送的 MAC 帧后,广播该MAC 帧,该 MAC 帧到达 PC5 和交换机连接集线器的端口 FastEthernet0/8。由于转发表中没有 PC4 的 MAC 地址匹配的转发项,在转发表中添加 VLAN 编号(VLAN)为 3、MAC地址(MAC Address)为 PC4 的 MAC 地址、转发端口(Port)为交换机连接集线器的端口

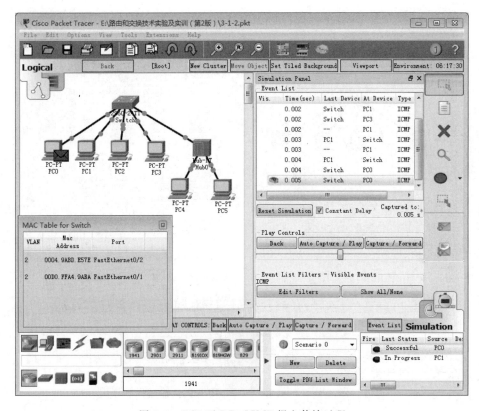

图 3.9 PC1 至 PC0 ICMP 报文传输过程

FastEthernet0/8 的转发项。由于转发表中没有 VLAN 编号为 3,且与 PC1 的 MAC 地址匹配的转发项,MAC 帧通过除连接集线器的端口以外的所有其他属于 VLAN 3 的端口输出。该 MAC 帧到达 PC2,如图 3.10 所示。

(8) PC1 至 PC4 ICMP 报文传输过程中,由于转发表中没有 VLAN 编号为 2,且与 PC4 的 MAC 地址匹配的转发项,MAC 帧通过除连接 PC1 的端口以外的所有其他属于 VLAN 2 的端口输出,该 MAC 帧到达 PC0 和 PC3,如图 3.11 所示。

(9) PC1 发送的广播帧在 VLAN 2 内广播,因此,交换机接收到 PC1 发送的广播帧后,该广播帧通过除连接 PC1 的端口以外的所有其他属于 VLAN 2 的端口输出。该 MAC 帧到达 PC0 和 PC3,如图 3.11 所示。需要说明的是,由于图 3.10 中到达 PC0 和 PC3 的 MAC 帧的目的 MAC 地址是单播地址且不是 PC0 和 PC3 的 MAC 地址,因此,PC0 和 PC3 丢弃该 MAC 帧。由于图 3.12 中到达 PC0 和 PC3 的 MAC 帧的目的 MAC 地址是广播地址,因此,PC0 和 PC3 将接收并处理该 MAC 帧。

(10) PC5 至 PC4 ICMP 报文传输过程中,集线器接收到 PC5 发送的 MAC 帧后,广播该 MAC 帧,该 MAC 帧到达 PC4 和交换机连接集线器的端口 FastEthernet0/8。由于转发表中没有 PC5 的 MAC 地址匹配的转发项,在转发表中添加 VLAN 编号(VLAN)为 3、MAC 地址(MAC Address)为 PC5 的 MAC 地址、转发端口(Port)为交换机连接集线器的端口 FastEthernet0/8 的转发项。由于转发表中存在 VLAN 编号为 3,且与 PC4 的 MAC 地址匹配的转发项,而且转发项中的转发端口与交换机接收该 MAC 帧的端口相同,交换机丢弃该 MAC 帧,如图 3.13 所示。

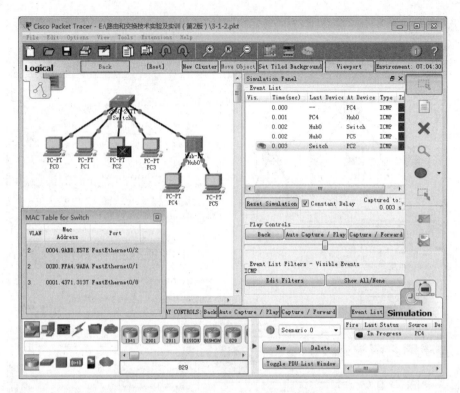

图 3.10　PC4 至 PC1 ICMP 报文传输过程

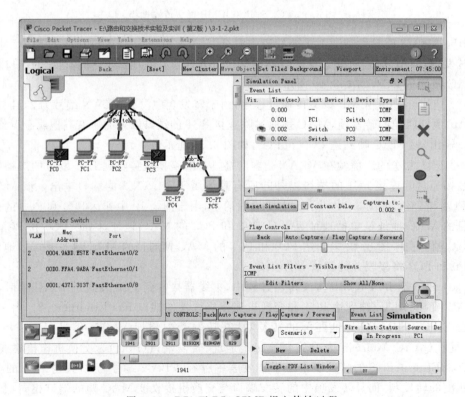

图 3.11　PC1 至 PC4 ICMP 报文传输过程

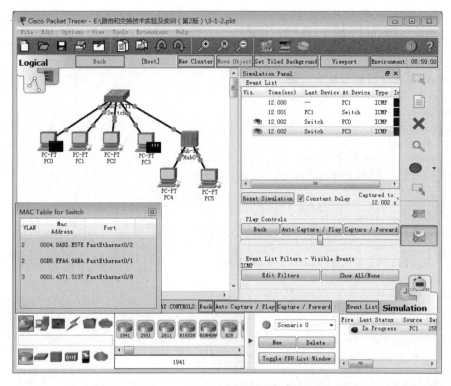

图 3.12　PC1 广播 ICMP 报文过程

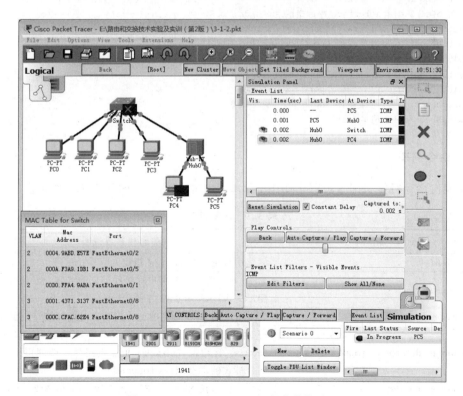

图 3.13　PC5 至 PC4 ICMP 报文传输过程

3.1.6 命令行接口配置过程

1. Switch 命令行接口配置过程

```
Switch>enable
Switch#configure terminal
Switch(config)#vlan 2
Switch(config-vlan)#name v2
Switch(config-vlan)#exit
Switch(config)#vlan 3
Switch(config-vlan)#name v3
Switch(config-vlan)#exit
Switch(config)#interface FastEthernet0/1
Switch(config-if)#switchport mode access
Switch(config-if)#switchport access vlan 2
Switch(config-if)#exit
Switch(config)#interface FastEthernet0/2
Switch(config-if)#switchport mode access
Switch(config-if)#switchport access vlan 2
Switch(config-if)#exit
Switch(config)#interface FastEthernet0/5
Switch(config-if)#switchport mode access
Switch(config-if)#switchport access vlan 2
Switch(config-if)#exit
Switch(config)#interface FastEthernet0/3
Switch(config-if)#switchport mode access
Switch(config-if)#switchport access vlan 3
Switch(config-if)#exit
Switch(config)#interface FastEthernet0/8
Switch(config-if)#switchport mode access
Switch(config-if)#switchport access vlan 3
Switch(config-if)#exit
```

2. 命令列表

交换机命令行接口配置过程中使用的命令及功能和参数说明如表 3.3 所示。

表 3.3 命令列表

命 令 格 式	功能和参数说明
vlan *vlan-id*	创建编号由参数 *vlan-id* 指定的 VLAN
name *name*	为 VLAN 指定便于用户理解和记忆的名字。参数 *name* 是用户为 VLAN 分配的名字
interface *port*	进入由参数 *port* 指定的交换机端口对应的接口配置模式
switchport mode{**access** | **trunk** | **dynamic**}	将交换机端口模式指定为以下三种模式之一：接入端口（**access**）、标记端口（**trunk**）、根据链路另一端端口模式确定端口模式的动态端口（**dynamic**）
switchport access vlan *vlan-id*	将端口作为接入端口分配给由参数 *vlan-id* 指定的 VLAN
switchport trunk allowed vlan *vlan-list*	标记端口被由参数 *vlan-list* 指定的一组 VLAN 共享

3.2 跨交换机 VLAN 配置实验

3.2.1 实验内容

构建如图 3.14 所示的物理以太网,将物理以太网划分为三个 VLAN,分别是 VLAN 2、VLAN 3 和 VLAN 4。其中终端 A、终端 B 和终端 G 属于 VLAN 2,终端 E、终端 F 和终端 H 属于 VLAN 3,终端 C 和终端 D 属于 VLAN 4。为了保证属于同一 VLAN 的终端之间能够相互通信,要求做到以下两点:一是为属于同一 VLAN 的终端配置有着相同网络号的 IP 地址;二是建立属于同一 VLAN 的终端之间的交换路径。

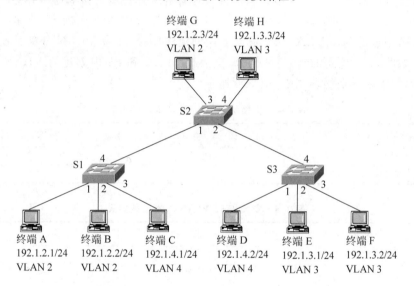

图 3.14 网络结构与 VLAN 划分

3.2.2 实验目的

(1) 完成复杂交换式以太网设计过程。
(2) 实现跨交换机 VLAN 划分。
(3) 验证接入端口和标记端口之间的区别。
(4) 验证 IEEE 802.1q(以下略去 IEEE)标准 MAC 帧格式。
(5) 验证属于同一 VLAN 的终端之间的通信过程。
(6) 验证属于不同 VLAN 的两个终端之间不能相互通信。

3.2.3 实验原理

1. 创建 VLAN 和为 VLAN 分配交换机端口过程

为了保证属于同一 VLAN 的终端之间存在交换路径，交换机中创建 VLAN 和为 VLAN 分配端口的过程中，需要遵循以下原则：一是端口分配原则。如果仅仅只有属于单个 VLAN 的交换路径经过某个交换机端口，将该交换机端口作为接入端口分配给该 VLAN；如果有属于不同 VLAN 的多条交换路径经过某个交换机端口，将该交换机端口配置为被这些 VLAN 共享的共享端口。二是创建 VLAN 原则。如果某个交换机直接连接属于某个 VLAN 的终端，该交换机中需要创建该 VLAN；如果某个交换机虽然没有直接连接属于某个 VLAN 的终端，但有属于该 VLAN 的交换路径经过该交换机中的端口，该交换机也需要创建该 VLAN。图 3.14 中的交换机 S2，虽然没有直接连接属于 VLAN 4 的终端，但由于属于 VLAN 4 的终端 C 与终端 D 之间的交换路径经过交换机 S2 的端口 1 和端口 2，交换机 S2 中也需创建 VLAN 4。根据上述创建 VLAN 和为 VLAN 分配交换机端口的原则，根据如图 3.14 所示的 VLAN 划分，交换机 S1、S2 和 S3 中创建的 VLAN 及 VLAN 与端口之间的映射分别如表 3.4～表 3.6 所示。

表 3.4 交换机 S1 VLAN 与端口映射表

VLAN	接入端口	共享端口
VLAN 2	1,2	4
VLAN 4	3	4

表 3.5 交换机 S2 VLAN 与端口映射表

VLAN	接入端口	共享端口
VLAN 2	3	1
VLAN 3	4	2
VLAN 4		1,2

表 3.6 交换机 S3 VLAN 与端口映射表

VLAN	接入端口	共享端口
VLAN 3	2,3	4
VLAN 4	1	4

2. 端口模式与 MAC 帧格式之间的关系

从接入端口输入输出的 MAC 帧不携带 VLAN ID，是普通的 MAC 帧格式。从共享端口输入输出的 MAC 帧，携带该 MAC 帧所属 VLAN 的 VLAN ID。MAC 帧格式是 802.1q 标准 MAC 帧格式。

3.2.4 实验步骤

(1) 启动 Cisco Packet Tracer,在逻辑工作区根据如图 3.14 所示的网络结构放置和连接网络设备,完成网络设备放置和连接后的逻辑工作区界面如图 3.15 所示。按照如图 3.14 所示的终端网络信息为各个终端配置 IP 地址和子网掩码。

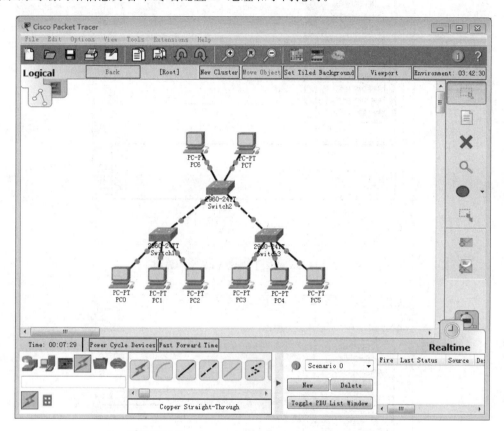

图 3.15　完成设备放置和连接后的逻辑工作区界面

(2) 按照表 3.4～表 3.6 所示内容在各个交换机中创建 VLAN,在 Switch1 中创建 VLAN 2 和 VLAN 4,在 Switch2 中创建 VLAN 2、VLAN 3 和 VLAN 4,在 Switch3 中创建 VLAN 3 和 VLAN 4。Switch2 中创建 VLAN 的界面如图 3.16 所示。

(3) 按照表 3.4～表 3.6 所示内容为各个 VLAN 分配交换机端口,对于交换机 Switch2,需要将 FastEthernet0/1 端口配置为被 VLAN 2 和 VLAN 4 共享的共享端口,将 FastEthernet0/2 端口配置为被 VLAN 3 和 VLAN 4 共享的共享端口,将 FastEthernet0/3 端口作为接入端口分配给 VLAN 2,将 FastEthernet0/4 端口作为接入端口分配给 VLAN 3。将交换机 Switch2 的 FastEthernet0/1 端口配置为被 VLAN 2 和 VLAN 4 共享的共享端口 (Trunk)的界面如图 3.17 所示。将交换机 Switch2 的 FastEthernet0/3 端口作为接入端口 (Access)分配给 VLAN 2 的界面如图 3.18 所示。

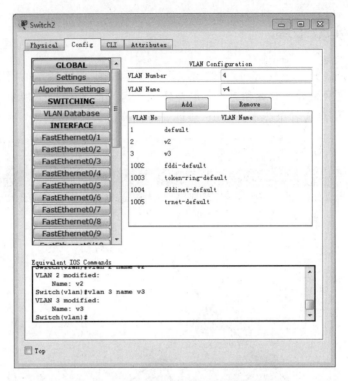

图 3.16　Switch2 中创建 VLAN 的界面

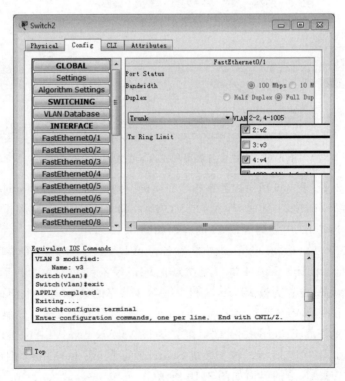

图 3.17　将 Switch2 的 FastEthernet0/1 端口配置为共享端口的界面

图 3.18 将 Switch2 的 FastEthernet0/3 端口分配给 VLAN 2 的界面

(4) 启动 PC2 至 PC3 的 MAC 帧传输过程,由于交换机 Switch1 的 FastEthernet0/4 端口是被 VLAN 2 和 VLAN 4 共享的共享端口,因此,该 MAC 帧经过交换机 Switch1 的 FastEthernet0/4 端口输出时,携带 VLAN 4 对应的 VLAN ID(4)。MAC 帧格式如图 3.19

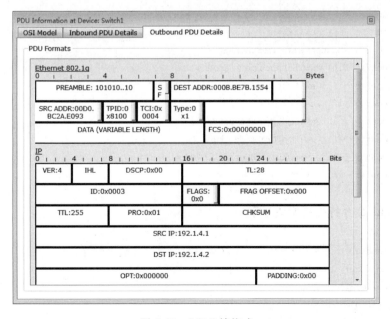

图 3.19 MAC 帧格式

所示,标记协议标识符(Tag Protocol Identifier,TPID)字段值为十六进制 8100(TPID:0x8100),表示是 802.1q 标准 MAC 帧,这里的标记控制信息(Tag Control Information,TCI)字段值就是 VLAN ID。TCI=0x0004 表示 VLAN ID=4。需要说明的是,802.1q 标准 MAC 帧紧跟 TCI 字段的是普通 MAC 帧中的类型字段,因为该 MAC 帧封装了 IP 分组,类型字段值应该是十六进制 0800(0x0800)。

3.2.5 命令行接口配置过程

1. Switch1 命令行接口配置过程

```
Switch>enable
Switch#configure terminal
Switch(config)#hostname Switch1
Switch1(config)#vlan 2
Switch1(config-vlan)#name v2
Switch1(config-vlan)#exit
Switch1(config)#vlan 4
Switch1(config-vlan)#name v4
Switch1(config-vlan)#exit
Switch1(config)#interface FastEthernet0/1
Switch1(config-if)#switchport mode access
Switch1(config-if)#switchport access vlan 2
Switch1(config-if)#exit
Switch1(config)#interface FastEthernet0/2
Switch1(config-if)#switchport mode access
Switch1(config-if)#switchport access vlan 2
Switch1(config-if)#exit
Switch1(config)#interface FastEthernet0/3
Switch1(config-if)#switchport mode access
Switch1(config-if)#switchport access vlan 4
Switch1(config-if)#exit
Switch1(config)#interface FastEthernet0/4
Switch1(config-if)#switchport mode trunk
Switch1(config-if)#switchport trunk allowed vlan 2,4
Switch1(config-if)#exit
```

2. Switch2 命令行接口配置过程

```
Switch>enable
Switch#configure terminal
Switch(config)#hostname Switch2
Switch2(config)#vlan 2
Switch2(config-vlan)#name v2
Switch2(config-vlan)#exit
```

```
Switch2(config)#vlan 3
Switch2(config-vlan)#name v3
Switch2(config-vlan)#exit
Switch2(config)#vlan 4
Switch2(config-vlan)#name v4
Switch2(config-vlan)#exit
Switch2(config)#interface FastEthernet0/1
Switch2(config-if)#switchport mode trunk
Switch2(config-if)#switchport trunk allowed vlan 2,4
Switch2(config-if)#exit
Switch2(config)#interface FastEthernet0/2
Switch2(config-if)#switchport mode trunk
Switch2(config-if)#switchport trunk allowed vlan 3,4
Switch2(config-if)#exit
Switch2(config)#interface FastEthernet0/3
Switch2(config-if)#switchport mode access
Switch2(config-if)#switchport access vlan 2
Switch2(config-if)#exit
Switch2(config)#interface FastEthernet0/4
Switch2(config-if)#switchport mode access
Switch2(config-if)#switchport access vlan 3
Switch2(config-if)#exit
```

3. Switch3 命令行接口配置过程

```
Switch>enable
Switch#configure terminal
Switch(config)#hostname Switch3
Switch3(config)#vlan 3
Switch3(config-vlan)#name v3
Switch3(config-vlan)#exit
Switch3(config)#vlan 4
Switch3(config-vlan)#name v4
Switch3(config-vlan)#exit
Switch3(config)#interface FastEthernet0/1
Switch3(config-if)#switchport mode access
Switch3(config-if)#switchport access vlan 4
Switch3(config-if)#exit
Switch3(config)#interface FastEthernet0/2
Switch3(config-if)#switchport mode access
Switch3(config-if)#switchport access vlan 3
Switch3(config-if)#exit
Switch3(config)#interface FastEthernet0/3
Switch3(config-if)#switchport mode access
Switch3(config-if)#switchport access vlan 3
```

```
Switch3(config-if)#exit
Switch3(config)#interface FastEthernet0/4
Switch3(config-if)#switchport mode trunk
Switch3(config-if)#switchport trunk allowed vlan 3,4
Switch3(config-if)#exit
```

3.3 交换机远程配置实验

3.3.1 实验内容

交换机可以定义任何 VLAN 对应的 IP 接口，并把该 IP 接口作为管理接口。为该 IP 接口配置的 IP 地址自然作为该交换机的管理地址。终端实现对该交换机远程配置的前提是，存在该终端与交换机管理接口之间的传输通路。对于如图 3.14 所示的网络结构，可以分别为交换机 S1、S2 和 S3 定义 VLAN 4 对应的 IP 接口，并将该 IP 接口作为这三个交换机的管理接口。由于只有终端 C 和终端 D 属于 VLAN 4，因此，只有终端 C 和终端 D 能够实现对这三个交换机的远程配置过程。为三个交换机中 VLAN 4 对应的 IP 接口分配与终端 C 和终端 D 有着相同网络号的 IP 地址。

3.3.2 实现目的

（1）验证交换机管理接口定义过程。
（2）验证实施交换机远程配置的条件。
（3）验证控制允许实施远程配置过程的终端范围的方法。

3.3.3 实现原理

本实验一是需要为每一个交换机定义管理接口，并为管理接口分配 IP 地址。二是需要保证允许实施远程配置的终端与每一个交换机的管理接口之间的连通性。三是需要启动交换机远程登录功能。通常情况下，远程登录过程中，交换机需要鉴别远程登录用户的身份，因此，需要在交换机中配置鉴别信息，交换机通过配置的鉴别信息对用户的身份和配置权限进行鉴别。四是通过 VLAN 划分，限制允许建立与每一个交换机的管理接口之间的传输通路的终端范围。在没有设置路由设备的情况下，只有属于相同 VLAN 的终端才能建立与该 VLAN 对应的 IP 接口之间的传输通路。即使设置路由设备，只要不为交换机配置默认网关地址，同样只有属于相同 VLAN，且配置与管理接口有着相同网络号的 IP 地址的终端才能访问到该管理接口。

3.3.4 实验步骤

(1) 通过 3.3.5 节命令行接口配置过程中给出的命令序列，分别在这三个交换机中定义 VLAN 4 对应的 IP 接口，并分别为这三个 IP 接口分配 IP 地址和子网掩码 192.1.4.17/24、192.1.4.27/24 和 192.1.4.37/24。同时，分别在这三个交换机中定义用户名和口令分别为 aaa1 和 bbb1、aaa2 和 bbb2、aaa3 和 bbb3 的授权用户，分别在这三个交换机中配置进入特权模式时使用的口令 ccc1、ccc2 和 ccc3。这三个交换机都要求用本地配置的授权用户信息鉴别登录用户身份。需要指出的是，一旦对交换机定义 VLAN 4 对应的 IP 接口，并为该 IP 接口分配 IP 地址和子网掩码，该 IP 接口自动开启，无须通过输入命令 no shutdown 开启，这是其他 VLAN 对应的 IP 接口与 VLAN 1 对应的 IP 接口之间的区别。

(2) 进入 PC2 的命令行提示符(Command Prompt)，分别通过输入命令 telnet 192.1.4.17、telnet 192.1.4.27 和 telnet 192.1.4.37 开始对这三个交换机的远程登录过程，登录过程中分别按照提示输入用户名和口令。PC2 成功登录这三个交换机的过程如图 3.20 所示。

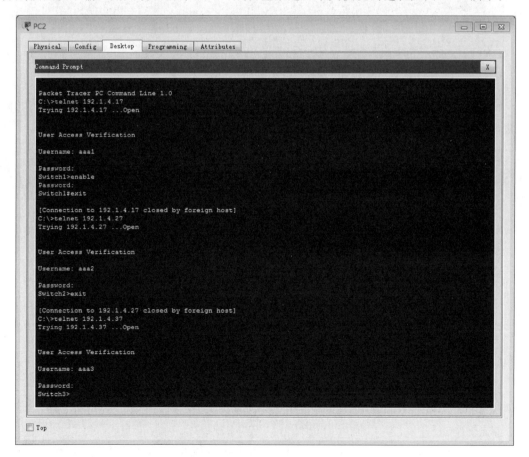

图 3.20 PC2 成功远程登录三个交换机的界面

（3）在属于其他 VLAN 的终端的命令提示符下输入命令 telnet 192.1.4.17，是无法成功登录 Switch1 的。图 3.21 所示是 PC0 远程登录 Switch1 失败的界面。

图 3.21　PC0 远程登录 Switch1 失败的界面

（4）为了验证远程配置结果，如图 3.22 所示，通过 PC3 远程登录 Switch1，并通过远程配置过程完成在 Switch1 中创建编号为 5、名字为 telnet-vlan 的 VLAN 的过程。

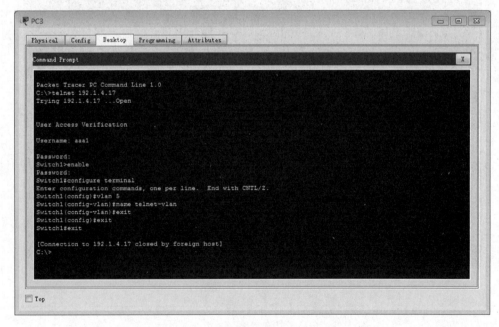

图 3.22　PC3 远程配置 Switch1 的界面

(5) 为了查看远程配置结果,进入如图 3.23 所示的 Switch1 创建 VLAN 界面,发现 Switch1 中已经存在编号(VLAN No)为 5、名字(VLAN Name)为 telnet-vlan 的 VLAN。

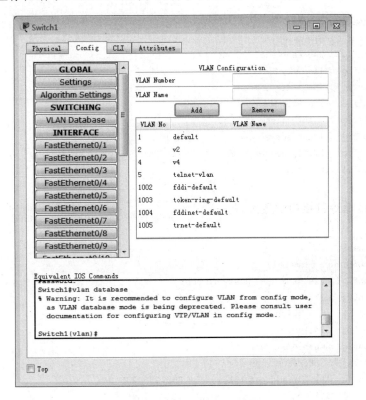

图 3.23 验证远程配置 Switch1 结果的界面

3.3.5 命令行接口配置过程

该实验在 3.2 节实验的基础上进行,因此,以下命令序列只是用于完成与实现远程配置相关的参数的配置过程。

1. Switch1 命令行接口配置过程

Switch1 > enable
Switch1 # configure terminal
Switch1(config) # username aaa1 password bbb1
Switch1(config) # line vty 0 4
Switch1(config - line) # login local
Switch1(config - line) # exit
Switch1(config) # enable password ccc1
Switch1(config) # interface vlan 4
Switch1(config - if) # ip address 192.1.4.17 255.255.255.0
Switch1(config - if) # exit

2. Switch2 命令行接口配置过程

```
Switch2 > enable
Switch2 # configure terminal
Switch2(config) # username aaa2 password bbb2
Switch2(config) # line vty 0 4
Switch2(config - line) # login local
Switch2(config - line) # exit
Switch2(config) # enable password ccc2
Switch2(config) # interface vlan 4
Switch2(config - if) # ip address 192.1.4.27 255.255.255.0
Switch2(config - if) # exit
```

3. Switch3 命令行接口配置过程

```
Switch3 > enable
Switch3 # configure terminal
Switch3(config) # username aaa3 password bbb3
Switch3(config) # line vty 0 4
Switch3(config - line) # login local
Switch3(config - line) # exit
Switch3(config) # enable password ccc3
Switch3(config) # interface vlan 4
Switch3(config - if) # ip address 192.1.4.37 255.255.255.0
Switch3(config - if) # exit
```

3.4 RSPAN 配置实验

3.4.1 实验内容

该实验在 3.2 节实验的基础上进行，在交换机 S3 上连接一个嗅探器，要求该嗅探器可以嗅探到终端 A 发送的 ICMP 报文，即嗅探器可以复制下所有由终端 A 发送的 ICMP 报文。网络结构如图 3.24 所示。

3.4.2 实验目的

(1) 验证端口映射原理。
(2) 验证 Cisco 实现远程端口映射的过程。
(3) 验证 RSPAN VLAN 配置过程。
(4) 验证 RSPAN VLAN 的作用和工作过程。
(5) 验证嗅探器实现远程嗅探的过程。

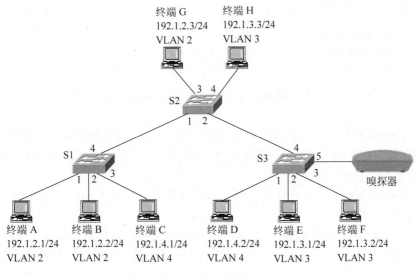

图 3.24 网络结构

3.4.3 实验原理

交换机 S1 连接终端 A 的端口为源端口，交换机 S3 连接嗅探器的端口为目的端口，创建一个用于建立交换机 S1 至交换机 S3 传输通路的 RSPAN VLAN。交换机 S1 接收到终端 A 发送的 MAC 帧后，将 MAC 帧映射到一个反射端口，由反射端口将该 MAC 帧发送到 RSPAN VLAN，该 MAC 帧通过 RSPAN VLAN 到达交换机 S3，由交换机 S3 将该 MAC 帧映射到目的端口。因此，实现远程端口映射后，终端 A 发送的 MAC 帧存在两种独立的传输路径：一是正常的传输路径，该传输路径由该 MAC 帧的目的 MAC 地址和该传输路径经过的交换机的转发表确定；二是通过 RSPAN VLAN 实现的源端口至目的端口的传输路径。

3.4.4 关键命令说明

1. 创建 RSPAN VLAN

RSPAN VLAN 是一种特殊的 VLAN，用于构建源端口所在交换机至目的端口所在交换机之间的交换路径。

```
Switch1(config)#vlan 5
Switch1(config-vlan)#remote-span
Switch1(config-vlan)#name rspan
Switch1(config-vlan)#exit
```

remote-span 是 VLAN 配置模式下使用的命令，用于将特定 VLAN（这里是 VLAN 5）定义为 RSPAN VLAN。

2. 源端口所在交换机配置过程

源端口所在交换机需要完成以下配置：一是指定源端口；二是将通过源端口接收到的

MAC 帧映射到一个反射端口，并由反射端口将该 MAC 帧发送到 RSPAN VLAN。

```
Switch1(config)#no monitor session all
Switch1(config)#monitor session 1 source interface FastEthernet0/1 rx
Switch1(config)#monitor session 1 destination remote vlan 5 reflector-port FastEthernet0/17
```

no monitor session all 是全局模式下使用的命令，该命令的作用是清除所有已经配置的映射。

monitor session 1 source interface FastEthernet0/1 rx 是全局模式下使用的命令，该命令的作用有两个：一是指定 FastEthernet0/1 为源端口；二是指定需要嗅探的 MAC 帧，rx 表示只嗅探源端口接收到的 MAC 帧。

monitor session 1 destination remote vlan 5 reflector-port FastEthernet0/17 是全局模式下使用的命令，该命令的作用有两个：一是指定 VLAN 5 为 RSPAN VLAN；二是指定 FastEthernet0/17 端口为反射端口。任何没有使用的交换机端口均可作为反射端口。

相同的会话号 1(session 1)将源端口和 RSPAN VLAN 绑定在一起，这两条命令一起作用的结果是，将通过源端口 FastEthernet0/1 接收到的 MAC 帧映射到反射端口 FastEthernet0/17，并通过反射端口 FastEthernet0/17 将该 MAC 帧发送到 VLAN 5。

3. 目的端口所在交换机配置过程

```
Switch3(config)#no monitor session all
Switch3(config)#monitor session 1 source remote vlan 5
Switch3(config)#monitor session 1 destination interface FastEthernet0/5
```

monitor session 1 source remote vlan 5 是全局模式下使用的命令，该命令的作用是指定 VLAN 5 为 RSPAN VLAN。

monitor session 1 destination interface FastEthernet0/5 是全局模式下使用的命令，该命令的作用是指定 FastEthernet0/5 为目的端口。

相同的会话号 1(session 1)将 RSPAN VLAN 和目的端口绑定在一起，这两条命令一起作用的结果是，将通过 VLAN 5 接收到的 MAC 帧映射到目的端口 FastEthernet0/5。

3.4.5 实验步骤

（1）启动 Cisco Packet Tracer，在逻辑工作区根据如图 3.24 所示的网络结构放置和连接网络设备，完成网络设备放置和连接后的逻辑工作区界面如图 3.25 所示。

（2）根据 3.4.6 节中给出的命令序列完成三个交换机的配置过程。主要完成的配置如下：一是分别在这三个交换机中创建 VLAN 5，并将 VLAN 5 定义为 RSPAN VLAN；二是建立基于 VLAN 5 的交换机 S1 至交换机 S3 的交换路径；三是在交换机 S1 中建立源端口与 VLAN 5 之间的绑定；四是在交换机 S3 中建立 VLAN 5 与目的端口之间的绑定。

（3）进入模拟操作模式，启动 PC0 至 PC1 ICMP 报文传输过程，发现 PC0 发送的 ICMP 报文同时沿着两条传输路径传输：一是 PC0 至 PC1 传输路径；二是交换机 Switch1 连接 PC0 端口至交换机 Switch3 连接嗅探器(Sniffer)端口传输路径。如图 3.26 所示。

第 3 章 虚拟局域网实验

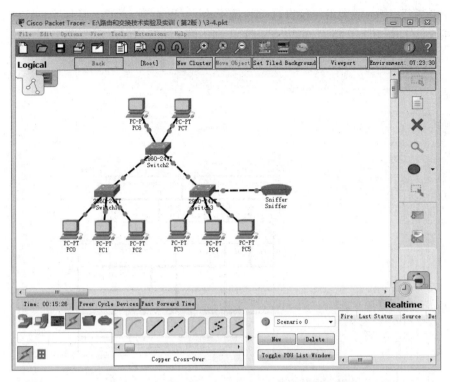

图 3.25 完成设备放置和连接后的逻辑工作区界面

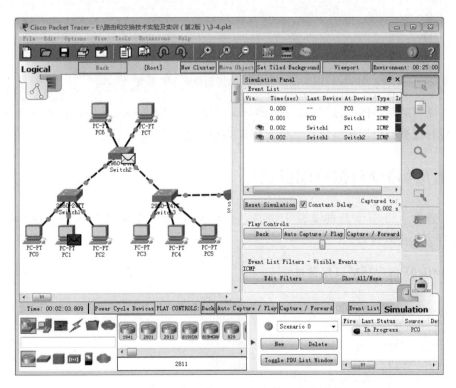

图 3.26 PC0 发送的 ICMP 报文的两条传输路径

(4) 选择 Sniffer 图形用户接口(GUI)选项卡,可以看到 Sniffer 嗅探到的 PC0 发送的 ICMP 报文。打开 ICMP 报文,可以查看该 ICMP 报文格式,如图 3.27 所示。

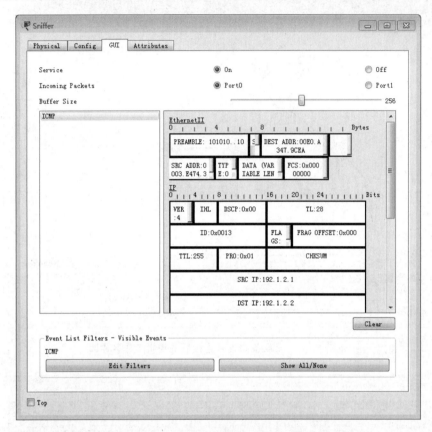

图 3.27 Sniffer 嗅探到的 ICMP 报文

需要说明的是,可以通过编辑过滤器(Edit Filters)指定 Sniffer 嗅探的报文类型,指定报文类型的过程与模拟操作模式下指定协议类型的过程相似。

3.4.6 命令行接口配置过程

该实验在 3.2 节实验的基础上进行,因此,以下命令序列只是用于完成与 RSPAN VLAN 有关的配置过程。

1. Switch1 命令行接口配置过程

```
Switch1 > enable
Switch1 # configure terminal
Switch1(config) # vlan 5
Switch1(config - vlan) # remote - span
Switch1(config - vlan) # name rspan
Switch1(config - vlan) # exit
Switch1(config) # no monitor session all
```

```
Switch1(config)#monitor session 1 source interface FastEthernet0/1 rx
Switch1(config)#monitor session 1 destination remote vlan 5 reflector-port FastEthernet0/17
Switch1(config)#interface FastEthernet0/17
Switch1(config-if)#shutdown
Switch1(config-if)#exit
Switch1(config)#interface FastEthernet0/4
Switch1(config-if)#switchport mode trunk
Switch1(config-if)#switchport trunk allowed vlan 1-10
Switch1(config-if)#exit
```

2. Switch2 命令行接口配置过程

```
Switch2>enable
Switch2#configure terminal
Switch2(config)#vlan 5
Switch2(config-vlan)#remote-span
Switch2(config-vlan)#name rspan
Switch2(config-vlan)#exit
Switch2(config)#interface FastEthernet0/1
Switch2(config-if)#switchport mode trunk
Switch2(config-if)#switchport trunk allowed vlan 1-10
Switch2(config-if)#exit
Switch2(config)#interface FastEthernet0/2
Switch2(config-if)#switchport mode trunk
Switch2(config-if)#switchport trunk allowed vlan 1-10
Switch2(config-if)#exit
```

3. Switch3 命令行接口配置过程

```
Switch3>enable
Switch3#configure terminal
Switch3(config)#vlan 5
Switch3(config-vlan)#remote-span
Switch3(config-vlan)#name rspan
Switch3(config-vlan)#exit
Switch3(config)#no monitor session all
Switch3(config)#monitor session 1 source remote vlan 5
Switch3(config)#monitor session 1 destination interface FastEthernet0/5
Switch3(config)#interface FastEthernet0/5
Switch3(config-if)#switchport mode access
Switch3(config-if)#switchport access vlan 5
Switch3(config-if)#exit
Switch3(config)#interface FastEthernet0/4
Switch3(config-if)#switchport mode trunk
Switch3(config-if)#switchport trunk allowed vlan 1-10
Switch3(config-if)#exit
```

注：从理论上讲，将目的端口 FastEthernet0/5 分配给 VLAN 5 的步骤不是必要的。因为建立 VLAN 5 与目的端口 FastEthernet0/5 之间映射的过程，隐含着将目的端口所属

的 VLAN 改为 VLAN 5 的功能。

4. 命令列表

交换机命令行接口配置过程中使用的命令及功能和参数说明如表 3.7 所示。

表 3.7 命令列表

命 令 格 式	功能和参数说明
no monitor session {*session_number* | **all** | **local** | **remote**}	清除已经定义的会话,每一个会话关联一个端口映射。其中参数 *session_number* 是会话号。该命令可以清除所有会话(**all**)、所有本地会话(**local**)、所有远程会话(**remote**)或由参数 *session_number* 指定的单个会话
remote-span	将某个 VLAN 定义为 RSPAN VLAN
monitor session *session _ number* **source** {**interface** *interface-id* | **vlan** *vlan-id*} [, | -][**both** | **rx** | **tx**]	在源端口或源 VLAN 所在交换机中定义源端口或源 VLAN。其中,参数 *session-number* 是会话号,取值为 1~66、参数 *interface-id* 是端口标识符,用于指定源端口;参数 *vlan-id* 是 VLAN 编号,用于指定源 VLAN。可以通过源端口和源 VLAN 列表指定一组源端口或源 VLAN,如 Fa0/1-Fa0/10。参数 **both** 表示嗅探源端口或源 VLAN 发送和接收的 MAC 帧。参数 **rx** 表示嗅探源端口或源 VLAN 接收到的 MAC 帧。参数 **tx** 表示嗅探源端口或源 VLAN 发送的 MAC 帧
monitor session *session_number* **destination remote vlan** *vlan-id* **reflector-port** *interface-id*	在源端口或源 VLAN 所在交换机中建立 RSPAN VLAN 与反射端口之间的绑定。参数 *vlan-id* 是 RSPAN VLAN 的 VLAN 编号,参数 *interface-id* 是反射端口的端口标识符
monitor session *session_number* **source remote vlan** *vlan-id*	在目的端口所在交换机中指定 RSPAN VLAN,参数 *vlan-id* 是 RSPAN VLAN 的 VLAN 编号
monitor session *session_number* **destination interface** *interface-id*	在目的端口所在交换机中指定目的端口,参数 *interface-id* 是目的端口的端口标识符

3.5 VTP 配置实验

3.5.1 实验内容

网络结构如图 3.28 所示,六个交换机构成的交换式以太网被分成两个 VLAN 主干协议(VLAN Trunking Protocol,VTP)域,其中域名为 abc 的 VTP 域包含交换机 S1、S2 和 S3,域名为 bcd 的 VTP 域包含交换机 S4、S5 和 S6。域名为 abc 的 VTP 域中,将交换机 S2 的 VTP 模式设置成服务器模式,将其他两个交换机的 VTP 模式设置成客户端模式。域名为 bcd 的 VTP 域中,将交换机 S5 的 VTP 模式设置成服务器模式,将其他两个交换机的 VTP 模式设置成客户端模式。每一个 VTP 域,只需在 VTP 模式为服务器的交换机中配置 VLAN,

其他交换机自动创建与该交换机一致的 VLAN。因此，只需在交换机 S2 和交换机 S5 中通过手工配置创建编号为 2 和 3 的 VLAN，其他交换机中自动创建编号为 2 和 3 的 VLAN。

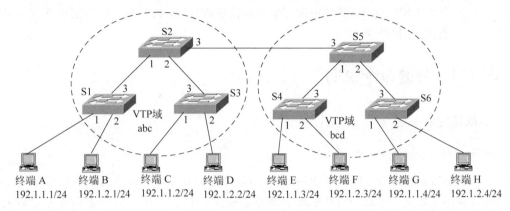

图 3.28　网络结构

3.5.2　实验目的

(1) 验证交换式以太网 VLAN VTP 域划分过程。
(2) 验证交换机 VTP 配置过程。
(3) 验证交换机通过 VTP 自动创建 VLAN 的过程。
(4) 验证 VTP 域之间的连通性。

3.5.3　实验原理

VTP 自动创建 VLAN 的前提是，所有互连交换机的端口都是被所有 VLAN 共享的共享端口，因此，所有交换机中用于连接交换机的端口必须被配置成被所有 VLAN 共享的共享端口。

必须通过手工配置将作为接入端口的交换机端口分配给各个 VLAN，因此，必须根据表 3.8 所示的终端和 VLAN 之间的关系，以手工配置的方式将所有交换机中连接终端的端口分配给对应的 VLAN。

表 3.8　终端和 VLAN 之间关系

VLAN	终　　端
VLAN 2	终端 A、终端 C、终端 E、终端 G
VLAN 3	终端 B、终端 D、终端 F、终端 H

VTP 域的划分只和交换机自动创建 VLAN 过程有关，即一旦在某个 VTP 模式为服务器的交换机上创建编号为 X、名为 Y 的 VLAN，所有处于同一 VTP 域中 VTP 模式为服务器或客户端的交换机自动创建编号为 X、名为 Y 的 VLAN。通过域名区分不同的 VTP 域，但 VTP 模式为服务器的交换机上配置的域名能够自动扩散到同一域中的其他交换机，因此，必须在处于不同域的两个域边界交换机上配置各自的域名，如图 3.28 中的交换机 S2 和

S5。VTP 域的划分与属于同一 VLAN 的两个终端之间的通信过程无关,两个属于不同的 VTP 域但属于编号相同的 VLAN 的终端之间可以相互通信,如图 3.28 中的终端 A 和终端 G。同样,两个属于相同的 VTP 域但属于编号不同的 VLAN 的终端之间不能相互通信,如图 3.28 中的终端 A 和终端 B。

3.5.4 关键命令说明

1. 配置域名

Switch(config)#vtp domain abc

vtp domain abc 是全局模式下使用的命令,该命令的作用是为交换机配置域名 abc。交换机默认状态下域名为 null,VTP 模式为服务器模式,因此,一旦为某个交换机配置域名,如 abc,该域名将自动扩散到整个 VTP 域中。每一个 VTP 域由域名相同的交换机组成,因此,对于交换式以太网,如果只在单个 VTP 模式为服务器的交换机上配置了域名,则整个交换式以太网就是一个 VTP 域。如果需要将交换式以太网分成多个 VTP 域,如图 3.28 所示的两个 VTP 域,必须在处于不同域的两个域边界交换机上配置各自的域名,如分别在图 3.28 中的交换机 S2 和 S5 上配置不同的域名 abc 和 bcd。

2. 配置交换机 VTP 模式

Switch(config)#vtp mode server
Switch(config)#vtp mode client
Switch(config)#vtp mode transparent

vtp mode server 是全局模式下使用的命令,该命令的作用是将交换机的 VTP 模式设置成服务器。VTP 模式为服务器的交换机具有两个功能:一是一旦在该交换机上通过手工配置创建某个 VLAN,所有属于同一 VTP 域的、VTP 模式为服务器或客户端的交换机上将自动创建相同的 VLAN;二是一旦为该交换机配置域名,该域名将自动扩散到所有没有配置其他域名的交换机中。

vtp mode client 是全局模式下使用的命令,该命令的作用是将交换机的 VTP 模式设置成客户端。VTP 模式为客户端的交换机只能同步 VTP 模式为服务器的交换机的 VLAN 创建过程。VTP 模式为客户端的交换机不能通过手工配置创建 VLAN。

vtp mode transparent 是全局模式下使用的命令,该命令的作用是将交换机的 VTP 模式设置成透明。VTP 模式为透明的交换机只能转发 VTP 报文,VTP 模式为服务器的交换机的 VLAN 创建过程对其没有任何影响。同样,该交换机通过手工配置创建 VLAN 的过程对其他交换机也没有任何影响。

3. 配置 VTP 版本号

Switch(config)#vtp version 2

vtp version 2 是全局模式下使用的命令,该命令的作用是将 VTP 版本号指定为 2,

Cisco Packet Tracer 支持的 VTP 版本号为 1 和 2。所有交换机必须指定相同的版本号。

4. 配置域管理密码

```
Switch(config)#vtp password 123456
```

vtp password 123456 是全局模式下使用的命令,该命令的作用是指定 VTP 密码为 123456。VTP 密码用于验证发送 VTP 通告的交换机的身份,某个交换机一旦配置 VTP 密码 X,则该交换机发送的 VTP 通告中携带 MD5(VTP 通告首部‖密码 X)。其他交换机接收到该 VTP 通告后,根据自己配置的密码 Y 和接收到的 VTP 通告,重新计算 MD5(VTP 通告首部‖密码 Y),只有当 MD5(VTP 通告首部‖密码 X)= MD5(VTP 通告首部‖密码 Y)时,表明密码 X=密码 Y,接收到该 VTP 通告的交换机才对该 VTP 通告进行处理。因此,一旦配置 VTP 密码,同一 VTP 域中的所有交换机需要配置相同的 VTP 密码。MD5 是报文摘要算法,具有单向性,即可以根据"VTP 通告首部‖密码 X"计算出 MD5(VTP 通告首部‖密码 X),无法根据 MD5(VTP 通告首部‖密码 X)推导出"VTP 通告首部‖密码 X"。

5. 禁止发送 DTP 协商报文

两个共享端口(也称中继端口)之间通过动态中继协议(Dynamic Trunking Protocol,DTP)协商端口属性。如果两个共享端口分属于不同的 VTP 域,那么会使协商过程出错,因此,需要在域边界交换机中用于连接其他域边界交换机的共享端口上禁止 DTP 协商过程。

```
Switch(config)#interface FastEthernet0/3
Switch(config-if)#switchport nonegotiate
Switch(config-if)#exit
```

switchport nonegotiate 是接口配置模式下使用的命令,该命令的作用是禁止指定端口(这里是 FastEthernet0/3)进行 DTP 协商过程。

3.5.5 实验步骤

(1) 启动 Cisco Packet Tracer,在逻辑工作区按照图 3.28 所示的网络结构放置和连接设备,完成设备放置和连接后的逻辑工作区界面如图 3.29 所示。根据图 3.28 所示的终端配置信息为各个终端配置 IP 地址和子网掩码。将所有互连交换机的端口配置为共享端口。

(2) 通过命令行接口配置过程,对交换机 Switch2 和 Switch5 分别配置域名 abc 和 bcd,生成如图 3.28 所示的两个 VTP 域。通过命令行接口配置过程,将交换机 Switch2 和 Switch5 的 VTP 版本号指定为 2,将除交换机 Switch2 和 Switch5 外的所有其他交换机的 VTP 模式设置成客户端。

(3) 在交换机 Switch2 中创建 VLAN 2,如图 3.30 所示,发现交换机 Switch1 和 Switch3 中自动创建 VLAN 2(编号相同,名字相同),在这两个交换机中自动创建 VLAN 2 后的界面分别如图 3.31 和图 3.32 所示。但在交换机 Switch5 中并没有自动创建 VLAN 2,如图 3.33 所示。

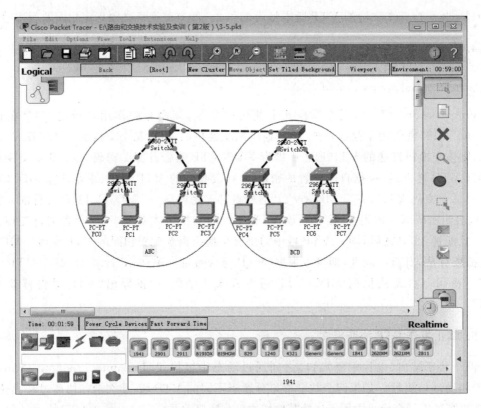

图 3.29　完成设备放置和连接后的逻辑工作区界面

图 3.30　在交换机 Switch2 中创建 VLAN 2 后的界面

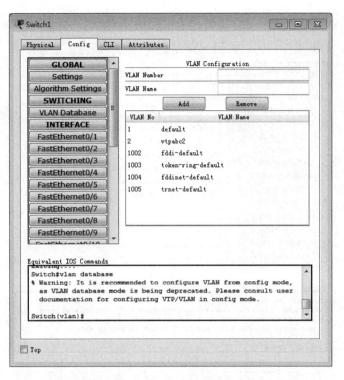

图 3.31 在交换机 Switch1 中自动创建 VLAN 2 后的界面

图 3.32 在交换机 Switch3 中自动创建 VLAN 2 后的界面

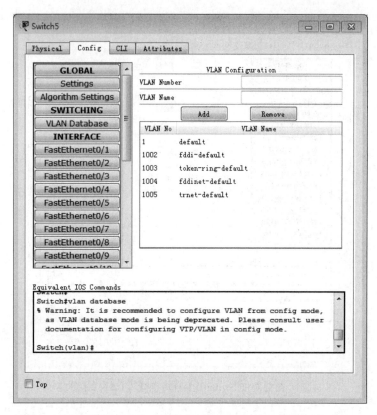

图 3.33 在交换机 Switch5 中无法与 Switch2 同步自动创建 VLAN

（4）通过命令行接口配置过程,在交换机 Switch1 和 Switch2 中配置相同的 VTP 密码,然后在交换机 Switch2 中创建 VLAN 3,在交换机 Switch1 中自动创建 VLAN 3,如图 3.34 所示。交换机 Switch3 中没有自动创建 VLAN 3。在交换机 Switch3 中配置和交换机 Switch2 相同的 VTP 密码,在交换机 Switch3 中自动创建 VLAN 3,如图 3.35 所示。

（5）完成交换机 Switch4 和 Switch6 VTP 配置过程。在交换机 Switch5 中创建两个 VLAN,在交换机 Switch4 和 Switch6 中自动创建与 Switch5 相同的两个 VLAN（编号相同,名字相同）,在交换机 Switch4 中自动创建这两个 VLAN 后的界面如图 3.36 所示。需要指出的是,在不同交换机上创建的 VLAN,只要编号相同,便是相同的 VLAN。名字只有本地意义,同一 VLAN,不同的交换机可以有不同的名字,如交换机 Switch2 的 vtpabc2 和交换机 Switch5 的 vtpbcd2。

（6）根据表 3.8 所示的终端和 VLAN 之间的关系,通过手工配置将连接终端的交换机端口分配给各个 VLAN。通过 Ping 操作验证属于相同 VLAN 的两个终端之间的连通性,如图 3.29 中的 PC0 和 PC6,以此证明 VTP 域与属于相同 VLAN 的两个终端之间的通信过程没有关系。

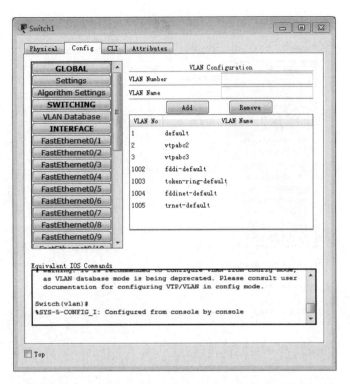

图 3.34 在交换机 Switch1 中自动创建 VLAN 3 后的界面

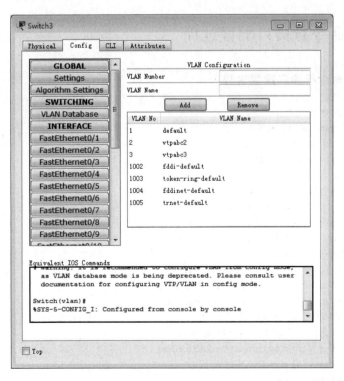

图 3.35 在交换机 Switch3 中自动创建 VLAN 3 后的界面

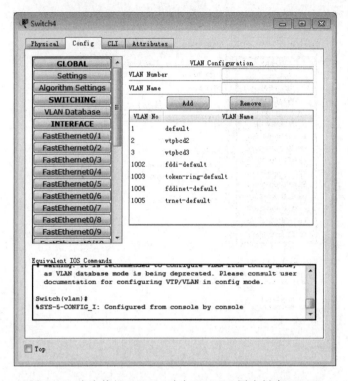

图 3.36　在交换机 Switch4 中与 Switch5 同步创建 VLAN

3.5.6　命令行接口配置过程

1. Switch1 命令行接口配置过程

Switch＞enable
Switch#configure terminal
Switch(config)#hostname Switch1
Switch1(config)# vtp version 2
Switch1(config)# vtp domain abc
Switch1(config)# vtp mode client
Switch1(config)# vtp password 123456
Switch1(config)# interface FastEthernet0/3
Switch1(config-if)#switchport mode trunk
Switch1(config-if)#exit
＊Switch1(config)# interface FastEthernet0/1
＊Switch1(config-if)#switchport mode access
＊Switch1(config-if)#switchport access vlan 2
＊Switch1(config-if)#exit
＊Switch1(config)# interface FastEthernet0/2
＊Switch1(config-if)#switchport mode access
＊Switch1(config-if)#switchport access vlan 3
＊Switch1(config-if)#exit

注：带＊的命令需要在交换机中自动创建编号为 2 和 3 的 VLAN 后输入。

2. Switch2 命令行接口配置过程

```
Switch> enable
Switch# configure terminal
Switch(config)# hostname Switch2
Switch2(config)# vtp version 2
Switch2(config)# vtp mode server
Switch2(config)# vtp domain abc
Switch2(config)# vtp password 123456
Switch2(config)# interface FastEthernet0/1
Switch2(config-if)# switchport mode trunk
Switch2(config-if)# exit
Switch2(config)# interface FastEthernet0/2
Switch2(config-if)# switchport mode trunk
Switch2(config-if)# exit
Switch2(config)# interface FastEthernet0/3
Switch2(config-if)# switchport mode trunk
Switch2(config-if)# switchport nonegotiate
Switch2(config-if)# exit
Switch2(config)# vlan 2
Switch2(config-vlan)# name vtpabc2
Switch2(config-vlan)# exit
Switch2(config)# vlan 3
Switch2(config-vlan)# name vtpabc3
Switch2(config-vlan)# exit
```

3. Switch5 命令行接口配置过程

```
Switch> enable
Switch# configure terminal
Switch(config)# hostname Switch5
Switch5(config)# vtp version 2
Switch5(config)# vtp mode server
Switch5(config)# vtp domain bcd
Switch5(config)# interface FastEthernet0/1
Switch5(config-if)# switchport mode trunk
Switch5(config-if)# exit
Switch5(config)# interface FastEthernet0/2
Switch5(config-if)# switchport mode trunk
Switch5(config-if)# exit
Switch5(config)# interface FastEthernet0/3
Switch5(config-if)# switchport mode trunk
Switch5(config-if)# switchport nonegotiate
Switch5(config-if)# exit
Switch5(config)# vlan 2
Switch5(config-vlan)# name vtpbcd2
Switch5(config-vlan)# exit
Switch5(config)# vlan 3
Switch5(config-vlan)# name vtpbcd3
```

Switch5(config-vlan)#exit

注:由于交换机 Switch5 中没有设置 VTP 密码,因此属于 bcd 域的交换机 Switch4 和 Switch6 也不能设置 VTP 密码。

交换机 Switch3、Switch4 和 Switch6 的命令行接口配置过程与 Switch1 相似,不再赘述。

4. 命令列表

交换机命令行接口配置过程中使用的命令及功能和参数说明如表 3.9 所示。

表 3.9 命令列表

命 令 格 式	功能和参数说明
vtp domain *domain-name*	将交换机域名设置为 *domain-name*,参数 *domain-name* 可以是任意字符串
vtp mode{**client** | **server** | **transparent**}	设置交换机 VTP 模式,可以选择的模式有 **client**、**server** 和 **transparent**
vtp version *number*	将交换机 VTP 版本号设置为 *number*,参数 *number* 的取值为 1 或 2
vtp password *password*	设置 VTP 密码,参数 *password* 是作为密码的字符串,字符串长度为 1~32
switchport nonegotiate	禁止共享端口之间进行 DTP 协商过程

第 4 章 生成树实验
CHAPTER 4

生成树协议用于在一个存在冗余路径的以太网中为终端之间构建没有环路的交换路径。由于可以基于 VLAN 构建生成树，因此，可以通过网络设计和生成树协议同时实现容错和负载均衡功能。

4.1 容错实验

4.1.1 实验内容

构建如图 4.1(a)所示的有着冗余路径的以太网结构，通过生成树协议生成如图 4.1(b)所示的以交换机 S4 为根的生成树。为了验证生成树协议的容错性，删除交换机 S4 与交换机 S5 之间、交换机 S5 与交换机 S7 之间的物理链路，如图 4.1(c)所示。生成树协议通过重新构建生成树保证网络的连通性，如图 4.1(d)所示。

4.1.2 实验目的

(1) 掌握交换机生成树协议配置过程。
(2) 验证生成树协议建立生成树过程。
(3) 验证 BPDU 报文内容和格式。
(4) 验证生成树协议实现容错的机制。

4.1.3 实验原理

为了生成如图 4.1(b)所示的以交换机 S4 为根网桥的生成树，需要将交换机 S4 的优先级设置为最高，同时保证其他交换机优先级满足如下顺序 S2＞S3＞S5＞S6。因此，将交换机 S4 的优先级配置为 4096，并依次将交换机 S2 的优先级配置为 8192，S3 的优先级配置为 12288，S5 的优先级配置为 16384，S6 的优先级配置为 20480，其余交换机的优先级采用默认值。在图 4.1(b)所示的生成树中，黑色圆点标识的端口是被生成树协议阻塞的端口。通过阻塞这些端口，该生成树既保持了交换机之间的连通性，又消除了交换机之间的环路。一旦

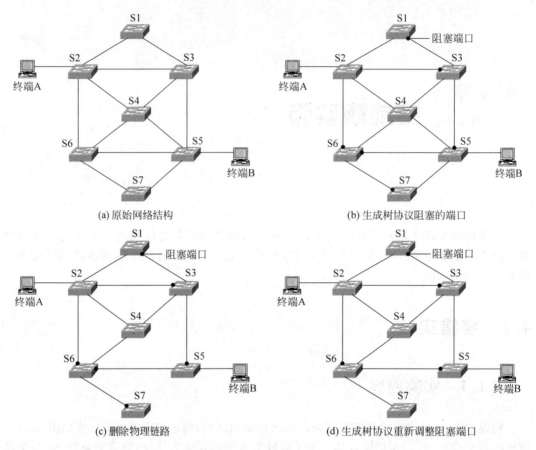

图 4.1 生成树协议工作过程

如图 4.1(c)所示,删除交换机 S4 和 S5 之间、交换机 S5 和 S7 的物理链路,将导致交换机 S5 和 S7 与其他交换机之间的连通性遭到破坏。生成树协议能够自动监测到网络拓扑结构发生的变化,通过调整阻塞端口,重新构建如图 4.1(d)所示的生成树。重新构建的生成树既保证了交换机之间的连通性,又保证交换机之间不存在环路。

4.1.4 关键命令说明

1. 选择生成树工作模式

```
Switch(config) # spanning - tree mode pvst
Switch(config) # spanning - tree mode rapid - pvst
```

spanning-tree mode pvst 是全局模式下使用的命令,该命令的作用是将交换机生成树协议的工作模式指定为基于 VLAN 的生成树(Per-Vlan Spanning Tree,PVST)模式。PVST 模式是 Cisco 最基本的生成树工作模式,它为每一个 VLAN 构建独立的生成树。通过为不同 VLAN 对应的多个不同的生成树选择不同的根网桥,使得交换机的每一个端口和端口所连的链路都能够正常工作,以此实现容错和负载均衡。

spanning-tree mode rapid-pvst 是全局模式下使用的命令,该命令的作用是将交换机生成树协议的工作模式指定为快速收敛模式。pvst 基于生成树协议（Spanning Tree Protocol，STP），rapid-pvst 基于快速生成树协议（Rapid Spanning Tree Protocol, RSTP）。

2．配置网桥优先级

```
Switch(config) # spanning - tree vlan 1 priority 4096
Switch(config) # spanning - tree vlan 1 root primary
```

spanning-tree vlan 1 priority 4096 是全局模式下使用的命令，该命令的作用是将交换机在构建基于 VLAN 1 的生成树中所具有的优先级指定为 4096。优先级越小的交换机越有可能成为根网桥，同时，该交换机的端口也越有可能成为指定端口。优先级只能在下列数字中选择：4096，8192，12288，16384，20480，24576，28672，32768，36864，40960，45056，49152，53248，57344，61440。

spanning-tree vlan 1 root primary 是全局模式下使用的命令，该命令的作用是将交换机设置成基于 VLAN 1 的生成树的根网桥。实际上，该命令的作用是将交换机在构建基于 VLAN 1 的生成树中所具有的优先级指定为一个小于默认值的特定值。

3．设置快速转换端口

```
Switch(config) # spanning - tree portfast default
Switch(config) # interface FastEthernet0/1
Switch(config - if) # spanning - tree portfast disable
Switch(config - if) # spanning - tree portfast trunk
```

spanning-tree portfast default 是全局模式下使用的命令，一旦交换机执行该命令，交换机端口中不是阻塞端口，且是接入端口的那些端口的状态立即转换成转发状态，无须经过侦听和学习这两个中间状态。该命令作用于交换机中所有接入端口。

spanning-tree portfast disable 是接口配置模式下使用的命令，该命令用于取消 spanning-tree portfast default 命令对该交换机接入端口的作用。上述例子是取消 spanning-tree portfast default 命令对端口 FastEthernet0/1 的作用。前提是端口 FastEthernet0/1 是接入端口。

spanning-tree portfast trunk 是接口配置模式下使用的命令，该命令使得 spanning-tree portfast default 命令对该交换机共享端口也起作用。上述例子是使得 spanning-tree portfast default 命令对端口 FastEthernet0/1 起作用。前提是端口 FastEthernet0/1 是共享端口。某个端口被生成树协议确定不是阻塞端口后，该端口的状态需要经过侦听和学习这两个中间状态才能转换成转发状态，这样设计的目的是为了避免交换机之间出现短暂的环路。由于直接连接终端的端口不可能引发交换机之间环路，因此，可以将这种端口的状态直接转换成转发状态。由于用于实现交换机之间互连的端口有可能引发交换机之间的环路，因此，对于这些端口，出于安全考虑，最好不要启动快速转换成转发状态的功能。

4.1.5 实验步骤

（1）启动 Cisco Packet Tracer，在逻辑工作区按照图 4.1(a)所示的网络结构放置和连接设备，完成设备放置和连接后的逻辑工作区界面如图 4.2 所示。

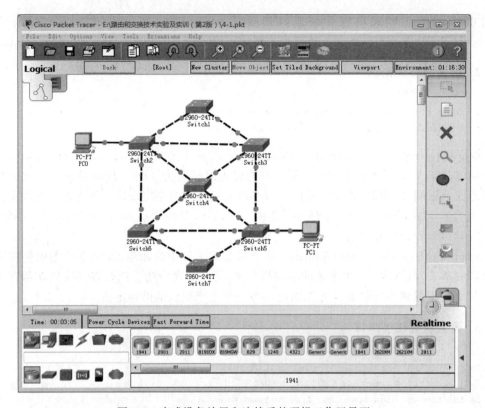

图 4.2　完成设备放置和连接后的逻辑工作区界面

（2）以太网按照默认配置开始构建生成树的过程，根据默认配置构建的生成树如图 4.3 所示，它是一棵以交换机 Switch1 为根交换机的生成树。

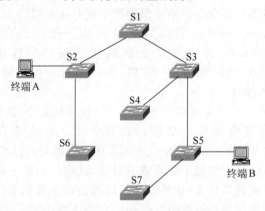

图 4.3　根据默认配置构建的生成树

（3）根据默认配置构建生成树过程中发送的 BPDU(Bridge Protocol Data Unit，网桥协议数据单元)如图 4.4 所示。交换机 Switch1 成为根交换机的原因是，该交换机管理接口的 MAC 地址是所有交换机中最小的。

（4）进入交换机全局配置模式，根据 4.1.6 节命令行接口配置过程中给出的各个交换机的命令序列完成交换机生成树模式和优先级配置，保证交换机优先级顺序满足如下条件：Switch4 最高，Switch2 > Switch3 > Switch5 > Switch6。

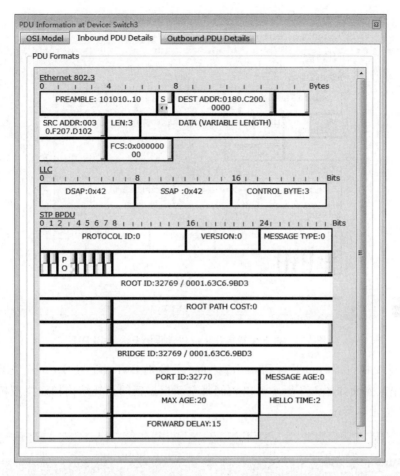

图 4.4 根据默认配置构建生成树过程中发送的 BPDU

（5）根据配置构建的生成树如图 4.5 所示，它是一棵以交换机 Switch4 为根交换机的生成树，根据配置构建生成树过程中发送的 BPDU 如图 4.6 所示，虽然交换机 Switch4 的管理接口的 MAC 地址大于交换机 Switch1 的管理接口的 MAC 地址，但为交换机 Switch4 配置的优先级最高（优先级的值最小）。

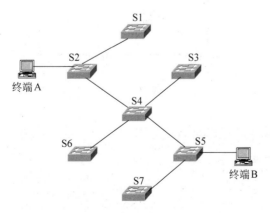

图 4.5 根据配置构建的生成树

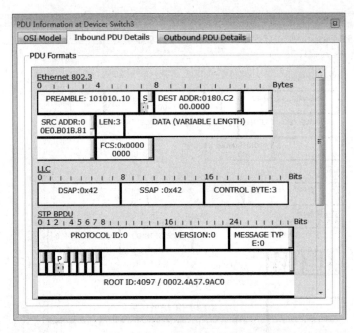

图 4.6 根据配置构建生成树过程中发送的 BPDU

（6）删除交换机 Switch4 与 Switch5 之间、交换机 Switch5 与 Switch7 之间的物理链路，逻辑工作区界面如图 4.7 所示。以太网将重新根据新的拓扑结构构建生成树，重新构建的生成树如图 4.8 所示。

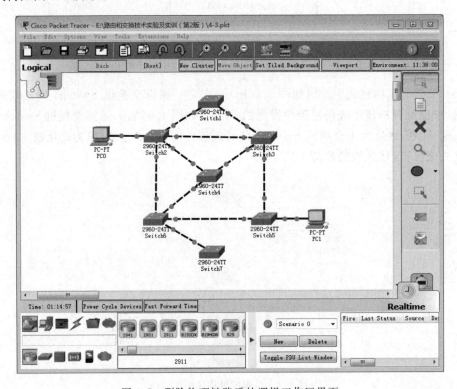

图 4.7 删除物理链路后的逻辑工作区界面

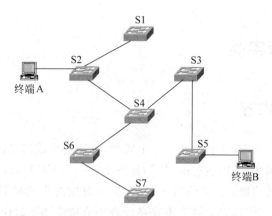

图 4.8 删除物理链路后重新构建的生成树

4.1.6 命令行接口配置过程

1. 交换机 Switch4 命令行接口配置过程

```
Switch>enable
Switch#configure terminal
Switch(config)#hostname Switch4
Switch4(config)#spanning-tree mode pvst
Switch4(config)#spanning-tree vlan 1 priority 4096
```

其他交换机的命令行接口配置过程与此相似,不再赘述。

2. 命令列表

交换机命令行接口配置过程中使用的命令及功能和参数说明如表 4.1 所示。

表 4.1 命令列表

命 令 格 式	功能和参数说明
spanning-tree mode{ pvst ∣ rapid-pvst}	设置交换机生成树协议工作模式,可以选择的工作模式有 **pvst** 和 **rapid-pvst**
spanning-tree vlan *vlan-id* priority *priority*	设置交换机构建基于 VLAN 的生成树时具有的优先级,参数 *vlan-id* 用于指定 VLAN,参数 *priority* 用于指定优先级
spanning-tree vlan *vlan-id* root primary	将交换机设置成基于 VLAN 的生成树的主根网桥,参数 *vlan-id* 用于指定 VLAN
spanning-tree vlan *vlan-id* root secondary	将交换机设置成基于 VLAN 的生成树的备份根网桥,参数 *vlan-id* 用于指定 VLAN。备份根网桥在主根网桥故障时作为根网桥
spanning-tree portfast default	将交换机所有接入端口设置成快速转换成转发状态方式
spanning-tree portfast disable	取消 spanning-tree portfast default 命令对指定接入端口的作用
spanning-tree portfast trunk	使得 spanning-tree portfast default 命令对指定共享端口起作用

4.2 负载均衡实验

4.2.1 实验内容

由于可以基于每一个VLAN单独构建生成树,且这些生成树可以有不同的根交换机和起作用的物理链路。因此,可以通过配置,一是使得每一个VLAN存在冗余路径,且可以通过生成树协议实现容错功能;二是使得不同VLAN对应的生成树有着不同的根交换机和起作用的物理链路,从而使得以太网中不存在所有生成树中都不起作用的物理链路。

以太网结构如图4.9(a)所示,在该以太网上分别生成基于VLAN 2和VLAN 3的生成树,且通过配置使得基于VLAN 2的生成树如图4.9(b)所示,基于VLAN 3的生成树如图4.9(c)所示。

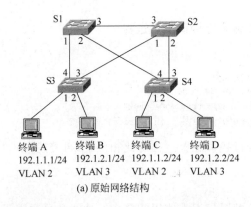

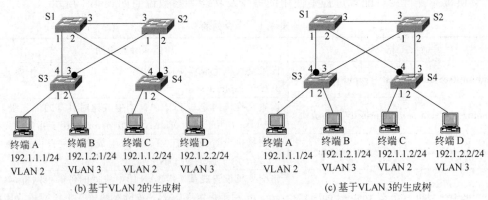

图4.9 实现负载均衡的网络结构

4.2.2 实验目的

(1) 掌握交换机生成树协议配置过程。
(2) 验证生成树协议建立生成树过程。

(3) 验证实现负载均衡的过程。

(4) 验证生成树协议实现容错的机制。

4.2.3 实验原理

终端与VLAN之间的关系如表4.2所示。如果仅仅为了解决负载均衡问题,只需根据表4.3所示内容为每一个VLAN配置端口,就可保证每一个交换机端口至少在一棵生成树中不是阻塞端口,且该端口连接的物理链路至少在一棵生成树中起作用。但这种端口配置方式没有容错功能,除了互连交换机S1和S2的物理链路,其他任何物理链路发生故障都将影响属于同一VLAN的终端之间的连通性。

根据表4.3所示内容为每一个VLAN配置端口所带来的最大问题是,所有交换机之间的物理链路都不是共享链路,导致属于同一VLAN的终端之间只存在单条传输路径,即根据表4.3所示内容划分图4.9(a)所示网络结构产生的任何VLAN都是树形结构,从而使得每一个VLAN都失去了容错功能。解决这一问题的关键是,通过共享交换机之间的物理链路,使得属于同一VLAN的终端之间存在多条传输路径,且通过构建基于VLAN的生成树,使得每一个VLAN都不存在环路。在其中一条或多条物理链路发生故障的情况下,通过开启一些被阻塞的端口,保证属于同一VLAN的终端之间的连通性。

为了实现负载均衡,要求不同VLAN对应的生成树中的阻塞端口是不同的,即某个端口如果在基于VLAN 2的生成树中是阻塞端口,在基于VLAN 3的生成树中不再是阻塞端口。为了做到这一点,对于图4.9(a)所示的网络结构,通过配置,使得交换机S1和S2分别成为基于VLAN 2和VLAN 3的生成树的根网桥。对于基于VLAN 2的生成树,通过配置使得交换机S2的优先级大于交换机S3和S4。对于基于VLAN 3的生成树,通过配置使得交换机S1的优先级大于交换机S3和S4。为了使网络的容错性达到最大化,将所有交换机之间的链路配置成被VLAN 2和VLAN 3共享的共享链路,VLAN与交换机端口之间映射如表4.4所示。这种情况下,基于VLAN 2的生成树如图4.9(b)所示,交换机S3端口3和交换机S4端口3成为阻塞端口;基于VLAN 3的生成树如图4.9(c)所示,交换机S3端口4和交换机S4端口4成为阻塞端口。对于这两棵分别基于VLAN 2和VLAN 3的生成树,一是由于不同生成树的阻塞端口是不同的,使得所有链路都有可能承载某个VLAN内的流量;二是对应每一个VLAN,属于同一VLAN的终端之间存在多条传输路径,在其中一条或多条物理链路发生故障的情况下,仍能保证属于同一VLAN的终端之间的连通性。

表4.2 终端与VLAN之间的关系

VLAN	终　　端
VLAN 2	终端A、终端C
VLAN 3	终端B、终端D

表 4.3 VLAN 与交换机端口映射表

VLAN	接入端口(Access)	共享端口(Trunk)
VLAN 2	S1.1、S1.2、S3.1、S3.4、S4.1、S4.4	
VLAN 3	S2.1、S2.2、S3.2、S3.3、S4.2、S4.3	

表 4.4 VLAN 与交换机端口映射表

VLAN	接入端口(Access)	共享端口(Trunk)
VLAN 2	S3.1、S4.1	S1.1、S1.2、S1.3、S2.1、S2.2、S2.3、S3.3、S3.4、S4.3、S4.4
VLAN 3	S3.2、S4.2	S1.1、S1.2、S1.3、S2.1、S2.2、S2.3、S3.3、S3.4、S4.3、S4.4

4.2.4 实验步骤

(1) 启动 Cisco Packet Tracer,在逻辑工作区按照图 4.9(a)所示的网络结构放置和连接设备,完成设备放置和连接后的逻辑工作区界面如图 4.10 所示。按照图 4.9(a)所示的终端配置信息为各个终端配置 IP 地址和子网掩码。

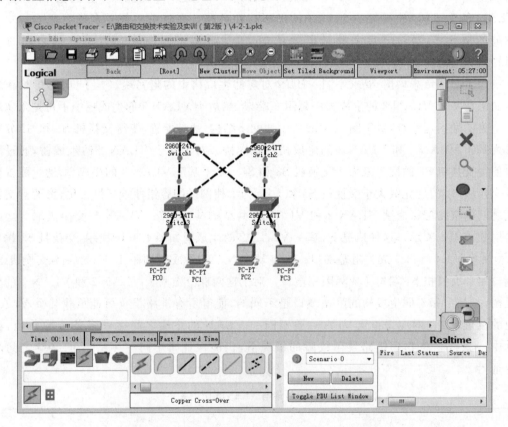

图 4.10 完成设备放置和连接后的逻辑工作区界面

(2) 按照表 4.3 所示内容在各个交换机中创建 VLAN,并为 VLAN 分配交换机端口,完成生成树构建后,所有交换机端口都处于转发状态,网络实现了负载均衡。

(3) 通过 Ping 操作验证属于同一 VLAN 的终端之间的连通性。完成终端 PC0 与 PC2 之间、终端 PC1 与 PC3 之间的通信过程。查看图 4.11 所示的交换机 Switch1 和 Switch2 转发表(MAC Table)可以发现,属于 VLAN 2 的 MAC 帧只经过 Switch1,属于 VLAN 3 的 MAC 帧只经过 Switch2。

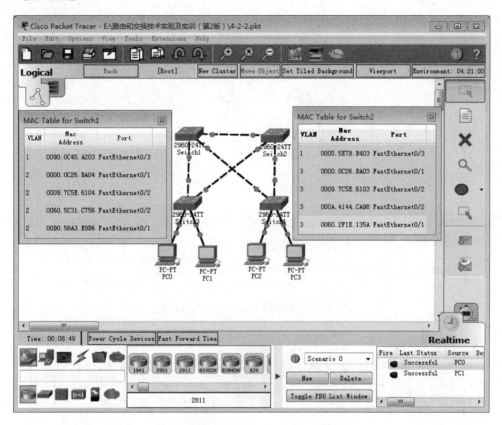

图 4.11 无容错功能的基于 VLAN 的生成树

(4) 删除交换机 Switch1 与交换机 Switch4 之间链路,网络结构如图 4.12 所示。由于按照表 4.3 所示内容在各个交换机中创建 VLAN,并为 VLAN 分配交换机端口,因此,通过分析图 4.12 所示的网络结构,发现 PC0 与 PC2 之间不再存在交换路径,通过 Ping 操作验证 PC0 与 PC2 之间无法相互通信。

(5) 重新在逻辑工作区恢复图 4.9(a)所示的网络结构,按照表 4.4 所示内容在各个交换机中创建 VLAN,并为 VLAN 分配交换机端口。按照 4.2.5 节命令行配置过程中给出的命令序列,完成各个交换机的配置过程,使得交换机 Switch1 成为基于 VLAN 2 的生成树的根网桥,交换机 Switch2 成为基于 VLAN 3 的生成树的根网桥。完成生成树构建后,所有交换机端口都处于转发状态,网络实现了负载均衡。

(6) 再次通过 Ping 操作验证属于同一 VLAN 的终端之间的连通性。完成终端 PC0 与 PC2 之间、终端 PC1 与 PC3 之间的通信过程。通过分析图 4.13 所示的交换机 Switch1 和 Switch2 转发表可以发现,终端 PC0 与 PC2 之间的交换路径经过 Switch1,终端 PC1 与 PC3 之间的交换路径经过 Switch2。由此可以证明 VLAN 2 对应的生成树以 Switch1 为根网桥,VLAN 3 对应的生成树以 Switch2 为根网桥。

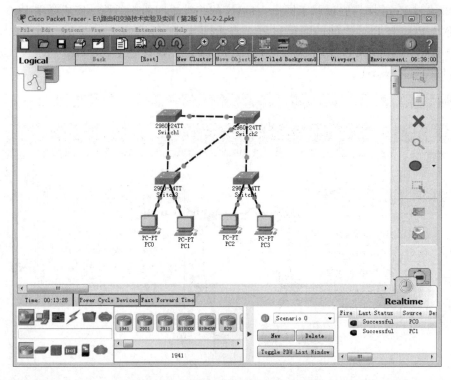

图 4.12 删除物理链路后的网络结构

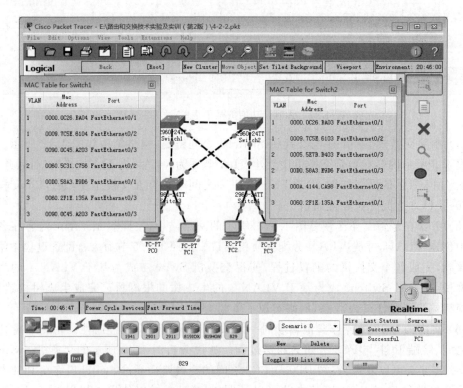

图 4.13 有容错功能的基于 VLAN 的生成树

(7) 再次删除交换机 Switch1 与交换机 Switch4 之间链路,通过 Ping 操作验证 PC0 与 PC2 之间、PC1 与 PC3 之间的连通性。网络的容错功能得到验证。

(8) 继续删除交换机 Switch1 与交换机 Switch3 之间链路,网络结构如图 4.14 所示,通过 Ping 操作验证 PC0 与 PC2 之间、PC1 与 PC3 之间的连通性。网络的容错功能得到进一步验证。通过分析图 4.14 所示的交换机 Switch1 和 Switch2 转发表可以发现,终端 PC0 与 PC2 之间的交换路径和终端 PC1 与 PC3 之间的交换路径都经过 Switch2。由此可以证明,对于图 4.14 所示的网络结构,VLAN 2 和 VLAN 3 对应的生成树都以 Switch2 为根网桥。

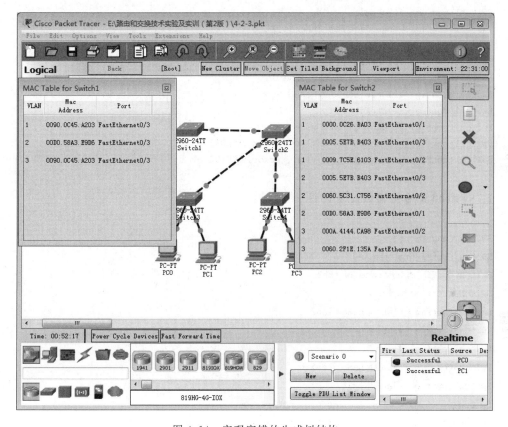

图 4.14 实现容错的生成树结构

4.2.5 命令行接口配置过程

命令行接口配置过程按照表 4.4 所示内容在各个交换机中创建 VLAN,并为 VLAN 分配交换机端口,网络结构具有容错功能。由于交换机 Switch2 的命令行接口配置过程与交换机 Switch1 相似,交换机 Switch4 的命令行接口配置过程与交换机 Switch3 相似,这里只给出交换机 Switch1 和 Switch3 的命令行接口配置过程。

1. Switch1 命令行接口配置过程

```
Switch > enable
Switch # configure terminal
```

Switch(config)#hostname Switch1
Switch1(config)#vlan 2
Switch1(config-vlan)#name vlan2
Switch1(config-vlan)#exit
Switch1(config)#vlan 3
Switch1(config-vlan)#name vlan3
Switch1(config-vlan)#exit
Switch1(config)#interface FastEthernet0/1
Switch1(config-if)#switchport mode trunk
Switch1(config-if)#exit
Switch1(config)#interface FastEthernet0/2
Switch1(config-if)#switchport mode trunk
Switch1(config-if)#exit
Switch1(config)#interface FastEthernet0/3
Switch1(config-if)#switchport mode trunk
Switch1(config-if)#exit
Switch1(config)#spanning-tree mode pvst
Switch1(config)#spanning-tree vlan 2 priority 4096
Switch1(config)#spanning-tree vlan 3 priority 8192

2. Switch3 命令行接口配置过程

Switch>enable
Switch#configure terminal
Switch(config)#hostname Switch3
Switch3(config)#vlan 2
Switch3(config-vlan)#name vlan2
Switch3(config-vlan)#exit
Switch3(config)#vlan 3
Switch3(config-vlan)#name vlan3
Switch3(config-vlan)#exit
Switch3(config)#interface FastEthernet0/1
Switch3(config-if)# switchport mode access
Switch3(config-if)#switchport access vlan 2
Switch3(config-if)#exit
Switch3(config)#interface FastEthernet0/2
Switch3(config-if)# switchport mode access
Switch3(config-if)#switchport access vlan 3
Switch3(config-if)#exit
Switch3(config)#interface FastEthernet0/3
Switch3(config-if)#switchport mode trunk
Switch3(config-if)#exit
Switch3(config)#interface FastEthernet0/4
Switch3(config-if)#switchport mode trunk
Switch3(config-if)#exit
Switch3(config)#spanning-tree mode pvst

4.2.6 端口状态快速转换过程

如果根据表 4.3 所示的内容在各个交换机中创建 VLAN,并为 VLAN 分配交换机端口。通过分析表 4.3 所示内容可以发现,所有交换机端口都是接入端口(也称非标记端口),这种情况下,如果在各个交换机的全局模式下输入以下命令

```
Switch(config)#spanning-tree portfast default
```

所有交换机端口状态立即转换成转发状态,直到生成树协议确定某个端口是阻塞端口。由于完成基于 VLAN 2 和 VLAN 3 的生成树构建后,所有交换机中不存在阻塞端口,因此,该网络可以立即进行属于同一 VLAN 的终端之间的通信过程,无须任何等待时间。

为了验证端口状态快速转换过程,完成如下实验步骤。

(1) 在逻辑工作区按照图 4.9(a)所示的网络结构放置和连接设备,根据表 4.3 所示内容在各个交换机中创建 VLAN,并为 VLAN 分配交换机端口。完成配置后,将逻辑工作区中的内容作为 pkt 文件存盘。然后,打开该 pkt 文件,观察交换机端口转换成转发状态需要的时间。

(2) 在各个交换机的全局模式下输入以下命令。

```
Switch(config)#spanning-tree portfast default
```

再将逻辑工作区中的内容作为 pkt 文件存盘。然后,打开该 pkt 文件,发现交换机端口立即处于转发状态。

第 5 章 链路聚合实验

链路聚合技术可以将多条物理链路聚合为单条逻辑链路,且使得该逻辑链路的带宽是这些物理链路的带宽之和。链路聚合技术主要用于提高互连交换机的逻辑链路的带宽,因此,常常与 VLAN、生成树和 RSPAN 一起作用。

5.1 链路聚合配置实验

5.1.1 实验内容

如图 5.1 所示,交换机 S1 与 S2 之间用三条物理链路相连,这三条物理链路通过链路聚合技术聚合为单条逻辑链路,这条逻辑链路的带宽是三条物理链路的带宽之和。对于交换机 S1 和 S2,连接这三条物理链路的三个交换机端口聚合为单个逻辑端口。实现 MAC 帧转发时,逻辑端口的功能等同于物理端口。

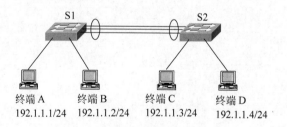

图 5.1 实现链路聚合的网络结构

5.1.2 实验目的

(1) 掌握链路聚合配置过程。
(2) 了解链路聚合控制协议(Link Aggregation Control Protocol,LACP)的协商过程。
(3) 了解 MAC 帧分发算法。

5.1.3 实验原理

在 Cisco Packet Tracer 中,连接聚合为逻辑链路的一组物理链路的一组端口称为端口通道。不同的聚合链路对应不同的端口通道,用端口通道号唯一标识每一个端口通道。对于交换机而言,端口通道等同于单个端口,对所有通过端口通道接收到的 MAC 帧,转发表中创建用于指明该 MAC 帧源 MAC 地址与该端口通道之间关联的转发项。

为了建立图 5.1 所示的交换机 S2 与 S2 之间由三条物理链路聚合而成的逻辑链路,首先需要通过手工配置建立交换机端口与端口通道之间的关联,交换机 S1 和 S2 中创建的端口通道及分配给各个端口通道的交换机端口如表 5.1 所示。然后,通过 LACP 激活分配给某个端口通道的交换机端口,通过配置 MAC 帧分发策略确定将 MAC 帧分发到聚合链路中某条物理链路的方法。

表 5.1 端口通道配置表

交 换 机	端 口 通 道	物 理 端 口
交换机 S1	port-channel 1	FastEthernet0/3
		FastEthernet0/4
		FastEthernet0/5
交换机 S2	port-channel 1	FastEthernet0/3
		FastEthernet0/4
		FastEthernet0/5

5.1.4 关键命令说明

1. 创建并分配端口给端口通道

如果需要将交换机端口 FastEthernet0/3~FastEthernet0/5 分配给编号为 1 的端口通道,输入以下命令。

Switch(config)# interface range FastEthernet0/3 - FastEthernet0/5
Switch(config - if - range)# channel - group 1 mode active

interface range FastEthernet0/3-FastEthernet0/5 是全局模式下使用的命令,该命令的作用是进入对一组交换机端口配置特性的接口配置模式,在该接口配置模式下完成的配置对一组交换机端口同时有效。FastEthernet0/3-FastEthernet0/5 用于指定一组交换机端口 FastEthernet0/3、FastEthernet0/4 和 FastEthernet0/5。

channel-group 1 mode active 是接口配置模式下使用的命令,该命令的作用有三个:一是创建编号为 1 的端口通道;二是将一组特定的交换机端口(这里是 FastEthernet0/3~FastEthernet0/5)分配给该端口通道;三是指定 active 为分配给该端口通道的交换机端口的激活模式。交换机端口的激活模式与使用的链路聚合控制协议有关,表 5.2 给出激活模式与链路聚合控制协议之间的关系。

表 5.2 激活模式与链路聚合控制协议之间的关系

模 式	链路聚合控制协议
active	通过 LACP 协商过程激活端口,物理链路另一端的模式或是 active,或是 passive
passive	通过 LACP 协商过程激活端口,物理链路另一端的模式必须是 active
auto	通过 PAgP 协商过程激活端口,物理链路另一端的模式必须是 desirable。PAgP 是 Cisco 专用的链路聚合控制协议
desirable	通过 PAgP 协商过程激活端口,物理链路另一端的模式或是 desirable,或是 auto
on	手工激活,物理链路两端模式必须都是 on。由于不使用链路聚合控制协议,因此,无法自动监测物理链路另一端端口的状态

2. 指定使用的链路聚合控制协议

Switch(config-if-range)#channel-protocol lacp

channel-protocol lacp 是接口配置模式下使用的命令,该命令的作用是指定 LACP 为这一组端口使用的链路聚合控制协议。

3. 指定 MAC 帧分发策略

Switch(config)#port-channel load-balance src-dst-mac

port-channel load-balance src-dst-mac 是全局模式下使用的命令,该命令的作用是指定根据 MAC 帧的源和目的 MAC 地址确定用于传输该 MAC 帧的物理链路的分发策略。

Cisco Packet Tracer 支持的其他分发策略如下。

dst-ip:根据 MAC 帧封装的 IP 分组的目的 IP 地址确定用于传输该 MAC 帧的物理链路。

dst-mac:根据 MAC 帧的目的 MAC 地址确定用于传输该 MAC 帧的物理链路。

src-dst-ip:根据 MAC 帧封装的 IP 分组的源和目的 IP 地址确定用于传输该 MAC 帧的物理链路。

src-ip:根据 MAC 帧封装的 IP 分组的源 IP 地址确定用于传输该 MAC 帧的物理链路。

src-mac:根据 MAC 帧的源 MAC 地址确定用于传输该 MAC 帧的物理链路。

当分发策略选择 src-dst-mac 时,源和目的 MAC 地址相同的 MAC 帧通过同一物理链路进行传输。同样,当分发策略选择 dst-ip 时,封装目的 IP 地址相同的 IP 分组的 MAC 帧通过同一物理链路进行传输。

5.1.5 实验步骤

(1) 启动 Cisco Packet Tracer,在逻辑工作区根据图 5.1 所示的网络结构放置和连接设备,完成设备放置和连接后的逻辑工作区界面如图 5.2 所示。根据图 5.1 所示的终端配置信息完成各个终端的 IP 地址和子网掩码配置过程。在没有完成有关端口通道的配置过程前,互连交换机 Switch1 和 Switch2 的三条物理链路构成环路,生成树协议将阻塞 Switch2

连接其中两条物理链路的端口。

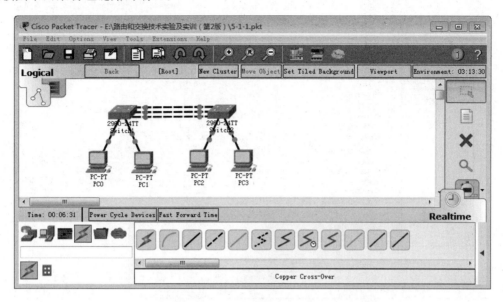

图 5.2 完成设备放置和连接后的逻辑工作区界面

（2）根据 5.1.6 节命令行接口配置过程给出的命令序列完成交换机 Switch1 和 Switch2 的命令行接口配置过程。在各个交换机中创建编号为 1 的端口通道，将交换机端口 FastEthernet0/3～FastEthernet0/5 分配给该端口通道，将端口激活模式指定为 active，使用的链路聚合控制协议指定为 LACP，使用的 MAC 帧分发策略指定为 src-dst-mac。

（3）通过 Ping 操作完成各个终端之间的 MAC 帧交换过程，交换机 Switch1 和 Switch2 分别建立如图 5.3 和图 5.4 所示的转发表（MAC Table）。PC0 的 MAC 地址如图 5.5 所示。Switch1 转发表中，PC0 的 MAC 地址与交换机端口 FastEthernet0/1 绑定在一起。Switch2 转发表中，PC0 的 MAC 地址与编号为 1 的端口通道（port-channel1）绑定在一起。由此说明，在学习 PC0 的 MAC 地址过程中，Switch2 的 port-channel1 等同于 Switch1 的 FastEthernet0/1。

图 5.3 Switch1 转发表

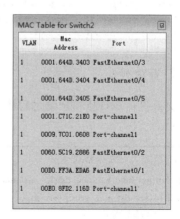

图 5.4 Switch2 转发表

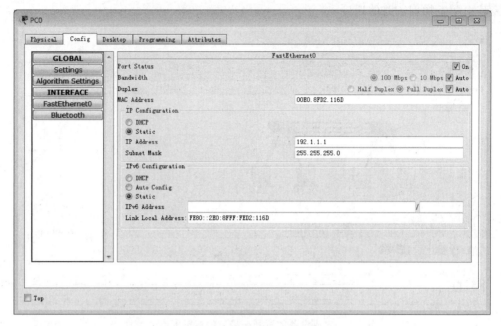

图 5.5　PC0 的 MAC 地址

5.1.6　命令行接口配置过程

1. 交换机命令行接口配置过程

Switch1 和 Switch2 的命令行接口配置过程相同,命令序列如下。

```
Switch > enable
Switch # configure terminal
Switch(config) # port - channel load - balance src - dst - mac
Switch(config) # interface range FastEthernet0/3 - FastEthernet0/5
Switch(config - if - range) # channel - protocol lacp
Switch(config - if - range) # channel - group 1 mode active
Switch(config - if - range) # exit
```

2. 命令列表

交换机命令行接口配置过程中使用的命令及功能和参数说明如表 5.3 所示。

表 5.3　命令列表

命令格式	功能和参数说明
port-channel load-balance{**dst-ip** | **dst-mac** | **src-dst-ip** | **src-dst-mac** | **src-ip** | **src-mac**}	选择 MAC 帧分发策略,默认状态下,选择 dst-mac 作为 MAC 帧分发策略
interface port-channel *port-channel-number*	进入指定端口通道的接口配置模式,端口通道的配置过程完全等同于交换机端口的配置过程。参数 *port-channel-number* 是端口通道号

续表

命令格式	功能和参数说明
interface range *port-range*	进入一组端口的接口配置模式,在该接口配置模式下完成的配置过程作用于一组端口。参数 *port-range* 用于指定一组端口,FastEthernet0/3-FastEthernet0/5 或者 FastEthernet0/7,FastEthernet0/9 是该参数的正确表示方式
channel-group *channel-group-number* **mode** {active|auto|desirable|on|passive}	选择分配给指定端口通道的交换机端口的激活模式,参数 *channel-group-number* 是端口通道号
channel-protocol{lacp | pagp}	选择使用的链路聚合控制协议

5.2 链路聚合与 VLAN 配置实验

5.2.1 实验内容

网络结构如图 5.6 所示,终端与 VLAN 之间关系如表 5.4 所示。互连交换机的多条物理链路聚合为单条逻辑链路,不同 VLAN 内的交换路径共享交换机之间的逻辑链路。

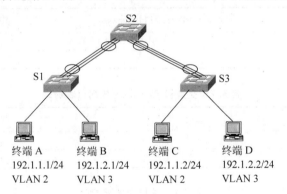

图 5.6 实现链路聚合和 VLAN 划分的网络结构

表 5.4 终端与 VLAN 之间关系

VLAN	终 端
VLAN 2	终端 A,终端 C
VLAN 3	终端 B,终端 D

5.2.2 实验目的

(1) 掌握链路聚合配置过程。
(2) 了解 MAC 帧分发算法。
(3) 掌握端口通道的配置过程。

(4) 掌握 VLAN 与链路聚合之间的相互作用过程。

5.2.3 实验原理

分别在三个交换机中创建 VLAN 2 和 VLAN 3,对于交换机 S1,VLAN 与端口之间映射如表 5.5 所示,将端口 1 作为接入端口分配给 VLAN 2,将端口 2 作为接入端口分配给 VLAN 3,将连接逻辑链路的一组端口定义为编号为 1 的端口通道(port-channel 1),并将端口通道 port-channel 1 作为被 VLAN 2 和 VLAN 3 共享的共享端口通道。对于交换机 S2 和 S3,VLAN 与端口之间映射分别如表 5.6 和表 5.7 所示。交换机 S2 将连接与交换机 S1 之间逻辑链路的一组端口定义为编号为 1 的端口通道(port-channel 1),将连接与交换机 S3 之间逻辑链路的一组端口定义为编号为 2 的端口通道(port-channel 2)。三个交换机中端口通道与端口之间的关系如表 5.8 所示。

表 5.5　交换机 S1 VLAN 与端口映射表

VLAN	接入端口(Access)	共享端口(Trunk)
VLAN 2	1	port-channel 1
VLAN 3	2	port-channel 1

表 5.6　交换机 S2 VLAN 与端口映射表

VLAN	接入端口(Access)	共享端口(Trunk)
VLAN 2		port-channel 1
VLAN 3		port-channel 2

表 5.7　交换机 S3 VLAN 与端口映射表

VLAN	接入端口(Access)	共享端口(Trunk)
VLAN 2	1	port-channel 1
VLAN 3	2	port-channel 1

表 5.8　端口通道配置表

交 换 机	端 口 通 道	物 理 端 口
交换机 S1	port-channel 1	FastEthernet0/3
		FastEthernet0/4
		FastEthernet0/5
交换机 S2	port-channel 1	FastEthernet0/1
		FastEthernet0/2
		FastEthernet0/3
	port-channel 2	FastEthernet0/4
		FastEthernet0/5
		FastEthernet0/6

续表

交换机	端口通道	物理端口
交换机 S3	port-channel 1	FastEthernet0/3
		FastEthernet0/4
		FastEthernet0/5

5.2.4 实验步骤

（1）启动 Cisco Packet Tracer，在逻辑工作区按照图 5.6 所示的网络结构放置和连接设备，完成设备放置和连接后的逻辑工作区界面如图 5.7 所示。根据图 5.6 所示的终端配置信息完成各个终端的 IP 地址和子网掩码配置过程。

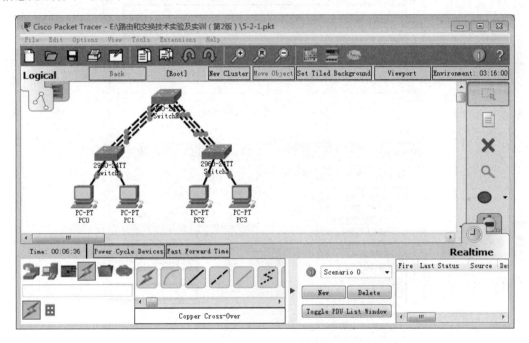

图 5.7　完成设备放置和连接后的逻辑工作区界面

（2）根据表 5.5～表 5.7 所示的内容在各个交换机中创建 VLAN，为各个 VLAN 分配交换机端口，这一步既可以通过图形接口（Config）完成配置过程，也可以通过命令行接口（CLI）完成配置过程。图 5.8 所示是在图形接口（Config）下 Switch1 创建 VLAN 界面，图 5.9 所示是在图形接口（Config）下将端口分配给 VLAN 界面。5.2.5 节命令行接口配置过程给出了完成交换机 Switch1 和 Switch2 配置需要输入的完整命令序列。值得强调的是，除了极个别配置操作外，图形接口可以实现的配置操作，命令行接口同样也可以。通过命令行接口，可以完成许多图形接口无法完成的配置操作。

（3）通过命令行接口完成各个交换机端口通道创建及为各个端口通道分配交换机端口的过程。将端口通道配置为共享端口通道。

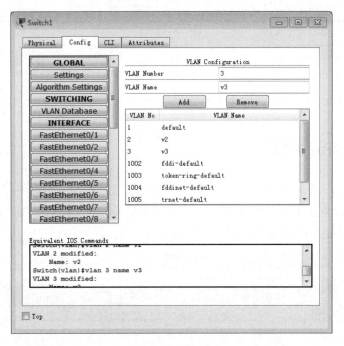

图 5.8 创建 VLAN 界面

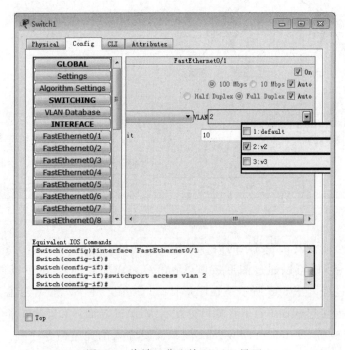

图 5.9 将端口分配给 VLAN 界面

(4) 通过 Ping 操作完成属于相同 VLAN 的终端之间的通信过程,交换机 Switch1、Switch2 和 Switch3 创建的转发表(MAC Table)分别如图 5.10～图 5.12 所示,对于 Switch1,VALN 2 和 VLAN 3 共享端口通道 port-channel 1,对于 Switch2,VALN 2 和

VLAN 3 共享端口通道 port-channel 1 和 port-channel 2。

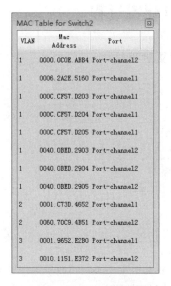
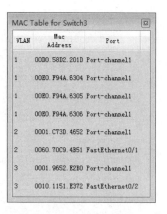

图 5.10 Switch1 转发表　　图 5.11 Switch2 转发表　　图 5.12 Switch3 转发表

（5）在模拟操作模式下截获通过端口通道输出的 MAC 帧,该 MAC 帧格式完全是 802.1q 标准 MAC 帧格式,如图 5.13 所示。由此说明,多个 VLAN 共享的端口通道等同于多个 VLAN 共享的交换机端口。

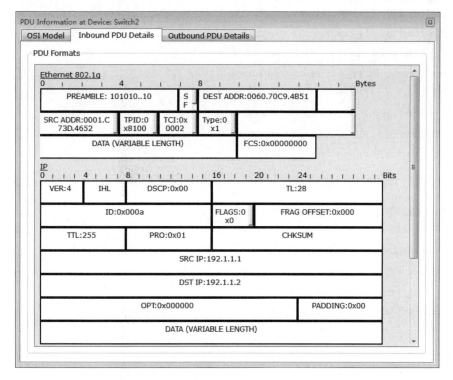

图 5.13 端口通道输出的 MAC 帧格式

5.2.5 命令行接口配置过程

1. Switch1 命令行接口配置过程

Switch>enable
Switch#configure terminal
Switch(config)#hostname Switch1
Switch1(config)#vlan 2
Switch1(config-vlan)#name v2
Switch1(config-vlan)#exit
Switch1(config)#vlan 3
Switch1(config-vlan)#name v3
Switch1(config-vlan)#exit
Switch1(config)#interface range FastEthernet0/3 - FastEthernet0/5
Switch1(config-if-range)#channel-group 1 mode on
Switch1(config-if-range)#exit
Switch1(config)#port-channel load-balance src-dst-mac
Switch1(config)#interface FastEthernet0/1
Switch1(config-if)#switchport mode access
Switch1(config-if)#switchport access vlan 2
Switch1(config-if)#exit
Switch1(config)#interface FastEthernet0/2
Switch1(config-if)#switchport mode access
Switch1(config-if)#switchport access vlan 3
Switch1(config)#interface port-channel 1
Switch1(config-if)#switchport mode trunk
Switch1(config-if)#exit

Switch3 的命令行接口配置过程与 Switch1 相同,不再赘述。

2. Switch2 命令行接口配置过程

Switch>enable
Switch#configure terminal
Switch(config)#hostname Switch2
Switch2(config)#vlan 2
Switch2(config-vlan)#name v2
Switch2(config-vlan)#exit
Switch2(config)#vlan 3
Switch2(config-vlan)#name v3
Switch2(config-vlan)#exit

```
Switch2(config)#interface range FastEthernet0/1 - FastEthernet0/3
Switch2(config-if-range)#channel-group 1 mode on
Switch2(config-if-range)#exit
Switch2(config)#interface range FastEthernet0/4 - FastEthernet0/6
Switch2(config-if-range)#channel-group 2 mode on
Switch2(config-if-range)#exit
Switch2(config)#port-channel load-balance src-dst-mac
Switch2(config)#interface port-channel 1
Switch2(config-if)#switchport mode trunk
Switch2(config-if)#exit
Switch2(config)#interface port-channel 2
Switch2(config-if)#switchport mode trunk
Switch2(config-if)#exit
```

5.3 链路聚合与生成树配置实验

5.3.1 实验内容

网络结构如图 5.14 所示。该网络结构具有以下两个特点：一是实现交换机之间互连的是由多条物理链路聚合而成的逻辑链路；二是交换机之间存在冗余链路，需要用生成树协议消除交换机之间的环路。

图 5.14 中的终端分配到两个不同的 VLAN，其中终端 A 和终端 C 分配给 VLAN 2，终端 B 和终端 D 分配给 VLAN 3。为了实现负载均衡，基于 VLAN 2 的生成树以交换机 S2 为根交换机，基于 VLAN 3 的生成树以交换机 S3 为根交换机。

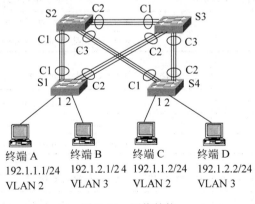

图 5.14 网络结构

5.3.2 实验目的

(1) 掌握 VLAN 划分过程。
(2) 运用生成树协议,完成具有容错和负载均衡功能的交换式以太网的设计和调试过程。
(3) 运用链路聚合技术,完成具有容错功能并满足交换机之间带宽要求的交换式以太网的设计和调试过程。

5.3.3 实验原理

分别在四个交换机中创建 VLAN 2 和 VLAN 3,对于交换机 S1,VLAN 与端口之间映射如表 5.9 所示,将端口 1 作为接入端口分配给 VLAN 2,将端口 2 作为接入端口分配给 VLAN 3,将端口通道 port-channel 1 和 port-channel 2 作为被 VLAN 2 和 VLAN 3 共享的共享端口通道。其他交换机 VLAN 与端口之间映射分别如表 5.10~表 5.12 所示。四个交换机端口通道与端口之间的关系如表 5.13 所示。将交换机 S2 构建基于 VLAN 2 的生成树时的优先级设置为最高,将交换机 S3 构建基于 VLAN 3 的生成树时的优先级设置为最高,从而使得交换机 S2 和 S3 分别成为基于 VLAN 2 和 VLAN 3 的生成树的根交换机。

表 5.9　交换机 S1 VLAN 与端口映射表

VLAN	接入端口(Access)	共享端口(Trunk)
VLAN 2	1	port-channel 1、port-channel 2
VLAN3	2	port-channel 1、port-channel 2

表 5.10　交换机 S2 VLAN 与端口映射表

VLAN	接入端口(Access)	共享端口(Trunk)
VLAN 2		port-channel 1、port-channel 2、port-channel 3
VLAN3		port-channel 1、port-channel 2、port-channel 3

表 5.11　交换机 S3 VLAN 与端口映射表

VLAN	接入端口(Access)	共享端口(Trunk)
VLAN 2		port-channel 1、port-channel 2、port-channel 3
VLAN3		port-channel 1、port-channel 2、port-channel 3

表 5.12　交换机 S4 VLAN 与端口映射表

VLAN	接入端口(Access)	共享端口(Trunk)
VLAN 2	1	port-channel 1、port-channel 2
VLAN3	2	port-channel 1、port-channel 2

表 5.13 端口通道配置表

交 换 机	端 口 通 道	物 理 端 口
交换机 S1	port-channel 1	FastEthernet0/3
		FastEthernet0/4
		FastEthernet0/5
	port-channel 2	FastEthernet0/6
		FastEthernet0/7
		FastEthernet0/8
交换机 S2	port-channel 1	FastEthernet0/1
		FastEthernet0/2
		FastEthernet0/3
	port-channel 2	FastEthernet0/4
		FastEthernet0/5
		FastEthernet0/6
	port-channel 3	FastEthernet0/7
		FastEthernet0/8
		FastEthernet0/9
交换机 S3	port-channel 1	FastEthernet0/1
		FastEthernet0/2
		FastEthernet0/3
	port-channel 2	FastEthernet0/4
		FastEthernet0/5
		FastEthernet0/6
	port-channel 3	FastEthernet0/7
		FastEthernet0/8
		FastEthernet0/9
交换机 S4	port-channel 1	FastEthernet0/3
		FastEthernet0/4
		FastEthernet0/5
	port-channel 2	FastEthernet0/6
		FastEthernet0/7
		FastEthernet0/8

5.3.4 实验步骤

（1）启动 Cisco Packet Tracer，在逻辑工作区按照图 5.14 所示的网络结构放置和连接设备，完成设备放置和连接后的逻辑工作区界面如图 5.15 所示。根据图 5.14 所示的终端配置信息完成各个终端的 IP 地址和子网掩码配置过程。

（2）根据表 5.9～表 5.12 所示内容在各个交换机中创建 VLAN，为各个 VLAN 分配交换机端口。

（3）通过命令行接口完成各个交换机端口通道的创建及为各个端口通道分配交换机端口的过程。将端口通道配置为共享端口通道。

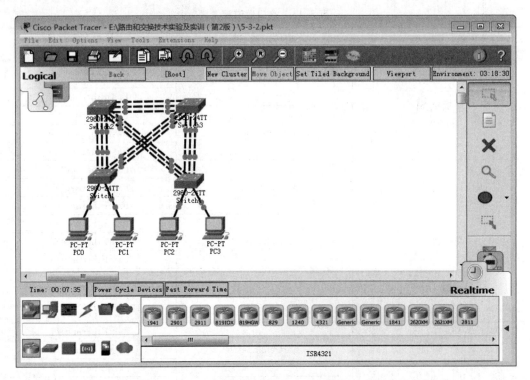

图 5.15　完成设备放置和连接后的逻辑工作区界面

（4）通过命令行接口（CLI）完成构建基于 VLAN 2 和 VLAN 3 的生成树所需要的配置，通过为交换机 Switch2 和 Switch3 分配构建基于 VLAN 2 和 VLAN 3 生成树时使用的优先级，保证交换机 Switch2 为基于 VLAN 2 的生成树的根网桥、交换机 Switch3 为基于 VLAN 3 的生成树的根网桥。

（5）终端 PC0～PC3 的 MAC 地址如表 5.14 所示。通过 Ping 操作完成 PC0 与 PC2、PC1 与 PC3 之间的 MAC 帧传输过程，结合图 5.16 所示的交换机 Switch2 的转发表（MAC Table）发现，PC1 与 PC3 之间的 MAC 帧传输过程没有经过 Switch2。同样，结合图 5.17 所示的交换机 Switch3 的转发表发现，PC0 与 PC2 之间的 MAC 帧传输过程没有经过 Switch3。如果进入模拟操作模式，同样可以发现 PC0 至 PC2 的 MAC 帧传输过程是 Switch1→Switch2→Switch4，PC1 至 PC3 的 MAC 帧传输过程是 Switch1→Switch3→Switch4。由此表明，基于 VLAN 2 的生成树以 Switch2 为根网桥，基于 VLAN 3 的生成树以 Switch3 为根网桥。

表 5.14　终端 PC0～PC3 的 MAC 地址

终　　端	MAC 地址
PC0	0005.5E71.13EB
PC1	00E0.8F71.7B29
PC2	0001.9772.407D
PC3	0006.2A10.CAE5

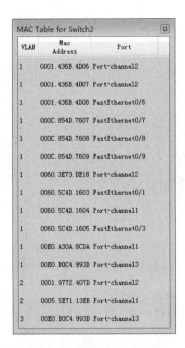

图 5.16　Switch2 转发表

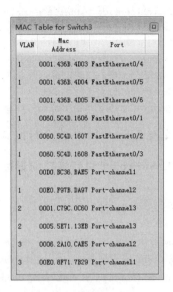

图 5.17　Switch3 转发表

5.3.5　命令行接口配置过程

1. Switch1 命令行接口配置过程

Switch＞enable
Switch＃configure terminal
Switch(config)＃interface range FastEthernet0/3 – FastEthernet0/5
Switch(config – if – range)＃channel – group 1 mode active
Switch(config – if – range)＃channel – protocol lacp
Switch(config – if – range)＃exit
Switch(config)＃interface range FastEthernet0/6 – FastEthernet0/8
Switch(config – if – range)＃channel – group 2 mode active
Switch(config – if – range)＃channel – protocol lacp
Switch(config – if – range)＃exit
Switch(config)＃port – channel load – balance src – dst – mac
Switch(config)＃vlan 2
Switch(config – vlan)＃name v2
Switch(config – vlan)＃exit
Switch(config)＃vlan 3
Switch(config – vlan)＃name v3
Switch(config – vlan)＃exit
Switch(config)＃interface FastEthernet0/1
Switch(config – if)＃switchport mode access
Switch(config – if)＃switchport access vlan 2
Switch(config – if)＃exit
Switch(config)＃interface FastEthernet0/2

```
Switch(config-if)#switchport mode access
Switch(config-if)#switchport access vlan 3
Switch(config-if)#exit
Switch(config)#interface port-channel 1
Switch(config-if)#switchport mode trunk
Switch(config-if)#exit
Switch(config)#interface port-channel 2
Switch(config-if)#switchport mode trunk
Switch(config-if)#exit
Switch(config)#spanning-tree mode pvst
```

交换机 Switch4 的命令行接口配置过程与此相似,不再赘述。

2. Switch2 命令行接口配置过程

```
Switch>enable
Switch#configure terminal
Switch(config)#interface range FastEthernet0/1-FastEthernet0/3
Switch(config-if-range)#channel-group 1 mode active
Switch(config-if-range)#channel-protocol lacp
Switch(config-if-range)#exit
Switch(config)#interface range FastEthernet0/4-FastEthernet0/6
Switch(config-if-range)#channel-group 2 mode active
Switch(config-if-range)#channel-protocol lacp
Switch(config-if-range)#exit
Switch(config)#interface range FastEthernet0/7-FastEthernet0/9
Switch(config-if-range)#channel-group 3 mode active
Switch(config-if-range)#channel-protocol lacp
Switch(config-if-range)#exit
Switch(config)#port-channel load-balance src-dst-mac
Switch(config)#vlan 2
Switch(config-vlan)#name v2
Switch(config-vlan)#exit
Switch(config)#vlan 3
Switch(config-vlan)#name v3
Switch(config-vlan)#exit
Switch(config)#interface port-channel 1
Switch(config-if)#switchport mode trunk
Switch(config-if)#exit
Switch(config)#interface port-channel 2
Switch(config-if)#switchport mode trunk
Switch(config-if)#exit
Switch(config)#interface port-channel 3
Switch(config-if)#switchport mode trunk
Switch(config-if)#exit
Switch(config)#spanning-tree mode pvst
Switch(config)#spanning-tree vlan 2 priority 4096
```

```
Switch(config)#spanning-tree vlan 3 priority 8192
```
交换机 Switch3 的命令行接口配置过程与此相似,不再赘述。

5.4 链路聚合与 RSPAN 配置实验

5.4.1 实验内容

网络结构如图 5.18 所示。终端 A 和终端 C 属于 VLAN 2,终端 B 和终端 D 属于 VLAN 3,终端 E 和终端 F 属于 VLAN 4。交换机 S2 与 S3 之间通过由多条物理链路聚合而成的逻辑链路进行连接。嗅探器可以嗅探终端 A 发送的所有 ICMP 报文。

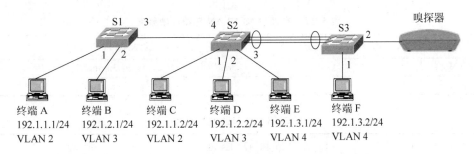

图 5.18　网络结构

5.4.2 实验目的

(1) 掌握链路聚合配置过程。
(2) 了解 MAC 帧分发算法。
(3) 掌握端口通道的配置过程。
(4) 掌握 VLAN 与链路聚合之间的相互作用过程。
(5) 验证端口映射原理。
(6) 验证 RSPAN VLAN 配置过程。
(7) 验证嗅探器实现远程嗅探的过程。
(8) 掌握 VLAN 与链路聚合之间的相互作用过程。

5.4.3 实验原理

在交换机中创建 VLAN,在为每一个 VLAN 分配端口时,不但需要建立 VLAN 内终端之间的传输路径,还需要建立 RSPAN VLAN 内终端 A 与嗅探器之间的传输路径,因此,三个交换机中创建的 VLAN,及 VLAN 与端口之间映射分别如表 5.15～表 5.17 所示。交换机端口通道与端口之间的关系如表 5.18 所示。

表 5.15 交换机 S1 VLAN 与端口映射表

VLAN	接入端口(Access)	共享端口(Trunk)
VLAN 2	1	3
VLAN 3	2	3
VLAN 5		3

表 5.16 交换机 S2 VLAN 与端口映射表

VLAN	接入端口(Access)	共享端口(Trunk)
VLAN 2	1	4
VLAN 3	2	4
VLAN 4	3	port-channel 1
VLAN 5		4、port-channel 1

表 5.17 交换机 S3 VLAN 与端口映射表

VLAN	接入端口(Access)	共享端口(Trunk)
VLAN 4	1	port-channel 1
VLAN 5		port-channel 1

表 5.18 端口通道配置表

交换机	端口通道	物理端口
交换机 S2	port-channel 1	FastEthernet0/7
		FastEthernet0/8
		FastEthernet0/9
交换机 S3	port-channel 1	FastEthernet0/3
		FastEthernet0/4
		FastEthernet0/5

5.4.4 实验步骤

(1) 启动 Cisco Packet Tracer,在逻辑工作区按照图 5.18 所示的网络结构放置和连接设备,完成设备放置和连接后的逻辑工作区界面如图 5.19 所示。根据图 5.18 所示的终端配置信息完成各个终端的 IP 地址和子网掩码配置过程。

(2) 根据表 5.15~表 5.17 所示内容在各个交换机中创建 VLAN,为各个 VLAN 分配交换机端口。将 VLAN 5 定义为 RSPAN VLAN。

(3) 通过命令行接口(CLI)完成交换机 Switch2 和 Switch3 端口通道的创建及为各个端口通道分配交换机端口的过程。将端口通道配置为共享端口通道。

(4) 根据 5.4.5 节中给出的命令序列完成以下配置过程:在交换机 Switch1 中建立源端口与 VLAN 5 之间的绑定;在交换机 Switch3 中建立 VLAN 5 与目的端口之间的绑定。这里的源端口是交换机 Switch1 连接 PC0 的端口 FastEthernet0/1,目的端口是交换机 Switch3 连接嗅探器(Sniffer)的端口 FastEthernet0/2。

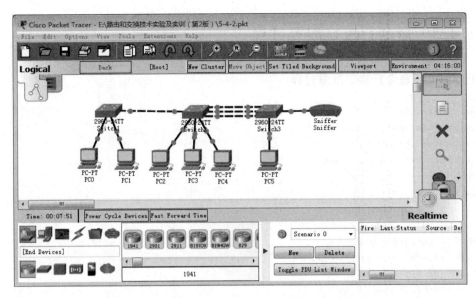

图 5.19 完成设备放置和连接后的逻辑工作区界面

(5) 进入模拟操作模式,启动 PC0 至 PC2 ICMP 报文传输过程,发现 PC0 发送的 ICMP 报文同时沿着两条传输路径传输:一是 PC0 至 PC2 传输路径;二是交换机 Switch1 连接 PC0 端口至交换机 Switch3 连接 Sniffer 端口传输路径。

(6) 选择 Sniffer 图形用户接口(GUI)选项卡,可以看到 Sniffer 嗅探到的 PC0 发送的 ICMP 报文。打开 ICMP 报文,可以查看如图 5.20 所示的该 ICMP 报文格式。

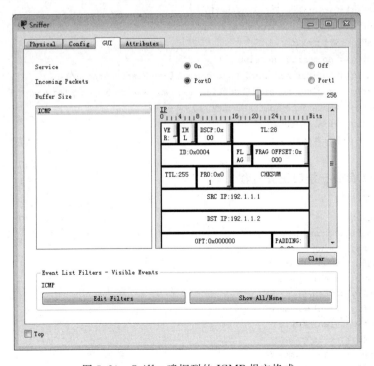

图 5.20 Sniffer 嗅探到的 ICMP 报文格式

5.4.5　命令行接口配置过程

1. Switch1 命令行接口配置过程

```
Switch> enable
Switch# configure terminal
Switch(config)# vlan 2
Switch(config-vlan)# name v2
Switch(config-vlan)# exit
Switch(config)# vlan 3
Switch(config-vlan)# name v3
Switch(config-vlan)# exit
Switch(config)# vlan 5
Switch(config-vlan)# name rspan
Switch(config-vlan)# remote-span
Switch(config-vlan)# exit
Switch(config)# interface FastEthernet0/1
Switch(config-if)# switchport mode access
Switch(config-if)# switchport access vlan 2
Switch(config-if)# exit
Switch(config)# interface FastEthernet0/2
Switch(config-if)# switchport mode access
Switch(config-if)# switchport access vlan 3
Switch(config-if)# exit
Switch(config)# interface FastEthernet0/3
Switch(config-if)# switchport mode trunk
Switch(config-if)# exit
Switch(config)# no monitor session all
Switch(config)# monitor session 1 source interface FastEthernet0/1 rx
Switch(config)# monitor session 1 destination remote vlan 5 reflector-port FastEthernet0/17
Switch(config)# interface FastEthernet0/17
Switch(config-if)# shutdown
Switch(config-if)# exit
```

2. Switch2 命令行接口配置过程

```
Switch> enable
Switch# configure terminal
Switch(config)# vlan 2
Switch(config-vlan)# name v2
Switch(config-vlan)# exit
Switch(config)# vlan 3
Switch(config-vlan)# name v3
Switch(config-vlan)# exit
Switch(config)# vlan 4
Switch(config-vlan)# name v4
Switch(config-vlan)# exit
Switch(config)# vlan 5
```

```
Switch(config - vlan)#name rspan
Switch(config - vlan)#remote - span
Switch(config - vlan)#exit
Switch(config)#interface FastEthernet0/1
Switch(config - if)#switchport mode access
Switch(config - if)#switchport access vlan 2
Switch(config - if)#exit
Switch(config)#interface FastEthernet0/2
Switch(config - if)#switchport mode access
Switch(config - if)#switchport access vlan 3
Switch(config - if)#exit
Switch(config)#interface FastEthernet0/3
Switch(config - if)#switchport mode access
Switch(config - if)#switchport access vlan 4
Switch(config - if)#exit
Switch(config)#interface range FastEthernet0/7 - FastEthernet0/9
Switch(config - if - range)#channel - group 1 mode on
Switch(config - if - range)#exit
Switch(config)#port - channel load - balance src - dst - mac
Switch(config)#interface FastEthernet0/4
Switch(config - if)#switchport mode trunk
Switch(config - if)#exit
Switch(config)#interface port - channel 1
Switch(config - if)#switchport mode trunk
Switch(config - if)#exit
```

3. Switch3 命令行接口配置过程

```
Switch>enable
Switch#configure terminal
Switch(config)#vlan 4
Switch(config - vlan)#name v4
Switch(config - vlan)#exit
Switch(config)#vlan 5
Switch(config - vlan)#name rspan
Switch(config - vlan)#remote - span
Switch(config - vlan)#exit
Switch(config)#interface FastEthernet0/1
Switch(config - if)#switchport mode access
Switch(config - if)#switchport access vlan 4
Switch(config - if)#exit
Switch(config)#interface range FastEthernet0/3 - FastEthernet0/5
Switch(config - if - range)#channel - group 1 mode on
Switch(config - if - range)#exit
Switch(config)#port - channel load - balance src - dst - mac
Switch(config)#interface port - channel 1
Switch(config - if)#switchport mode trunk
Switch(config - if)#exit
Switch(config)#no monitor session all
Switch(config)#monitor session 1 source remote vlan 5
Switch(config)#monitor session 1 destination interface FastEthernet0/2
```

第 6 章 路由器和网络互联实验
CHAPTER 6

路由器用于实现不同类型网络之间的互联,路由器转发 IP 分组的基础是路由表,路由表中的路由项分为直连路由项、静态路由项和动态路由项,通过配置路由器接口的 IP 地址和子网掩码自动生成直连路由项。通过手工配置创建静态路由项。

热备份路由器协议(Hot Standby Router Protocol,HSRP)允许将由多个路由器组成的热备份组作为默认网关,如果终端将分配给热备份组的虚拟 IP 地址作为默认网关地址,只要热备份组中存在能够正常工作的路由器,终端就可以通过该虚拟 IP 地址将目的终端是其他网络的 IP 分组发送给默认网关。

6.1 直连路由项配置实验

6.1.1 实验内容

构建如图 6.1 所示的互联网,实现网络地址为 192.1.1.0/24 的以太网与网络地址为 192.1.2.0/24 的以太网之间的相互通信过程。需要说明的是,网络地址分别为 192.1.1.0/24 和 192.1.2.0/24 的两个以太网都与路由器 R 直接相连。

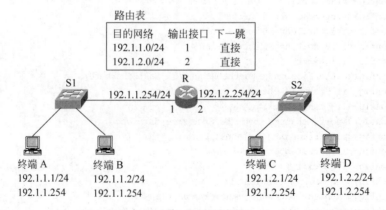

图 6.1 互联网结构

6.1.2 实验目的

（1）掌握路由器接口配置过程。
（2）掌握直连路由项自动生成过程。
（3）掌握路由器逐跳转发过程。
（4）掌握 IP over 以太网工作原理。
（5）验证连接在以太网上的两个结点之间的 IP 分组传输过程。

6.1.3 实验原理

1. 路由器接口和网络配置

互联网结构如图 6.1 所示，路由器 R 的两个接口分别连接两个以太网，这两个以太网是不同的网络，需要分配不同的网络地址。为路由器接口配置的 IP 地址和子网掩码决定了该接口连接的网络的网络地址，如一旦为路由器 R 接口 1 分配 IP 地址 192.1.1.254 和子网掩码 255.255.255.0，接口 1 连接的以太网的网络地址为 192.1.1.0/24，连接在该以太网上的终端必须分配属于网络地址 192.1.1.0/24 的 IP 地址，并以路由器接口 1 的 IP 地址 192.1.1.254 为默认网关地址。

由于路由器的不同接口连接不同的网络，因此，根据为不同的路由器接口分配的 IP 地址和子网掩码得出的网络地址必须不同，如根据为路由器 R 接口 1 分配的 IP 地址和子网掩码得出的网络地址为 192.1.1.0/24，根据为路由器 R 接口 2 分配的 IP 地址和子网掩码得出的网络地址为 192.1.2.0/24。

一旦为某个路由器接口分配 IP 地址和子网掩码，并开启该路由器接口，那么路由器的路由表中会自动生成一项路由项，路由项的目的网络字段值是根据为该接口分配的 IP 地址和子网掩码得出的网络地址，输出接口字段值是该路由器接口的接口标识符，下一跳字段值是直接。由于该路由项是用于指明通往路由器直接连接的网络的传输路径，因此被称为直连路由项。一旦为图 6.1 中路由器 R 的两个接口分配图中所示的 IP 地址和子网掩码，路由器 R 的路由表中自动生成如图 6.1 所示的两项直连路由项。

2. IP 分组传输过程

IP 分组终端 A 至终端 D 的传输路径由两段交换路径组成：一段是终端 A 至路由器 R 接口 1 之间的交换路径，IP 分组经过这一段交换路径传输时被封装成以终端 A 的 MAC 地址为源 MAC 地址、以路由器 R 接口 1 的 MAC 地址为目的 MAC 地址的 MAC 帧；另一段是路由器 R 接口 2 至终端 D 之间的交换路径，IP 分组经过这一段交换路径传输时被封装成以路由器 R 接口 2 的 MAC 地址为源 MAC 地址、以终端 D 的 MAC 地址为目的 MAC 地址的 MAC 帧。终端 A 通过 ARP 地址解析过程获取路由器 R 接口 1 的 MAC 地址，路由器 R 通过 ARP 地址解析过程获取终端 D 的 MAC 地址。

6.1.4 关键命令说明

下述命令序列用于为路由器接口 FastEthernet0/0 分配 IP 地址和子网掩码,并开启该路由器接口。

```
Router(config)# interface FastEthernet0/0
Router(config-if)# ip address 192.1.1.254 255.255.255.0
Router(config-if)# no shutdown
Router(config-if)# exit
```

interface FastEthernet0/0 是全局模式下使用的命令,该命令的作用是进入路由器接口 FastEthernet0/0 的接口配置模式。FastEthernet0/0 中包含两部分信息:一是接口类型 FastEthernet,表明该接口是快速以太网接口;二是接口编号 0/0,接口编号用于区分相同类型的多个接口。

ip address 192.1.1.254 255.255.255.0 是接口配置模式下使用的命令,该命令的作用是为特定路由器接口(这里是 FastEthernet0/0)分配 IP 地址 192.1.1.254 和子网掩码 255.255.255.0。

no shutdown 是接口配置模式下使用的命令,该命令的作用是开启特定路由器接口(这里是 FastEthernet0/0)。路由器接口 FastEthernet0/0 的默认状态是关闭,需要通过该命令开启路由器接口 FastEthernet0/0。

6.1.5 实验步骤

(1) 启动 Cisco Packet Tracer,在逻辑工作区按照图 6.1 所示的网络结构放置和连接设备,终端与交换机之间和交换机与路由器之间用直通线互连,完成设备放置和连接后的逻辑工作区界面如图 6.2 所示。

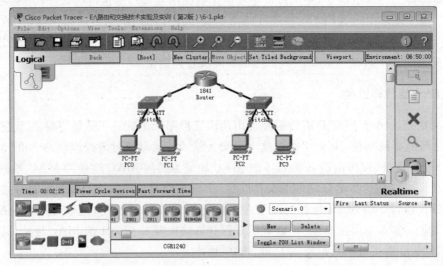

图 6.2 完成设备放置和连接后的逻辑工作区界面

(2) 根据图 6.1 所示的路由器接口配置信息为路由器 Router 的两个接口配置 IP 地址和子网掩码,并开启路由器接口,这一步骤可以通过图形接口(Config)完成。图 6.3 所示是图形接口下路由器 Router 接口 FastEthernet0/0 的配置界面,通过在 IP Address 栏中输入 IP 地址 192.1.1.254,在 Subnet Mask 栏中输入子网掩码 255.255.255.0,完成该接口 IP 地址和子网掩码配置过程。通过在 Port Status 中勾选 on,开启该接口。这一步骤也可以通过命令行接口(CLI)完成,6.1.6 节命令行接口配置过程给出了完成路由器 Router 配置所需要输入的完整命令序列。值得强调的是,除了极个别配置操作外,图形接口可以实现的配置操作,命令行接口同样也可以。通过命令行接口,可以完成许多图形接口无法完成的配置操作。

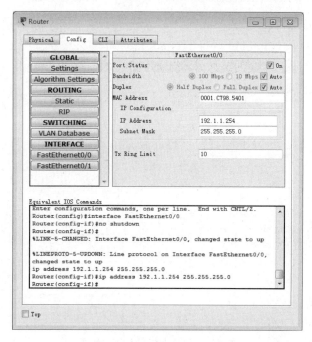

图 6.3 路由器接口配置界面

(3) 完成路由器 Router 两个接口的 IP 地址和子网掩码配置,并开启这两个接口后,Router 路由表中自动生成如图 6.4 所示的直连路由项。类型(Type)字段值为 C 表明是直连路由项。目的网络(Network)字段值给出目的网络的网络地址和子网掩码,如 192.1.1.0/24。输出接口(Port)字段值给出连接下一跳的接口,对于直连路由项,直接给出连接目的网络的接口。下一跳 IP 地址(Next Hop IP)字段值为空,表示目的网络与路由器直接连接。距离(Metric)字段值 0/0 中的前一个 0 是管理距离值。每一个路由协议都有默认的管理距离值,值越小,优先级越高。直连路由项的管理距离值为 0,说明直连路由项的优先级最高,如果存在目的网络相同的多项类型不同的路由项,首先使用直连路由项。距离字段值 0/0 中的后一个 0 是距离值,直连路由项的距离值为 0。

图 6.4 直连路由项

(4) 完成各个终端的 IP 地址、子网掩码和默认网关地址配置。需要强调的是，路由器接口配置的 IP 地址和子网掩码决定了该路由器接口连接的网络的网络地址，连接在该网络上的终端必须配置属于该网络地址的 IP 地址，路由器接口的 IP 地址就是连接在该网络上的所有终端的默认网关地址。如路由器 Router 接口 FastEthernet0/0 分配的 IP 地址和子网掩码决定了该接口连接的网络的网络地址为 192.1.1.0/24，PC0 和 PC1 的 IP 地址必须属于网络地址 192.1.1.0/24。PC0 和 PC1 的默认网关地址是路由器 Router 接口 FastEthernet0/0 的 IP 地址 192.1.1.254。图 6.5 给出了 PC0 IP 地址（IP Address）、子网掩码（Subnet Mask）和默认网关地址（Default Gateway）的配置界面。

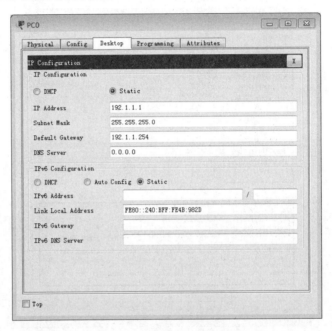

图 6.5　PC0 网络信息配置界面

(5) 选择模拟操作模式，通过简单报文工具启动 PC0 至 PC3 的 IP 分组传输过程。PC0、PC3 和路由器接口的 MAC 地址如表 6.1 所示。IP 分组经过 PC0 至 Router 这一段交换路径传输时，必须封装成以 PC0 的 MAC 地址为源 MAC 地址、以 Router 以太网接口 FastEthernet0/0 的 MAC 地址为目的地址的 MAC 帧，因此，PC0 首先需要根据默认网关地址 192.1.1.254 解析出 Router 以太网接口 FastEthernet0/0 的 MAC 地址。PC0 广播一个 ARP 请求报文，ARP 请求报文格式如图 6.6 所示。封装该 ARP 请求报文的 MAC 帧的源 MAC 地址（SRC ADDR）是 PC0 的 MAC 地址，目的 MAC 地址（DEST ADDR）是广播地址。ARP 请求报文中将 PC0 的 MAC 地址和 IP 地址作为源 MAC 地址（SOURCE MAC）和源 IP 地址（SOURCE IP），将需要解析的 IP 地址 192.1.1.254 作为目标 IP 地址（TARGET IP），用全 0 的目标 MAC 地址表示请求解析出目标 IP 地址对应的目标 MAC 地址（TARGET MAC）。Router 发送的 ARP 响应报文格式如图 6.7 所示。封装该 ARP 响应报文的 MAC 帧的源 MAC 地址（SRC ADDR）是 Router 以太网接口 FastEthernet0/0 的 MAC 地址，目的 MAC 地址（DEST ADDR）是 PC0 的 MAC 地址。ARP 响应报文中将 Router 以太网接口 FastEthernet0/0 的 MAC 地址和 IP 地址作为源 MAC 地址和源 IP 地址，将 PC0 的 MAC 地址和 IP 地址作为目标 MAC 地址和目标 IP 地址。

表 6.1 PC0、PC3 和路由器接口的 MAC 地址

终端或路由器接口	MAC 地址
PC0	0040.0B4B.982D
PC3	00E0.8F29.7D72
FastEthernet0/0	0001.C798.5401
FastEthernet0/1	0001.C798.5402

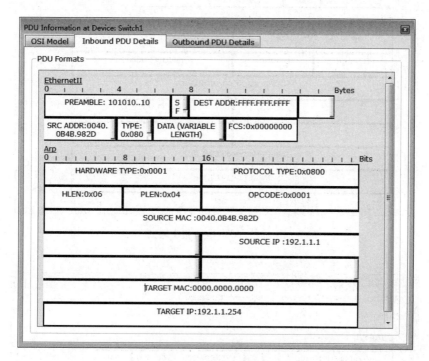

图 6.6 ARP 请求报文格式

(6) IP 分组 PC0 至 PC3 传输过程中需要经过两个不同的以太网，IP 分组经过互连 PC0 与 Router 的以太网传输时的 MAC 帧和 IP 分组格式如图 6.8 所示。IP 分组的源 IP 地址 (SRC IP) 是 PC0 的 IP 地址 192.1.1.1，目的 IP 地址 (DST IP) 是 PC3 的 IP 地址 192.1.2.2；MAC 帧的源 MAC 地址 (SRC ADDR) 是 PC0 的 MAC 地址 0040.0B4B.982D，目的 MAC 地址 (DEST ADDR) 是路由器接口 FastEthernet0/0 的 MAC 地址 0001.C798.5401。IP 分组经过互连 Router 和 PC3 的以太网传输时的 MAC 帧和 IP 分组格式如图 6.9 所示。IP 分组的源 IP 地址是 PC0 的 IP 地址 192.1.1.1，目的 IP 地址是 PC3 的 IP 地址 192.1.2.2；MAC 帧的源 MAC 地址是路由器接口 FastEthernet0/1 的 MAC 地址 0001.C798.5402，目的 MAC 地址是 PC3 的 MAC 地址 00E0.8F29.7D72。由于 Router 路由表中与 IP 分组目的 IP 地址匹配的路由项为直连路由项，表明目的终端连接在路由器直接连接的网络上，Router 通过直接解析 IP 分组的目的 IP 地址获得 PC3 的 MAC 地址。值得强调的是，IP 分组端到端传输过程中，源和目的 IP 地址是不变的，但如果该 IP 分组传输过程中经过多个不同的网络，每一个网络将该 IP 分组封装成该网络对应的帧格式，属于该网络的传输路径两端的地址为该帧的源和目的地址。

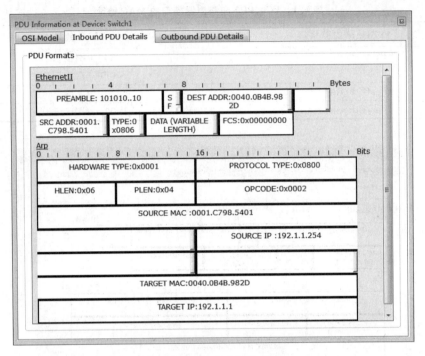

图 6.7 ARP 响应报文格式

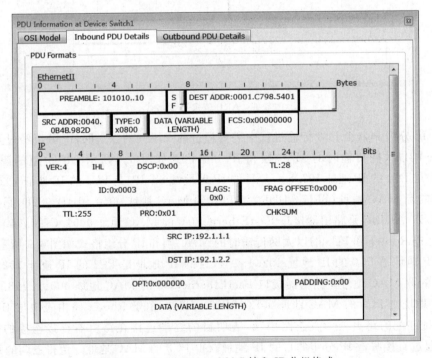

图 6.8 PC0 至 Router MAC 帧和 IP 分组格式

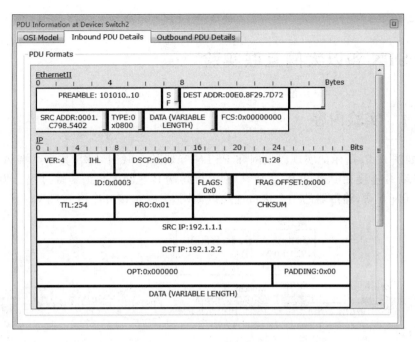

图 6.9　Router 至 PC3 MAC 帧和 IP 分组格式

6.1.6　命令行接口配置过程

1. Router 命令行接口配置过程

Router＞enable
Router♯configure terminal
Router(config)♯interface FastEthernet0/0
Router(config－if)♯ip address 192.1.1.254 255.255.255.0
Router(config－if)♯no shutdown
Router(config－if)♯exit
Router(config)♯interface FastEthernet0/1
Router(config－if)♯ip address 192.1.2.254 255.255.255.0
Router(config－if)♯no shutdown
Router(config－if)♯exit

2. 命令列表

路由器命令行接口配置过程中使用的命令及功能和参数说明如表 6.2 所示。

表 6.2　命令列表

命　令　格　式	功能和参数说明
interface *port-id*	进入由参数 *port-id* 指定的路由器接口的接口配置模式
ip address *ip-address subnet-mask*	为路由器接口配置 IP 地址和子网掩码。参数 *ip-address* 是用户配置的 IP 地址,参数 *subnet-mask* 是用户配置的子网掩码
no shutdown	没有参数,开启某个路由器接口

6.2 PSTN 和以太网互联实验

6.2.1 实验内容

构建如图 6.10 所示的实现以太网和 PSTN 互联的互联网结构,其中终端 A 连接在以太网上,终端 B 连接在 PSTN 上,完成终端 A 与终端 B 之间的数据传输过程。为了实现以太网和 PSTN 互联,路由器的一个接口连接以太网,另一个接口连接 PSTN。

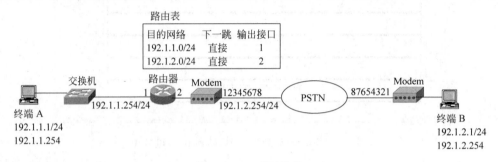

图 6.10 互联网结构

6.2.2 实验目的

(1) 验证路由器接口配置过程。
(2) 验证连接在以太网上的两个结点之间的 IP 分组传输过程。
(3) 验证连接在 PSTN 上的两个结点之间的 IP 分组传输过程。
(4) 验证路由器实现以太网和 PSTN 互联的过程。
(5) 验证两个连接在不同类型网络上的终端之间的 IP 分组传输过程。
(6) 验证 IP 分组经过不同类型传输网络传输时,封装成该传输网络对应的帧格式的过程。
(7) 验证路由器自动生成直连路由项的过程。

6.2.3 实验原理

互联网结构如图 6.10 所示。由于需要路由器实现以太网和 PSTN 互联,路由器必须具有两种类型的接口:一是以太网接口(RJ-45);二是 PSTN 用户线接口(RJ-11)。同样,终端 A 必须具有以太网接口,终端 B 必须具有 PSTN 用户线接口。在开始终端 A 至终端 B 的 IP 分组传输过程前,须建立终端 B 与路由器之间的点对点语音信道。

通过交换机构建互连终端 A 和路由器的以太网,通过 WAN 仿真设备构建互连路由器和终端 B 的 PSTN,必须为路由器的 PSTN 用户线接口和终端 B 的 Modem 分配电话号码,并通过呼叫连接建立过程建立终端 B 与路由器之间的点对点语音信道。

分两步实现 IP 分组终端 A 至终端 B 的传输过程:第一步将 IP 分组封装成以终端 A 的 MAC 地址为源 MAC 地址、以路由器以太网接口的 MAC 地址为目的 MAC 地址的 MAC

帧，经过终端 A 至路由器的交换路径将 MAC 帧传输给路由器；第二步将 IP 分组封装成 PPP 帧，经过路由器 PSTN 用户线接口与终端 B 之间的点对点语音信道将 PPP 帧传输给终端 B。

6.2.4 关键命令说明

用用户名和口令唯一标识授权用户，授权用户是允许对路由器进行某种指定操作的远程用户，当远程用户对路由器进行指定操作时，路由器需要对远程用户进行身份鉴别，远程用户需要提供定义授权用户时指定的用户名和口令。

Router(config)#username aaa password bbb

username aaa password bbb 是全局模式下使用的命令，该命令的作用是定义了一个用户名为 aaa、口令为 bbb 的授权用户。当远程用户对路由器进行指定操作时，必须提供用户名 aaa 和口令 bbb。

6.2.5 实验步骤

(1) 路由器 1841 默认状态下没有安装连接 PSTN 的接口，因此，启动 Cisco Packet Tracer 后，需要为选中的路由器安装 Modem 模块。安装 Modem 模块的过程如图 6.11 所示。

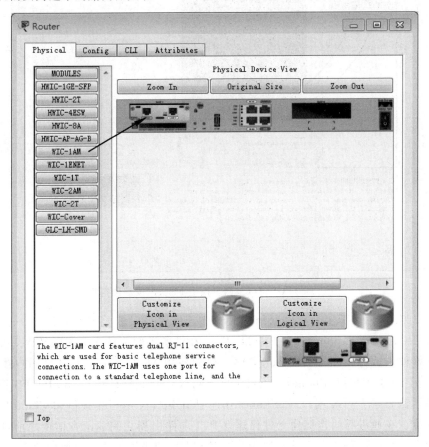

图 6.11 安装 Modem 模块的过程

选择路由器物理(Physical)配置选项,关掉路由器电源,在模块栏中选中模块 WIC-1AM,该模块是有 PSTN 用户线接口(RJ-11 标准连接器)的 Modem,将该模块拖放到插槽中,打开电源。同样,PC1 默认状态下安装以太网卡,为了连接用户线,需要将以太网卡换成 Modem 模块。PC1 将以太网卡换成 Modem 模块的过程如图 6.12 所示。选择 PC1 物理(Physical)配置选项,关掉电源,先将以太网卡拖放到模块栏中,然后在模块栏中选中模块 PT-HOST-NM-1AM,该模块是有 PSTN 用户线接口(RJ-11 标准连接器)的 Modem,将该模块拖放到插槽中,打开电源。

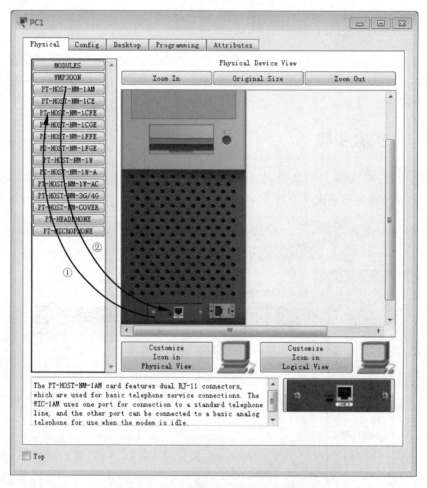

图 6.12 PC1 将以太网卡换成 Modem 模块的过程

(2) 按照图 6.10 所示的互联网结构放置和连接设备。需要强调的是,Cisco 用 WAN 仿真设备(WAN Emulations)代替 PSTN,因此,在设备类型选择框中选择 WAN 仿真设备,在设备选择框中选择 Generics(Cloud-PT)。该设备用 Modem 标记 PSTN 用户线接口,因此,需要用 PSTN 用户线(Phone)互连路由器 PSTN 用户线接口和 Cloud-PT PSTN 用户线接口,同样,需要用 PSTN 用户线(Phone)互连 PC1 PSTN 用户线接口和 Cloud-PT PSTN 用户线接口。在通过呼叫连接建立过程建立 PC1 与路由器之间的语音信道之前,PC1 与路由器之间没有传输通路。完成设备放置和连接过程后的逻辑工作区界面如图 6.13 所示。

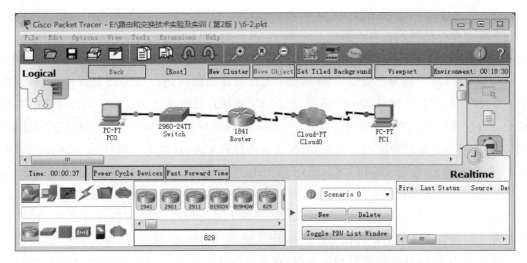

图 6.13　完成设备放置和连接过程后的逻辑工作区界面

(3) 完成路由器接口配置过程,选择路由器图形接口(Config)配置选项。单击接口 Modem0/1/0,出现如图 6.14 所示的接口 Modem0/1/0 配置界面,在 IP 地址(IP Address)输入框中输入接口的 IP 地址 192.1.2.254,在子网掩码(Subnet Mask)输入框中输入接口的子网掩码 255.255.255.0。用同样的方式完成路由器接口 FastEthernet0/0 的配置过程。需要强调的是,接口 Modem0/1/0 的配置过程只能在图形接口配置方式下完成。路由器接口 FastEthernet0/0 是路由器连接以太网的接口,路由器接口 Modem0/1/0 是路由器连接 PSTN 的接口。

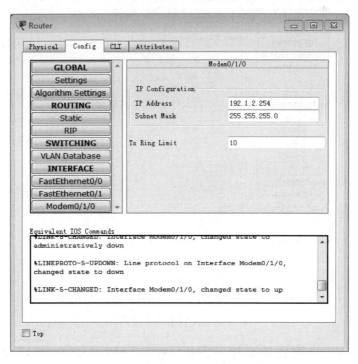

图 6.14　接口 Modem0/1/0 配置界面

(4) 为了建立 PC1 与路由器之间的语音信道，一是需要分别为连接 PC1 和连接路由器的用户线分配电话号码。对于互连 Router 和 Cloud0 的用户线，Cloud0 一端是用户线接口 Modem4。对于互连 PC1 和 Cloud0 的用户线，Cloud0 一端是用户线接口 Modem5。因此，通过配置 Cloud0 中的用户线接口 Modem4 为连接路由器的用户线分配电话号码，通过配置 Cloud0 中的用户线接口 Modem5 为连接 PC1 的用户线分配电话号码。为连接路由器的用户线分配电话号码的过程如下：单击 Cloud0，选择图形接口(Config)配置选项，单击用户线接口 Modem4，弹出如图 6.15 所示的配置电话号码界面，在电话号码(Phone Number)输入框中输入电话号码 12345678。用同样的方式为连接 PC1 的用户线分配电话号码 87654321。二是需要在路由器中定义授权用户，该过程需要在命令行接口配置方式下通过输入命令 username aaa password bbb 完成。完成上述过程后，PC1 可以通过呼叫连接建立过程建立与路由器之间的语音信道。选择 PC1 桌面(Desktop)选项卡，单击拨号程序(dial-up)，弹出如图 6.16 所示的拨号程序界面，在用户名(User Name)输入框中输入授权用户的用户名 aaa，在口令(Password)输入框中输入授权用户的口令 bbb，在被叫号码(Dial Number)输入框中输入为连接路由器的用户线分配的电话号码 12345678。单击拨号按钮(Dial)，完成 PC1 与路由器之间的语音信道建立过程。成功建立 PC1 与路由器之间的语音信道后，路由器路由表中的直连路由项如图 6.17 所示，图中有了分别用于指明通往直接相连的以太网和 PSTN 的传输路径的直连路由项。

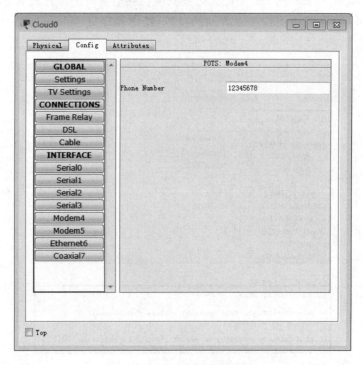

图 6.15　配置电话号码界面

(5) 为 PC0 和 PC1 配置 IP 地址、子网掩码和默认网关地址，PC0 的默认网关地址是为 Router 接口 FastEthernet0/0 配置的 IP 地址，PC1 的默认网关地址是为 Router 接口

图 6.16 PC1 拨号程序界面

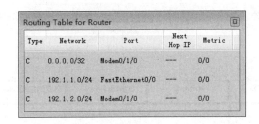

图 6.17 路由器路由表中的直连路由项

Modem0/1/0 配置的 IP 地址。

(6) 进入模拟操作模式,选择协议 ICMP,启动 PC0 至 PC1 ICMP 报文传输过程,PC0 至 Router 的 ICMP 报文封装过程如图 6.18 所示。ICMP 报文封装成以 PC0 的 IP 地址 192.1.1.1 为源 IP 地址(SRC IP)、以 PC1 的 IP 地址 192.1.2.1 为目的 IP 地址(DST IP) 的 IP 分组,该 IP 分组封装成以 PC0 的 MAC 地址为源 MAC 地址(SRC ADDR)、以路由器 以太网接口的 MAC 地址为目的 MAC 地址(DEST ADDR)的 MAC 帧。Router 至 PC1 这 一段的 ICMP 报文封装过程如图 6.19 所示。IP 分组格式基本不变,只是 TTL 字段值由 255 变为 254,但该 IP 分组被封装成 PPP 帧格式。这就证明,IP 分组经过以太网传输时,封 装成 MAC 帧格式。经过 PSTN 传输时,封装成 PPP 帧格式。IP 分组每经过一跳路由器, TTL 字段值减 1。

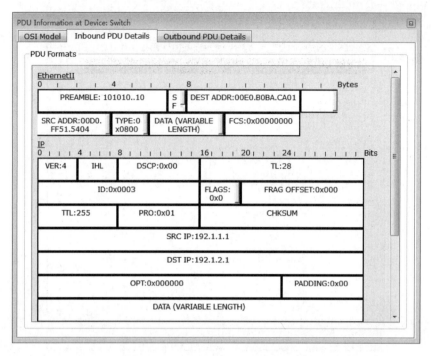

图 6.18 PC0 至 Router MAC 帧格式

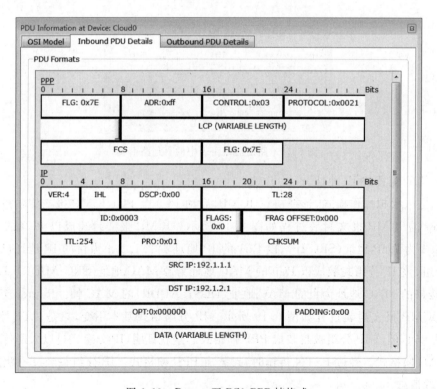

图 6.19 Router 至 PC1 PPP 帧格式

6.2.6 命令行接口配置过程

1. Router 命令行接口配置过程

Router > enable
Router # configure terminal
Router(config) # interface FastEthernet0/0
Router(config - if) # ip address 192.1.1.254 255.255.255.0
Router(config - if) # no shutdown
Router(config - if) # exit
Router(config) # username aaa password bbb

需要指出的是,路由器命令行接口配置方式下,无法完成路由器接口 Modem0/1/0 的配置过程,只能在图形接口配置方式下完成路由器接口 Modem0/1/0 的配置过程。

2. 命令列表

路由器命令行接口配置过程中使用的命令及功能和参数说明如表 6.3 所示。

表 6.3 命令列表

命 令 格 式	功能和参数说明
username *name* **password** *password*	定义授权用户,参数 *name* 是授权用户的用户名,参数 *password* 是授权用户的口令

6.3 静态路由项配置实验

6.3.1 实验内容

构建如图 6.20 所示的互联网,实现互联网中各个终端之间的相互通信过程。需要说明的是,对于路由器 R1,网络地址为 192.1.2.0/24 的网络不是直接连接的网络,因此,无法自动生成用于指明通往网络 192.1.2.0/24 的传输路径的路由项。对于路由器 R2,网络地址为 192.1.1.0/24 的网络也不是直接连接的网络,同样无法自动生成用于指明通往网络 192.1.1.0/24 的传输路径的路由项。

6.3.2 实验目的

(1) 掌握路由器静态路由项配置过程。
(2) 掌握 IP 分组逐跳转发过程。
(3) 了解路由表在实现 IP 分组逐跳转发过程中的作用。

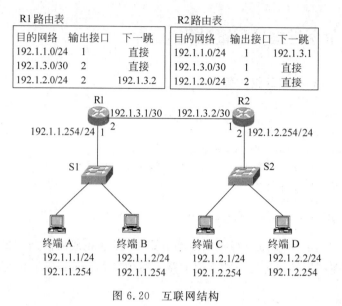

图 6.20 互联网结构

6.3.3 实验原理

互联网结构如图 6.20 所示。路由器接收到某个 IP 分组后,只有在路由表中检索到与该 IP 分组的目的 IP 地址匹配的路由项时,才转发该 IP 分组,否则丢弃该 IP 分组。因此,对于互联网中的任何一个网络,只有在所有路由器的路由表中都存在用于指明通往该网络的传输路径的路由项的前提下,才能正确地将以该网络为目的网络的 IP 分组送达该网络。

路由器完成接口的 IP 地址和子网掩码配置过程后,能够自动生成用于指明通往与其直接连接的网络的传输路径的直连路由项。如图 6.20 所示,一旦为路由器 R1 接口 1 和接口 2 配置了 IP 地址与子网掩码,路由器 R1 将自动生成以 192.1.1.0/24 和 192.1.3.0/30 为目的网络的直连路由项。为了使路由器 R1 能够准确转发以属于网络地址 192.1.2.0/24 的 IP 地址为目的 IP 地址的 IP 分组,路由器 R1 的路由表中必须存在用于指明通往网络 192.1.2.0/24 的传输路径的路由项,由于路由器 R1 没有直接连接网络 192.1.2.0/24 的接口,因此,路由器 R1 的路由表不会自动生成以 192.1.2.0/24 为目的网络的路由项。通过分析图 6.20 所示的互联网结构,可以得出有关路由器 R1 通往网络 192.1.2.0/24 的传输路径的信息:下一跳 IP 地址为 192.1.3.2,输出接口为接口 2。并因此可以得出用于指明路由器 R1 通往网络 192.1.2.0/24 的传输路径的路由项的内容:目的网络为 192.1.2.0/24,输出接口为接口 2,下一跳 IP 地址为 192.1.3.2。

静态路由项配置过程分为三步:一是通过分析互联网结构得出某个路由器通往互联网中所有没有与其直接连接的其他网络的传输路径;二是根据该路由器通往每一个网络的传输路径求出与该传输路径相关的路由项的内容;三是根据求出的路由项内容完成手工配置路由项的过程。值得强调的是,每一个路由器对于所有没有与其直接连接的网络都需手工配置一项用于指明该路由器通往该网络的传输路径的路由项。

6.3.4 关键命令说明

以下是一条用于为路由器配置静态路由项的命令。

ip route 192.1.2.0 255.255.255.0 192.1.3.2

Router|(config)#ip route 192.1.2.0 255.255.255.0 192.1.3.2 是全局模式下使用的静态路由项配置命令,192.1.2.0 是目的网络的网络地址,255.255.255.0 是目的网络的子网掩码,这两项用于确定目的网络的网络地址 192.1.2.0/24。目的网络的网络地址是属于目的网络的任意 IP 地址与子网掩码"与"操作的结果。192.1.3.2 是下一跳 IP 地址。由于下一跳结点连接在该路由器某个接口连接的网络中,根据下一跳结点的 IP 地址,可以确定下一跳结点所连接的网络,因而确定连接该网络的路由器接口,如路由器 R1 两个接口连接的网络分别是网络 192.1.1.0/24 和 192.1.3.0/30,下一跳 IP 地址 192.1.3.2 属于网络 192.1.3.0/30,因而可以确定输出接口是连接网络 192.1.3.0/30 的接口,因此,只要在静态路由项配置命令中给出了下一跳 IP 地址,就无须给出输出接口。

6.3.5 实验步骤

(1) 启动 Cisco Packet Tracer,根据图 6.20 所示的互联网结构在逻辑工作区放置和连接设备,路由器和交换机之间用直通线(Copper Straight-Through)互连,路由器之间用交叉线(Copper Cross-Over)互连。完成设备放置和连接后的逻辑工作区界面如图 6.21 所示。

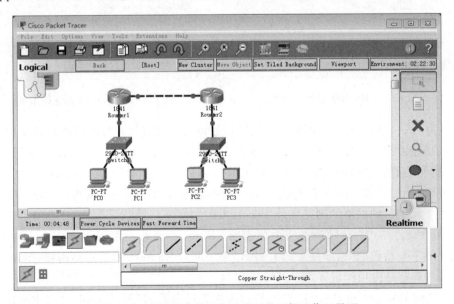

图 6.21 完成设备放置和连接后的逻辑工作区界面

(2) 根据图 6.20 所示的路由器接口配置信息,为两个路由器的四个接口配置 IP 地址和子网掩码,Router1 接口 FastEthernet0/1 配置界面如图 6.22 所示。完成路由器接口 IP 地址和子网掩码配置后,两个路由器自动生成分别如图 6.23 和图 6.24 所示的直连路由项。

需要指出的是，两个路由器的路由表中都没有用于指明通往没有与其直接连接的网络的传输路径的路由项，因此，每一个路由器都无法转发以这些网络为目的网络的 IP 分组。

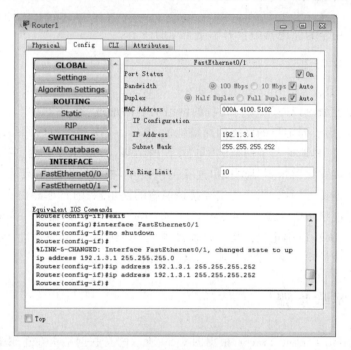

图 6.22 路由器接口配置界面

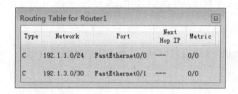 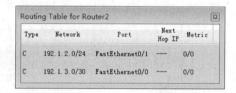

图 6.23 Router1 直连路由项　　　　　　图 6.24 Router2 直连路由项

（3）为每一个路由器手工配置用于指明通往没有与其直接连接的网络的传输路径的路由项。选择路由器图形接口（Config）配置方式，选中静态路由项（Static）单选按钮，弹出如图 6.25 所示的静态路由项配置界面。对于 Router1，在目的网络（Network）栏中输入目的网络的网络地址 192.1.2.0，在子网掩码（Mask）栏中输入目的网络的子网掩码 255.255.255.0，这两项用于确定目的网络的网络地址 192.1.2.0/24。下一跳（Next Hop）栏用于输入下一跳 IP 地址 192.1.3.2。该项静态路由项表明，Router1 通往目的网络 192.1.2.0/24 的传输路径上的下一跳的 IP 地址是 192.1.3.2。手工配置 Router2 的静态路由项，图 6.26 所示是 Router2 静态路由项配置界面。

（4）完成 Router1 和 Router2 静态路由项配置过程后，路由器 Router1 和 Router2 的路由表分别如图 6.27 和图 6.28 所示。静态路由项的类型为 S，静态路由项的管理距离值为 1，表明静态路由项的优先级仅次于直连路由项。此时，两个路由器的路由表中都生成了用于指明通往互联网中所有网络的传输路径的路由项。

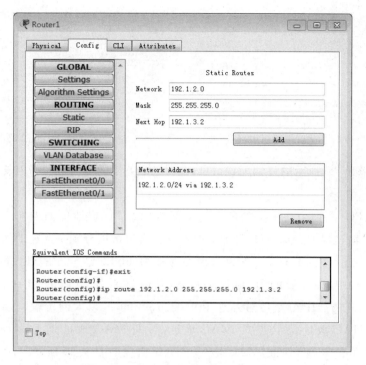

图 6.25　Router1 静态路由项配置界面

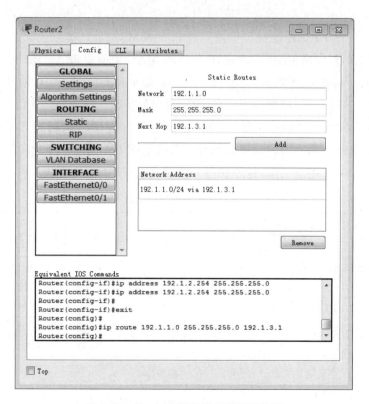

图 6.26　Router2 静态路由项配置界面

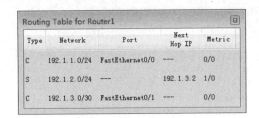

图 6.27　Router1 路由表

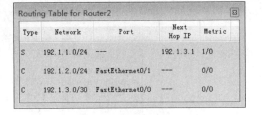

图 6.28　Router2 路由表

（5）根据图 6.20 所示的终端配置信息，配置各个终端的 IP 地址、子网掩码和默认网关地址。

（6）PC0、PC3 和两个路由器的四个以太网接口的 MAC 地址如表 6.4 所示。PC0 至 PC3 IP 分组传输过程中需要经过三个以太网，这三个以太网分别是互连 PC0 与 Router1 的以太网、互连 Router1 与 Router2 的以太网和互连 Router2 与 PC3 的以太网，IP 分组 PC0 至 PC3 传输过程中，源和目的 IP 地址是不变的，但封装 IP 分组的 MAC 帧的源和目的 MAC 地址是变化的。IP 分组经过互连 PC0 与 Router1 的以太网传输时，封装 IP 分组的 MAC 帧的源 MAC 地址是 PC0 的 MAC 地址，目的 MAC 地址是 Router1 以太网接口 FastEthernet0/0 的 MAC 地址，MAC 帧和 IP 分组格式如图 6.29 所示。IP 分组经过互连 Router1 与 Router2 的以太网传输时，封装 IP 分组的 MAC 帧的源 MAC 地址是 Router1 以太网接口 FastEthernet0/1 的 MAC 地址，目的 MAC 地址是 Router2 以太网接口 FastEthernet0/0 的 MAC 地址，MAC 帧和 IP 分组格式如图 6.30 所示。IP 分组经过互连 Router2 与 PC3 的以太网传输时，封装 IP 分组的 MAC 帧的源 MAC 地址是 Router1 以太网接口 FastEthernet0/1 的 MAC 地址，目的 MAC 地址是 PC3 的 MAC 地址，MAC 帧和 IP 分组格式如图 6.31 所示。值得强调的是，PC0 通过解析默认网关地址获得 Router1 以太网接口 FastEthernet0/0 的 MAC 地址。Router1 通过解析与 IP 分组目的 IP 地址匹配的路由项中的下一跳 IP 地址获得 Router2 以太网接口 FastEthernet0/0 的 MAC 地址。Router2 通过直接解析 IP 分组的目的 IP 地址获得 PC3 的 MAC 地址。

表 6.4　PC0、PC3 和路由器接口的 MAC 地址

终端或路由器接口	MAC 地址
PC0	0030.F252.9EAA
Router1 以太网接口 FastEthernet0/0	000A.4100.5101
Router1 以太网接口 FastEthernet0/1	000A.4100.5102
Router2 以太网接口 FastEthernet0/0	0001.C745.2C01
Router2 以太网接口 FastEthernet0/1	0001.C745.2C02
PC3	0060.709C.E224

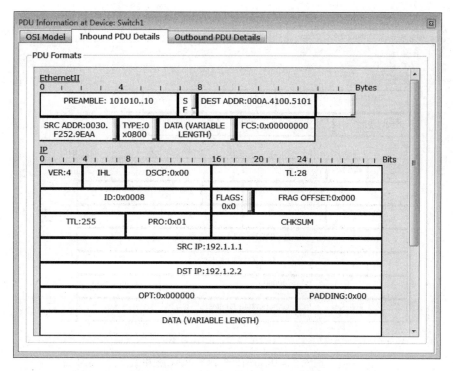

图 6.29 PC0 至 Router1 MAC 帧格式

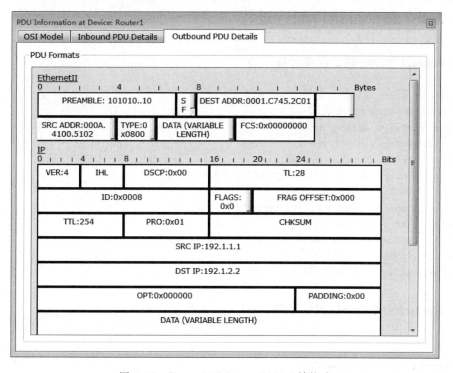

图 6.30 Router1 至 Router2 MAC 帧格式

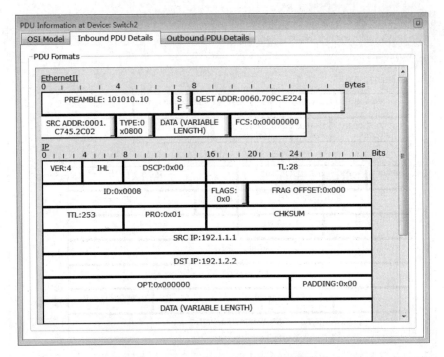

图 6.31 Router2 至 PC3 MAC 帧格式

6.3.6 命令行接口配置过程

1. Router1 命令行接口配置过程

```
Router>enable
Router#configure terminal
Router(config)#hostname Router1
Router1(config)#interface FastEthernet0/0
Router1(config-if)#no shutdown
Router1(config-if)#ip address 192.1.1.254 255.255.255.0
Router1(config-if)#exit
Router1(config)#interface FastEthernet0/1
Router1(config-if)#no shutdown
Router1(config-if)#ip address 192.1.3.1 255.255.255.252
Router1(config-if)#exit
Router1(config)#ip route 192.1.2.0 255.255.255.0 192.1.3.2
```

2. Router2 命令行接口配置过程

```
Router>enable
Router#configure terminal
Router(config)#hostname Router2
Router2(config)#interface FastEthernet0/0
Router2(config-if)#no shutdown
```

Router2(config-if)# ip address 192.1.3.2 255.255.255.252
Router2(config-if)# exit
Router2(config)# interface FastEthernet0/1
Router2(config-if)# no shutdown
Router2(config-if)# ip address 192.1.2.254 255.255.255.0
Router2(config-if)# exit
Router2(config)# ip route 192.1.1.0 255.255.255.0 192.1.3.1

3. 命令列表

路由器命令行接口配置过程中使用的命令及功能和参数说明如表 6.5 所示。

表 6.5 命令列表

命 令 格 式	功能和参数说明
ip route *prefix mask* {*ip-address* | *interface-type interface-number*} [*distance*]	用于配置静态路由项。参数 *prefix* 是目的网络的网络地址。参数 *mask* 是目的网络的子网掩码。参数 *ip-address* 是下一跳 IP 地址,参数 *interface-type interface-number* 是输出接口,下一跳 IP 地址和输出接口只需一项,除了点对点网络外,一般需要配置下一跳 IP 地址。参数 *distance* 是可选项,用于指定静态路由项距离

6.4 点对点信道互联以太网实验

6.4.1 实验内容

点对点信道互联以太网结构如图 6.32 所示。路由器 R1 和 R2 之间用点对点信道互连,路由器 R1 连接一个网络地址为 192.1.1.0/24 的以太网,路由器 R2 连接一个网络地址为 192.1.2.0/24 的以太网,两个以太网上分别连接两个终端:终端 A 和终端 B,完成终端 A 和终端 B 之间的数据传输过程。由于同步数字体系(Synchronous Digital Hierarchy,SDH)等电路交换网络提供的是点对点信道,因此,可以用图 6.32 所示的互联网结构仿真用 SDH 等广域网互连路由器的情况。

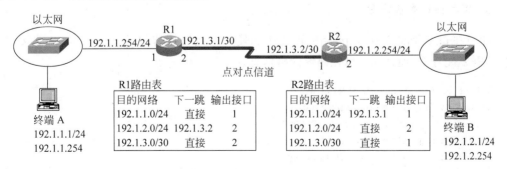

图 6.32 点对点信道互联以太网结构

6.4.2 实验目的

(1) 验证路由器串行接口配置过程。
(2) 验证建立 PPP 链路过程。
(3) 验证静态路由项配置过程。
(4) 验证路由表与 IP 分组传输路径之间的关系。
(5) 验证 IP 分组端到端传输过程。
(6) 验证不同类型传输网络将 IP 分组封装成该传输网络对应的帧格式的过程。

6.4.3 实验原理

路由器 R1 和 R2 通过串行接口互连仿真点对点信道，基于点对点信道建立 PPP 链路。建立 PPP 链路时可以相互鉴别对方身份，即只在两个互信的路由器之间建立 PPP 链路，并通过 PPP 链路传输 IP 分组。图 6.32 所示是由两个路由器互联三个网络组成的互联网，完成路由器接口配置过程后，路由器中只自动生成用于指明通往直接连接的传输网络的传输路径的直连路由项，对于没有与该路由器直接连接的传输网络，需要手工配置用于指明通往该传输网络的传输路径的静态路由项。对于路由器 R1，需要手工配置用于指明通往网络地址为 192.1.2.0/24 的以太网的传输路径的静态路由项。对于路由器 R2，需要手工配置用于指明通往网络地址为 192.1.1.0/24 的以太网的传输路径的静态路由项。终端 A 至终端 B IP 分组传输过程中，IP 分组分别经过三个不同的网络，IP 分组需要封装成这三个网络对应的帧格式。IP 分组经过网络地址为 192.1.1.0/24 的以太网时，封装成以终端 A 的 MAC 地址为源 MAC 地址、以路由器 R1 以太网接口的 MAC 地址为目的 MAC 地址的 MAC 帧。IP 分组经过互连路由器的点对点信道时，封装成 PPP 帧。IP 分组经过网络地址为 192.1.2.0/24 的以太网时，封装成以路由器 R2 以太网接口的 MAC 地址为源 MAC 地址、以终端 B 的 MAC 地址为目的 MAC 地址的 MAC 帧。

6.4.4 关键命令说明

1. 串行接口配置命令

串行接口需要配置带宽、实际传输速率和使用的链路层协议等。另外，与其他接口相同，还需要配置 IP 地址和子网掩码等网络信息。

```
Router(config)# interface Serial0/1/0
Router(config-if)# bandwidth 4000
Router(config-if)# clock rate 4000000
Router(config-if)# keepalive 10
Router(config-if)# encapsulation ppp
Router(config-if)# ip address 192.1.3.1 255.255.255.252
Router(config-if)# no shutdown
Router(config-if)# exit
```

interface Serial0/1/0 是全局模式下使用的命令,该命令的作用是进入路由器接口 Serial0/1/0 的接口配置模式。Serial0/1/0 中包含两部分信息:一是接口类型 Serial,表明该接口是串行接口;二是接口编号 0/1/0,用于区分相同类型的多个接口。

bandwidth 4000 是接口配置模式下使用的命令,该命令的作用是以 kb/s 为单位指定串行接口的带宽,4000 是命令参数,表示指定的带宽是 4000kb/s。带宽只是用于表示串行接口传输能力的一个参数,不是实际传输速率,上层协议通过该参数确定串行接口的传输能力,如路由协议根据该参数计算链路的代价。

clock rate 4000000 是接口配置模式下使用的命令,该命令的作用是以 b/s 为单位指定串行接口的实际传输速率。4000000 是命令参数,表示实际传输速率是 4000000b/s。实际传输速率不能是任意值,需要在指定的值列表中选择一个合适值。

keepalive 10 是接口配置模式下使用的命令,该命令的作用是指定发送存活检测消息(keepalive)的时间间隔。点对点信道两端通过发送存活检测消息确定两端之间的连通性。10 是命令参数,表示每间隔 10s 发送一个存活检测消息。该命令要求串行接口每间隔 10s 发送一个存活检测消息,对方接收到存活检测消息后,需要回送响应消息。如果该串行接口连续发送指定数量的存活检测消息后,均未接收到对方发送的响应消息,确定与对方的连接中断,需要向上一层协议报告。

encapsulation ppp 是接口配置模式下使用的命令,该命令的作用是指定串行接口的封装方法,ppp 是命令参数,表示串行接口将需要传输的上层协议数据单元封装成 PPP 帧格式。串行接口可以选择的封装方法有 PPP 和 HDLC。

2. PPP 身份鉴别配置命令

PPP 身份鉴别过程是保证只与授权建立 PPP 链路的路由器建立 PPP 链路的过程。因此,每一个路由器需要定义可以建立 PPP 链路的授权路由器的路由器名和口令,同时,需要定义自己的路由器名。建立 PPP 链路时,点对点信道两端路由器都需要通过向对方提供路由器名和口令证明自己是授权路由器。当然,只有当对方提供的路由器名和口令与配置的其中一个授权路由器的路由器名和口令相同时,才能确定对方是授权路由器。

```
Router(config)#hostname router0
router0(config)#username router1 password cisco
router0(config)#interface Serial0/1/0
router0(config-if)#ppp authentication chap
router0(config-if)#exit
```

hostname router0 是全局模式下使用的命令,该命令的作用是用于指定路由器的名字,router0 是命令参数,表示该路由器的名字是 router0。一旦使用该命令,命令提示符的设备名称改为 router0。如果对方路由器需要鉴别该路由器的身份,对方路由器定义授权路由器时,路由器名必须是 router0。

username router1 password cisco 是全局模式下使用的命令,该命令的作用是定义名字为 router1、口令为 cisco 的授权路由器。因此,只有设备名称为 router1 且配置口令 cisco 的路由器,才能通过该路由器的身份鉴别。

ppp authentication chap 是接口配置模式下使用的命令,该命令的作用一是确定只与授权路由器建立 PPP 链路；二是指定鉴别对方路由器身份时使用的鉴别协议。chap 是命令参数，指定挑战握手鉴别协议（Challenge Handshake Authentication Protocol，CHAP）作为鉴别协议。

6.4.5 实验步骤

（1）用串行线实现路由器互连前，路由器需要安装串行接口，Router0 安装串行接口过程如图 6.33 所示，WIC-1T 是单串行接口模块。需要用串行线（Serial DCE 或 Serial DTE）互连路由器 Router0 和 Router1 的串行接口，串行线 Serial DCE 的始端是 DCE 设备，末端是 DTE 设备。串行线 Serial DTE 与 Serial DCE 相反，始端是 DTE 设备，末端是 DCE 设备。只有 DCE 设备需要配置实际传输速率，DTE 设备的实际传输速率由 DCE 设备确定。按照图 6.32 所示的互联网结构完成设备放置和连接后的逻辑工作区界面如图 6.34 所示。

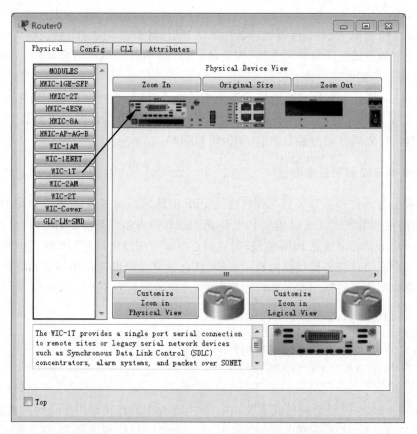

图 6.33 Router0 安装串行接口过程

（2）完成路由器以太网接口和串行接口配置过程。以太网接口需要完成 IP 地址和子网掩码配置过程，串行接口需要完成实际传输速率和 IP 地址、子网掩码等网络信息配置过程。图形接口（Config）配置方式下的串行接口配置界面如图 6.35 所示，只能开启串行接口，配置实际传输速率和 IP 地址、子网掩码等网络信息。如果需要配置其他信息，如封装方法、鉴别协议等，只能在命令行接口（CLI）配置方式下完成。

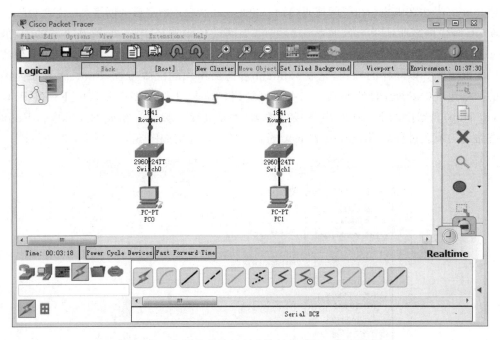

图 6.34　完成设备放置和连接后的逻辑工作区界面

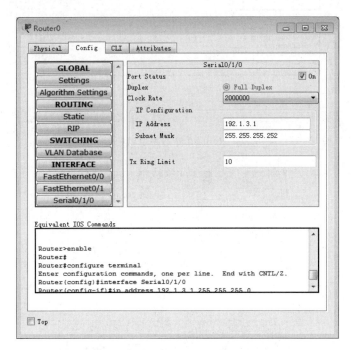

图 6.35　Router0 串行接口 Serial0/1/0 配置界面

(3) 完成路由器接口配置过程后,路由器自动生成直连路由项。Router0 的直连路由项中不包含用于指明通往网络地址为 192.1.2.0/24 的以太网的传输路径的路由项,同样,Router1 的直连路由项中不包含用于指明通往网络地址为 192.1.1.0/24 的以太网的传输路径的路由项。Router0 图形接口(Config)配置方式下,手工配置静态路由项的界面如图 6.36 所示。网络地址(Network)192.1.2.0 和子网掩码(Mask)255.255.255.0 指定目的网络 192.1.2.0/24。在 Router0 通往网络地址为 192.1.2.0/24 的以太网的传输路径上,下一跳路由器的 IP 地址 (Next Hop)是路由器 Router1 串行接口的 IP 地址 192.1.3.2。单击 Add 按钮完成静态路由项配置过程。以同样的方式,完成 Router1 静态路由项的配置过程,Router1 静态路由项中的网络地址(Network)为 192.1.1.0,子网掩码(Mask)为 255.255.255.0,下一跳 IP 地址 (Next Hop)是路由器 Router0 串行接口的 IP 地址 192.1.3.1。完成 Router0 和 Router1 静态路由项配置过程后,Router0 和 Router1 的路由表分别如图 6.37 和图 6.38 所示。

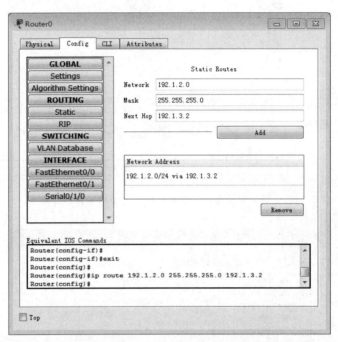

图 6.36 Router0 静态路由项配置界面

Type	Network	Port	Next Hop IP	Metric
C	192.1.1.0/24	FastEthernet0/0	---	0/0
S	192.1.2.0/24	----	192.1.3.2	1/0
C	192.1.3.0/30	Serial0/1/0	---	0/0

图 6.37 Router0 路由表

Type	Network	Port	Next Hop IP	Metric
S	192.1.1.0/24	----	192.1.3.1	1/0
C	192.1.2.0/24	FastEthernet0/0	---	0/0
C	192.1.3.0/30	Serial0/1/0	---	0/0

图 6.38 Router1 路由表

(4) 完成 PC0 和 PC1 网络信息配置过程，为 PC0 配置 IP 地址 192.1.1.1、子网掩码 255.255.255.0 和默认网关地址 192.1.1.254。为 PC1 配置 IP 地址 192.1.2.1、子网掩码 255.255.255.0 和默认网关地址 192.1.2.254。

(5) PC0、PC1 和路由器以太网接口的 MAC 地址如表 6.6 所示。进入模拟操作模式，勾选协议类型 ICMP，启动 PC0 至 PC1 的 IP 分组传输过程。IP 分组 PC0 至路由器 Router0 传输过程中，封装成以 PC0 的 MAC 地址为源 MAC 地址、以 Router0 以太网接口的 MAC 地址为目的 MAC 地址的 MAC 帧，如图 6.39 所示。IP 分组路由器 Router0 至路由器 Router1 传输过程中，封装成 PPP 帧格式，如图 6.40 所示。IP 分组路由器 Router1 至 PC1 传输过程中，封装成以 Router1 以太网接口的 MAC 地址为源 MAC 地址、以 PC1 的 MAC 地址为目的 MAC 地址的 MAC 帧，如图 6.41 所示。

表 6.6　PC0、PC1 和路由器以太网接口的 MAC 地址

终端或路由器接口	MAC 地址
PC0	0001.6413.5DD2
Router0 以太网接口 FastEthernet0/0	00E0.F977.A901
Router1 以太网接口 FastEthernet0/0	0003.E487.0101
PC1	000C.CF91.9323

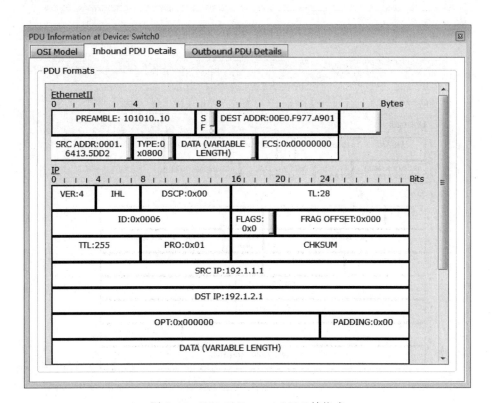

图 6.39　PC0 至 Router0 MAC 帧格式

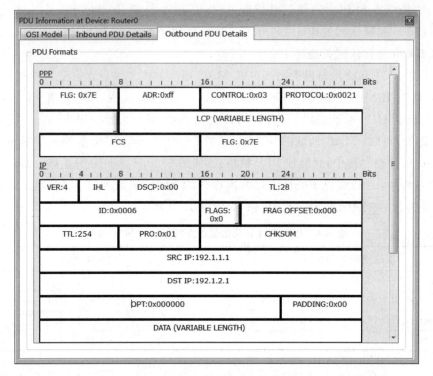

图 6.40　Router0 至 Router1 PPP 帧格式

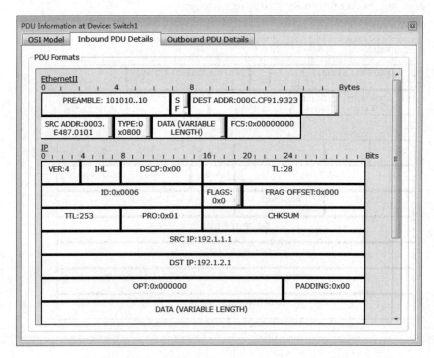

图 6.41　Router1 至 PC1 MAC 帧格式

6.4.6 命令行接口配置过程

1. Router0 命令行接口配置过程

Router > enable
Router # configure terminal
Router(config) # interface FastEthernet0/0
Router(config - if) # ip address 192.1.1.254 255.255.255.0
Router(config - if) # no shutdown
Router(config - if) # exit
Router(config) # interface Serial0/1/0
Router(config - if) # bandwidth 2000
Router(config - if) # clock rate 2000000
Router(config - if) # keepalive 10
Router(config - if) # encapsulation ppp
Router(config - if) # ip address 192.1.3.1 255.255.255.252
Router(config - if) # no shutdown
Router(config - if) # exit
Router(config) # hostname router0
router0(config) # username router1 password cisco
router0(config) # interface Serial0/1/0
router0(config - if) # ppp authentication chap
router0(config - if) # exit
router0(config) # ip route 192.1.2.0 255.255.255.0 192.1.3.2

2. Router1 命令行接口配置过程

Router > enable
Router # configure terminal
Router(config) # interface FastEthernet0/0
Router(config - if) # ip address 192.1.2.254 255.255.255.0
Router(config - if) # no shutdown
Router(config - if) # exit
Router(config) # interface Serial0/1/0
Router(config - if) # bandwidth 2000
Router(config - if) # keepalive 10
Router(config - if) # encapsulation ppp
Router(config - if) # ip address 192.1.3.2 255.255.255.252
Router(config - if) # no shutdown
Router(config - if) # exit
Router(config) # hostname router1
router1(config) # username router0 password cisco
router1(config) # interface Serial0/1/0
router1(config - if) # ppp authentication chap
router1(config - if) # exit
router1(config) # ip route 192.1.1.0 255.255.255.0 192.1.3.1

3. 命令列表

路由器命令行接口配置过程中使用的命令及功能和参数说明如表 6.7 所示。

表 6.7 命令列表

命令格式	功能和参数说明
bandwidth *nkbps*	用于定义接口带宽，参数 *nkbps* 以 kb/s 为单位给出接口带宽
clock rate *nbps*	用于定义接口实际数据传输速率，参数 *nbps* 以 b/s 为单位给出接口实际数据传输速率。对于串行接口，只有 DCE 设备需要定义实际数据传输速率
keepalive [*period*]	用于定义发送存活检测消息（keepalive）的时间间隔，参数 *period* 以秒为单位给出时间间隔，参数 *period* 可选，默认值是 10s
encapsulation *encapsulation-type*	用于定义接口数据封装方法，参数 *encapsulation-type* 用于指定封装方法，对于串行接口，常用的封装方法是 PPP 和 HDLC。串行接口的默认封装方法是 HDLC
hostname *name*	用于指定设备名称，参数 *name* 用于给出设备名称
ppp authentication *protocol*	一是确定建立 PPP 链路时需要鉴别对方身份；二是指定鉴别对方身份时使用的鉴别协议。参数 *protocol* 用于指定鉴别协议，常用的鉴别协议有 CHAP 和 PAP

6.5 默认路由项配置实验

6.5.1 实验内容

互联网结构如图 6.42 所示。对于路由器 R1，通往网络 202.3.6.0/24、33.77.6.0/24 和 101.7.3.0/24 的传输路径有相同的下一跳，但网络地址 202.3.6.0/24、33.77.6.0/24 和 101.7.3.0/24 无法聚合为单个 CIDR 地址块，因此，路由器 R1 无法用一项路由项指明通往这些网络的传输路径。路由器 R2 的情况相似。解决这个问题的方法是配置默认路由项，默认路由项与所有 IP 地址匹配且前缀长度为 0，因此，是一项优先级最低且与所有 IP 分组的目的 IP 地址匹配的路由项。通过配置默认路由项，可以有效减少路由表的路由项。

本实验通过在路由器 R1 和 R2 中配置默认路由项实现互联网中各个终端之间的相互通信过程。

6.5.2 实验目的

(1) 了解默认路由项的适用环境。
(2) 掌握默认路由项的配置过程。
(3) 了解默认路由项可能存在的问题。

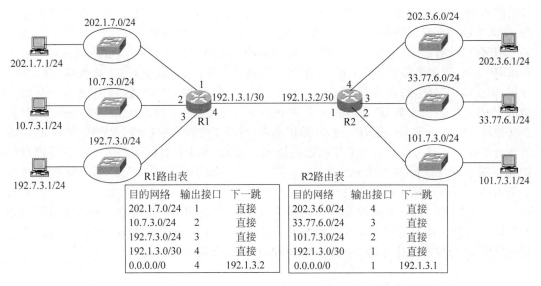

图 6.42 互联网结构及默认路由项

6.5.3 实验原理

1. 默认路由项适用环境

由于默认路由项的前缀最短(前缀长度为0),且默认路由项与所有 IP 地址匹配,因此,只要某个 IP 分组的目的 IP 地址与路由表中的所有其他路由项都不匹配,路由器将根据默认路由项指定的传输路径转发该 IP 分组。由此可以得出默认路由项的适用环境必须满足以下两个条件:一是某个路由器通往多个网络的传输路径有相同的下一跳;二是这些网络的网络地址不连续,无法用一个 CIDR 地址块涵盖这些网络的网络地址。这种情况下,路由器可以用默认路由项指明通往这些网络的传输路径。如图 6.42 所示,路由器 R1 通往网络 202.3.6.0/24、33.77.6.0/24 和 101.7.3.0/24 的传输路径有相同的下一跳,而且这些网络的网络地址不连续,因此,路由器 R1 可以用一项默认路由项指明通往这些网络的传输路径。图 6.43 给出了用一项默认路由项代替用于指明通往这三个网络的传输路径的三项路由项的过程。

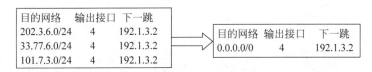

图 6.43 多项路由项合并为默认路由项过程

2. 默认路由项存在的问题

默认路由项的目的网络地址用 0.0.0.0/0 表示,前缀长度为0,意味着32位子网掩码为 0.0.0.0。由于任何 IP 地址与子网掩码 0.0.0.0 进行"与"操作后的结果等于 0.0.0.0,因此,任何 IP 地址都与默认路由项匹配。由于默认路由项具有与任意 IP 地址匹配的特点,如果图 6.42 中的路由器 R1 和 R2 均使用了默认路由项,一旦某个 IP 分组的目的网络不是图 6.42 所示的互联网络中的任何网络,可能导致该 IP 分组的传输环路。正常情况下,如果某个 IP 分组的目的 IP 地址不属于图 6.42 所示的互联网中的任何一个网络,路由器应该丢弃该 IP 分组,但如果路由器 R1 和 R2 使用了默认路由项,一旦路由器 R1 接收到这样的 IP 分组,由于该 IP 分组的目的 IP 地址只与路由器 R1 的默认路由项匹配,该 IP 分组被转发给路由器 R2,同样,由于该 IP 分组的目的 IP 地址只与路由器 R2 的默认路由项匹配,该 IP 分组又被转发给路由器 R1,该 IP 分组在路由器 R1 和 R2 之间来回传输,直到因为 TTL 字段值变为零被路由器丢弃。引发上述问题的原因是,路由器 R1 的默认路由项不仅是把目的 IP 地址属于网络地址 202.3.6.0/24、33.77.6.0/24 和 101.7.3.0/24 的 IP 分组都转发给路由器 R2,而且把所有目的 IP 地址不属于网络地址 202.1.7.0/24、10.7.3.0/24 和 192.7.3.0/24 的 IP 分组都转发给路由器 R2,这些 IP 分组中包含太多本来因为目的网络不是图 6.42 所示的互联网中的任何网络而需要被路由器丢弃的哪些 IP 分组。因此,为了避免出现 IP 分组的传输环路,需要仔细选择配置默认路由项的路由器。

6.5.4 实验步骤

(1) 启动 Cisco Packet Tracer,按照图 6.42 所示的互联网结构在逻辑工作区放置和连接设备,由于路由器 2811 常规配置下只有两个快速以太网接口,因此,需要增加两个快速以太网接口,为此,需要在插槽中插入模块 NM-2FE2W,插入模块过程如图 6.44 所示。完成设备放置和连接后的逻辑工作区界面如图 6.45 所示。

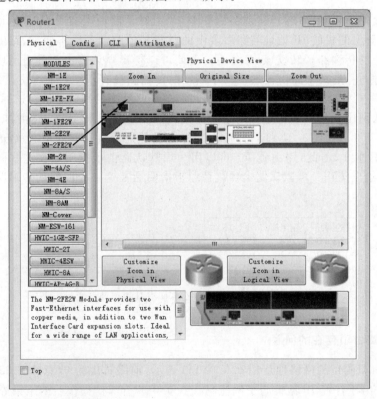

图 6.44 Router1 安装双快速以太网接口的过程

第 6 章　路由器和网络互联实验　163

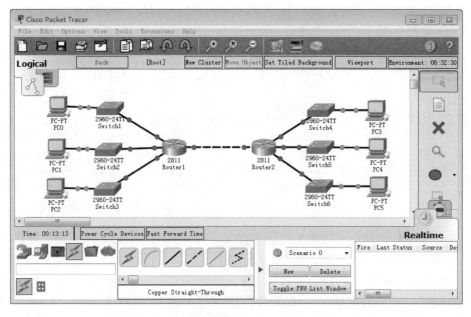

图 6.45　完成设备放置和连接后的逻辑工作区界面

（2）按照图 6.42 所示的各个路由器接口连接的网络的网络地址，为各个路由器接口配置 IP 地址和子网掩码，每一个网络的最大可用 IP 地址作为连接该网络的路由器接口的 IP 地址，如为连接网络 202.1.7.0/24 的路由器接口配置 IP 地址 202.1.7.254。完成各个路由器接口的 IP 地址和子网掩码配置后，Router1 和 Router2 自动生成直连路由项。

（3）为路由器 Router1 和 Router2 配置默认路由项，Router1 配置默认路由项界面如图 6.46 所示，目的网络的网络地址（Network）为 0.0.0.0，子网掩码（Mask）为 0.0.0.0，下一

图 6.46　Router1 配置默认路由项界面

跳 IP 地址(Next Hop)为 192.1.3.2。配置默认路由项后的路由器 Router1 和 Router2 的路由表分别如图 6.47 和图 6.48 所示。

Routing Table for Router1				
Type	Network	Port	Next Hop IP	Metric
S	0.0.0.0/0	----	192.1.3.2	1/0
C	10.7.3.0/24	FastEthernet0/1	----	0/0
C	192.1.3.0/30	FastEthernet1/1	----	0/0
C	192.7.3.0/24	FastEthernet1/0	----	0/0
C	202.1.7.0/24	FastEthernet0/0	----	0/0

图 6.47　Router1 路由表

Routing Table for Router2				
Type	Network	Port	Next Hop IP	Metric
S	0.0.0.0/0	----	192.1.3.1	1/0
C	33.77.6.0/24	FastEthernet1/0	----	0/0
C	101.7.3.0/24	FastEthernet1/1	----	0/0
C	192.1.3.0/30	FastEthernet0/0	----	0/0
C	202.3.6.0/24	FastEthernet0/1	----	0/0

图 6.48　Router2 路由表

（4）根据图 6.42 所示的终端配置信息，完成各个终端 IP 地址、子网掩码和默认网关地址配置过程。通过 Ping 操作验证终端之间的连通性。

（5）进入模拟操作模式，单击复杂报文工具创建如图 6.49 所示的用户定义的 ICMP 报文，由于封装该 ICMP 报文的 IP 分组的目的 IP 地址 192.33.77.1 不属于图 6.42 所示的互联网中任何网络的网络地址，因此，图 6.42 中的路由器无法将该 IP 分组转发给目的终端。该 IP 分组 TTL 字段的初值为 32。

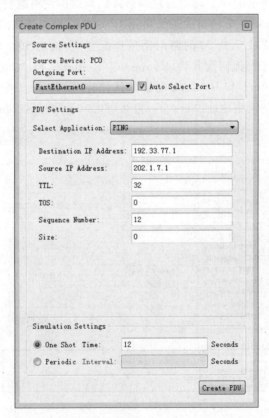

图 6.49　PC0 创建的 PDU

（6）该 IP 分组第一次到达路由器 Router1 时如图 6.50 所示，TTL 字段值等于 32。由于该 IP 分组的目的 IP 地址只和 Router1 的默认路由项匹配，Router1 将该 IP 分组转发给路由器 Router2。该 IP 分组第一次到达路由器 Router2 时如图 6.51 所示，TTL 字段值等于 31。由于该 IP 分组的目的 IP 地址只和 Router2 的默认路由项匹配，因此，Router2 又将该 IP 分组转发给 Router1。该 IP 分组第二次到达路由器 Router1 时如图 6.52 所示，TTL 字段值等于 30。Router2 和 Router1 将重复转发该 IP 分组，直到 TTL 字段值为 0。

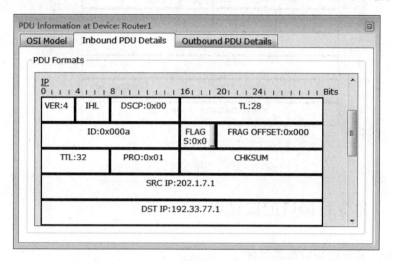

图 6.50　IP 分组第一次到达 Router1

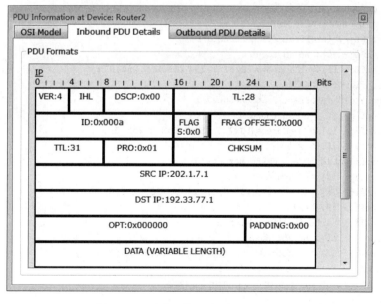

图 6.51　IP 分组第一次到达 Router2

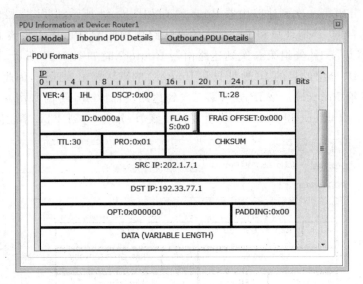

图 6.52　IP 分组第二次到达 Router1

6.5.5　命令行接口配置过程

1. Router1 命令行接口配置过程

Router>enable
Router#configure terminal
Router(config)#hostname Router1
Router1(config)#interface FastEthernet0/0
Router1(config-if)#no shutdown
Router1(config-if)#ip address 202.1.7.254 255.255.255.0
Router1(config-if)#exit
Router1(config)#interface FastEthernet0/1
Router1(config-if)#no shutdown
Router1(config-if)#ip address 10.7.3.254 255.255.255.0
Router1(config-if)#exit
Router1(config)#interface FastEthernet1/0
Router1(config-if)#no shutdown
Router1(config-if)#ip address 192.7.3.254 255.255.255.0
Router1(config-if)#exit
Router1(config)#interface FastEthernet1/1
Router1(config-if)#no shutdown
Router1(config-if)#ip address 192.1.3.1 255.255.255.252
Router1(config-if)#exit
Router1(config)#ip route 0.0.0.0 0.0.0.0 192.1.3.2

2. Router2 命令行接口配置过程

Router>enable
Router#configure terminal
Router(config)#hostname Router2

```
Router2(config)#interface FastEthernet0/0
Router2(config-if)#no shutdown
Router2(config-if)#ip address 192.1.3.2 255.255.255.252
Router2(config-if)#exit
Router2(config)#interface FastEthernet0/1
Router2(config-if)#no shutdown
Router2(config-if)#ip address 202.3.6.254 255.255.255.0
Router2(config-if)#exit
Router2(config)#interface FastEthernet1/0
Router2(config-if)#no shutdown
Router2(config-if)#ip address 33.77.6.254 255.255.255.0
Router2(config-if)#exit
Router2(config)#interface FastEthernet1/1
Router2(config-if)#no shutdown
Router2(config-if)#ip address 101.7.3.254 255.255.255.0
Router2(config-if)#exit
Router2(config)#ip route 0.0.0.0 0.0.0.0 192.1.3.1
```

6.6 路由项聚合实验

6.6.1 实验内容

互联网结构如图 6.53 所示。对于路由器 R1，通往网络 192.1.4.0/24、192.1.5.0/24 和 192.1.6.0/23 的传输路径有着相同的下一跳，而且网络地址 192.1.4.0/24、192.1.5.0/24 和 192.1.6.0/23 可以聚合为单个 CIDR 地址块 192.1.4.0/22，因此，路由器 R1 可以用一项路由项指明通往这些网络的传输路径。同样路由器 R2 也可以用一项路由项指明通往网络 192.1.0.0/24、192.1.1.0/24 和 192.1.2.0/23 的传输路径。本实验通过在路由器 R1 和 R2 中聚合用于指明通往没有与其直接连接的网络的传输路径的路由项，实现互联网中各个终端之间的相互通信过程。

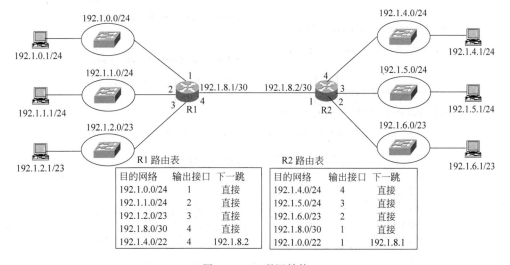

图 6.53 互联网结构

6.6.2 实验目的

(1) 掌握网络地址分配方法。
(2) 掌握路由项聚合过程。
(3) 了解路由项聚合的好处。

6.6.3 实验原理

互联网结构如图 6.53 所示。网络地址 192.1.4.0/24 与网络地址 192.1.5.0/24 是连续的，可以合并为 CIDR 地址块 192.1.4.0/23，CIDR 地址块 192.1.4.0/23 与网络地址 192.1.6.0/23 是连续的，可以合并为 CIDR 地址块 192.1.4.0/22，合并过程如图 6.54 所示。对于路由器 R1，一是通往三个目的网络 192.1.4.0/24、192.1.5.0/24 和 192.1.6.0/23 的传输路径有相同的下一跳；二是这三个网络的网络地址可以合并成 CIDR 地址块 192.1.4.0/22。因此，可以用一项路由项指明通往这三个网络的传输路径，这种路由项合并过程称为路由项聚合，路由器 R1 的路由项聚合过程如图 6.55 所示。

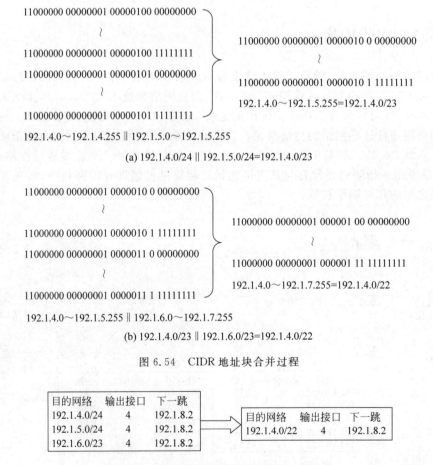

图 6.54 CIDR 地址块合并过程

图 6.55 多项路由项合并为单项路由项过程

路由项聚合的前提有两个：一是通往多个目的网络的传输路径有相同的下一跳；二是这些目的网络的网络地址可以合并为一个 CIDR 地址块。聚合后的路由项与默认路由项的最大不同在于，默认路由项与任意 IP 地址匹配，而聚合后的路由项只与属于合并后的 CIDR 地址块的 IP 地址匹配。因此，对于图 6.53 所示的路由器 R1 和 R2 的路由表，如果某个 IP 分组的目的 IP 地址与其中一项路由项匹配，该 IP 分组的目的网络一定是图 6.53 所示的互联网中的其中一个网络。

6.6.4 实验步骤

（1）启动 Cisco Packet Tracer，按照图 6.53 所示的互联网结构放置和连接设备，完成设备放置和连接后的逻辑工作区界面如图 6.56 所示。

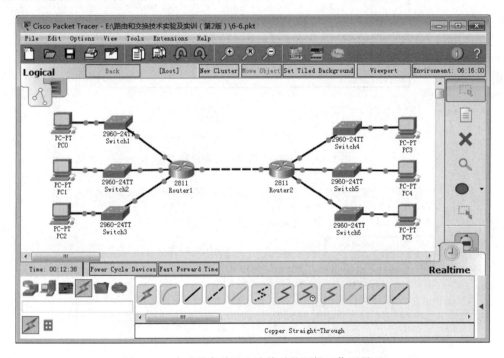

图 6.56　完成设备放置和连接后的逻辑工作区界面

（2）按照图 6.53 所示的各个路由器接口连接的网络的网络地址，为各个路由器接口配置 IP 地址和子网掩码，每一个网络的最大可用 IP 地址作为连接该网络的路由器接口的 IP 地址。需要强调的是，网络 192.1.2.0/23 中的最大可用 IP 地址是 192.1.3.254，因此，为连接该网络的路由器接口配置 IP 地址 192.1.3.254。同样，为连接网络 192.1.6.0/23 的路由器接口配置 IP 地址 192.1.7.254。

（3）按照图 6.55 所示的路由项聚合过程完成路由器 Router1 和 Router2 的路由项聚合，以手工配置静态路由项的方式完成 Router1 和 Router2 聚合路由项配置过程。Router1 配置聚合路由项界面如图 6.57 所示，Router2 配置聚合路由项界面如图 6.58 所示。配置聚合路由项后的路由器 Router1 和 Router2 的路由表分别如图 6.59 和图 6.60 所示。

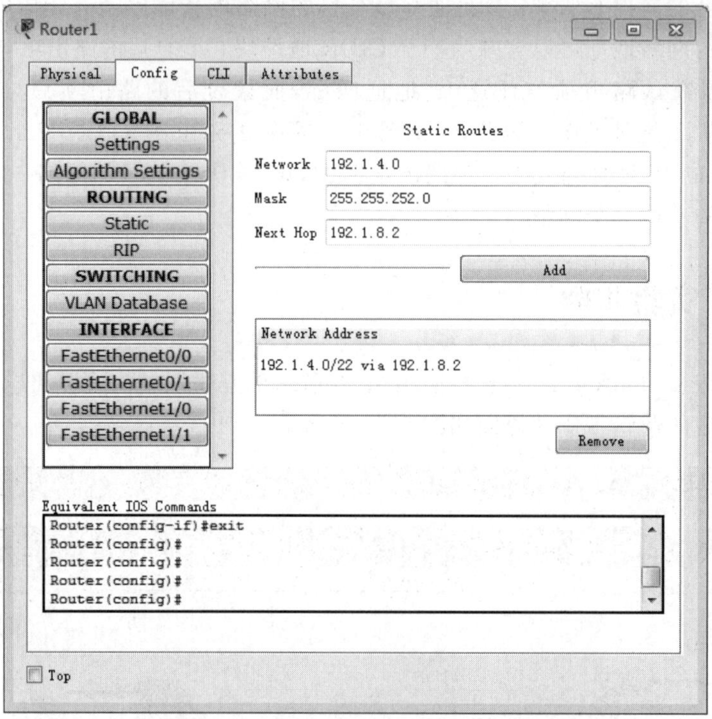

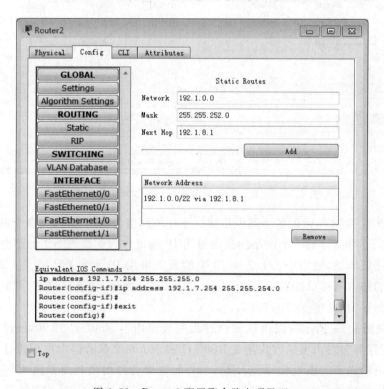

图 6.57　Router1 配置聚合路由项界面

图 6.58　Router2 配置聚合路由项界面

Routing Table for Router1				
Type	Network	Port	Next Hop IP	Metric
C	192.1.0.0/24	FastEthernet0/0	---	0/0
C	192.1.1.0/24	FastEthernet0/1	---	0/0
C	192.1.2.0/23	FastEthernet1/0	---	0/0
S	192.1.4.0/22	---	192.1.8.2	1/0
C	192.1.8.0/30	FastEthernet1/1	---	0/0

图 6.59 Router1 路由表

Routing Table for Router2				
Type	Network	Port	Next Hop IP	Metric
S	192.1.0.0/22	---	192.1.8.1	1/0
C	192.1.4.0/24	FastEthernet0/1	---	0/0
C	192.1.5.0/24	FastEthernet1/0	---	0/0
C	192.1.6.0/23	FastEthernet1/1	---	0/0
C	192.1.8.0/30	FastEthernet0/0	---	0/0

图 6.60 Router2 路由表

(4) 根据图 6.53 所示的终端配置信息,完成各个终端 IP 地址、子网掩码和默认网关地址配置。通过 Ping 操作验证终端之间的连通性。

(5) 进入模拟操作模式,单击复杂报文工具创建 ICMP 报文,并将封装该 ICMP 报文的 IP 分组的源 IP 地址(Source IP Address)设置为 PC0 的 IP 地址 192.1.0.1、目的 IP 地址 (Destination IP Address)设置为 192.33.77.1,PC0 创建的 ICMP 报文如图 6.61 所示。由于 IP 地址 192.33.77.1 不属于图 6.53 所示的互联网中的任何一个网络,因此,该 IP 分组的目的 IP 地址与 Router1 路由表中的所有路由项(包括聚合路由项)均不匹配,路由器 Router1 丢弃该 IP 分组,并向 PC0 发送用于指明该 IP 分组不可达的 ICMP 报文,如图 6.62 所示。这一点是聚合路由项与默认路由项的主要区别。

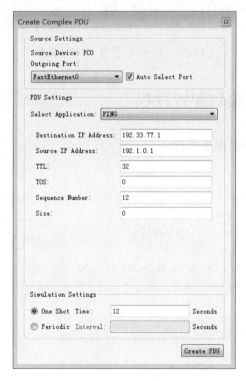

图 6.61 PC0 创建的 ICMP 报文

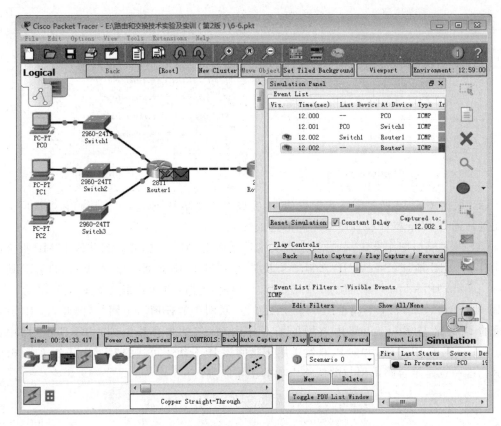

图 6.62 Router1 丢弃 IP 分组界面

6.6.5 命令行接口配置过程

1. Router1 命令行接口配置过程

Router > enable
Router # configure terminal
Router(config) # hostname Router1
Router1(config) # interface FastEthernet0/0
Router1(config - if) # no shutdown
Router1(config - if) # ip address 192.1.0.254 255.255.255.0
Router1(config - if) # exit
Router1(config) # interface FastEthernet0/1
Router1(config - if) # no shutdown
Router1(config - if) # ip address 192.1.1.254 255.255.255.0
Router1(config - if) # exit
Router1(config) # interface FastEthernet1/0
Router1(config - if) # no shutdown
Router1(config - if) # ip address 192.1.3.254 255.255.254.0
Router1(config - if) # exit

```
Router1(config)#interface FastEthernet1/1
Router1(config-if)#no shutdown
Router1(config-if)#ip address 192.1.8.1 255.255.255.252
Router1(config-if)#exit
Router1(config)#ip route 192.1.4.0 255.255.252.0 192.1.8.2
```

2. Router2 命令行接口配置过程

```
Router>enable
Router#configure terminal
Router(config)#hostname Router2
Router2(config)#interface FastEthernet0/0
Router2(config-if)#no shutdown
Router2(config-if)#ip address 192.1.8.2 255.255.255.252
Router2(config-if)#exit
Router2(config)#interface FastEthernet0/1
Router2(config-if)#no shutdown
Router2(config-if)#ip address 192.1.4.254 255.255.255.0
Router2(config-if)#exit
Router2(config)#interface FastEthernet1/0
Router2(config-if)#no shutdown
Router2(config-if)#ip address 192.1.5.254 255.255.255.0
Router2(config-if)#exit
Router2(config)#interface FastEthernet1/1
Router2(config-if)#no shutdown
Router2(config-if)#ip address 192.1.7.254 255.255.254.0
Router2(config-if)#exit
Router2(config)#ip route 192.1.0.0 255.255.252.0 192.1.8.1
```

6.7 HSRP 实验

热备份路由器协议(Hot Standby Router Protocol, HSRP)是一种与虚拟路由器冗余协议(Virtual Router Redundancy Protocol, VRRP)有着相似功能的协议,用于实现默认网关的容错和负载均衡。HSRP 是 Cisco 的私有协议。

6.7.1 实验内容

HSRP 实现过程如图 6.63 所示。路由器 R1 和 R2 组成一个热备份组,每一个热备份组可以模拟单个虚拟路由器。每一个虚拟路由器拥有虚拟 IP 地址和虚拟 MAC 地址。在一个热备份组中,只有一台路由器作为活动路由器,其余路由器都作为备份路由器。只有活动路由器转发 IP 分组。当活动路由器失效后,热备份组在备份路由器中选择其中一台备份路由器作为活动路由器。

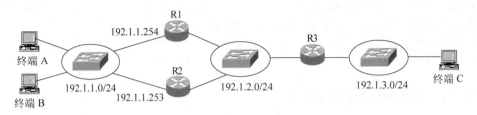

图 6.63 HSRP 实现过程

对于终端 A 和终端 B，每一个热备份组作为单个虚拟路由器，因此，除非热备份组中的所有路由器都失效，否则不会影响终端 A 和终端 B 与终端 C 之间的通信过程。

为了实现负载均衡，可以将路由器 R1 和 R2 组成两个热备份组，其中一个热备份组将路由器 R1 作为活动路由器，另一个热备份组将路由器 R2 作为活动路由器，终端 A 将其中一个热备份组对应的虚拟路由器作为默认网关，终端 B 将另一个热备份组对应的虚拟路由器作为默认网关，这样，既实现了设备冗余，又实现了负载均衡。

值得强调的是，HSRP 只是用于实现网关冗余，在其中一个或多个网关出现问题的情况下，保证终端能够向其他网络中的终端传输 IP 分组。

6.7.2 实验目的

（1）理解设备冗余的含义。
（2）掌握 HSRP 工作过程。
（3）掌握 HSRP 配置过程。
（4）理解负载均衡的含义。
（5）掌握负载均衡实现过程。

6.7.3 实验原理

为了实现负载均衡，采用如图 6.64 所示的 HSRP 工作环境。创建两个组编号分别为 1 和 2 的热备份组，并将路由器 R1 和 R2 的接口 1 分配给这两个热备份组，为组编号为 1 的热备份组分配虚拟 IP 地址 192.1.1.250，同时为路由器 R2 配置较高的优先级，使得路由器 R2 成为组编号为 1 的热备份组中的活动路由器。为组编号为 2 的热备份组分配虚拟 IP 地址 192.1.1.251，同时为路由器 R1 配置较高的优先级，使得路由器 R1 成为组编号为 2 的热备份组中的活动路由器。将终端 A 的默认网关地址配置成组编号为 1 的热备份组对应的虚拟 IP 地址 192.1.1.250，将终端 B 的默认网关地址配置成组编号为 2 的热备份组对应的虚拟 IP 地址 192.1.1.251。在没有发生错误的情况下，终端 B 将路由器 R1 作为默认网关，终端 A 将路由器 R2 作为默认网关。一旦某个路由器发生故障，另一个路由器将自动作为所有终端的默认网关。因此，图 6.64 所示的 HSRP 工作环境既实现了容错，又实现了负载均衡。

如图 6.63 所示,当路由器 R3 配置用于指明通往网络 192.1.1.0/24 传输路径的静态路由项时,只能选择路由器 R1 或 R2 为下一跳,一旦选择作为下一跳的路由器出现问题,将无法实现网络 192.1.3.0/24 与网络 192.1.1.0/24 之间的通信过程。当然,可以将路由器 R1 和 R2 连接网络 192.1.2.0/24 的接口分配到同一个热备份组,以此构成具有容错功能的虚拟下一跳。但这样做,只能保证在路由器 R1 或 R2 出现问题的情况下,路由器 R3 能够将正常工作的路由器作为通往网络 192.1.1.0/24 传输路径上的下一跳。

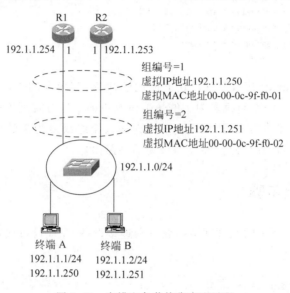

图 6.64 容错和负载均衡实现过程

6.7.4 关键命令说明

1. 加入热备份组、分配虚拟 IP 地址

以下命令序列用于将路由器接口 FastEthernet0/0 加入组编号为 1 的热备份组,为该热备份组分配虚拟 IP 地址 192.1.1.250,并为路由器接口 FastEthernet0/0 分配在组编号为 1 的热备份组中的优先级。

```
Router(config)# interface FastEthernet0/0
Router(config-if)# standby 1 ip 192.1.1.250
Router(config-if)# standby 1 priority 60
Router(config-if)# exit
```

standby 1 ip 192.1.1.250 是接口配置模式下使用的命令,该命令的作用有两个:一是将指定接口(这里是接口 FastEthernet0/0)加入组编号为 1 的热备份组;二是为组编号为 1 的热备份组分配虚拟 IP 地址 192.1.1.250。

standby 1 priority 60 是接口配置模式下使用的命令,该命令的作用是将指定接口(这里是接口 FastEthernet0/0)在组编号为 1 的热备份组中的优先级设置为 60。优先级越高,该接口所在的路由器越有可能成为该热备份组的活动路由器。优先级取值为 1~255。

2. 配置允许抢占方式

以下命令序列不仅将路由器接口 FastEthernet0/0 加入组编号为 1 的热备份组，为该热备份组分配虚拟 IP 地址 192.1.1.250，并为路由器接口 FastEthernet0/0 分配在组编号为 1 的热备份组中的优先级，而且将路由器接口 FastEthernet0/0 配置成允许抢占方式。

```
Router(config)# interface FastEthernet0/0
Router(config-if)# standby 1 ip 192.1.1.250
Router(config-if)# standby 1 priority 100
Router(config-if)# standby 1 preempt
Router(config-if)# exit
```

standby 1 preempt 是接口配置模式下使用的命令，该命令的作用是将指定接口（这里是接口 FastEthernet0/0）在组编号为 1 的热备份组中的工作方式配置成允许抢占方式。该接口一旦配置成允许抢占方式，当该接口的优先级大于组编号为 1 的热备份组中活动路由器的优先级时，该接口所在的路由器立即成为活动路由器。

6.7.5 实验步骤

（1）根据图 6.63 所示的互联网结构放置和连接设备，完成设备放置和连接后的逻辑工作区界面如图 6.65 所示。

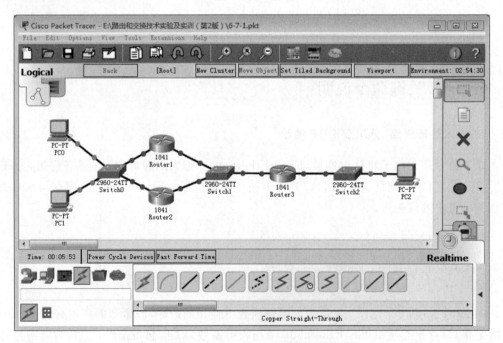

图 6.65 完成设备放置和连接后的逻辑工作区界面

（2）根据图 6.63 所示的路由器接口配置信息为路由器 Router1、Router2 和 Router3 的各个接口配置 IP 地址和子网掩码。Router1 接口 FastEthernet0/0 的 MAC 地址（MAC Address）、IP 地址（IP Address）和子网掩码（Subnet Mask）如图 6.66 所示。

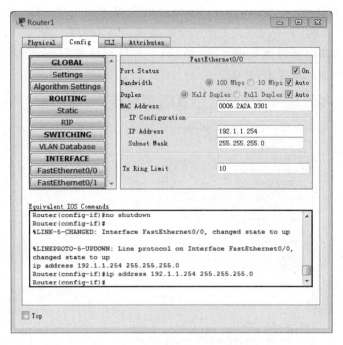

图 6.66　Router1 接口配置界面

（3）根据图 6.63 所示的终端网络信息为各个终端配置 IP 地址、子网掩码和默认网关地址。为 PC0 配置的 IP 地址、子网掩码和默认网关地址如图 6.67 所示，默认网关地址是组编号为 1 的热备份组对应的虚拟 IP 地址。

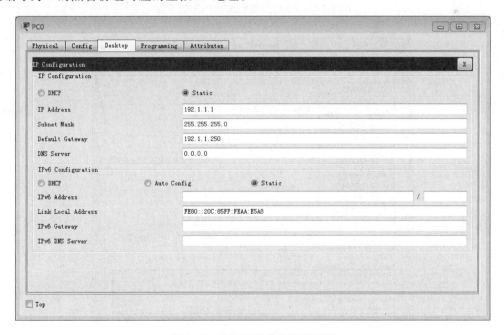

图 6.67　PC0 网络信息配置界面

(4) 为路由器 Router1、Router2 和 Router3 配置静态路由项。Router1 配置静态路由项界面如图 6.68 所示，下一跳地址是 Router3 连接网络 192.1.2.0/24 的接口的 IP 地址。Router3 配置静态路由项界面如图 6.69 所示，下一跳地址是 Router1 和 Router2 组编号为 3 的热备份组对应的虚拟 IP 地址。

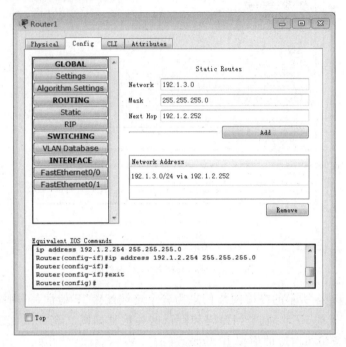

图 6.68 Router1 静态路由项配置界面

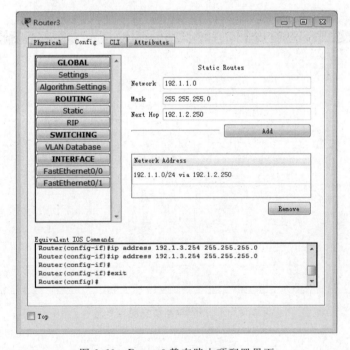

图 6.69 Router3 静态路由项配置界面

(5) 完成接口 IP 地址、子网掩码配置过程和静态路由项配置过程后，路由器 Router1、Router2 和 Router3 生成的路由表分别如图 6.70～图 6.72 所示。

Type	Network	Port	Next Hop IP	Metric
C	192.1.1.0/24	FastEthernet0/0	---	0/0
C	192.1.2.0/24	FastEthernet0/1	---	0/0
S	192.1.3.0/24	---	192.1.2.252	1/0

图 6.70　Router1 路由表

Type	Network	Port	Next Hop IP	Metric
C	192.1.1.0/24	FastEthernet0/0	---	0/0
C	192.1.2.0/24	FastEthernet0/1	---	0/0
S	192.1.3.0/24	---	192.1.2.252	1/0

图 6.71　Router2 路由表

Type	Network	Port	Next Hop IP	Metric
S	192.1.1.0/24	---	192.1.2.250	1/0
C	192.1.2.0/24	FastEthernet0/0	---	0/0
C	192.1.3.0/24	FastEthernet0/1	---	0/0

图 6.72　Router3 路由表

(6) 在命令行接口(CLI)配置方式下，完成以下功能配置过程。将 Router1 和 Router2 的接口 FastEthernet0/0 加入组编号为 1 的热备份组，为该热备份组配置虚拟 IP 地址 192.1.1.250，并使 Router2 成为组编号为 1 的热备份组的活动路由器。将 Router1 和 Router2 的接口 FastEthernet0/0 加入组编号为 2 的热备份组，为该热备份组配置虚拟 IP 地址 192.1.1.251，并使 Router1 成为组编号为 2 的热备份组的活动路由器。将 Router1 和 Router2 的接口 FastEthernet0/1 加入组编号为 3 的热备份组，为该热备份组配置虚拟 IP 地址 192.1.2.250，并使 Router2 成为组编号为 3 的热备份组的活动路由器。

(7) PC0 ARP 缓冲区内容如图 6.73 所示，虚拟 IP 地址 192.1.1.250 对应的 MAC 地址是虚拟 MAC 地址。

(8) 切换到模拟操作模式，启动 PC0 至 PC2 ICMP 报文传输过程，由于 PC0 的默认网关地址是组编号为 1 的热备份组对应的虚拟 IP 地址，且 Router2 是该热备份组的活动路由器，因此，PC0 至 PC2 ICMP 报文经过 Router2，如图 6.74 所示。启动 PC1 至 PC2 ICMP 报文传输过程，由于 PC1 的默认网关地址是组编号为 2 的热备份组对应的虚拟 IP 地址，且 Router1 是该热备份组的活动路由器，因此，PC1 至 PC2 ICMP 报文经过 Router1，如图 6.75 所示。启动 PC2 至 PC0 ICMP 报文传输过程，由于 Router3 通往目的网络 192.1.1.0/24 的传输路径上的下一跳 IP 地址是组编号为 3 的热备份组对应的虚拟 IP 地址，且 Router2 是该热备份组的活动路由器，因此，PC2 至 PC0 ICMP 报文经过 Router2，如图 6.76 所示。

(9) 如果如图 6.77 所示删除 Router1 连接网络 192.1.1.0/24 的链路，Router2 将成为组编号为 1 和 2 的两个热备份组的活动路由器，PC0 和 PC1 至 PC2 的 ICMP 报文均经过 Router2。由于 Router2 又是组编号为 3 的热备份组的活动路由器，PC2 至 PC0 和 PC1 的 ICMP 报文经过 Router2，因此，图 6.77 所示的网络能够保证 PC0 和 PC1 与 PC2 之间的 ICMP 报文传输过程。

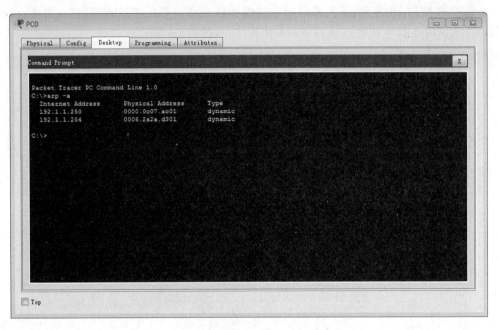

图 6.73 PC0 ARP 缓冲区内容

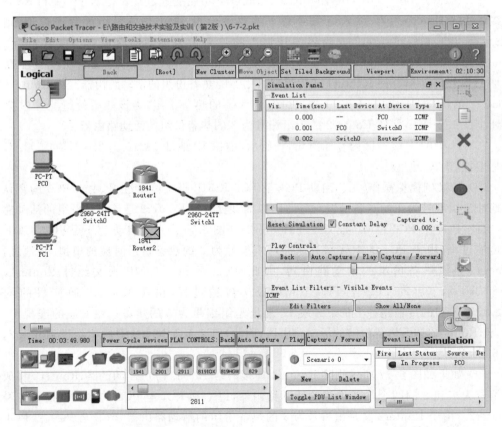

图 6.74 PC0 至 PC2 IP 分组传输路径

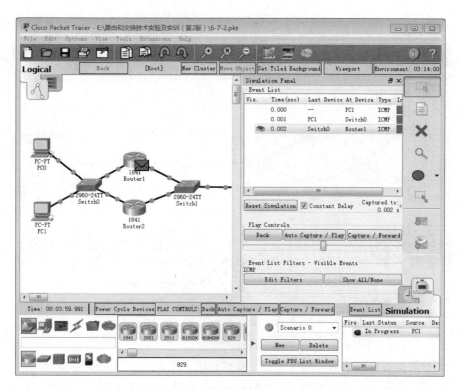

图 6.75　PC1 至 PC2 IP 分组传输路径

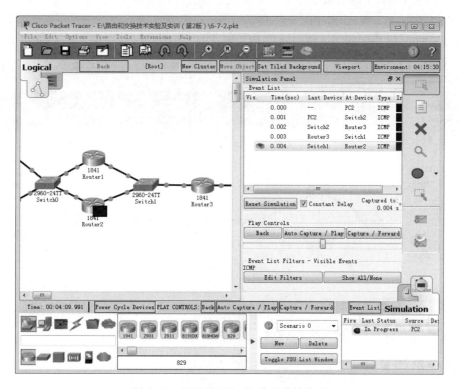

图 6.76　PC2 至 PC0 IP 分组传输路径

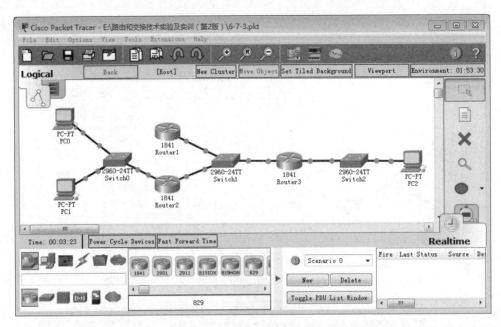

图 6.77　Router1 连接网络 192.1.1.0/24 接口发生故障

（10）如果如图 6.78 所示删除 Router2 连接网络 192.1.1.0/24 的链路，Router1 将成为组编号为 1 和 2 的两个热备份组的活动路由器，PC0 和 PC1 至 PC2 的 ICMP 报文均经过 Router1。由于 Router2 是组编号为 3 的热备份组的活动路由器，因此，PC2 至 PC0 和 PC1 的 ICMP 报文经过 Router2。但由于图 6.78 所示的网络结构中的 Router2 没有和网络 192.1.1.0/24 连接，因此，图 6.78 所示的网络结构使得 PC2 发送的 ICMP 报文无法到达 PC0 和 PC1。

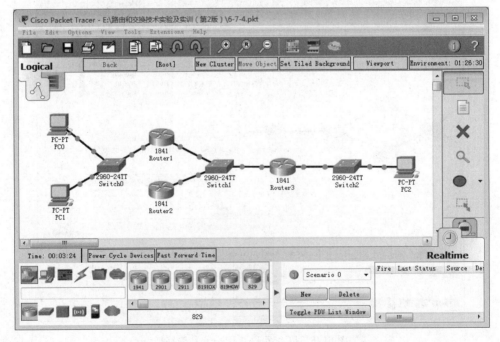

图 6.78　Router2 连接网络 192.1.1.0/24 接口发生故障

(11) 如果如图 6.79 所示同时删除 Router2 连接网络 192.1.1.0/24 和 192.1.2.0/24 的链路，Router1 将成为组编号为 1、2 和 3 的三个热备份组的活动路由器，PC0 和 PC1 至 PC2 的 ICMP 报文均经过 Router1。而 PC2 至 PC0 和 PC1 的 ICMP 报文也经过 Router1，因此，图 6.79 所示的网络结构能够保证 PC0 和 PC1 与 PC2 之间的 ICMP 报文传输过程。

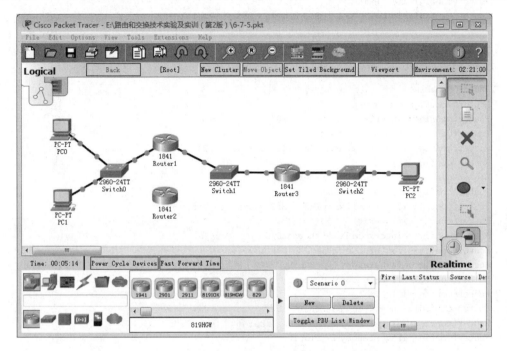

图 6.79　Router2 两个接口同时发生故障

6.7.6　命令行接口配置过程

1. 路由器 Router1 命令行接口配置过程

Router＞enable
Router♯configure terminal
Router(config)♯interface FastEthernet0/0
Router(config-if)♯no shutdown
Router(config-if)♯ip address 192.1.1.254 255.255.255.0
Router(config-if)♯exit
Router(config)♯interface FastEthernet0/1
Router(config-if)♯no shutdown
Router(config-if)♯ip address 192.1.2.254 255.255.255.0
Router(config-if)♯exit
Router(config)♯interface FastEthernet0/0
Router(config-if)♯standby 1 ip 192.1.1.250
Router(config-if)♯standby 1 priority 60
Router(config-if)♯exit
Router(config)♯interface FastEthernet0/0
Router(config-if)♯standby 2 ip 192.1.1.251
Router(config-if)♯standby 2 priority 100

```
Router(config-if)# standby 2 preempt
Router(config-if)# exit
Router(config)# interface FastEthernet0/1
Router(config-if)# standby 3 ip 192.1.2.250
Router(config-if)# standby 3 priority 60
Router(config-if)# exit
Router(config)# ip route 192.1.3.0 255.255.255.0 192.1.2.252
```

2. 路由器 Router2 命令行接口配置过程

```
Router > enable
Router# configure terminal
Router(config)# interface FastEthernet0/0
Router(config-if)# no shutdown
Router(config-if)# ip address 192.1.1.253 255.255.255.0
Router(config-if)# exit
Router(config)# interface FastEthernet0/1
Router(config-if)# no shutdown
Router(config-if)# ip address 192.1.2.253 255.255.255.0
Router(config-if)# exit
Router(config)# interface FastEthernet0/0
Router(config-if)# standby 1 ip 192.1.1.250
Router(config-if)# standby 1 priority 100
Router(config-if)# standby 1 preempt
Router(config-if)# exit
Router(config)# interface FastEthernet0/0
Router(config-if)# standby 2 ip 192.1.1.251
Router(config-if)# standby 2 priority 60
Router(config-if)# exit
Router(config)# interface FastEthernet0/1
Router(config-if)# standby 3 ip 192.1.2.250
Router(config-if)# standby 3 priority 100
Router(config-if)# standby 3 preempt
Router(config-if)# exit
Router(config)# ip route 192.1.3.0 255.255.255.0 192.1.2.252
```

3. 路由器 Router3 命令行接口配置过程

```
Router > enable
Router# configure terminal
Router(config)# interface FastEthernet0/0
Router(config-if)# no shutdown
Router(config-if)# ip address 192.1.2.252 255.255.255.0
Router(config-if)# exit
Router(config)# interface FastEthernet0/1
Router(config-if)# no shutdown
Router(config-if)# ip address 192.1.3.254 255.255.255.0
Router(config-if)# exit
Router(config)# ip route 192.1.1.0 255.255.255.0 192.1.2.250
```

4. 命令列表

路由器命令行接口配置过程中使用的命令及功能和参数说明如表 6.8 所示。

表 6.8 命令列表

命令格式	功能和参数说明
standby [*group-number*] ip *ip-address*	将指定接口加入到组编号由参数 *group-number* 指定的热备份组中,并为该热备份组分配由参数 *ip-address* 指定的虚拟 IP 地址
standby [*group-number*] priority *priority*	为某个接口分配在指定热备份组中的优先级,热备份组的组编号由参数 *group-number* 指定,优先级由参数 *priority* 指定
standby [*group-number*] preempt	将某个接口在指定热备份组中的工作方式指定为允许抢占方式。热备份组的组编号由参数 *group-number* 指定

6.8 路由器远程配置实验

6.8.1 实验内容

构建如图 6.80 所示的网络结构,使得终端 A 和终端 B 能够通过 Telnet 对路由器 R1 和 R2 实施远程配置。

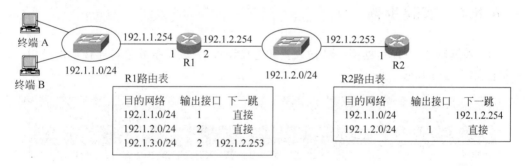

图 6.80 网络结构

6.8.2 实验目的

(1) 掌握终端实施远程配置的前提条件。
(2) 掌握通过 Telnet 实施远程配置的过程。
(3) 掌握终端与路由器之间传输路径的建立过程。

6.8.3 实验原理

终端通过 Telnet 对路由器实施远程配置的前提条件有两个:一是需要建立终端与路由器之间的传输路径;二是路由器需要完成 Telnet 相关参数的配置过程。

路由器每一个接口的 IP 地址都可作为管理地址,当然,也可为路由器定义单独的管理地址。在图 6.80 所示的网络结构中,为路由器 R2 配置单独的管理地址 192.1.3.1。路由器可以配置多种鉴别远程用户身份的机制,常见的有口令和本地授权用户两种鉴别方式。

6.8.4 关键命令说明

以下命令序列用于在路由器中定义一个编号为 1 的环回接口,并为该环回接口分配 IP 地址和子网掩码。

```
Router(config)# interface loopback 1
Router(config-if)# ip address 192.1.3.1 255.255.255.0
Router(config-if)# exit
```

interface loopback 1 是全局模式下使用的命令,该命令的作用是定义一个环回接口,1 是环回接口编号,每一个环回接口用唯一编号标识。环回接口是虚拟接口,需要分配 IP 地址和子网掩码,只要存在终端与该环回接口之间的传输路径,终端就可以像访问物理接口一样访问该环回接口。环回接口 IP 地址与物理接口 IP 地址一样,可以作为路由器的管理地址,终端可以通过建立与环回接口之间的 Telnet 会话,对路由器实施远程配置。

6.8.5 实验步骤

(1) 根据图 6.80 所示的网络结构放置和连接设备,完成设备放置和连接后的逻辑工作区界面如图 6.81 所示。

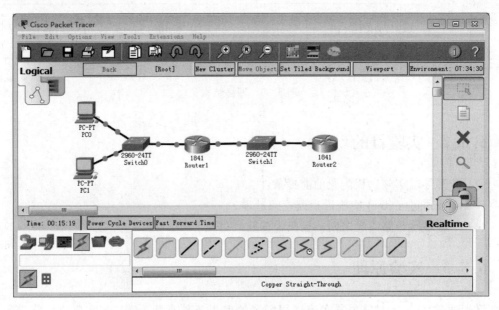

图 6.81 完成设备放置和连接后的逻辑工作区界面

（2）完成路由器 Router1、Router2 各个接口的 IP 地址和子网掩码配置过程和静态路由项配置过程。完成上述配置过程后的路由器 Router1、Router2 路由表分别如图 6.82 和图 6.83 所示。

Type	Network	Port	Next Hop IP	Metric
C	192.1.1.0/24	FastEthernet0/0	---	0/0
C	192.1.2.0/24	FastEthernet0/1	---	0/0
S	192.1.3.0/24	---	192.1.2.253	1/0

图 6.82 Router1 路由表

Type	Network	Port	Next Hop IP	Metric
S	192.1.1.0/24	---	192.1.2.254	1/0
C	192.1.2.0/24	FastEthernet0/0	---	0/0
C	192.1.3.0/24	Loopback1	---	0/0

图 6.83 Router2 路由表

（3）在命令行接口(CLI)下完成 Telnet 相关参数配置过程和环回接口配置过程。

（4）进入 PC0 命令提示符模式，启动如图 6.84 所示的 Telnet 远程配置 Router1 过程。进入 PC1 命令提示符模式，启动如图 6.85 所示的 Telnet 远程配置 Router2 过程。需要说明的是，远程配置 Router1 时，用物理接口 FastEthernet0/1 的 IP 地址作为管理地址。远程配置 Router2 时，用环回接口 loopback 1 的 IP 地址作为管理地址。因此，必须事先建立 PC0 与 Router1 物理接口 FastEthernet0/1 之间的传输路径，PC1 与 Router2 环回接口 loopback 1 之间的传输路径。Router1 和 Router2 路由表中的路由项证实了这一点。

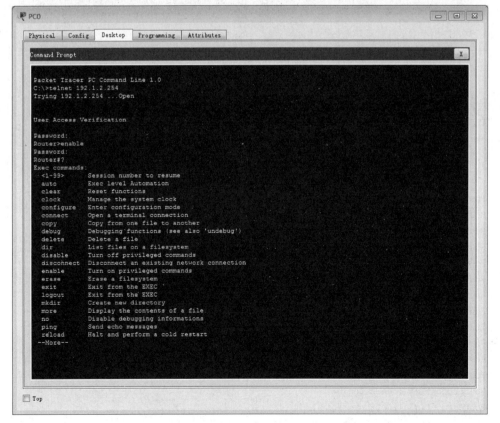

图 6.84 Telnet 远程配置 Router1 过程

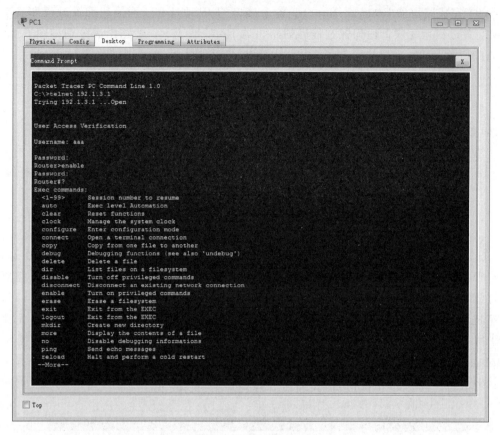

图 6.85　Telnet 远程配置 Router2 过程

6.8.6　命令行接口配置过程

1. Router1 命令行接口配置过程

Router＞enable
Router＃configure terminal
Router(config)＃interface FastEthernet0/0
Router(config-if)＃no shutdown
Router(config-if)＃ip address 192.1.1.254 255.255.255.0
Router(config-if)＃exit
Router(config)＃interface FastEthernet0/1
Router(config-if)＃no shutdown
Router(config-if)＃ip address 192.1.2.254 255.255.255.0
Router(config-if)＃exit
Router(config)＃ip route 192.1.3.0 255.255.255.0 192.1.2.253
Router(config)＃line vty 0 4
Router(config-line)＃login
Router(config-line)＃password 1234
Router(config-line)＃exit
Router(config)＃enable password asdf

2. Router2 命令行接口配置过程

```
Router＞enable
Router#configure terminal
Router(config)#interface FastEthernet0/0
Router(config-if)#no shutdown
Router(config-if)#ip address 192.1.2.253 255.255.255.0
Router(config-if)#exit
Router(config)#ip route 192.1.1.0 255.255.255.0 192.1.2.254
Router(config)#interface loopback 1
Router(config-if)#ip address 192.1.3.1 255.255.255.0
Router(config-if)#exit
Router(config)#line vty 0 4
Router(config-line)#login local
Router(config-line)#exit
Router(config)#username aaa password bbb
Router(config)#enable password asdf
```

3. 命令列表

路由器命令行接口配置过程中使用的命令及功能和参数说明如表 6.9 所示。

表 6.9 命令列表

命 令 格 式	功能和参数说明
interface loopback *number*	定义一个编号由参数 *number* 指定的环回接口,环回接口是虚拟接口,但可以像物理接口一样分配 IP 地址和子网掩码,网络中的终端可以像访问物理接口一样访问环回接口。环回接口分配的 IP 地址可以作为路由器的管理地址

第 7 章 路由协议实验
CHAPTER 7

路由协议能够自动生成与当前网络拓扑结构一致的用于指明通往其他网络的传输路径的路由项。根据作用范围,路由协议可以分为内部网关协议和外部网关协议。内部网关协议作用于自治系统内部,外部网关协议作用于自治系统之间。典型的内部网关协议有 RIP 和 OSPF,典型的外部网关协议有 BGP。

7.1 RIP 配置实验

7.1.1 实验内容

互联网结构如图 7.1 所示,通过配置所有路由器各个接口的 IP 地址和子网掩码,使得

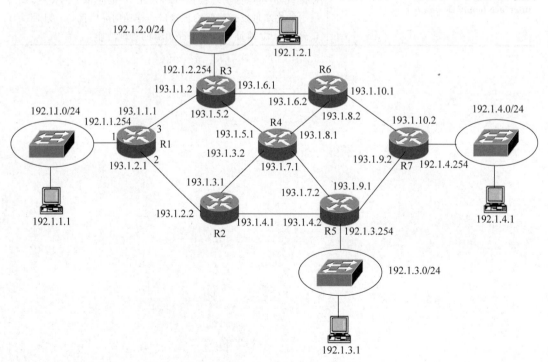

图 7.1 互联网结构

每一个路由器自动生成直连路由项。通过在各个路由器中启动 RIP(Routing Information Protocol,路由信息协议),每一个路由器生成用于指明通往没有与其直接连接的网络的传输路径的动态路由项。为了验证路由协议的自适应性,删除路由器 R2 与 R5 之间的链路,路由器 R2 和 R5 能够根据新的网络拓扑结构重新生成用于指明通往没有与其直接连接的网络的传输路径的动态路由项。

7.1.2 实验目的

(1) 验证 RIP 创建动态路由项的过程。
(2) 验证直连路由项和 RIP 之间的关联。
(3) 区分动态路由项和静态路由项。
(4) 验证动态路由项的自适应性。

7.1.3 实验原理

由于 RIP 的功能是使得每一个路由器能够在直连路由项的基础上,创建用于指明通往没有与其直接连接的网络的传输路径的动态路由项,因此,路由器的配置过程分为两部分:一是通过配置接口的 IP 地址和子网掩码自动生成直连路由项;二是通过配置 RIP 相关信息,启动通过 RIP 生成用于指明通往没有与其直接连接的网络的传输路径的动态路由项的过程。

7.1.4 关键命令说明

以下命令序列用于完成路由器 RIP 相关信息的配置过程。

```
Router(config)#router rip
Router(config-router)#version 2
Router(config-router)#no auto-summary
Router(config-router)#network 192.1.3.0
Router(config-router)#network 193.1.4.0
```

router rip 是全局模式下使用的命令,该命令的作用是进入 RIP 配置模式。Router(config-router)# 是 RIP 配置模式下的命令提示符。在 RIP 配置模式下完成 RIP 相关参数的配置过程。

version 2 是 RIP 配置模式下使用的命令,该命令的作用是启动 RIPv2。Cisco Packet Tracer 支持 RIPv1 和 RIPv2,RIPv1 只支持分类编址,RIPv2 支持无分类编址。

no auto-summary 是 RIP 配置模式下使用的命令,该命令的作用是取消路由项聚合功能。Cisco Packet Tracer RIP 允许通过划分某个分类地址对应的网络地址,产生多个子网,并因此产生多项与子网对应的直连路由项,但通过 RIP 路由消息向外发送路由项时,可以将这些子网对应的多项路由项聚合为一项路由项,该路由项的目的网络地址为划分子网前的分类地址所对应的网络地址。RIPv1 由于只支持分类编址,必须启动路由项聚合功能。RIPv2 由于支持无分类编址,可以启动路由项聚合功能,也可以取消路由项聚合功能。no auto-summary 是取消路由项聚合功能的命令,auto-summary 是启动路由项聚合功能的命令。前面已经提过,Cisco IOS 通常通过在某个命令前面加 no 表示取消执行该命令后生成的功能。

聚合路由项和不聚合路由项的区别如图 7.2 所示。通过划分 C 类网络 192.1.1.0 产生图 7.2 中的三个子网 192.1.1.0/26、192.1.1.64/26 和 192.1.1.128/25,由于三个子网的地址空间与 C 类网络 192.1.1.0 的地址空间相同,因此,需要启动路由项聚合功能,用一项目的网络地址为 C 类网络地址 192.1.1.0 的路由项取代三项目的网络地址分别为 192.1.1.0/26、192.1.1.64/26 和 192.1.1.128/25 的路由项。但如果图 7.1 中互连路由器 R2 和 R5 的是网络 193.1.4.0/30,一旦启动路由项聚合功能,路由器 R3 和 R5 向外发送的路由项是目的网络地址为 C 类网络地址 192.1.4.0 的路由项。由于网络地址 193.1.4.0/30 (193.1.4.0~193.1.4.3)只占用 C 类网络地址 192.1.4.0(193.1.4.0~193.1.4.255)中很少的 IP 地址空间,如果将目的 IP 地址属于 C 类网络地址 192.1.4.0 的 IP 分组都转发给路由器 R2 或 R5,这些 IP 分组中,目的 IP 地址属于 193.1.4.4~193.1.4.255 的 IP 分组是需要被路由器 R2 或 R5 丢弃的,这种情况下,应该取消路由项聚合功能。因此,如果子网地址空间是连续的,且这些子网的地址空间和某个分类网络地址对应的地址空间相同,需要启动路由项聚合功能;如果子网地址空间不是连续的,或者子网地址空间与某个分类网络地址对应的地址空间不相同,应该取消路由项聚合功能。

network 192.1.3.0 是 RIP 配置模式下使用的命令,紧随命令 network 的参数通常是分类网络地址,如果不是分类网络地址,能够自动转换成分类网络地址。192.1.3.0 是 C 类网络地址,其 IP 地址空间为 192.1.3.0~192.1.3.255。该命令的作用有两个:一是启动所有接口 IP 地址属于网络地址 192.1.3.0 的路由器接口的 RIP 功能,允许这些接口接收和发送 RIP 路由消息;二是如果网络 192.1.3.0 是该路由器直接连接的网络,或者划分网络 192.1.3.0 后产生的若干个子网是该路由器直接连接的网络,网络 192.1.3.0 对应的直连路由项(启动路由项聚合功能情况)或者划分网络 192.1.3.0 后产生的若干个子网对应的直连路由项(取消路由项聚合功能情况)参与 RIP 建立动态路由项的过程,即其他路由器的路由表中会生成用于指明通往网络 192.1.3.0(启动路由项聚合功能情况)或者划分网络 192.1.3.0 后产生的若干个子网(取消路由项聚合功能情况)的传输路径的路由项。对应图 7.2 中的路由器 R,无论是否启动路由项聚合功能,路由器 R 都需输入命令 network 192.1.1.0。如果启动路由项聚合功能,其他路由器的路由表中只有一项目的网络为 192.1.1.0/24 的路由项;如果取消路由项聚合功能,其他路由器的路由表中存在三项目的网络分别为 192.1.1.0/26、192.1.1.64/26 和 192.1.1.128/25 的路由项。

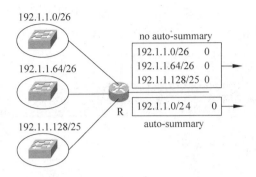

图 7.2 路由项聚合和不聚合的区别

7.1.5 实验步骤

(1) Cisco 2811 路由器标准配置下，只有两个快速以太网接口，因此，对于需要三个快速以太网接口的应用场景，需要安装 NM-1FE-TX 模块，如图 7.3 所示，该模块提供一个 100Base-TX 标准接口。对于需要四个快速以太网接口的应用场景，需要安装 NM-2FE2W 模块，该模块提供两个 100Base-TX 标准接口。

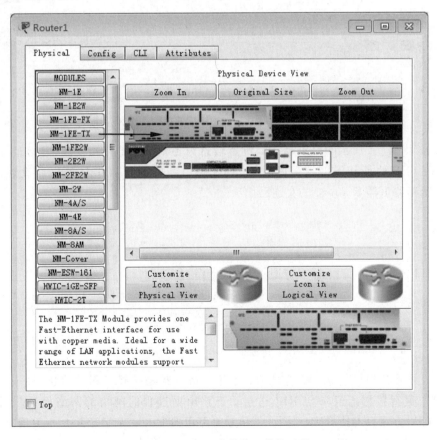

图 7.3 Router1 安装接口模块过程

(2) 启动 Cisco Packet Tracer,按照图 7.1 所示的互联网结构在逻辑工作区放置和连接网络设备,完成设备放置和连接后的逻辑工作区界面如图 7.4 所示。

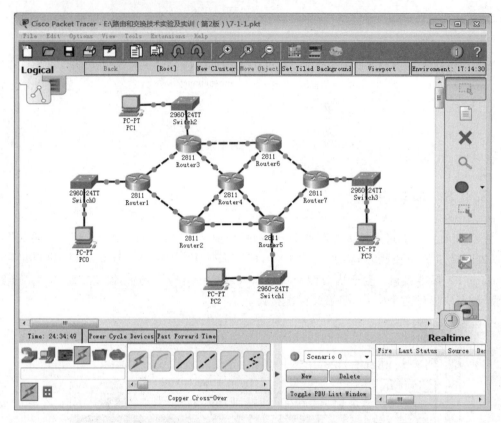

图 7.4 完成设备放置和连接后的逻辑工作区界面

(3) 按照图 7.1 所示的路由器接口配置信息为各个路由器接口配置 IP 地址和子网掩码,完成接口 IP 地址和子网掩码配置后,各个路由器的路由表中自动生成直连路由项,图 7.5 所示是路由器 Router5 的直连路由项。

Type	Network	Port	Next Hop IP	Metric
C	192.1.3.0/24	FastEthernet0/0	---	0/0
C	193.1.4.0/30	FastEthernet0/1	---	0/0
C	193.1.7.0/30	FastEthernet1/0	---	0/0
C	193.1.9.0/30	FastEthernet1/1	---	0/0

图 7.5 路由器 Router5 的直连路由项

(4) 在图形接口(Config)配置方式下为各个路由器配置 RIP 相关信息,每一个路由器需要配置与其直接相连且参与 RIP 建立动态路由项过程的网络的网络地址。图形接口(Config)配置方式只支持 RIPv1,图 7.6 所示是路由器 Router5 配置 RIP 相关信息的过程。需要说明的是,Cisco 配置 RIP 相关信息时,只支持分类编址。

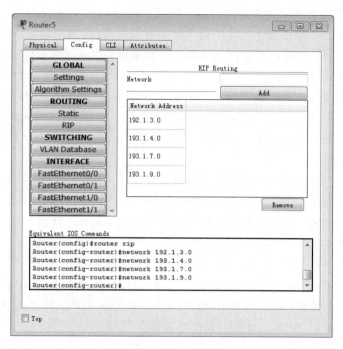

图 7.6 Router5 配置 RIPv1 界面

（5）完成各个路由器 RIP 相关信息配置过程后，路由器之间开始通过交换 RIP 路由消息创建用于指明通往没有与其直接连接的网络的传输路径的动态路由项。图 7.7 所示是

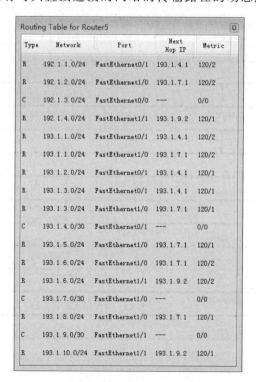

图 7.7 RIPv1 生成的 Router5 路由表

Router5 包括动态路由项的完整路由表。类型(Type)字段值为 R,表明是 RIP 创建的动态路由项;距离(Metric)字段值 120/1 中的 120 是管理距离值,用于确定该路由项的优先级,管理距离值越小,对应的路由项的优先级越高。如果存在多项类型不同、目的网络地址相同的路由项,使用优先级高的路由项。120/1 中的 1 是跳数,跳数等于该路由器到达目的网络需要经过的路由器数目(不含该路由器自身)。对于路由器 Router5,通往网络 192.1.2.0/24 的传输路径上的下一跳是路由器 Router4(接口 IP 地址为 193.1.7.1),经过的路由器数目为 2(包含路由器 Router4 和 Router3),图 7.7 中类型为 R、目的网络为 192.1.2.0/24 的动态路由项证明了这一点。

由于 RIPv1 只支持分类编址,因此,网络地址 193.1.1.0/30 和 193.1.2.0/30 等在 RIPv1 生成的路由项中,自动聚合为分类编址下的网络地址 193.1.1.0/24 和 193.1.2.0/24 等。

(6) 进入模拟操作模式,查看路由器 Router5 发送的 RIPv1 路由消息,图 7.8 所示是封装 RIPv1 路由消息的 UDP 报文、IP 分组和 MAC 帧。UDP 报文的源端口号(SOURCE PORT)和目的端口号(DESTINATION PORT)都是 520。IP 分组的源 IP 地址(SRC IP)是 Router5 发送该 RIPv1 路由消息的接口的 IP 地址,目的 IP 地址(DST IP)是受限广播地址。MAC 帧的源 MAC 地址(SRC ADDR)是 Router5 发送该 RIPv1 路由消息的接口的 MAC 地址,目的 MAC 地址(DEST ADDR)是广播地址。

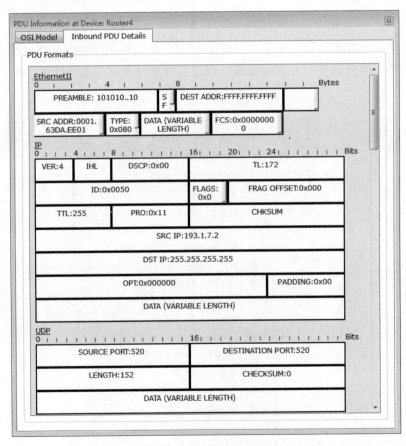

图 7.8　RIPv1 路由消息一

图 7.9 所示是 RIPv1 路由消息,每一项路由项由目的网络地址(NETWORK ADDRESS)、子网掩码(SUBNET MASK)、下一跳地址(NEXT HOP)和距离(METRIC)四部分组成,所有路由项中的子网掩码为 0,表示只支持分类编址。下一跳地址为 0,表示由封装该路由消息的 IP 分组的源 IP 地址作为下一跳地址。需要指出的是,路由消息中路由项的距离是图 7.7 中对应路由项中的距离+1,该路由项距离等于接收该路由消息的路由器通往对应目的网络的传输路径的距离。

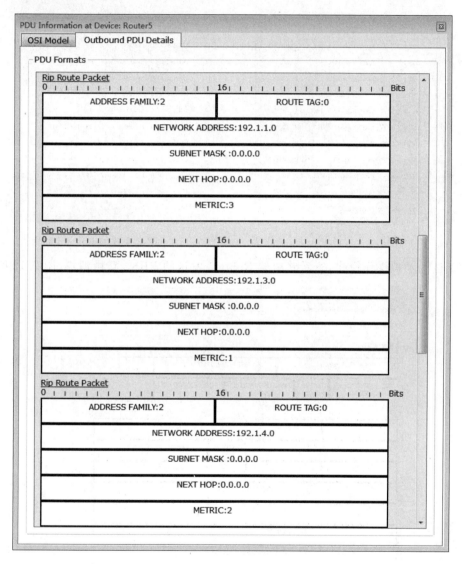

图 7.9　RIPv1 路由消息二

(7) 在命令行接口(CLI)配置方式下,将 RIP 版本改为 RIPv2,取消路由项聚合功能,RIPv2 生成的 Router2 和 Router5 路由表分别如图 7.10 和图 7.11 所示。网络地址 193.1.1.0/30 和 193.1.2.0/30 等在 RIPv2 生成的路由项中依然是无分类编址下的网络地址 193.1.1.0/30 和 193.1.2.0/30 等。

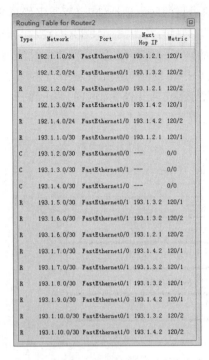 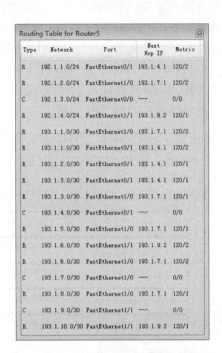

图 7.10 RIPv2 生成的 Router2 路由表　　图 7.11 RIPv2 生成的 Router5 路由表

(8) 进入模拟操作模式,查看路由器 Router5 发送的 RIPv2 路由消息,图 7.12 所示是

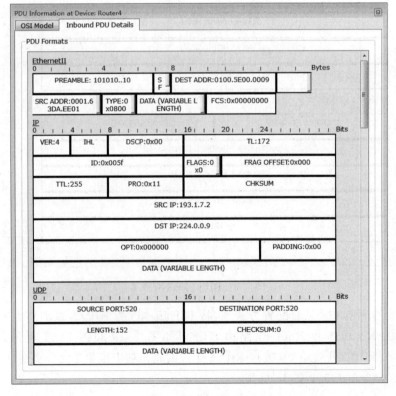

图 7.12 RIPv2 路由消息一

封装 RIPv2 路由消息的 UDP 报文、IP 分组和 MAC 帧。UDP 报文的源端口号（SOURCE PORT）和目的端口号（DESTINATION PORT）都是 520。IP 分组的源 IP 地址（SRC IP）是 Router5 发送该 RIPv2 路由消息的接口的 IP 地址，目的 IP 地址（DST IP）是多播地址 224.0.0.9。MAC 帧的源 MAC 地址（SRC ADDR）是 Router5 发送该 RIPv2 路由消息的接口的 MAC 地址，目的 MAC 地址（DST ADDR）是多播地址 224.0.0.9 对应的组地址。

图 7.13 所示是 RIPv2 路由消息，每一项路由项的目的网络由网络地址（NETWORK ADDRESS）和子网掩码（SUBNET MASK）指定，如 193.1.2.0/30 由网络地址 193.1.2.0 和子网掩码 255.255.255.252 指定。下一跳地址（NEXT HOP）一律是封装该路由消息的 IP 分组的源 IP 地址。路由消息中路由项的距离（METRIC）是图 7.11 中对应路由项中的距离＋1，该路由项距离等于接收该路由消息的路由器通往对应目的网络的传输路径的距离。

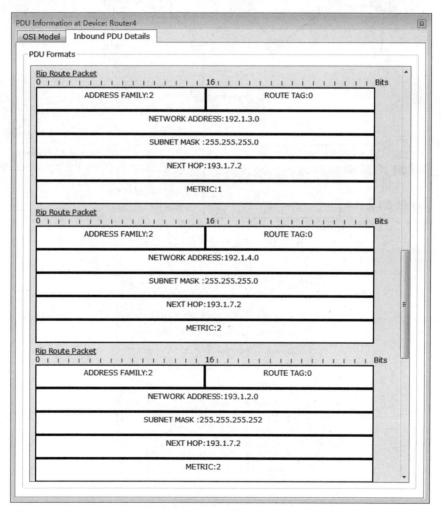

图 7.13　RIPv2 路由消息二

（9）删除互连路由器 Router2 与 Router5 之间的链路，网络拓扑结构如图 7.14 所示。RIPv2 根据新的网络拓扑结构重新生成动态路由项。Router2 和 Router5 重新生成的路由表分别如图 7.15 和图 7.16 所示。对于 Router2，通往网络 192.1.3.0/24 传输路径上的下一跳改为 Router4，同样，对于 Router5，通往网络 192.1.1.0/24 传输路径上的下一跳改为 Router4。

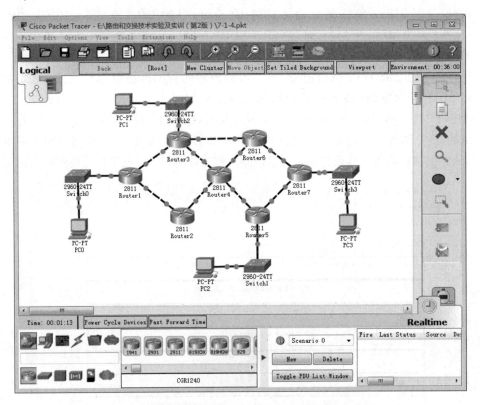

图 7.14　改变后的网络拓扑结构

Type	Network	Port	Next Hop IP	Metric
R	192.1.1.0/24	FastEthernet0/0	193.1.2.1	120/1
R	192.1.2.0/24	FastEthernet0/1	193.1.3.2	120/2
R	192.1.2.0/24	FastEthernet0/0	193.1.2.1	120/2
R	192.1.3.0/24	FastEthernet0/1	193.1.3.2	120/2
R	192.1.4.0/24	FastEthernet0/1	193.1.3.2	120/3
R	193.1.1.0/30	FastEthernet0/0	193.1.2.1	120/1
C	193.1.2.0/30	FastEthernet0/0	---	0/0
C	193.1.3.0/30	FastEthernet0/1	---	0/0
R	193.1.5.0/30	FastEthernet0/1	193.1.3.2	120/1
R	193.1.6.0/30	FastEthernet0/1	193.1.3.2	120/2
R	193.1.6.0/30	FastEthernet0/0	193.1.2.1	120/2
R	193.1.7.0/30	FastEthernet0/1	193.1.3.2	120/2
R	193.1.8.0/30	FastEthernet0/1	193.1.3.2	120/1
R	193.1.9.0/30	FastEthernet0/1	193.1.3.2	120/2
R	193.1.10.0/30	FastEthernet0/1	193.1.3.2	120/2

图 7.15　改变后网络拓扑结构对应的 Router2 路由表

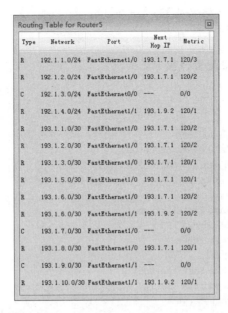

图 7.16　改变后网络拓扑结构对应的 Router5 路由表

7.1.6　命令行接口配置过程

1. Router4 命令行接口配置过程

Router＞enable
Router♯configure terminal
Router(config)♯hostname Router4
Router4(config)♯interface FastEthernet0/0
Router4(config－if)♯ip address 193.1.3.2 255.255.255.252
Router4(config－if)♯no shutdown
Router4(config－if)♯exit
Router4(config)♯interface FastEthernet0/1
Router4(config－if)♯ip address 193.1.5.1 255.255.255.252
Router4(config－if)♯no shutdown
Router4(config－if)♯exit
Router4(config)♯interface FastEthernet1/0
Router4(config－if)♯ip address 193.1.7.1 255.255.255.252
Router4(config－if)♯no shutdown
Router4(config－if)♯exit
Router4(config)♯interface FastEthernet1/1
Router4(config－if)♯ip address 193.1.8.1 255.255.255.252
Router4(config－if)♯no shutdown
Router4(config－if)♯exit
Router4(config)♯router rip
Router4(config－router)♯version 2
Router4(config－router)♯no auto－summary
Router4(config－router)♯network 193.1.3.0
Router4(config－router)♯network 193.1.5.0
Router4(config－router)♯network 193.1.7.0

```
Router4(config-router)#network 193.1.8.0
Router4(config-router)#exit
```

2. Router5 命令行接口配置过程

```
Router>enable
Router#configure terminal
Router(config)#hostname Router5
Router5(config)#interface FastEthernet0/0
Router5(config-if)#ip address 192.1.3.254 255.255.255.0
Router5(config-if)#no shutdown
Router5(config-if)#exit
Router5(config)#interface FastEthernet0/1
Router5(config-if)#ip address 193.1.4.2 255.255.255.252
Router5(config-if)#no shutdown
Router5(config-if)#exit
Router5(config)#interface FastEthernet1/0
Router5(config-if)#ip address 193.1.7.2 255.255.255.252
Router5(config-if)#no shutdown
Router5(config-if)#exit
Router5(config)#interface FastEthernet1/1
Router5(config-if)#ip address 193.1.9.1 255.255.255.252
Router5(config-if)#no shutdown
Router5(config-if)#exit
Router5(config)#router rip
Router5(config-router)#version 2
Router5(config-router)#no auto-summary
Router5(config-router)#network 192.1.3.0
Router5(config-router)#network 193.1.4.0
Router5(config-router)#network 193.1.7.0
Router5(config-router)#network 193.1.9.0
Router5(config-router)#exit
```

其他路由器的命令行接口配置过程与 Router4 和 Router5 的命令行接口配置过程相似，不再赘述。

3. 命令列表

路由器命令行接口配置过程中使用的命令及功能和参数说明如表 7.1 所示。

表 7.1 命令列表

命令格式	功能和参数说明
router rip	进入 RIP 配置模式，在 RIP 配置模式下完成 RIP 相关参数的配置过程
version {1|2}	选择 RIP 版本号，可以选择 RIPv1 或 RIPv2
auto-summary	启动路由项聚合功能，将多项以子网地址为目的网络地址的路由项聚合为一项以分类网络地址为目的网络地址的路由项。命令 no auto-summary 的作用是取消路由项聚合功能，Cisco 通过在某个命令前面加 no 表示取消执行该命令后启动的功能
network *ip-address*	指定参与 RIP 创建动态路由项的路由器接口和直接连接的网络。参数 *ip-address* 用于指定分类网络地址

7.2 RIP 计数到无穷大实验

7.2.1 实验内容

互联网结构如图 7.17 所示,通过 RIP 建立路由器 R1 和 R2 稳定的路由表,稳定的路由表如图 7.17 所示。删除路由器 R1 连接网络 192.1.1.0/24 的链路,观察路由器 R1 和 R2 路由表中目的网络为 192.1.1.0/24 的路由项的距离不断递增,直到无穷大值 16(注:RIP 用距离 16 表示距离无穷大)的过程。

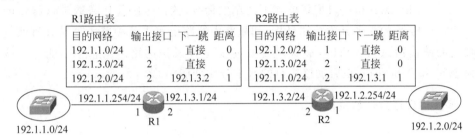

图 7.17 验证 RIP 计数到无穷大的网络结构

7.2.2 实验目的

(1) 验证水平分割和非水平分割的区别。
(2) 验证非水平分割下形成路由消息公告环路的情况。
(3) 验证计数到无穷大的过程。
(4) 验证可能构成路由消息公告环路的应用环境。

7.2.3 实验原理

对于图 7.17 所示的互联网结构,为了观察 RIP 计数到无穷大的情况,需要满足以下两个条件:①路由器 R1 连接网络 192.1.1.0/24 的链路发生故障;②在路由器 R1 路由表中,目的网络为 192.1.1.0/24 的路由项无效后,先接收到路由器 R2 发送的路由消息,且路由消息中包含目的网络为 192.1.1.0/24 的路由项。为了满足上述两个条件,一是在建立如图 7.17 所示的稳定路由表后,将路由器 R1 接口 2 设置为被动接口,使其成为只能接收路由消息的接口,以此保证在断开路由器 R1 连接网络 192.1.1.0/24 的链路后,路由器 R1 先接收到路由器 R2 发送的路由消息;二是取消路由器 R2 的水平分割功能,使得路由器 R2 通过接口 2 发送的路由消息中包含目的网络为 192.1.1.0/24 的路由项,虽然该路由项是路由器 R2 通过处理接口 2 接收到的路由消息生成的;三是将路由器 R1 接口 1 重新设置为正常接口,并取消路由器 R1 的水平分割功能,使得路由器 R1 发送给路由器 R2 的路由消息中包含目的网络为 192.1.1.0/24 的路由项。这样,使得路由器 R1 和 R2 路由表中目的网络为 192.1.1.0/24 的路由项的距离不断递增,直到无穷大值 16。

只需在路由器 R1 和 R2 启动水平分割功能,图 7.17 所示的互联网结构便不会发生 RIP 计数到无穷大的情况。

7.2.4 关键命令说明

1. 取消路由器接口的水平分割功能

```
Router(config)#interface FastEthernet0/1
Router(config-if)#no ip split-horizon
```

no ip split-horizon 是接口配置模式下使用的命令,该命令的作用是取消该接口的水平分割功能。接口 X 的水平分割功能是指,如果路由器路由表中某项路由项是处理通过接口 X 接收到的路由消息后生成的,那么以后通过接口 X 发送的路由消息中不能包含该路由项。命令 ip split-horizon 是启动该接口的水平分割功能。

2. 将接口设置为被动接口

```
Router(config)#router rip
Router(config-router)#passive-interface FastEthernet0/1
```

passive-interface FastEthernet0/1 是 RIP 配置模式下使用的命令,该命令的作用是将路由器接口 FastEthernet0/1 设置为被动接口,被动接口只能接收路由消息。

3. 调整 RIP 定时器初值

```
Router(config)#router rip
Router(config-router)#timers basic 30 1200 1200 2400
```

timers basic 30 1200 1200 2400 是 RIP 配置模式下使用的命令,该命令的作用是设置 RIP 相关的定时器初值,四个时间分别是路由消息发送间隔、路由项无效时间、路由项保持时间和删除路由项时间。路由消息发送间隔用于控制路由器通过接口发送路由消息的时间间隔。路由项无效时间是指路由项允许持续不刷新的最长时间,某项路由项刷新是指能够从接收到的路由消息中推导出该项路由项。如果长时间没有从接收到的路由消息中推导出某项路由项,表示该项路由项指明的传输路径可能已经不存在,该项路由项被作为无效路由项。无效路由项或者不发送给其他路由器,或者发送给其他路由器时将距离设置为无穷大值。允许路由器继续用无效路由项转发 IP 分组一段时间,这段时间称为路由项保持时间。如果某项路由项持续删除路由项时间没有刷新,将从路由表中删除该路由项。路由器运行 RIP 时使用默认的定时器初值,本实验之所以需要设置这些定时器初值,是为了防止图 7.17 中路由器 R2 因为规定时间内没有接收到路由器 R1 发送的包含目的网络为 192.1.1.0/24 的路由项的路由消息,使由表中目的网络为 192.1.1.0/24 的路由项无效而导致实验失败,因为进入模拟操作模式后,手工步进 RIP 运行过程,会使得路由消息的发送间隔变得很长。

7.2.5 实验步骤

(1) 启动 Cisco Packet Tracer，在逻辑工作区根据图 7.17 所示的互联网结构放置和连接设备，完成设备放置和连接后的逻辑工作区界面如图 7.18 所示。

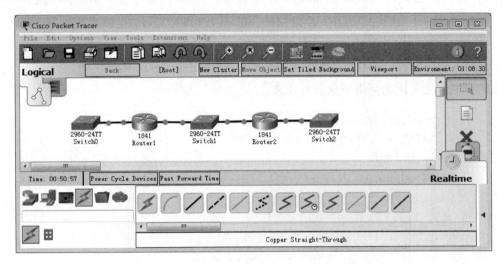

图 7.18　完成设备放置和连接后的逻辑工作区界面

(2) 按照图 7.17 所示的路由器接口网络信息完成路由器各个接口的 IP 地址和子网掩码配置过程。完成路由器 RIP 相关信息配置过程。路由器 Router1 和 Router2 分别生成如图 7.19 和图 7.20 所示的路由表。

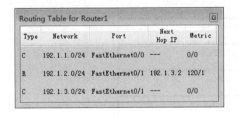

图 7.19　Router1 路由表

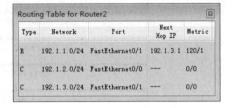

图 7.20　Router2 路由表

(3) 取消路由器 Router2 接口 FastEthernet0/1 的水平分割功能，将路由器 Router1 接口 FastEthernet0/1 设置为被动接口，删除路由器 Router1 连接网络 192.1.1.0/24 的链路。Router1 的路由表变为如图 7.21 所示，路由表中没有了目的网络为 192.1.1.0/24 的路由项。

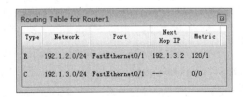

图 7.21　删除连接网络 192.1.1.0/24 链路后的 Router1 路由表

(4) 进入模拟操作模式,查看路由器 Router2 发送给路由器 Router1 的路由消息,该路由消息内容如图 7.22 所示。由于取消了路由器 Router2 接口 FastEthernet0/1 的水平分割功能,路由消息中包含目的网络为 192.1.1.0/24 的路由项,路由器 Router1 根据该路由项生成目的网络为 192.1.1.0/24、下一跳为 192.1.3.2、距离为 2 的路由项,其中 192.1.3.2 是路由器 Router2 接口 FastEthernet0/1 的 IP 地址。Router1 新生成的路由表如图 7.23 所示。需要强调的是,互联网中已不存在网络 192.1.1.0/24,Router1 路由表中目的网络为 192.1.1.0/24 的路由项是通过处理 Router2 发送的路由消息获得的,而 Router2 是通过处理 Router1 发送给它的路由消息推导出目的网络为 192.1.1.0/24 的路由项,这已经形成导致 RIP 计数到无穷大的路由消息公告环路。

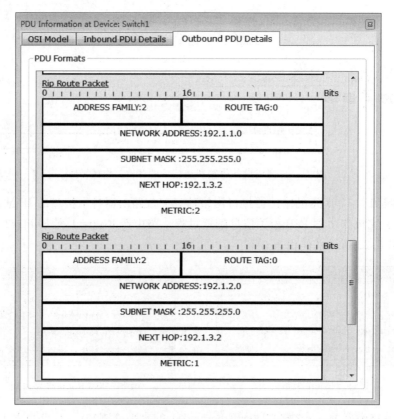

图 7.22　Router2 发送的路由消息内容

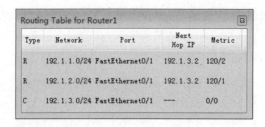

图 7.23　Router1 进入计数到无穷大阶段后的路由表

(5) 取消路由器 Router1 接口 FastEthernet0/1 的水平分割功能，重新将 Router1 接口 FastEthernet0/1 设置为正常接口(非被动接口)。查看路由器 Router1 发送给路由器 Router2 的路由消息，该路由消息内容如图 7.24 所示，包含目的网络为 192.1.1.0/24 的路由项，路由项中的距离为 3。由于路由器 Router2 中目的网络为 192.1.1.0/24 的路由项的下一跳是路由器 Router1，用路由消息中目的网络为 192.1.1.0/24 的路由项的距离取代路由器 Router2 中目的网络为 192.1.1.0/24 的路由项的距离，路由器 Router2 新的路由表如图 7.25 所示。和图 7.20 所示的 Router2 路由表比较，目的网络为 192.1.1.0/24 的路由项的距离已经由 1 变为 3。

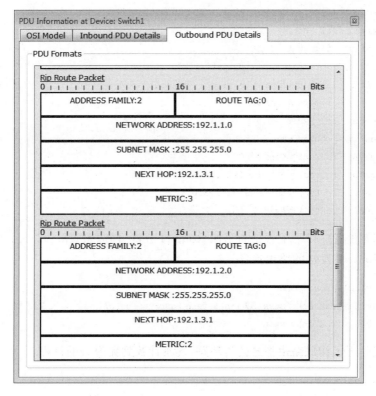

图 7.24　Router1 发送的路由消息内容

Routing Table for Router2

Type	Network	Port	Next Hop IP	Metric
R	192.1.1.0/24	FastEthernet0/1	192.1.3.1	120/3
C	192.1.2.0/24	FastEthernet0/0	---	0/0
C	192.1.3.0/24	FastEthernet0/1	---	0/0

图 7.25　Router2 进入计数到无穷大阶段后的路由表

(6) 路由器 Router1 和 Router2 反复交换路由消息，最终使得两个路由器中目的网络为 192.1.1.0/24 的路由项的距离变为 16，表示网络 192.1.1.0/24 不可达。

7.2.6 命令行接口配置过程

1. Router1 命令行接口配置过程

Router＞enable
Router＃configure terminal
Router(config)＃hostname Router1
Router1(config)＃interface FastEthernet0/0
Router1(config-if)＃ip address 192.1.1.254 255.255.255.0
Router1(config-if)＃no shutdown
Router1(config-if)＃exit
Router1(config)＃interface FastEthernet0/1
Router1(config-if)＃ip address 192.1.3.1 255.255.255.0
Router1(config-if)＃no shutdown
Router1(config-if)＃exit
Router1(config)＃router rip
Router1(config-router)＃version 2
Router1(config-router)＃network 192.1.1.0
Router1(config-router)＃network 192.1.3.0
Router1(config-router)＃exit

以上是基本配置。以下配置是为了使 Router1 在断开连接网络 192.1.1.0/24 链路后，首先接收到 Router2 发送的路由消息。

Router1(config)＃router rip
Router1(config-router)＃passive-interface FastEthernet0/1
Router1(config-router)＃exit

以下配置是为了构成路由消息公告环路，观察计数到无穷大的过程。

Router1(config)＃router rip
Router1(config-router)＃no passive-interface FastEthernet0/1
Router1(config-router)＃exit
Router1(config)＃interface FastEthernet0/1
Router1(config-if)＃no ip split-horizon
Router1(config-if)＃exit

2. Router2 命令行接口配置过程

Router＞enable
Router＃configure terminal
Router(config)＃hostname Router2
Router2(config)＃interface FastEthernet0/0
Router2(config-if)＃ip address 192.1.2.254 255.255.255.0
Router2(config-if)＃no shutdown

```
Router2(config-if)#exit
Router2(config)#interface FastEthernet0/1
Router2(config-if)#ip address 192.1.3.2 255.255.255.0
Router2(config-if)#no shutdown
Router2(config-if)#exit
Router2(config)#router rip
Router2(config-router)#version 2
Router2(config-router)#network 192.1.2.0
Router2(config-router)#network 192.1.3.0
Router2(config-router)#exit
```

以上是基本配置。以下配置为了使路由器 Router2 取消水平分割功能,且延长目的网络地址为 192.1.1.0/24 的路由项的有效时间。

```
Router2(config)#interface FastEthernet0/1
Router2(config-if)#no ip split-horizon
Router2(config-if)#exit
Router2(config)#router rip
Router2(config-router)#timers basic 30 1200 1200 2400
Router2(config-router)#exit
```

3. 命令列表

路由器命令行接口配置过程中使用的命令及功能和参数说明如表 7.2 所示。

表 7.2 命令列表

命 令 格 式	功能和参数说明
ip split-horizon	启动路由器接口的水平分割功能,命令 no ip split-horizon 取消路由器接口的水平分割功能
passive-interface *interface-type interface-number*	将路由器接口设置为被动接口,参数 *interface-type interface-number* 用于指定接口
timers basic *update invalid holddown flush*	设置 RIP 定时器初值,其中参数 *update*、*invalid*、*holddown* 和 *flush* 分别确定路由消息发送间隔、路由项无效时间、路由项保持时间和删除路由项时间

7.3 单区域 OSPF 配置实验

7.3.1 实验内容

单区域互联网结构如图 7.26 所示,互连路由器 R11 和 R14 的是 10Mb/s 链路,其他链路都是 100Mb/s 链路。路由器 R11、R12、R13、R14 和网络 192.1.1.0/24、192.1.2.0/24 构成一个 OSPF(Open Shortest Path First,开放最短路径优先)区域,为了节省 IP 地址,可

用 CIDR 地址块 192.1.3.0/27 涵盖所有分配给实现路由器互连的路由器接口的 IP 地址。各个路由器接口配置的 IP 地址和子网掩码如表 7.3 所示。完成各个路由器 OSPF 相关配置过程,在每一个路由器中生成用于指明通往没有与其直接连接的网络的传输路径的动态路由项。

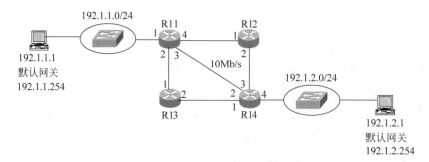

图 7.26 单区域互联网络结构

表 7.3 路由器接口配置

路由器	接口	IP 地址	子网掩码
R11	1	192.1.1.254	255.255.255.0
	2	192.1.3.5	255.255.255.252
	3	192.1.3.9	255.255.255.252
	4	192.1.3.1	255.255.255.252
R12	1	192.1.3.2	255.255.255.252
	2	192.1.3.13	255.255.255.252
R13	1	192.1.3.6	255.255.255.252
	2	192.1.3.17	255.255.255.252
R14	1	192.1.3.18	255.255.255.252
	2	192.1.3.10	255.255.255.252
	3	192.1.3.14	255.255.255.252
	4	192.1.2.254	255.255.255.0

7.3.2 实验目的

(1) 掌握路由器 OSPF 配置过程。
(2) 验证 OSPF 创建动态路由项过程。
(3) 验证 OSPF 聚合网络地址过程。

7.3.3 实验原理

图 7.26 所示的单 OSPF 区域的配置过程分为两部分:一是完成所有路由器接口的 IP 地址和子网掩码配置,使得各个路由器自动生成用于指明通往直接连接的网络的传输路径

的直连路由项;二是各个路由器确定参与 OSPF 创建动态路由项过程的路由器接口和直接连接的网络,确定参与 OSPF 创建动态路由项过程的路由器接口将发送和接收 OSPF 报文,其他路由器创建的动态路由项中包含用于指明通往确定参与 OSPF 创建动态路由项过程的网络的传输路径的动态路由项。

7.3.4 关键命令说明

```
Router(config)#router ospf 11
Router(config-router)#network 192.1.1.0 0.0.0.255 area 1
```

router ospf 11 是全局模式下使用的命令,该命令的作用是进入 OSPF 配置模式。和 RIP 不同,Cisco 允许同一个路由器运行多个 OSPF 进程,不同的 OSPF 进程用不同的进程标识符标识,11 是 OSPF 进程标识符,进程标识符只有本地意义。执行该命令后,进入 OSPF 配置模式。

network 192.1.1.0 0.0.0.255 area 1 是 OSPF 配置模式下使用的命令,该命令的作用有两个:一是指定参与 OSPF 创建动态路由项过程的路由器接口,所有接口 IP 地址属于 CIDR 地址块 192.1.1.0/24 的路由器接口均参与 OSPF 创建动态路由项的过程,确定参与 OSPF 创建动态路由项过程的路由器接口将接收和发送 OSPF 报文;二是指定参与 OSPF 创建动态路由项过程的网络,直接连接的网络中所有网络地址属于 CIDR 地址块 192.1.1.0/24 的网络均参与 OSPF 创建动态路由项的过程。其他路由器创建的动态路由项中包含用于指明通往确定参与 OSPF 创建动态路由项过程的网络的传输路径的动态路由项。192.1.1.0 0.0.0.255 用于指定 CIDR 地址块 192.1.1.0/24,0.0.0.255 是子网掩码 255.255.255.0 的反码,其作用等同于子网掩码 255.255.255.0。无论是指定参与 OSPF 创建动态路由项过程的路由器接口,还是指定参与 OSPF 创建动态路由项过程的网络都是针对某个 OSPF 区域的,用区域标识符唯一指定该区域,所有路由器中指定属于相同区域的路由器接口和网络必须使用相同的区域标识符。area 1 表示区域标识符为 1,只有主干区域才能使用区域标识符 0。

7.3.5 实验步骤

(1) 启动 Cisco Packet Tracer,在逻辑工作区按照图 7.26 所示的互联网结构放置和连接设备,完成设备放置和连接后的逻辑工作区界面如图 7.27 所示。

(2) 按照表 7.3 所示的内容为各个路由器接口配置 IP 地址和子网掩码,完成接口 IP 地址和子网掩码配置后的路由器 Router11~Router14 的初始路由表分别如图 7.28~图 7.31 所示,初始路由表中只包含直连路由项。

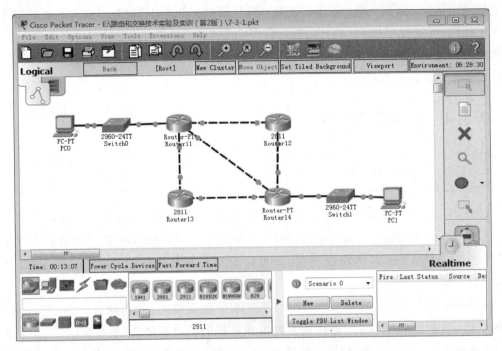

图 7.27 完成设备放置和连接后的逻辑工作区界面

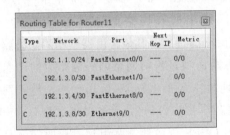

图 7.28 Router11 直连路由项

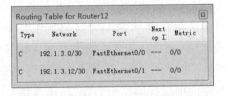

图 7.29 Router12 直连路由项

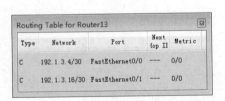

图 7.30 Router13 直连路由项

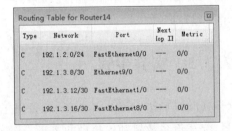

图 7.31 Router14 直连路由项

(3) 完成每一个路由器的 OSPF 配置,各个路由器完成 OSPF 配置后,开始创建动态路由项过程,完成动态路由项创建过程后,路由器 Router11~Router14 的完整路由表分别如图 7.32~图 7.35 所示。类型(Type)为 O 的路由项是由 OSPF 创建的动态路由项,距离(Metric)110/3 中的 110 是管理距离值。显然,OSPF 创建的动态路由项的优先级高于 RIP

创建的动态路由项。110/3 中的 3 是路径距离。路由项中的路径距离是该路由器至目的网络传输路径经过的所有路由器输出接口的代价之和，路由器输出接口代价等于 10^8/接口传输速率。快速以太网接口的代价 = $10^8/(100 \times 10^6) = 1$，以太网接口的代价 = $10^8/(10 \times 10^6) = 10$。

Type	Network	Port	Next Hop IP	Metric
C	192.1.1.0/24	FastEthernet0/0	----	0/0
O	192.1.2.0/24	FastEthernet1/0	192.1.3.2	110/3
O	192.1.2.0/24	FastEthernet8/0	192.1.3.6	110/3
C	192.1.3.0/30	FastEthernet1/0	----	0/0
C	192.1.3.4/30	FastEthernet8/0	----	0/0
C	192.1.3.8/30	Ethernet9/0	----	0/0
O	192.1.3.12/30	FastEthernet1/0	192.1.3.2	110/2
O	192.1.3.16/30	FastEthernet8/0	192.1.3.6	110/2

图 7.32　Router11 完整路由表

Type	Network	Port	Next Hop IP	Metric
O	192.1.1.0/24	FastEthernet0/0	192.1.3.1	110/2
O	192.1.2.0/24	FastEthernet0/1	192.1.3.14	110/2
C	192.1.3.0/30	FastEthernet0/0	----	0/0
O	192.1.3.4/30	FastEthernet0/0	192.1.3.1	110/2
O	192.1.3.8/30	FastEthernet0/0	192.1.3.1	110/11
O	192.1.3.8/30	FastEthernet0/1	192.1.3.14	110/11
C	192.1.3.12/30	FastEthernet0/1	----	0/0
O	192.1.3.16/30	FastEthernet0/1	192.1.3.14	110/2

图 7.33　Router12 完整路由表

Type	Network	Port	Next Hop IP	Metric
O	192.1.1.0/24	FastEthernet0/0	192.1.3.5	110/2
O	192.1.2.0/24	FastEthernet0/1	192.1.3.18	110/2
O	192.1.3.0/30	FastEthernet0/0	192.1.3.5	110/2
C	192.1.3.4/30	FastEthernet0/0	----	0/0
O	192.1.3.8/30	FastEthernet0/0	192.1.3.5	110/11
O	192.1.3.8/30	FastEthernet0/1	192.1.3.18	110/11
O	192.1.3.12/30	FastEthernet0/1	192.1.3.18	110/2
C	192.1.3.16/30	FastEthernet0/1	----	0/0

图 7.34　Router13 完整路由表

Type	Network	Port	Next Hop IP	Metric
O	192.1.1.0/24	FastEthernet1/0	192.1.3.13	110/3
O	192.1.1.0/24	FastEthernet8/0	192.1.3.17	110/3
C	192.1.2.0/24	FastEthernet0/0	----	0/0
O	192.1.3.0/30	FastEthernet1/0	192.1.3.13	110/2
O	192.1.3.4/30	FastEthernet8/0	192.1.3.17	110/2
C	192.1.3.8/30	Ethernet9/0	----	0/0
C	192.1.3.12/30	FastEthernet1/0	----	0/0
C	192.1.3.16/30	FastEthernet8/0	----	0/0

图 7.35　Router14 完整路由表

（4）通过分析图 7.32～图 7.35 所示的路由器 Router11～Router14 的完整路由表发现，Router11 通往网络 192.1.2.0/24 的传输路径是 Router11→Router12→Router14→网络 192.1.2.0/24 和 Router11→Router13→Router14→网络 192.1.2.0/24，这两条传输路径的距离相同，都为 3（传输路径经过三个 100Mb/s 输出接口）。虽然传输路径 Router11→Router14→网络 192.1.2.0/24 经过的跳数最少，但由于 Router11 连接 Router14 的链路的传输速率是 10Mb/s，使得该传输路径的距离为 11（传输路径经过一个 10Mb/s 输出接口和一个 100Mb/s 输出接口）。根据最短路径原则，该传输路径由于不是 OSPF 最短路径，因而不被采用。

（5）为 PC0 和 PC1 配置 IP 地址、子网掩码和默认网关地址，用 Ping 操作验证终端之间的连通性。

7.3.6 命令行接口配置过程

1. Router11 命令行接口配置过程

Router>enable
Router#configure terminal
Router(config)#hostname Router11
Router11(config)#interface FastEthernet0/0
Router11(config-if)#no shutdown
Router11(config-if)#ip address 192.1.1.254 255.255.255.0
Router11(config-if)#exit
Router11(config)#interface FastEthernet1/0
Router11(config-if)#no shutdown
Router11(config-if)#ip address 192.1.3.1 255.255.255.252
Router11(config-if)#exit
Router11(config)#interface FastEthernet8/0
Router11(config-if)#no shutdown
Router11(config-if)#ip address 192.1.3.5 255.255.255.252
Router11(config-if)#exit
Router11(config)#interface Ethernet9/0
Router11(config-if)#no shutdown
Router11(config-if)#ip address 192.1.3.9 255.255.255.252
Router11(config-if)#exit
Router11(config)#router ospf 11
Router11(config-router)#network 192.1.1.0 0.0.0.255 area 1
Router11(config-router)#network 192.1.3.0 0.0.0.31 area 1
Router11(config-router)#exit

2. Router12 命令行接口配置过程

Router>enable
Router#configure terminal
Router(config)#hostname Router12
Router12(config)#interface FastEthernet0/0
Router12(config-if)#no shutdown
Router12(config-if)#ip address 192.1.3.2 255.255.255.252
Router12(config-if)#exit
Router12(config)#interface FastEthernet0/1
Router12(config-if)#no shutdown
Router12(config-if)#ip address 192.1.3.13 255.255.255.252
Router12(config-if)#exit
Router12(config)#router ospf 12
Router12(config-router)#network 192.1.3.0 0.0.0.31 area 1

```
Router12(config-router)#exit
```

其他路由器的命令行接口配置过程与 Router11 和 Router12 的命令行接口配置过程相似,不再赘述。

3. 命令列表

路由器命令行接口配置过程中使用的命令及功能和参数说明如表 7.4 所示。

表 7.4 命令列表

命 令 格 式	功能和参数说明
router ospf *process-id*	进入 OSPF 配置模式,参数 *process-id* 是 OSPF 进程标识符,只有本地意义
network *ip-address wildcard-mask* area *area-id*	用于指定参与 OSPF 创建动态路由项过程的路由器接口和路由器直接连接的网络,参数 *ip-address* 和参数 *wildcard-mask* 用于指定 CIDR 地址块,*wildcard-mask* 的形式是子网掩码反码,其作用等同于子网掩码。如 192.1.3.0 0.0.0.31 指定的 CIDR 地址块为 192.1.3.0/27,0.0.0.31 是子网掩码 255.255.255.224 的反码。参数 *area-id* 是区域标识符,所有属于相同区域的接口和网络必须配置相同的区域标识符

7.4 多区域 OSPF 配置实验

7.4.1 实验内容

多区域互联网结构如图 7.36 所示,路由器 R11、R12,路由器 R01 的接口 3、接口 4,路由器 R02 的接口 1 和网络 192.1.1.0/24 构成一个 OSPF 区域(区域 1);路由器 R21、R22,路由器 R03 的接口 2、接口 3 和网络 192.1.2.0/24 构成另一个 OSPF 区域(区域 2);路由器 R01 的接口 1、接口 2,路由器 R02 的接口 2、接口 3 和路由器 R03 的接口 1、接口 4 构成 OSPF 主干区域(区域 0);路由器 R01、R02 和 R03 为区域边界路由器,用于实现本地区域和主干区域的互联,其中路由器 R01、R02 用于实现区域 1 和主干区域的互联,路由器 R03 用于实现区域 2 和主干区域的互联。为了节省 IP 地址,在区域 1 内,可用 CIDR 地址块 192.1.3.0/28 涵盖所有分配给实现区域 1 内路由器互连的路由器接口的 IP 地址。在区域 2 内,可用 CIDR 地址块 192.1.5.0/28 涵盖所有分配给实现区域 2 内路由器互连的路由器接口的 IP 地址。在主干区域内,可用 CIDR 地址块 192.1.4.0/28 涵盖所有分配给实现主干区域内路由器互连的路由器接口的 IP 地址。路由器各个接口的 IP 地址和子网掩码如表 7.5 所示。通过多区域 OSPF,在各个路由器中创建用于指明通往没有与其直接连接的网络的传输路径的动态路由项。

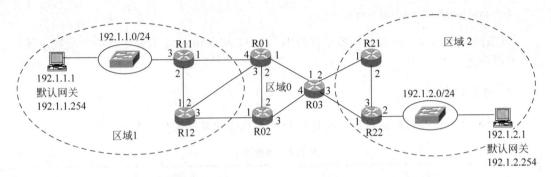

图 7.36 多区域互联网结构

表 7.5 路由器接口配置

路 由 器	接 口	IP 地址	子 网 掩 码
R11	1	192.1.3.5	255.255.255.252
	2	192.1.3.1	255.255.255.252
	3	192.1.1.254	255.255.255.0
R12	1	192.1.3.2	255.255.255.252
	2	192.1.3.9	255.255.255.252
	3	192.1.3.13	255.255.255.252
R01	1	192.1.4.5	255.255.255.252
	2	192.1.4.1	255.255.255.252
	3	192.1.3.10	255.255.255.252
	4	192.1.3.6	255.255.255.252
R02	1	192.1.3.14	255.255.255.252
	2	192.1.4.2	255.255.255.252
	3	192.1.4.9	255.255.255.252
R03	1	192.1.4.6	255.255.255.252
	2	192.1.5.1	255.255.255.252
	3	192.1.5.5	255.255.255.252
	4	192.1.4.10	255.255.255.252
R21	1	192.1.5.2	255.255.255.252
	2	192.1.5.9	255.255.255.252
R22	1	192.1.5.6	255.255.255.252
	2	192.1.2.254	255.255.255.0
	3	192.1.5.10	255.255.255.252

7.4.2 实验目的

(1) 进一步验证 OSPF 工作机制。
(2) 掌握划分网络区域的方法和步骤。
(3) 掌握路由器多区域 OSPF 配置过程。

(4) 验证 OSPF 聚合网络地址过程。

7.4.3 实验原理

对于路由器 R11 和 R12，所有接口属于区域 1。对于路由器 R21 和 R22，所有接口属于区域 2。对于边界路由器 R01 和 R02，分别定义属于区域 1 和主干区域的接口。对于边界路由器 R03，分别定义属于区域 2 和主干区域的接口。

7.4.4 实验步骤

(1) 启动 Cisco Packet Tracer，按照图 7.36 所示的互联网结构在逻辑工作区放置和连接设备，完成设备放置和连接后的逻辑工作区界面如图 7.37 所示。

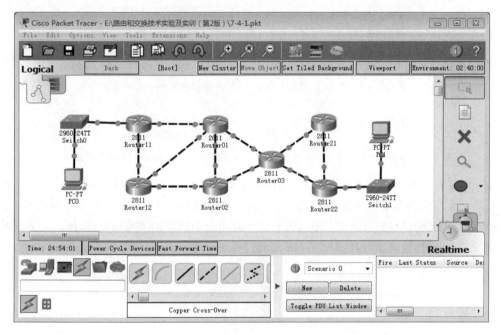

图 7.37 完成设备放置和连接后的逻辑工作区界面

(2) 按照表 7.5 所示的内容为各个路由器接口配置 IP 地址和子网掩码。

(3) 完成区域 1 和区域 2 的 OSPF 配置，对于区域边界路由器 Router01 和 Router02，通过配置指定参与区域 1 OSPF 创建动态路由项过程的路由器接口和路由器直接连接的网络。对于区域边界路由器 Router03，通过配置指定参与区域 2 OSPF 创建动态路由项过程的路由器接口和路由器直接连接的网络。完成区域 1 内 OSPF 配置后，Router11 和 Router01 分别产生如图 7.38 和图 7.39 所示的用于指明通往区域 1 内所有网络的传输路径的路由项。同样，完成区域 2 内 OSPF 配置后，Router03 和 Router22 分别产生如图 7.40 和图 7.41 所示的用于指明通往区域 2 内所有网络的传输路径的路由项。

Routing Table for Router11

Type	Network	Port	Next Hop IP	Metric
C	192.1.1.0/24	FastEthernet0/0	---	0/0
C	192.1.3.0/30	FastEthernet0/1	---	0/0
C	192.1.3.4/30	FastEthernet1/0	---	0/0
O	192.1.3.8/30	FastEthernet0/1	192.1.3.2	110/2
O	192.1.3.12/30	FastEthernet0/1	192.1.3.2	110/2

图 7.38 Router11 区域 1 内路由项

Routing Table for Router01

Type	Network	Port	Next Hop IP	Metric
O	192.1.1.0/24	FastEthernet0/1	192.1.3.9	110/3
C	192.1.3.0/30	FastEthernet0/0	---	0/0
O	192.1.3.4/30	FastEthernet0/1	192.1.3.9	110/3
C	192.1.3.8/30	FastEthernet0/1	---	0/0
O	192.1.3.12/30	FastEthernet0/1	192.1.3.9	110/2
C	192.1.4.0/30	FastEthernet1/0	---	0/0
C	192.1.4.4/30	FastEthernet1/1	---	0/0

图 7.39 Router01 区域 1 内路由项

Routing Table for Router03

Type	Network	Port	Next Hop IP	Metric
O	192.1.2.0/24	FastEthernet1/1	192.1.5.6	110/2
C	192.1.4.4/30	FastEthernet0/0	---	0/0
C	192.1.4.8/30	FastEthernet0/1	---	0/0
C	192.1.5.0/30	FastEthernet1/0	---	0/0
C	192.1.5.4/30	FastEthernet1/1	---	0/0
O	192.1.5.8/30	FastEthernet1/0	192.1.5.2	110/2
O	192.1.5.8/30	FastEthernet1/1	192.1.5.6	110/2

图 7.40 Router03 区域 2 内路由项

Routing Table for Router22

Type	Network	Port	Next Hop IP	Metric
C	192.1.2.0/24	FastEthernet0/0	---	0/0
O	192.1.5.0/30	FastEthernet0/1	192.1.5.5	110/2
O	192.1.5.0/30	FastEthernet1/0	192.1.5.9	110/2
C	192.1.5.4/30	FastEthernet0/1	---	0/0
C	192.1.5.8/30	FastEthernet1/0	---	0/0

图 7.41 Router22 区域 2 内路由项

(4) 完成主干区域 OSPF 配置后,Router11、Router01、Router03 和 Router22 分别产生如图 7.42～图 7.45 所示的完整路由表,这些路由表中包含用于指明通往区域 1、主干区域和区域 2 内所有网络的传输路径的路由项。通过分析这些路由表中的路由项可以发现,Router11 至网络 192.1.2.0/24 的传输路径为 Router11→Router01→Router03→Router22→网络 192.1.2.0/24。

Routing Table for Router11

Type	Network	Port	Next Hop IP	Metric
C	192.1.1.0/24	FastEthernet0/0	---	0/0
O	192.1.2.0/24	FastEthernet0/1	192.1.3.2	110/5
C	192.1.3.0/30	FastEthernet0/1	---	0/0
C	192.1.3.4/30	FastEthernet1/0	---	0/0
O	192.1.3.8/30	FastEthernet0/1	192.1.3.2	110/2
O	192.1.3.12/30	FastEthernet0/1	192.1.3.2	110/2
O	192.1.4.0/30	FastEthernet0/1	192.1.3.2	110/3
O	192.1.4.4/30	FastEthernet0/1	192.1.3.2	110/3
O	192.1.4.8/30	FastEthernet0/1	192.1.3.2	110/3
O	192.1.5.0/30	FastEthernet0/1	192.1.3.2	110/4
O	192.1.5.4/30	FastEthernet0/1	192.1.3.2	110/4
O	192.1.5.8/30	FastEthernet0/1	192.1.3.2	110/5

图 7.42 Router11 完整路由表

Routing Table for Router01

Type	Network	Port	Next Hop IP	Metric
O	192.1.1.0/24	FastEthernet0/1	192.1.3.9	110/3
O	192.1.2.0/24	FastEthernet1/1	192.1.4.6	110/3
C	192.1.3.0/30	FastEthernet0/0	---	0/0
O	192.1.3.4/30	FastEthernet0/1	192.1.3.9	110/3
C	192.1.3.8/30	FastEthernet0/1	---	0/0
O	192.1.3.12/30	FastEthernet0/1	192.1.3.9	110/2
C	192.1.4.0/30	FastEthernet1/0	---	0/0
C	192.1.4.4/30	FastEthernet1/1	---	0/0
O	192.1.4.8/30	FastEthernet1/0	192.1.4.2	110/2
O	192.1.4.8/30	FastEthernet1/1	192.1.4.6	110/2
O	192.1.5.0/30	FastEthernet1/1	192.1.4.6	110/2
O	192.1.5.4/30	FastEthernet1/1	192.1.4.6	110/2
O	192.1.5.8/30	FastEthernet1/1	192.1.4.6	110/3

图 7.43 Router01 完整路由表

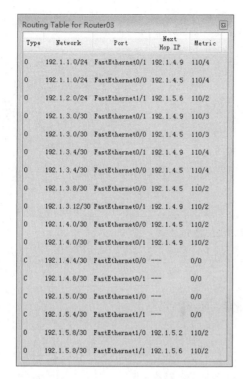

图 7.44 Router03 完整路由表

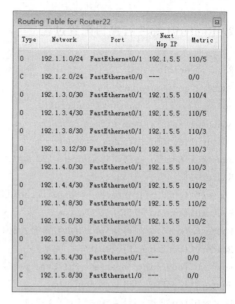

图 7.45 Router22 完整路由表

（5）对 PC0 和 PC1 配置 IP 地址、子网掩码和默认网关地址，用 Ping 操作验证终端之间的连通性。

7.4.5 命令行接口配置过程

1. Router11 命令行接口配置过程

Router>enable
Router#configure terminal
Router(config)#hostname Router11
Router11(config)#interface FastEthernet0/0
Router11(config-if)#no shutdown
Router11(config-if)#ip address 192.1.1.254 255.255.255.0
Router11(config-if)#exit
Router11(config)#interface FastEthernet0/1
Router11(config-if)#no shutdown
Router11(config-if)#ip address 192.1.3.1 255.255.255.252
Router11(config-if)#exit
Router11(config)#interface FastEthernet1/0
Router11(config-if)#no shutdown
Router11(config-if)#ip address 192.1.3.5 255.255.255.252
Router11(config-if)#exit

Router11(config)# router ospf 11
Router11(config-router)# network 192.1.1.0 0.0.0.255 area 1
Router11(config-router)# network 192.1.3.0 0.0.0.15 area 1
Router11(config-router)# exit

2. Router01 命令行接口配置过程

Router> enable
Router# configure terminal
Router(config)# hostname Router01
Router01(config)# interface FastEthernet0/0
Router01(config-if)# no shutdown
Router01(config-if)# ip address 192.1.3.2 255.255.255.252
Router01(config-if)# exit
Router01(config)# interface FastEthernet0/1
Router01(config-if)# no shutdown
Router01(config-if)# ip address 192.1.3.10 255.255.255.252
Router01(config-if)# exit
Router01(config)# interface FastEthernet1/0
Router01(config-if)# no shutdown
Router01(config-if)# ip address 192.1.4.1 255.255.255.252
Router01(config-if)# exit
Router01(config)# interface FastEthernet1/1
Router01(config-if)# no shutdown
Router01(config-if)# ip address 192.1.4.5 255.255.255.252
Router01(config-if)# exit
Router01(config)# router ospf 01
Router01(config-router)# network 192.1.3.0 0.0.0.15 area 1
Router01(config-router)# network 192.1.4.0 0.0.0.15 area 0
Router01(config-router)# exit

3. Router02 命令行接口配置过程

Router> enable
Router# configure terminal
Router(config)# hostname Router02
Router02(config)# interface FastEthernet0/0
Router02(config-if)# no shutdown
Router02(config-if)# ip address 192.1.3.14 255.255.255.252
Router02(config-if)# exit
Router02(config)# interface FastEthernet0/1
Router02(config-if)# no shutdown
Router02(config-if)# ip address 192.1.4.2 255.255.255.252
Router02(config-if)# exit
Router02(config)# interface FastEthernet1/0

Router02(config-if)#no shutdown
Router02(config-if)#ip address 192.1.4.9 255.255.255.252
Router02(config-if)#exit
Router02(config)#router ospf 02
Router02(config-router)#network 192.1.3.0 0.0.0.15 area 1
Router02(config-router)#network 192.1.4.0 0.0.0.15 area 0
Router02(config-router)#exit

4. Router03 命令行接口配置过程

Router>enable
Router#configure terminal
Router(config)#hostname Router03
Router03(config)#interface FastEthernet0/1
Router03(config-if)#no shutdown
Router03(config-if)#ip address 192.1.4.6 255.255.255.252
Router03(config-if)#exit
Router03(config)#interface FastEthernet0/0
Router03(config-if)#no shutdown
Router03(config-if)#ip address 192.1.4.10 255.255.255.252
Router03(config-if)#exit
Router03(config)#interface FastEthernet1/0
Router03(config-if)#no shutdown
Router03(config-if)#ip address 192.1.5.1 255.255.255.252
Router03(config-if)#exit
Router03(config)#interface FastEthernet1/1
Router03(config-if)#no shutdown
Router03(config-if)#ip address 192.1.5.5 255.255.255.252
Router03(config-if)#exit
Router03(config)#router ospf 03
Router03(config-router)#network 192.1.4.0 0.0.0.15 area 0
Router03(config-router)#network 192.1.5.0 0.0.0.15 area 2
Router03(config-router)#exit

5. Router22 命令行接口配置过程

Router>enable
Router#configure terminal
Router(config)#hostname Router22
Router22(config)#interface FastEthernet0/0
Router22(config-if)#no shutdown
Router22(config-if)#ip address 192.1.2.254 255.255.255.0
Router22(config-if)#exit
Router22(config)#interface FastEthernet0/1
Router22(config-if)#no shutdown
Router22(config-if)#ip address 192.1.5.6 255.255.255.252
Router22(config-if)#exit

Router22(config)# interface FastEthernet1/0
Router22(config-if)# no shutdown
Router22(config-if)# ip address 192.1.5.10 255.255.255.252
Router22(config-if)# exit
Router22(config)# router ospf 22
Router22(config-router)# network 192.1.5.0 0.0.0.15 area 2
Router22(config-router)# network 192.1.2.0 0.0.0.255 area 2
Router22(config-router)# exit

其他路由器的命令行接口配置过程不再赘述。

7.5 BGP 配置实验

7.5.1 实验内容

多自治系统网络结构如图 7.46 所示，由三个自治系统号分别为 100、200 和 300 的自治系统组成。为了节省 IP 地址，可用 CIDR 地址块 X/28 涵盖所有分配给同一自治系统内用于实现路由器互连的路由器接口的 IP 地址，其中 AS100 使用的 CIDR 地址块为 192.1.4.0/28，AS200 使用的 CIDR 地址块为 192.1.5.0/28，AS300 使用的 CIDR 地址块为 192.1.6.0/28。互联 Router14 和 Router22 的网络为 192.1.7.0/30，互联 Router13 和 Router31 的网络为 192.1.8.0/30，互联 Router34 和 Router23 的网络为 192.1.9.0/30。路由器各个接口的 IP 地址和子网掩码如表 7.6 所示。每一个自治系统内部通过 OSPF 建立用于指明通往同一自治系统内网络的传输路径的动态路由项。不同自治系统之间通过 BGP（Border Gateway Protocol，边界网关协议）建立用于指明通往其他自治系统内网络的传输路径的动态路由项。

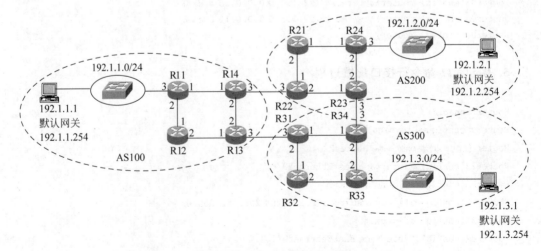

图 7.46　多自治系统网络结构

表 7.6 路由器接口配置

路 由 器	接 口	IP 地址	子网掩码
R11	1	192.1.4.5	255.255.255.252
	2	192.1.4.1	255.255.255.252
	3	192.1.1.254	255.255.255.0
R12	1	192.1.4.2	255.255.255.252
	2	192.1.4.9	255.255.255.252
R13	1	192.1.4.10	255.255.255.252
	2	192.1.4.13	255.255.255.252
	3	192.1.8.1	255.255.255.252
R14	1	192.1.4.6	255.255.255.252
	2	192.1.4.14	255.255.255.252
	3	192.1.7.1	255.255.255.252
R21	1	192.1.5.5	255.255.255.252
	2	192.1.5.1	255.255.255.252
R22	1	192.1.5.2	255.255.255.252
	2	192.1.5.9	255.255.255.252
	3	192.1.7.2	255.255.255.252
R23	1	192.1.5.10	255.255.255.252
	2	192.1.5.13	255.255.255.252
	3	192.1.9.1	255.255.255.252
R24	1	192.1.5.6	255.255.255.252
	2	192.1.5.14	255.255.255.252
	3	192.1.2.254	255.255.255.0
R31	1	192.1.6.5	255.255.255.252
	2	192.1.6.1	255.255.255.252
	3	192.1.8.2	255.255.255.252
R32	1	192.1.6.2	255.255.255.252
	2	192.1.6.9	255.255.255.252
R33	1	192.1.6.10	255.255.255.252
	2	192.1.6.13	255.255.255.252
	3	192.1.3.254	255.255.255.0
R34	1	192.1.6.6	255.255.255.252
	2	192.1.6.14	255.255.255.252
	3	192.1.9.2	255.255.255.252

7.5.2 实验目的

(1) 验证分层路由机制。
(2) 验证 BGP 工作原理。
(3) 掌握网络自治系统划分方法。
(4) 掌握路由器 BGP 配置过程。

(5) 验证自治系统之间的连通性。

7.5.3 实验原理

通过 BGP 创建用于指明通往其他自治系统中网络的传输路径的路由项的关键是建立自治系统之间的外部邻居关系。一般情况下，构成外部邻居关系的两个路由器需要具备以下条件：一是位于不同的自治系统；二是这两个路由器存在连接在同一个网络上的接口。基于上述原则，将自治系统边界路由器 R14 和 R13 作为 AS100 的 BGP 发言人，R22 和 R23 作为 AS200 的 BGP 发言人，R31 和 R34 作为 AS300 的 BGP 发言人，并使得 R14 和 R22、R13 和 R31、R34 和 R23 构成外部邻居关系。

构成外部邻居关系的 BGP 发言人之间交换 BGP 路由消息时，路由消息中包含 OSPF 创建的用于指明通往自治系统内各个网络的传输路径的路由项。同样，BGP 发言人在自治系统内发送的链路状态通告（Link State Advertisement，LSA）中，包含 BGP 发言人通过 BGP 路由消息获得的可以到达的其他自治系统中的网络。

7.5.4 关键命令说明

1. 分配自治系统号

```
Router(config)# router bgp 100
Router(config-router)#
```

router bgp 100 是全局模式下使用的命令，该命令的作用是分配自治系统号 100，并进入 BGP 配置模式。自治系统号 100：一是作为自治系统标识符，在路由器发送的路由消息中用于标识路由器所在的自治系统；二是作为 BGP 进程标识符，用于唯一标识在该路由器上运行的 BGP 进程。由于只需在两个位于不同自治系统的 BGP 发言人之间交换 BGP 报文，因此，每一个自治系统只需对作为 BGP 发言人的路由器配置 BGP 相关信息。Router(config-router)# 是 BGP 配置模式下的命令提示符。

2. 建立 BGP 发言人之间的邻居关系

```
Router(config)# router bgp 100
Router(config-router)# neighbor 192.1.8.2 remote-as 300
```

neighbor 192.1.8.2 remote-as 300 是 BGP 配置模式下使用的命令，该命令的作用是将位于自治系统号为 300 的自治系统且 IP 地址为 192.1.8.2 的路由器作为相邻路由器。相邻路由器是另一个自治系统的 BGP 发言人。每一个自治系统中的 BGP 发言人通过与相邻路由器交换 BGP 报文，获得相邻路由器所在自治系统的路由消息，并因此创建用于指明通往位于另一个自治系统的网络的传输路径的路由项。

3. BGP 分发自治系统内路由项

```
Router(config)#router bgp 100
Router(config-router)#redistribute ospf 13
```

redistribute ospf 13 是 BGP 配置模式下使用的命令,该命令表明,当前路由器根据进程标识符为 13 的 OSPF 进程创建的动态路由项和直连路由项构建 BGP 路由消息,并将该 BGP 路由消息发送给相邻路由器。进程标识符为 13 的 OSPF 进程创建的动态路由项和直连路由项中的目的网络是位于当前路由器所在自治系统内的网络,相邻路由器所在的自治系统中的路由器只能够创建用于指明通往这些网络的传输路径的路由项,因此,当前路由器通过 redistribute 命令指定的路由项范围确定了其他自治系统中路由器获得的当前路由器所在自治系统的网络范围。

4. OSPF 分发其他自治系统路由项

```
Router(config)#router ospf 13
Router(config-router)#redistribute bgp 100
```

redistribute bgp 100 是 OSPF 配置模式下使用的命令,该命令表明,作为 BGP 发言人的路由器构建 OSPF LSA 时,包含通过 BGP 获得的有关位于其他自治系统中网络的信息。作为自治系统号为 100 的自治系统的 BGP 发言人,它通过 BGP 获得有关位于其他自治系统中网络的信息,同时该路由器也需要通过内部网关路由协议向自治系统内的其他路由器发送路由消息。该命令指定该路由器在向自治系统内的其他路由器发送的路由消息中包含作为自治系统号为 100 的自治系统的 BGP 发言人获得的有关位于其他自治系统的网络的信息,使得该自治系统内的其他路由器能够创建用于指明通往位于其他自治系统内网络的传输路径的路由项。

7.5.5 实验步骤

(1) 启动 Cisco Packet Tracer,在逻辑工作区根据图 7.46 所示的互联网结构放置和连接设备,完成设备放置和连接后的逻辑工作区界面如图 7.47 所示。

(2) 根据表 7.6 所示的内容配置各个路由器接口的 IP 地址和子网掩码。需要强调的是,位于不同自治系统的两个相邻路由器通常连接在同一个网络上,如 Router14 和 Router22 连接在网络 192.1.7.0/30 上,Router13 和 Router31 连接在网络 192.1.8.0/30 上,Router23 和 Router34 连接在网络 192.1.9.0/30 上。这样做的目的有两个:一是某个自治系统内的路由器能够建立通往位于另一个自治系统的相邻路由器的传输路径;二是两个相邻路由器可以直接交换 BGP 路由消息。由于 Router22 存在直接连接网络 192.1.7.0/30 的接口,RouteR14 所在自治系统内的其他路由器建立通往网络 192.1.7.0/30 的传输路径的同时,也建立了通往 Router22 连接网络 192.1.7.0/30 的接口的传输路径。

(3) 完成各个自治系统内路由器有关 OSPF 的配置过程,不同自治系统内的路由器通过 OSPF 创建用于指明通往自治系统内网络的传输路径的路由项,Router11、Router13、

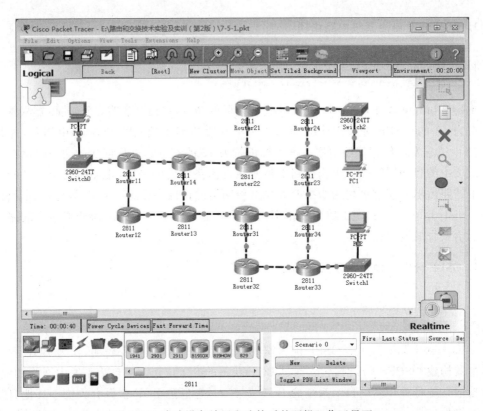

图 7.47 完成设备放置和连接后的逻辑工作区界面

Router14、Router22、Router23、Router31、Router34 中的直连路由项和 OSPF 创建的动态路由项分别如图 7.48~图 7.54 所示。通过分析这些路由器的路由表可以得出两点结论：一是 OSPF 创建的动态路由项只包含用于指明通往自治系统内网络的传输路径的动态路由项；二是路由器 Router11 包含用于指明通往网络 192.1.7.0/30 和网络 192.1.8.0/30 的传输路径的动态路由项，这两项动态路由项实际上也指明了通往路由器 Router22 和 Router31 的传输路径，而路由器 Router22 和 Router31 是路由器 Router11 通往位于自治系统 200 和自治系统 300 的网络的传输路径上的自治系统边界路由器。

图 7.48 Router11 自治系统内路由项

图 7.49 Router13 自治系统内路由项

图 7.50　Router14 自治系统内路由项

Type	Network	Port	Next Hop IP	Metric
O	192.1.1.0/24	FastEthernet0/0	192.1.4.5	110/2
O	192.1.4.0/30	FastEthernet0/0	192.1.4.5	110/2
C	192.1.4.4/30	FastEthernet0/0	----	0/0
O	192.1.4.8/30	FastEthernet0/1	192.1.4.13	110/2
C	192.1.4.12/30	FastEthernet0/1	----	0/0
C	192.1.7.0/30	FastEthernet1/0	----	0/0
O	192.1.8.0/30	FastEthernet0/1	192.1.4.13	110/2

图 7.51　Router22 自治系统内路由项

Type	Network	Port	Next Hop IP	Metric
O	192.1.2.0/24	FastEthernet1/0	192.1.5.10	110/3
C	192.1.5.0/30	FastEthernet0/1	----	0/0
C	192.1.5.8/30	FastEthernet1/0	----	0/0
O	192.1.5.12/30	FastEthernet1/0	192.1.5.10	110/2
C	192.1.7.0/30	FastEthernet0/0	----	0/0
O	192.1.9.0/30	FastEthernet1/0	192.1.5.10	110/2

图 7.52　Router23 自治系统内路由项

Type	Network	Port	Next Hop IP	Metric
O	192.1.2.0/24	FastEthernet0/1	192.1.5.14	110/2
O	192.1.5.0/30	FastEthernet0/1	192.1.5.14	110/2
C	192.1.5.8/30	FastEthernet0/0	----	0/0
C	192.1.5.12/30	FastEthernet0/1	----	0/0
O	192.1.7.0/30	FastEthernet0/0	192.1.5.9	110/2
C	192.1.9.0/30	FastEthernet1/0	----	0/0

图 7.53　Router31 自治系统内路由项

Type	Network	Port	Next Hop IP	Metric
O	192.1.3.0/24	FastEthernet0/1	192.1.6.2	110/3
O	192.1.3.0/24	FastEthernet1/0	192.1.6.6	110/3
C	192.1.6.0/30	FastEthernet0/1	----	0/0
C	192.1.6.4/30	FastEthernet1/0	----	0/0
O	192.1.6.8/30	FastEthernet0/1	192.1.6.2	110/2
O	192.1.6.12/30	FastEthernet1/0	192.1.6.6	110/2
C	192.1.8.0/30	FastEthernet0/0	----	0/0
O	192.1.9.0/30	FastEthernet1/0	192.1.6.6	110/2

图 7.54　Router34 自治系统内路由项

Type	Network	Port	Next Hop IP	Metric
O	192.1.3.0/24	FastEthernet1/0	192.1.6.13	110/2
O	192.1.6.0/30	FastEthernet0/0	192.1.6.5	110/2
C	192.1.6.4/30	FastEthernet0/0	----	0/0
O	192.1.6.8/30	FastEthernet1/0	192.1.6.13	110/2
C	192.1.6.12/30	FastEthernet1/0	----	0/0
O	192.1.8.0/30	FastEthernet0/0	192.1.6.5	110/2
C	192.1.9.0/30	FastEthernet0/1	----	0/0

（4）完成各个自治系统与 BGP 发言人有关 BGP 的配置过程，Router13 和 Router14 是自治系统 100 的 BGP 发言人，Router22 和 Router23 是自治系统 200 的 BGP 发言人，Router31 和 Router34 是自治系统 300 的 BGP 发言人。Router14 和 Router22、Router13 和

Router31、Router23 和 Router34 互为相邻路由器。BGP 发言人向相邻路由器发送的 BGP 路由消息中包含直连路由项和 OSPF 创建的动态路由项。图 7.55 所示的 Router13 完整路由表中存在三类路由项：第一类是直连路由项，类型(Type)为 C；第二类是通过 OSPF 创建的用于指明通往自治系统内网络的传输路径的动态路由项，类型(Type)为 O；第三类是通过 BGP 创建的动态路由项，类型(Type)为 B。Router13 完整路由表中类型(Type)为 B 的路由项可以分为两类，一类路由项中的目的网络和图 7.53 所示的 Router31 中直连路由项中的目的网络相同，这类路由项的距离(Metric)是 BGP 默认距离 20，如图 7.55 中目的网络为 192.1.6.0/30 的路由项中的距离。另一类路由项中的目的网络和图 7.53 所示的 Router31 通过 OSPF 创建的动态路由项中的目的网络(除了互连 Router13 和 Router31 的网络 192.1.8.0/30)相同，这类路由项的距离(Metric)等于 Router31 中对应动态路由项中的距离，如图 7.55 中目的网络为 192.1.3.0/24 的路由项中的距离。Router13 中所有通过和 Router31 交换 BGP 路由消息创建的类型(Type)为 B 的动态路由项的下一跳 IP 地址(Next Hop IP)是 Router31 连接网络 192.1.8.0/30 的接口的 IP 地址 192.1.8.2。Router14 的完整路由表如图 7.56 所示，Router14 中所有通过和 Router22 交换 BGP 路由消息创建的类型(Type)为 B 的动态路由项的下一跳 IP 地址(Next Hop IP)是 Router22 连接网络 192.1.7.0/30 的接口的 IP 地址 192.1.7.2。Router22、Router23、Router31 和 Router34 的完整路由表分别如图 7.57～图 7.60 所示。

Routing Table for Router13

Type	Network	Port	Next Hop IP	Metric
O	192.1.1.0/24	FastEthernet0/0	192.1.4.9	110/3
O	192.1.1.0/24	FastEthernet0/1	192.1.4.14	110/3
O	192.1.2.0/24	FastEthernet0/1	192.1.4.14	110/20
B	192.1.3.0/24	FastEthernet1/0	192.1.8.2	20/3
O	192.1.4.0/30	FastEthernet0/0	192.1.4.9	110/2
O	192.1.4.4/30	FastEthernet0/1	192.1.4.14	110/2
C	192.1.4.8/30	FastEthernet0/0	---	0/0
C	192.1.4.12/30	FastEthernet0/1	---	0/0
B	192.1.6.0/30	FastEthernet1/0	192.1.8.2	20/20
B	192.1.6.4/30	FastEthernet1/0	192.1.8.2	20/20
B	192.1.6.8/30	FastEthernet1/0	192.1.8.2	20/2
B	192.1.6.12/30	FastEthernet1/0	192.1.8.2	20/2
O	192.1.7.0/30	FastEthernet0/1	192.1.4.14	110/2
C	192.1.8.0/30	FastEthernet1/0	---	0/0
B	192.1.9.0/30	FastEthernet1/0	192.1.8.2	20/2

图 7.55 Router13 完整路由表

Routing Table for Router14

Type	Network	Port	Next Hop IP	Metric
O	192.1.1.0/24	FastEthernet0/0	192.1.4.5	110/2
B	192.1.2.0/24	FastEthernet1/0	192.1.7.2	20/3
O	192.1.3.0/24	FastEthernet0/1	192.1.4.13	110/20
O	192.1.4.0/30	FastEthernet0/0	192.1.4.5	110/2
C	192.1.4.4/30	FastEthernet0/0	---	0/0
O	192.1.4.8/30	FastEthernet0/1	192.1.4.13	110/2
C	192.1.4.12/30	FastEthernet0/1	---	0/0
B	192.1.5.0/30	FastEthernet1/0	192.1.7.2	20/20
B	192.1.5.8/30	FastEthernet1/0	192.1.7.2	20/20
B	192.1.5.12/30	FastEthernet1/0	192.1.7.2	20/2
C	192.1.7.0/30	FastEthernet1/0	---	0/0
O	192.1.8.0/30	FastEthernet0/1	192.1.4.13	110/2
B	192.1.9.0/30	FastEthernet1/0	192.1.7.2	20/2

图 7.56 Router14 完整路由表

Routing Table for Router22

Type	Network	Port	Next Hop IP	Metric
B	192.1.1.0/24	FastEthernet0/0	192.1.7.1	20/2
O	192.1.2.0/24	FastEthernet1/0	192.1.5.10	110/3
O	192.1.3.0/24	FastEthernet1/0	192.1.5.10	110/20
B	192.1.4.0/30	FastEthernet0/0	192.1.7.1	20/2
B	192.1.4.4/30	FastEthernet0/0	192.1.7.1	20/20
B	192.1.4.8/30	FastEthernet0/0	192.1.7.1	20/20
B	192.1.4.12/30	FastEthernet0/0	192.1.7.1	20/20
C	192.1.5.0/30	FastEthernet0/1	---	0/0
C	192.1.5.8/30	FastEthernet1/0	---	0/0
O	192.1.5.12/30	FastEthernet1/0	192.1.5.10	110/2
C	192.1.7.0/30	FastEthernet0/0	---	0/0
B	192.1.8.0/30	FastEthernet0/0	192.1.7.1	20/2
O	192.1.9.0/30	FastEthernet1/0	192.1.5.10	110/2

图 7.57 Router22 完整路由表

Routing Table for Router23

Type	Network	Port	Next Hop IP	Metric
O	192.1.1.0/24	FastEthernet0/0	192.1.5.9	110/20
O	192.1.2.0/24	FastEthernet0/1	192.1.5.14	110/2
B	192.1.3.0/24	FastEthernet0/0	192.1.9.2	20/2
O	192.1.5.0/30	FastEthernet0/1	192.1.5.14	110/2
C	192.1.5.8/30	FastEthernet0/0	---	0/0
C	192.1.5.12/30	FastEthernet0/1	---	0/0
B	192.1.6.0/30	FastEthernet0/0	192.1.9.2	20/2
B	192.1.6.4/30	FastEthernet0/0	192.1.9.2	20/20
B	192.1.6.8/30	FastEthernet0/0	192.1.9.2	20/20
B	192.1.6.12/30	FastEthernet0/0	192.1.9.2	20/20
O	192.1.7.0/30	FastEthernet0/0	192.1.5.9	110/2
B	192.1.8.0/30	FastEthernet0/0	192.1.9.2	20/2
C	192.1.9.0/30	FastEthernet1/0	---	0/0

图 7.58 Router23 完整路由表

Routing Table for Router31

Type	Network	Port	Next Hop IP	Metric
B	192.1.1.0/24	FastEthernet0/0	192.1.8.1	20/3
O	192.1.2.0/24	FastEthernet1/0	192.1.6.6	110/20
O	192.1.3.0/24	FastEthernet0/1	192.1.6.2	110/3
O	192.1.3.0/24	FastEthernet1/0	192.1.6.6	110/3
B	192.1.4.0/30	FastEthernet0/0	192.1.8.1	20/2
B	192.1.4.4/30	FastEthernet0/0	192.1.8.1	20/2
B	192.1.4.8/30	FastEthernet0/0	192.1.8.1	20/20
B	192.1.4.12/30	FastEthernet0/0	192.1.8.1	20/20
C	192.1.6.0/30	FastEthernet0/1	---	0/0
C	192.1.6.4/30	FastEthernet1/0	---	0/0
O	192.1.6.8/30	FastEthernet0/1	192.1.6.2	110/2
O	192.1.6.12/30	FastEthernet1/0	192.1.6.6	110/2
B	192.1.7.0/30	FastEthernet0/0	192.1.8.1	20/2
C	192.1.8.0/30	FastEthernet0/0	---	0/0
O	192.1.9.0/30	FastEthernet1/0	192.1.6.6	110/2

图 7.59 Router31 完整路由表

Routing Table for Router34

Type	Network	Port	Next Hop IP	Metric
O	192.1.1.0/24	FastEthernet0/0	192.1.6.5	110/20
B	192.1.2.0/24	FastEthernet0/1	192.1.9.1	20/2
O	192.1.3.0/24	FastEthernet1/0	192.1.6.13	110/3
B	192.1.5.0/30	FastEthernet0/1	192.1.9.1	20/2
B	192.1.5.8/30	FastEthernet0/1	192.1.9.1	20/20
B	192.1.5.12/30	FastEthernet0/1	192.1.9.1	20/1
O	192.1.6.0/30	FastEthernet0/0	192.1.6.5	110/2
C	192.1.6.4/30	FastEthernet0/0	---	0/0
O	192.1.6.8/30	FastEthernet1/0	192.1.6.13	110/2
C	192.1.6.12/30	FastEthernet1/0	---	0/0
B	192.1.7.0/30	FastEthernet0/1	192.1.9.1	20/2
O	192.1.8.0/30	FastEthernet0/0	192.1.6.5	110/2
C	192.1.9.0/30	FastEthernet0/1	---	0/0

图 7.60 Router34 完整路由表

（5）Router13 和 Router14 向自治系统内的其他路由器泛洪 LSA 时，LSA 中包含 BGP 创建的动态路由项，但 Cisco 只包含 BGP 创建的且目的网络地址是分类网络地址的动态路由项，这里只有 192.1.2.0/24 和 192.1.3.0/24 是分类网络地址。Router14 和 Router13 发送给 Router11 的针对目的网络 192.1.2.0/24 和 192.1.3.0/24 的路由项的下一跳分别是 192.1.7.2 和 192.1.8.2。Router11 创建用于指明通往网络 192.1.2.0/24 和 192.1.3.0/24 的传输路径的路由项时,用通往网络 192.1.7.0/30 和 192.1.8.0/30 传输路径上的下一跳作为通往网络 192.1.2.0/24 和 192.1.3.0/24 传输路径上的下一跳。通往网络 192.1.7.0/30 和 192.1.8.0/30 传输路径上的下一跳其实就是通往 IP 地址分别为 192.1.7.2 和 192.1.8.2 的 Router22 和 Router31 接口的传输路径上的下一跳。Router11 完整路由表如图 7.61 所示,目的网络(Network)为 192.1.2.0/24 和 1921.3.0/24 的路由项的下一跳 IP 地址(Next Hop IP)与目的网络(Network)为 192.1.7.0/30 和 192.1.8.0/30 的路由项的下一跳 IP 地址(Next Hop IP)相同,目的网络为 192.1.7.0/30 和 192.1.8.0/30 的路由项是 Router11 创建的用于指明通往自治系统内网络的传输路径的动态路由项。由于 Router11 中目的网络为 192.1.2.0/24 和 192.1.3.0/24 的路由项是通过 Router14 和 Router13 中 BGP 创建的动态路由项得出的,因此其距离(Metric)为 BGP 默认距离 20。OSPF 创建的动态路由项可以包含在 BGP 的路由消息中,其距离是 OSPF 创建该路由项时得出的距离。BGP 创建的动态路由项可以包含在 OSPF 的 LSA 中,其距离是 BGP 默认距离 20。

Type	Network	Port	Next Hop IP	Metric
C	192.1.1.0/24	FastEthernet0/0	---	0/0
O	192.1.2.0/24	FastEthernet1/0	192.1.4.6	110/20
O	192.1.3.0/24	FastEthernet0/1	192.1.4.2	110/20
O	192.1.3.0/24	FastEthernet1/0	192.1.4.6	110/20
C	192.1.4.0/30	FastEthernet0/1	---	0/0
C	192.1.4.4/30	FastEthernet1/0	---	0/0
O	192.1.4.8/30	FastEthernet0/1	192.1.4.2	110/2
O	192.1.4.12/30	FastEthernet1/0	192.1.4.6	110/2
O	192.1.7.0/30	FastEthernet1/0	192.1.4.6	110/2
O	192.1.8.0/30	FastEthernet0/1	192.1.4.2	110/3
O	192.1.8.0/30	FastEthernet1/0	192.1.4.6	110/3

图 7.61 Router11 完整路由表

(6) 由此可以得出建立如图 7.61 所示的 Router11 完整路由表的过程:一是 Router11 通过 OSPF 创建用于指明通往自治系统内网络的传输路径的动态路由项,其中包含用于指明通往网络 192.1.7.0/30 和 192.1.8.0/30 的传输路径的路由项;二是自治系统 100 的 BGP 发言人 Router14 和 Router13 通过和相邻路由器交换 BGP 路由消息创建用于指明通往位于自治系统 200 和自治系统 300 的网络的传输路径的路由项,这些路由项中的下一跳 IP 地址分别是 Router22 和 Router31 连接网络 192.1.7.0/30 和 192.1.8.0/30 的接口的 IP 地址;三是 Router14 和 Router13 向 Router11 发送的 LSA 中包含用于指明通往网络 192.1.2.0/24 和 192.1.3.0/24 的传输路径的路由项,但路由项中的下一跳 IP 地址分别是 Router22 和 Router31 连接网络 192.1.7.0/30 和 192.1.8.0/30 的接口的 IP 地址;四是 Router11 结合用于指明通往网络 192.1.7.0/30 和 192.1.8.0/30 的传输路径的路由项,创建用于指明通往网络 192.1.2.0/24 和 192.1.3.0/24 的传输路径的路由项。

(7) Router11 通往网络 192.1.2.0/24 的传输路径分为两段:一段是 Router11 通往 Router22 连接网络 192.1.7.0/30 的接口的传输路径,这一段传输路径由自治系统 100 内的路由器通过 OSPF 创建的动态路由项确定；另一段是 Router22 通往网络 192.1.2.0/24 的传输路径，这一段传输路径由自治系统 200 内路由器通过 OSPF 创建的动态路由项确定。BGP 的作用只是让 Router11 得知，这两段传输路径的连接点是 Router22 连接网络 192.1.7.0/30 的接口。

（8）为各个终端配置 IP 地址、子网掩码和默认网关地址，通过 Ping 操作验证终端之间的连通性。

7.5.6　命令行接口配置过程

1. Router11 命令行接口配置过程

```
Router>enable
Router#configure terminal
Router(config)#interface FastEthernet0/0
Router(config-if)#no shutdown
Router(config-if)#ip address 192.1.1.254 255.255.255.0
Router(config-if)#exit
Router(config)#interface FastEthernet0/1
Router(config-if)#no shutdown
Router(config-if)#ip address 192.1.4.1 255.255.255.252
Router(config-if)#exit
Router(config)#interface FastEthernet1/0
Router(config-if)#no shutdown
Router(config-if)#ip address 192.1.4.5 255.255.255.252
Router(config-if)#exit
Router(config)#router ospf 11
Router(config-router)#network 192.1.1.0 0.0.0.255 area 1
Router(config-router)#network 192.1.4.0 0.0.0.15 area 1
Router(config-router)#exit
```

2. Router13 命令行接口配置过程

```
Router>enable
Router#configure terminal
Router(config)#interface FastEthernet0/0
Router(config-if)#no shutdown
Router(config-if)#ip address 192.1.4.10 255.255.255.252
Router(config-if)#exit
Router(config)#interface FastEthernet0/1
Router(config-if)#no shutdown
Router(config-if)#ip address 192.1.4.13 255.255.255.252
Router(config-if)#exit
Router(config)#interface FastEthernet1/0
Router(config-if)#no shutdown
Router(config-if)#ip address 192.1.8.1 255.255.255.252
Router(config-if)#exit
Router(config)#router ospf 13
Router(config-router)#network 192.1.4.0 0.0.0.15 area 1
Router(config-router)#network 192.1.8.0 0.0.0.3 area 1
```

```
Router(config-router)#exit
Router(config)#router ospf 13
Router(config-router)#redistribute bgp 100
Router(config-router)#exit
Router(config)#router bgp 100
Router(config-router)#neighbor 192.1.8.2 remote-as 300
Router(config-router)#redistribute ospf 13
Router(config-router)#exit
```

3. Router14 命令行接口配置过程

```
Router>enable
Router#configure terminal
Router(config)#interface FastEthernet0/0
Router(config-if)#no shutdown
Router(config-if)#ip address 192.1.4.6 255.255.255.252
Router(config-if)#exit
Router(config)#interface FastEthernet0/1
Router(config-if)#no shutdown
Router(config-if)#ip address 192.1.4.14 255.255.255.252
Router(config-if)#exit
Router(config)#interface FastEthernet1/0
Router(config-if)#no shutdown
Router(config-if)#ip address 192.1.7.1 255.255.255.252
Router(config-if)#exit
Router(config)#router ospf 14
Router(config-router)#network 192.1.4.0 0.0.0.15 area 1
Router(config-router)#network 192.1.7.0 0.0.0.3 area 1
Router(config-router)#exit
Router(config)#router ospf 14
Router(config-router)#redistribute bgp 100
Router(config-router)#exit
Router(config)#router bgp 100
Router(config-router)#neighbor 192.1.7.2 remote-as 200
Router(config-router)#redistribute ospf 14
Router(config-router)#exit
```

4. Router22 命令行接口配置过程

```
Router>enable
Router#configure terminal
Router(config)#interface FastEthernet0/0
Router(config-if)#no shutdown
Router(config-if)#ip address 192.1.7.2 255.255.255.252
Router(config-if)#exit
Router(config)#interface FastEthernet0/1
Router(config-if)#no shutdown
Router(config-if)#ip address 192.1.5.2 255.255.255.252
Router(config-if)#exit
Router(config)#interface FastEthernet1/0
Router(config-if)#no shutdown
Router(config-if)#ip address 192.1.5.9 255.255.255.252
```

```
Router(config - if)#exit
Router(config)#router ospf 22
Router(config - router)#network 192.1.5.0 0.0.0.15 area 2
Router(config - router)#network 192.1.7.0 0.0.0.3 area 2
Router(config - router)#exit
Router(config)#router ospf 22
Router(config - router)#redistribute bgp 200
Router(config - router)#exit
Router(config)#router bgp 200
Router(config - router)#neighbor 192.1.7.1 remote - as 100
Router(config - router)#redistribute ospf 22
Router(config - router)#exit
```

5. Router23 命令行接口配置过程

```
Router > enable
Router#configure terminal
Router(config)#interface FastEthernet0/0
Router(config - if)#no shutdown
Router(config - if)#ip address 192.1.5.10 255.255.255.252
Router(config - if)#exit
Router(config)#interface FastEthernet0/1
Router(config - if)#no shutdown
Router(config - if)#ip address 192.1.5.13 255.255.255.252
Router(config - if)#exit
Router(config)#interface FastEthernet1/0
Router(config - if)#no shutdown
Router(config - if)#ip address 192.1.9.1 255.255.255.252
Router(config - if)#exit
Router(config)#router ospf 23
Router(config - router)#network 192.1.5.0 0.0.0.15 area 2
Router(config - router)#network 192.1.9.0 0.0.0.3 area 2
Router(config - router)#exit
Router(config)#router ospf 23
Router(config - router)#redistribute bgp 200
Router(config - router)#exit
Router(config)#router bgp 200
Router(config - router)#neighbor 192.1.9.2 remote - as 300
Router(config - router)#redistribute ospf 23
Router(config - router)#exit
```

6. Router31 命令行接口配置过程

```
Router > enable
Router#configure terminal
Router(config)#interface FastEthernet0/0
Router(config - if)#no shutdown
Router(config - if)#ip address 192.1.8.2 255.255.255.252
Router(config - if)#exit
Router(config)#interface FastEthernet0/1
Router(config - if)#no shutdown
Router(config - if)#ip address 192.1.6.1 255.255.255.252
```

```
Router(config-if)#exit
Router(config)#interface FastEthernet0/0
Router(config-if)#no shutdown
Router(config-if)#ip address 192.1.6.5 255.255.255.252
Router(config-if)#exit
Router(config)#router ospf 31
Router(config-router)#network 192.1.6.0 0.0.0.15 area 3
Router(config-router)#network 192.1.8.0 0.0.0.3 area 3
Router(config-router)#exit
Router(config)#router ospf 31
Router(config-router)#redistribute bgp 300
Router(config-router)#exit
Router(config)#router bgp 300
Router(config-router)#neighbor 192.1.8.1 remote-as 100
Router(config-router)#redistribute ospf 31
Router(config-router)#exit
```

7. Router34 命令行接口配置过程

```
Router>enable
Router#configure terminal
Router(config)#interface FastEthernet0/0
Router(config-if)#no shutdown
Router(config-if)#ip address 192.1.6.6 255.255.255.252
Router(config-if)#exit
Router(config)#interface FastEthernet0/1
Router(config-if)#no shutdown
Router(config-if)#ip address 192.1.9.2 255.255.255.252
Router(config-if)#exit
Router(config)#interface FastEthernet1/0
Router(config-if)#no shutdown
Router(config-if)#ip address 192.1.6.14 255.255.255.252
Router(config-if)#exit
Router(config)#router ospf 34
Router(config-router)#network 192.1.6.0 0.0.0.15 area 3
Router(config-router)#network 192.1.9.0 0.0.0.3 area 3
Router(config-router)#exit
Router(config)#router ospf 34
Router(config-router)#redistribute bgp 300
Router(config-router)#exit
Router(config)#router bgp 300
Router(config-router)#neighbor 192.1.9.1 remote-as 200
Router(config-router)#redistribute ospf 34
Router(config-router)#exit
```

其他路由器命令行接口配置过程与单区域 OSPF 配置实验的命令行接口配置过程相似，这里不再赘述。

8. 命令列表

路由器命令行接口配置过程中使用的命令及功能和参数说明如表 7.7 所示。

表 7.7 命令列表

命令格式	功能和参数说明
router bgp *autonomous-system-number*	分配自治系统号,并进入 BGP 配置模式。参数 *autonomous-system-number* 是自制系统号
neighbor *ip-address* **remote-as** *autonomous-system-number*	指定外部相邻路由器,BGP 发言人只和相邻路由器交换 BGP 报文。参数 *ip-address* 是相邻路由器的 IP 地址;参数 *autonomous-system-number* 是相邻路由器所在自治系统的自治系统号
redistribute *protocol as-number*	将路由器通过 BGP 获得的外部路由项通过内部网关协议通报给自治系统内的其他路由器。参数 *protocol* 只能是 BGP,用于指定 BGP;参数 *as-number* 是自治系统号,用于指定获得外部路由项的 BGP 进程
redistribute *protocol* [*process-id*]	将路由器通过内部网关协议获得的路由项通过 BGP 通报给其他相邻路由器。参数 *protocol* 用于指定内部网关协议,如果内部网关协议是 OSPF,还需通过参数 *process-id* 指定 OSPF 进程标识符

7.6 RIP 与 HSRP 实验

7.6.1 实验内容

HSRP(Hot Standby Router Protocol,热备份路由器协议)实现过程如图 7.62 所示,路由器 R1 和 R2 组成一个热备份组。因此,路由器 R1 和 R2 中任何一个路由器失效不会影响终端 A 和终端 B 向终端 C 发送 IP 分组。路由器 R1、R2 和 R3 之间通过 RIP 创建动态路由项,因此,一旦路由器 R1 和 R2 中某个路由器连接网络 192.1.1.0/24 的链路失效,该路由器不再成为路由器 R3 通往网络 192.1.1.0/24 传输路径上的下一跳路由器。

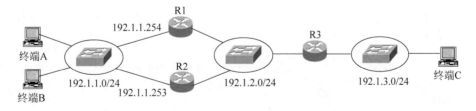

图 7.62 HSRP 实现过程

7.6.2 实验目的

(1) 理解设备冗余的含义。
(2) 掌握 HSRP 工作过程。

(3) 掌握 HSRP 配置过程。

(4) 理解负载均衡的含义。

(5) 掌握负载均衡实现过程。

(6) 掌握 RIP 和 HSRP 结合实现容错的过程。

7.6.3 实验原理

如图 7.62 所示,如果路由器 R2 连接网络 192.1.1.0/24 的链路失效,且路由器 R3 将路由器 R2 作为通往网络 192.1.1.0/24 传输路径上的下一跳路由器,只能实现终端 A 和终端 B 向终端 C 发送 IP 分组的过程,无法实现终端 C 向终端 A 和终端 B 发送 IP 分组的过程。如果路由器 R1、R2 和 R3 之间通过 RIP 创建动态路由项,一旦路由器 R2 连接网络 192.1.1.0/24 的链路失效,路由器 R3 不再将路由器 R2 作为通往网络 192.1.1.0/24 传输路径上的下一跳路由器,自动将路由器 R1 作为通往网络 192.1.1.0/24 传输路径上的下一跳路由器,从而可以实现终端 A 和终端 B 与终端 C 之间的通信过程。这是 RIP 与 HSRP 结合实现容错的原理。HSRP 保证在路由器 R1 和 R2 中只要有一个路由器有效,就可实现终端 A 和终端 B 向终端 C 发送 IP 分组的过程。RIP 保证只有正确连接网络 192.1.1.0/24 的路由器才能成为路由器 R3 通往网络 192.1.1.0/24 传输路径上的下一跳路由器。

7.6.4 实验步骤

(1) 根据图 7.62 所示的互联网结构放置和连接设备,完成设备放置和连接后的逻辑工作区界面如图 7.63 所示。

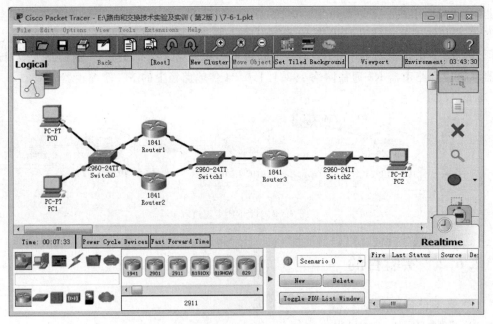

图 7.63 完成设备放置和连接后的逻辑工作区界面

(2) 根据图 7.62 所示的路由器接口配置信息为路由器 Router1、Router2 和 Router3 的各个接口配置 IP 地址和子网掩码。

(3) 在命令行接口(CLI)配置方式下,完成以下功能配置过程。将 Router1 和 Router2 的接口 FastEthernet0/0 加入组编号为 1 的热备份组,为该热备份组配置虚拟 IP 地址 192.1.1.250,并使 Router2 成为组编号为 1 的热备份组的活动路由器。将 Router1 和 Router2 的接口 FastEthernet0/0 加入组编号为 2 的热备份组,为该热备份组配置虚拟 IP 地址 192.1.1.251,并使 Router1 成为组编号为 2 的热备份组的活动路由器。

(4) 完成路由器 Router1、Router2 和 Router3 RIP 相关信息配置过程,路由器 R3 包含动态路由项的完整路由表如图 7.64 所示。可以实现终端 A 和终端 B 与终端 C 之间的通信过程。

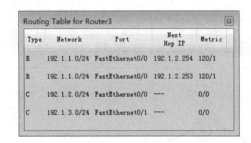

图 7.64　基于图 7.63 所示拓扑结构的 Router3 完整路由表

(5) 删除路由器 Router1 连接网络 192.1.1.0/24 的链路,网络拓扑结构如图 7.65 所示,路由器 R3 的完整路由表改为如图 7.66 所示。依然可以实现终端 A 和终端 B 与终端 C 之间的通信过程。

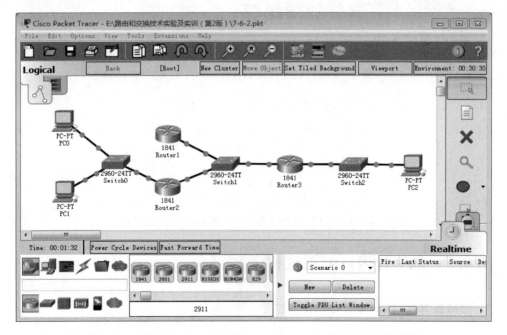

图 7.65　删除 Router1 连接网络 192.1.1.0/24 链路后的拓扑结构

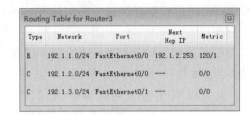

图 7.66　基于图 7.65 所示拓扑结构的 Router3 完整路由表

（6）在图 7.63 所示的拓扑结构基础上删除路由器 Router2 连接网络 192.1.1.0/24 的链路，网络拓扑结构如图 7.67 所示，路由器 R3 的完整路由表改为如图 7.68 所示。依然可以实现终端 A 和终端 B 与终端 C 之间的通信过程。

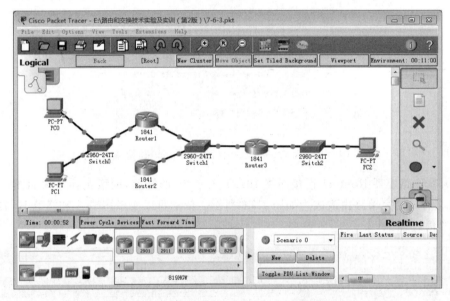

图 7.67　删除 Router2 连接网络 192.1.1.0/24 链路后的拓扑结构

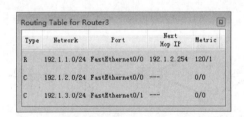

图 7.68　基于图 7.67 所示拓扑结构的 Router3 完整路由表

7.6.5　命令行接口配置过程

1. 路由器 Router1 命令行接口配置过程

```
Router>enable
Router#configure terminal
```

```
Router(config)#interface FastEthernet0/0
Router(config-if)#no shutdown
Router(config-if)#ip address 192.1.1.254 255.255.255.0
Router(config-if)#exit
Router(config)#interface FastEthernet0/1
Router(config-if)#no shutdown
Router(config-if)#ip address 192.1.2.254 255.255.255.0
Router(config-if)#exit
Router(config)#interface FastEthernet0/0
Router(config-if)#standby 1 ip 192.1.1.250
Router(config-if)#standby 1 priority 60
Router(config-if)#exit
Router(config)#interface FastEthernet0/0
Router(config-if)#standby 2 ip 192.1.1.251
Router(config-if)#standby 2 priority 100
Router(config-if)#standby 2 preempt
Router(config-if)#exit
Router(config)#router rip
Router(config-router)#network 192.1.1.0
Router(config-router)#network 192.1.2.0
Router(config-router)#exit
```

2. 路由器 Router2 命令行接口配置过程

```
Router>enable
Router#configure terminal
Router(config)#interface FastEthernet0/0
Router(config-if)#no shutdown
Router(config-if)#ip address 192.1.1.253 255.255.255.0
Router(config-if)#exit
Router(config)#interface FastEthernet0/1
Router(config-if)#no shutdown
Router(config-if)#ip address 192.1.2.253 255.255.255.0
Router(config-if)#exit
Router(config)#interface FastEthernet0/0
Router(config-if)#standby 1 ip 192.1.1.250
Router(config-if)#standby 1 priority 100
Router(config-if)#standby 1 preempt
Router(config-if)#exit
Router(config)#interface FastEthernet0/0
Router(config-if)#standby 2 ip 192.1.1.251
Router(config-if)#standby 2 priority 60
Router(config-if)#exit
Router(config)#router rip
Router(config-router)#network 192.1.1.0
Router(config-router)#network 192.1.2.0
Router(config-router)#exit
```

3. 路由器 Router3 命令行接口配置过程

```
Router>enable
Router#configure terminal
Router(config)#interface FastEthernet0/0
Router(config-if)#no shutdown
Router(config-if)#ip address 192.1.2.252 255.255.255.0
Router(config-if)#exit
Router(config)#interface FastEthernet0/1
Router(config-if)#no shutdown
Router(config-if)#ip address 192.1.3.254 255.255.255.0
Router(config-if)#exit
Router(config)#router rip
Router(config-router)#network 192.1.2.0
Router(config-router)#network 192.1.3.0
Router(config-router)#exit
```

第 8 章 网络地址转换实验
CHAPTER 8

通过网络地址转换实验深刻理解各种网络地址转换机制的工作过程,了解网络地址转换的适用环境,掌握路由器各种网络地址转换机制的配置方法,掌握 IP 分组和 TCP 报文的格式转换过程。

8.1 PAT 配置实验

8.1.1 实验内容

内部网络与公共网络互联的互联网结构如图 8.1 所示。它允许分配私有 IP 地址的内部网络终端发起访问公共网络的过程,允许公共网络终端发起访问内部网络中服务器 1 的过程。要求路由器 R1 采用 PAT(Port Address Translation,端口地址转换)技术实现上述功能。

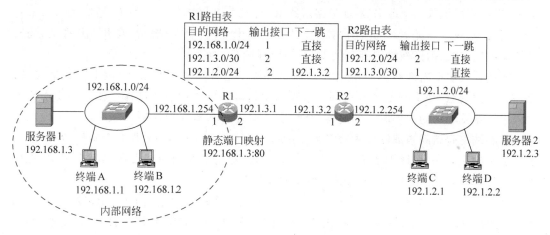

图 8.1 内部网络连接公共网络过程

8.1.2 实验目的

(1) 掌握内部网络设计过程和私有 IP 地址使用方法。

(2) 验证 PAT 工作机制。
(3) 掌握路由器 PAT 配置过程。
(4) 验证私有 IP 地址与全球 IP 地址之间的转换过程。
(5) 验证 IP 分组和 TCP 报文的格式转换过程。

8.1.3 实验原理

互联网结构如图 8.1 所示，内部网络 192.168.1.0/24 通过路由器 R1 接入公共网络，由于网络地址 192.168.1.0/24 是私有 IP 地址，且公共网络不能路由以私有 IP 地址为目的地址的 IP 分组，因此，图 8.1 中路由器 R2 的路由表中没有包含以 192.168.1.0/24 为目的网络的路由项，这意味着内部网络 192.168.1.0/24 对于路由器 R2 是透明的。

由于没有为内部网络分配全球 IP 地址池，内部网络终端只能以路由器 R1 连接公共网络接口的 IP 地址 192.1.3.1 作为发送给公共网络终端的 IP 分组的源 IP 地址。同样，公共网络终端必须以 192.1.3.1 作为发送给内部网络终端的 IP 分组的目的 IP 地址。

公共网络终端用 IP 地址 192.1.3.1 标识整个内部网络，为了能够正确区分内部网络中的每一个终端，TCP/UDP 报文用端口号唯一标识每一个内部网络终端，ICMP 报文用标识符唯一标识每一个内部网络终端。由于端口号和标识符只有本地意义，不同内部网络终端发送的 TCP/UDP 报文(或 ICMP 报文)可能使用相同的端口号(或标识符)，因此，需要由路由器 R1 为每一个内部网络终端分配唯一的端口号或标识符，并通过地址转换项<私有 IP 地址，本地端口号(或本地标识符)，全球 IP 地址，全球端口号(或全球标识符)>建立该端口号或标识符与某个内部网络终端之间的关联。这里的私有 IP 地址是某个内部网络终端的私有 IP 地址，本地端口号(或本地标识符)是该终端为 TCP/UDP 报文(或 ICMP 报文)分配的端口号(或标识符)，全球 IP 地址是路由器 R1 连接公共网络的接口的 IP 地址 192.1.3.1，全球端口号(或全球标识符)是路由器 R1 为唯一标识 TCP/UDP 报文(或 ICMP 报文)的发送终端而生成的、内部网络内唯一的端口号(或标识符)。

地址转换项在内部网络终端向公共网络终端发送 TCP/UDP 报文(或 ICMP 报文)时创建，因此，动态 PAT 只能实现内部网络终端发起访问公共网络的过程。如果需要实现公共网络终端发起访问内部网络的过程，必须手工配置静态地址转换项。如果需要实现由公共网络终端发起访问内部网络中服务器 1 的过程，必须在路由器 R1 建立全球端口号 80 与服务器 1 的私有 IP 地址 192.168.1.3 之间的关联，使得公共网络终端可以用全球 IP 地址 192.1.3.1 和全球端口 80 访问内部网络中的服务器 1。

图 8.1 所示的内部网络中的终端 A 访问公共网络终端时发送的 IP 分组以终端 A 的私有 IP 地址 192.168.1.1 为源 IP 地址、以公共网络终端的全球 IP 地址为目的 IP 地址，路由器 R1 通过连接公共网络的接口输出该 IP 分组时，该 IP 分组的源 IP 地址转换为全球 IP 地址 192.1.3.1，同时由路由器 R1 生成的内部网络内唯一的全球端口号或全球标识符替换该 IP 分组封装的 TCP/UDP 报文的源端口号或 ICMP 报文的标识符，建立该全球端口号或全球标识符与私有 IP 地址 192.168.1.1 之间的映射。

8.1.4 关键命令说明

1. 建立私有地址与全球地址之间的关联

Router2(config)#access - list 1 permit 192.168.1.0 0.0.0.255
Router2(config)#ip nat inside source list 1 interface FastEthernet0/1 overload

access-list 1 permit 192.168.1.0 0.0.0.255 是全局模式下使用的命令,该命令的原意是确定 IP 分组源 IP 地址的范围,命令中的 1 是访问控制列表编号,编号取值为 1～99。192.168.1.0 0.0.0.255 用于确定 CIDR 地址块 192.168.1.0/24,0.0.0.255 是子网掩码 255.255.255.0 的反码,其作用等同于子网掩码 255.255.255.0。该命令的作用是指定允许进行网络地址转换(Network Address Translation,NAT)操作的私有 IP 地址范围 192.168.1.0/24。

ip nat inside source list 1 interface FastEthernet0/1 overload 是全局模式下使用的命令,该命令的作用是表明需要将源 IP 地址属于编号为 1 的访问控制列表指定的私有 IP 地址范围的 IP 分组进行 PAT 操作,全球地址采用接口 FastEthernet0/1 的 IP 地址,由路由器生成唯一的端口号(或标识符),并因此创建用于指明私有 IP 地址与全球端口号或全球标识符之间关联的动态地址转换项。

执行上述两条命令后,当路由器通过连接内部网络的接口接收到某个 IP 分组且该 IP 分组满足下述条件。

- IP 分组源 IP 地址属于 CIDR 地址块 192.168.1.0/24(编号为 1 的访问控制列表指定的私有 IP 地址范围);
- 确定 IP 分组通过连接公共网络的接口输出。

路由器对其进行 PAT 操作,生成唯一的端口号或标识符(全球端口号或全球标识符),创建地址转换项<IP 分组源 IP 地址,TCP/UDP 报文端口号(或 ICMP 报文标识符),接口 FastEthernet0/1 的 IP 地址,全球端口号(或全球标识符)>,其中 IP 分组源 IP 地址为本地地址,TCP/UDP 报文端口号(或 ICMP 报文标识符)为本地端口号(或本地标识符),接口 FastEthernet0/1 的 IP 地址为全球地址。用接口 FastEthernet0/1 的 IP 地址取代 IP 分组的源 IP 地址,用全球端口号(或全球标识符)取代 TCP/UDP 报文的源端口号(或 ICMP 报文的标识符)。

当路由器通过连接公共网络的接口接收到某个 IP 分组时,首先用该 IP 分组的目的 IP 地址和 TCP/UDP 报文的目的端口号(或 ICMP 报文的标识符)检索地址转换表,如果找到全球地址和全球端口号(或全球标识符)与该 IP 分组的目的 IP 地址和 TCP/UDP 报文的目的端口号(或 ICMP 报文的标识符)相同的地址转换项,那么用地址转换项中的本地地址和本地端口号(或本地标识符)取代 IP 分组的目的 IP 地址和 TCP/UDP 报文的目的端口号(或 ICMP 报文的标识符)。

2. 创建静态地址转换项

Router(config)#ip nat inside source static tcp 192.168.1.3 80 192.1.3.1 80

ip nat inside source static tcp 192.168.1.3 80 192.1.3.1 80 是全局模式下使用的命

令,该命令的作用是创建静态地址转换项<192.168.1.3(本地地址),80(本地端口号),192.1.3.1(全球地址),80(全球端口号)>。

路由器执行该命令后,对于通过连接内部网络接收到的源 IP 地址为 192.168.1.3、TCP 报文源端口号为 80 的 IP 分组,用全球地址 192.1.3.1 取代源 IP 地址 192.168.1.3,用全球端口号 80 取代 TCP 报文源端口号 80。对于通过连接公共网络接收到的目的 IP 地址为 192.1.3.1、TCP 报文目的端口号为 80 的 IP 分组,用本地地址 192.168.1.3 取代目的 IP 地址 192.1.3.1,用本地端口号 80 取代 TCP 报文目的端口号 80。

3. 指定内部网络与公共网络

```
Router(config)#interface FastEthernet0/0
Router(config-if)#ip nat inside
Router(config-if)#exit
Router(config)#interface FastEthernet0/1
Router(config-if)#ip nat outside
Router(config-if)#exit
```

ip nat inside 是接口配置模式下使用的命令,该命令的作用是将特定接口(这里是 FastEthernet0/0)指定为连接内部网络的接口。

ip nat outside 是接口配置模式下使用的命令,该命令的作用是将特定接口(这里是 FastEthernet0/1)指定为连接公共网络(也称外部网络)的接口。

8.1.5 实验步骤

(1) 启动 Cisco Packet Tracer,在逻辑工作区按照图 8.1 所示的互联网结构放置和连接设备,完成设备放置和连接后的逻辑工作区界面如图 8.2 所示。

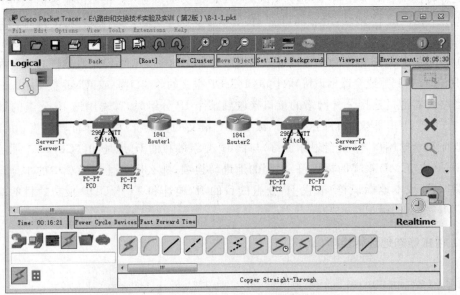

图 8.2 完成设备放置和连接后的逻辑工作区界面

(2) 根据图 8.1 所示的路由器接口配置信息为各个路由器接口配置 IP 地址和子网掩码,完成路由器 Router1 和 Router2 的 RIP 配置,在配置 Router1 参与 RIP 创建动态路由项过程的网络时,不能包含网络 192.168.1.0/24,因此 Router2 的路由表中不包含目的网络为 192.168.1.0/24 的路由项。Router1 和 Router2 的路由表分别如图 8.3 和图 8.4 所示。

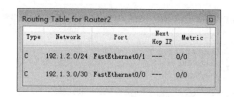

图 8.3　路由器 Router1 的路由表　　　图 8.4　路由器 Router2 的路由表

(3) 根据图 8.1 所示的终端配置信息完成各个终端 IP 地址、子网掩码和默认网关地址配置过程,验证内部网络与公共网络之间无法相互通信。

(4) 完成路由器 Router1 有关 PAT 的配置过程,主要配置三部分信息:一是指定允许进行 PAT 操作的私有 IP 地址范围及用于与私有 IP 地址建立映射的全球 IP 地址;二是配置实现公共网络终端发起访问内部网络服务器的过程的静态地址转换项;三是指定连接内部网络和公共网络的路由器接口。完成上述配置过程后,Router1 的 NAT 表如图 8.5 所示,已经建立内部网络 Server1 的私有 IP 地址 192.168.1.3 和本地端口号 80 与 Router1 连接公共网络接口的全球 IP 地址 192.1.3.1 和全局端口号 80 之间的关联。允许公共网络中的终端用全球 IP 地址 192.1.3.1 和端口号 80 访问内部网络中的 Server1。图 8.6 所示就是 PC2 通过浏览器成功访问内部网络中 Server1 的界面。地址栏中的 IP 地址是 192.1.3.1,HTTP 的默认端口号是 80。值得说明的是,根据配置的静态地址转换项,互联网终端只能使用 TCP,并用目的端口号 80 唯一标识 Server1,因此,互联网终端无法通过 Ping 操作发起访问 Server1 的过程。

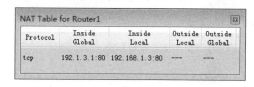

图 8.5　路由器 Router1 的 NAT 表一

(5) 通过 Ping 操作完成由内部网络终端发起的、与公共网络终端之间的通信过程。内部网络终端可以通过浏览器访问公共网络中的服务器。图 8.7 所示是 PC0 通过浏览器成功访问公共网络中 Server2 的界面。地址栏中的 IP 地址是 Server2 的全球 IP 地址 192.1.2.3。完成上述通信过程后,Router1 的 NAT 表如图 8.8 所示。其中,Inside Global 是内部网络终端在公共网络中使用的配置信息(全球 IP 地址和全球标识符),Inside Local 是内部网络终端在内部网络中使用的配置信息(私有 IP 地址和终端本地标识符),Outside Local 是公共网络终端在内部网络中使用的配置信息,Outside Global 是公共网络终端在公共网络中

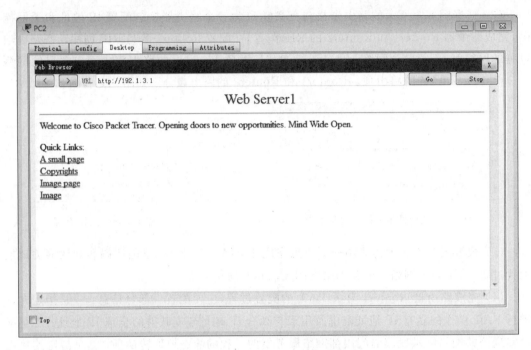

图 8.6　PC2 访问 Server1 过程

使用的配置信息。由于公共网络终端无论是在内部网络还是在公共网络都使用相同的全球 IP 地址，因此，Outside Local 和 Outside Global 中只有标识符是不同的，Outside Local 中是终端本地标识符，Outside Global 中是全球标识符。

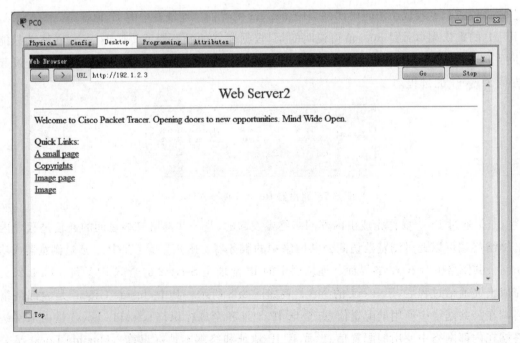

图 8.7　PC0 访问 Server2 过程

Protocol	Inside Global	Inside Local	Outside Local	Outside Global
icmp	192.1.3.1:3	192.168.1.1:3	192.1.2.1:3	192.1.2.1:3
icmp	192.1.3.1:1024	192.168.1.1:4	192.1.2.1:4	192.1.2.1:1024
icmp	192.1.3.1:1025	192.168.1.1:5	192.1.2.1:5	192.1.2.1:1025
icmp	192.1.3.1:4	192.168.1.2:4	192.1.2.2:4	192.1.2.2:4
icmp	192.1.3.1:5	192.168.1.2:5	192.1.2.2:5	192.1.2.2:5
icmp	192.1.3.1:6	192.168.1.2:6	192.1.2.2:6	192.1.2.2:6
tcp	192.1.3.1:1025	192.168.1.1:1025	192.1.2.3:80	192.1.2.3:80
tcp	192.1.3.1:1024	192.168.1.2:1025	192.1.2.3:80	192.1.2.3:80
tcp	192.1.3.1:80	192.168.1.3:80	----	----
tcp	192.1.3.1:80	192.168.1.3:80	192.1.2.1:1025	192.1.2.1:1025

图 8.8 路由器 Router1 的 NAT 表二

(6) 如图 8.8 所示，当私有 IP 地址为 192.168.1.2 的 PC1 发送给全球 IP 地址为 192.1.2.2 的 PC3 的 ICMP 报文与私有 IP 地址为 192.168.1.1 的 PC0 发送给全球 IP 地址为 192.1.2.1 的 PC2 的 ICMP 报文具有相同的本地标识符 5 时，PC1 发送的 ICMP 报文的全局标识符保持为 5，PC0 发送的 ICMP 报文的全局标识符改为 1025，以此保证能够用全局标识符唯一标识发送 ICMP 报文的内部网络终端。同样，当 PC0 和 PC1 发送给公共网络中 Server2 的 TCP 报文具有相同的源端口号 1025 时，PC0 发送的 TCP 报文的全局端口号保持为 1025，PC1 发送的 TCP 报文的全局端口号改为 1024，以此保证能够用全局端口号唯一标识发送 TCP 报文的内部网络终端。

(7) 进入模拟操作模式，启动 PC0 至 PC2 ICMP 报文传输过程。PC0 至 Router1 这一段传输的封装 ICMP 报文的 IP 分组格式如图 8.9 所示，IP 分组的源 IP 地址(SRC IP)是 PC0 的私有 IP 地址 192.168.1.1，ICMP 报文的序号(SEQ NUMBER)是 5。Router1 至 PC2 这一段传输的封装 ICMP 报文的 IP 分组格式如图 8.10 所示，IP 分组的源 IP 地址(SRC IP)是 Router1 连接公共网络接口的全球 IP 地址 192.1.3.1，ICMP 报文的序号(SEQ NUMBER)是 1025。即根据图 8.8 所示的 Router1 的 NAT，Router1 在 NAT 中建立 ICMP 报文全局标识符 1025 与私有 IP 地址 192.168.1.1 之间的关联后，用 Router1 连接公共网络接口的全球 IP 地址 192.1.3.1 替换 IP 分组中的源 IP 地址，用全局标识符 1025 替换 ICMP 报文中序号。PC2 至 Router1 这一段传输的封装 ICMP 报文的 IP 分组格式如图 8.11 所示，IP 分组的目的 IP 地址(DST IP)是 Router1 连接公共网络接口的全球 IP 地址 192.1.3.1，ICMP 报文的序号(SEQ NUMBER)是全局标识符 1025。Router1 至 PC0 这一段传输的封装 ICMP 报文的 IP 分组格式如图 8.12 所示，IP 分组的目的 IP 地址(DST IP)是 PC0 的私有 IP 地址 192.168.1.1，ICMP 报文的序号(SEQ NUMBER)是 5。当 Router1 通过连接公共网络的接口接收到 ICMP 报文后，在 NAT 中检索全局标识符等于 ICMP 报文中序号 1025 的地址转换项，找到后，用该地址转换项的本地地址(私有 IP 地址)替换 IP 分组的目的 IP 地址，用该地址转换项的本地标识符替换 ICMP 报文中的序号。

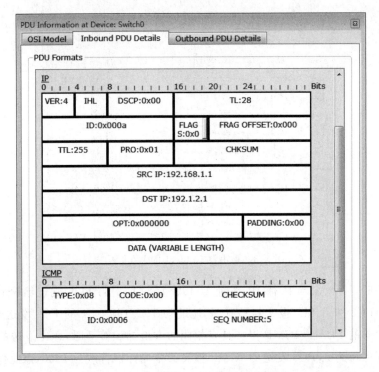

图 8.9　PC0 至 Router1 的 IP 分组格式

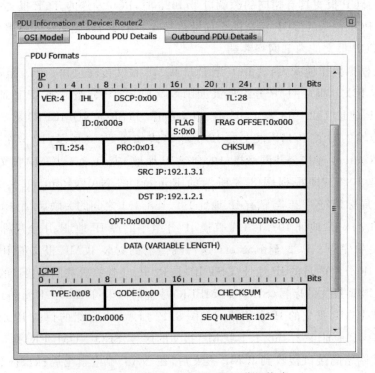

图 8.10　Router1 至 PC2 的 IP 分组格式

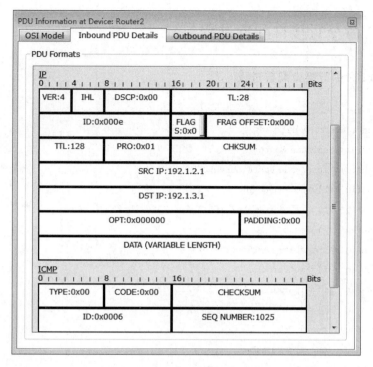

图 8.11　PC2 至 Router1 的 IP 分组格式

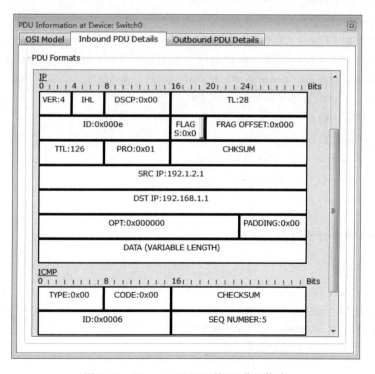

图 8.12　Router1 至 PC0 的 IP 分组格式

8.1.6 命令行接口配置过程

1. Router1 命令行接口配置过程

Router>enable
Router#configure terminal
Router(config)#hostname Router1
Router1(config)#interface FastEthernet0/0
Router1(config-if)#no shutdown
Router1(config-if)#ip address 192.168.1.254 255.255.255.0
Router1(config-if)#exit
Router1(config)#interface FastEthernet0/1
Router1(config-if)#no shutdown
Router1(config-if)#ip address 192.1.3.1 255.255.255.252
Router1(config-if)#exit
Router1(config)#router rip
Router1(config-router)#version 2
Router1(config-router)#no auto-summary
Router1(config-router)#network 192.1.3.0
Router1(config-router)#exit
Router1(config)#access-list 1 permit 192.168.1.0 0.0.0.255
Router1(config)#ip nat inside source list 1 interface FastEthernet0/1 overload
Router1(config)#ip nat inside source static tcp 192.168.1.3 80 192.1.3.1 80
Router1(config)#interface FastEthernet0/0
Router1(config-if)#ip nat inside
Router1(config-if)#exit
Router1(config)#interface FastEthernet0/1
Router1(config-if)#ip nat outside
Router1(config-if)#exit

2. Router2 命令行接口配置过程

Router>enable
Router#configure terminal
Router(config)#hostname Router2
Router2(config)#interface FastEthernet0/0
Router2(config-if)#no shutdown
Router2(config-if)#ip address 192.1.3.2 255.255.255.252
Router2(config-if)#exit
Router2(config)#interface FastEthernet0/1
Router2(config-if)#no shutdown

Router2(config-if)#ip address 192.1.2.254 255.255.255.0
Router2(config-if)#exit
Router2(config)#router rip
Router2(config-router)#version 2
Router2(config-router)#no auto-summary
Router2(config-router)#network 192.1.3.0
Router2(config-router)#network 192.1.2.0
Router2(config-router)#exit

3. 命令列表

路由器命令行接口配置过程中使用的命令及功能和参数说明如表 8.1 所示。

表 8.1 命令列表

命 令 格 式	功能和参数说明
access-list *access-list-number* **permit** *source* [*source-wildcard*]	指定允许进行地址转换的私有 IP 地址范围,参数 *access-list-number* 是访问控制列表编号,取值是 1~99,参数 *source* 和 *source-wildcard* 用于指定 CIDR 地址块,参数 *source-wildcard* 使用子网掩码反码的形式
ip nat inside source list *access-list-number* **interface** *type number* **overload**	用于将允许进行地址转换的私有 IP 地址范围与某个全球 IP 地址绑定在一起。参数 *access-list-number* 是用于指定允许进行地址转换的私有 IP 地址范围的访问控制列表的编号,参数 *type number* 用于指定路由器接口,该接口的 IP 地址作为用于实现地址转换的全球 IP 地址
ip nat inside source static { **tcp** | **udp** } *local-ip local-port global-ip global-port*	用于创建静态地址转换项,参数 *local-ip* 和 *local-port* 用于指定本地地址(也称私有 IP 地址)和本地端口号,参数 *global-ip* 和 *global-port* 用于指定全球 IP 地址和全球端口号
ip nat inside	指定连接内部网络的路由器接口
ip nat outside	指定连接外部网络(也称公共网络)的路由器接口

8.2 无线路由器配置实验

8.2.1 实验内容

小型内部网络接入互联网过程如图 8.13 所示。允许内部网络终端发起访问互联网的过程,互联网终端无法发起访问内部网络终端的过程,但允许互联网终端通过浏览器发起访问内部网络中 Web 服务器 1 的过程。

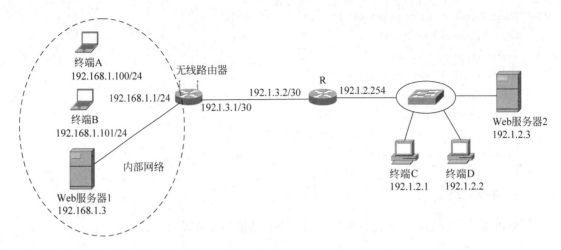

图 8.13 小型内部网络接入互联网过程

8.2.2 实验目的

(1) 验证小型内部网络的设计过程。
(2) 验证无线路由器配置过程。
(3) 验证无线路由器静态 IP 地址接入方式接入 Internet 的过程。
(4) 验证小型内部网络接入 Internet 的过程。
(5) 验证无线路由器的 NAT 功能。
(6) 验证通过端口映射实现互联网终端访问内部网络中 Web 服务器的过程。

8.2.3 实验原理

家庭局域网或小型内部网络接入互联网的过程如图 8.13 所示。由于内部网络终端分配私有 IP 地址,因此,必须启用无线路由器的 PAT 功能。启用无线路由器的 PAT 功能后,只允许内部网络终端发起访问互联网的过程。如果要求允许互联网终端发起访问内部网络中 Web 服务器 1 的过程,需要启用无线路由器的端口映射功能,将全局端口号 80 与 Web 服务器 1 的私有 IP 地址 192.168.1.3 绑定在一起。

这里的无线路由器与图 8.1 中的路由器 R1 不同,对于互联网,无线路由器等同于一个终端,因此,无线路由器需要配置全球 IP 地址和默认网关地址,默认网关地址是无线路由器通往互联网传输路径上的第一跳路由器地址,这里是图 8.2 中路由器 R 连接无线路由器的接口的 IP 地址。对于内部网络,无线路由器是实现内部网络与互联网连接的边界路由器。

8.2.4 实验步骤

(1) 启动 Cisco Packet Tracer,按照图 8.13 所示的网络结构放置和连接设备,完成设备放置和连接后的逻辑工作区界面如图 8.14 所示。

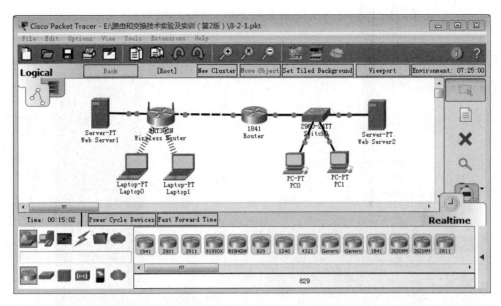

图 8.14　完成设备放置和连接后的逻辑工作区界面

（2）根据图 8.13 所示的路由器 R 接口配置信息完成路由器 Router 各个接口的配置过程。无线路由器 Wireless Router LAN 接口是连接内部网络的接口，该接口配置界面如图 8.15 所示，该接口配置的 IP 地址和子网掩码确定了内部网络的网络地址。该接口的 IP 地址同时成为内部网络终端的默认网关地址。

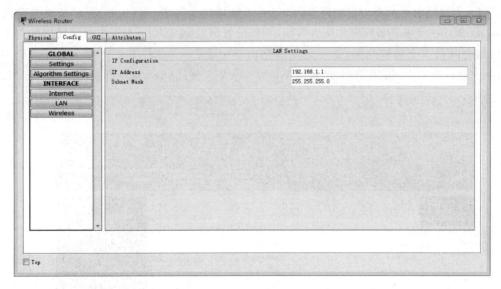

图 8.15　无线路由器 Wireless Router LAN 接口配置界面

（3）无线路由器 Wireless Router Internet 接口配置界面如图 8.16 所示。无线路由器 Wireless Router 的 Internet 接口是连接互联网的接口，对于互联网，无线路由器 Wireless Router 等同于一个终端，因此，需要为无线路由器的 Internet 接口配置 IP 地址、子网掩码和默认网关地址，默认网关地址就是路由器 Router 连接无线路由器的接口的 IP 地址。无线路由器 Wireless Router 可以作为 DHCP 服务器，自动为内部网络终端配置网络信息。

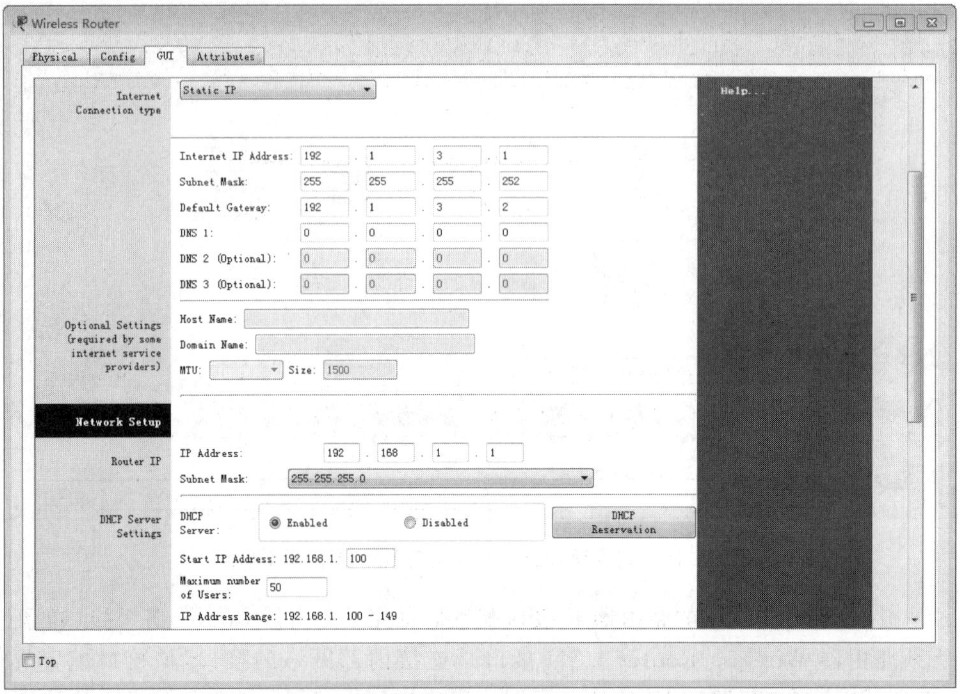

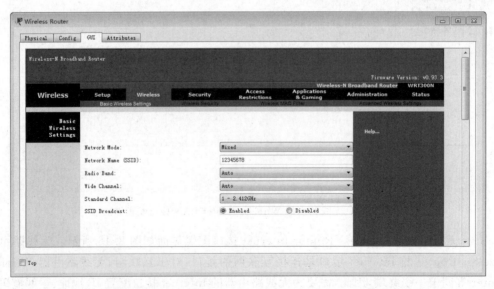

图 8.16　无线路由器 Wireless Router Internet 接口配置界面

（4）无线路由器具有 AP 功能，可以与无线终端建立关联。图 8.17 所示是无线路由器 Wireless Router 无线局域网基本配置界面，主要配置信息是 SSID。为了实现无线终端与无线路由器之间的安全传输功能，需要为无线路由器配置安全机制，图 8.18 所示是无线路由器 Wireless Router 安全机制配置界面，采用 WPA2 个人安全模式、AES 加密算法，密码为 87654321。

图 8.17　无线路由器 Wireless Router 无线局域网基本配置界面

图 8.18　无线路由器 Wireless Router 安全机制配置界面

（5）路由器 Router 路由表如图 8.19 所示，只有两项直连路由项。对应路由器 Router，无线路由器只是直连网络中的一个终端。无线路由器 Wireless Router 路由表如图 8.20 所示，主要路由项有两项：一项是直连路由项，给出通往内部网络的传输路径；另一项是默认路由项，表明将所有目的网络不是内部网络的 IP 分组转发给默认网关。

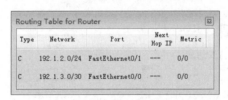

图 8.19　路由器 Router 路由表

Type	Network	Port	Next Hop IP	Metric
S	0.0.0.0/0	---	192.1.3.2	1/0
C	192.1.3.0/30	Internet	---	0/0
S	192.1.3.2/32	Internet	---	1/0
C	192.168.1.0/24	Vlan1	---	0/0

图 8.20　无线路由器 Wireless Router 路由表

（6）笔记本计算机默认情况下安装以太网卡，如果连接无线局域网，需要用无线网卡替换以太网卡，其安装过程如图 8.21 所示。笔记本计算机为了能够与无线路由器建立关联，无线接口需要配置与无线路由器 Wireless Router 相同的信息，即相同的 SSID、相同的安全机制和密码。笔记本计算机无线接口配置界面如图 8.22 所示。需要说明的是，笔记本计算机从作为 DHCP 服务器的无线路由器中获取网络信息。

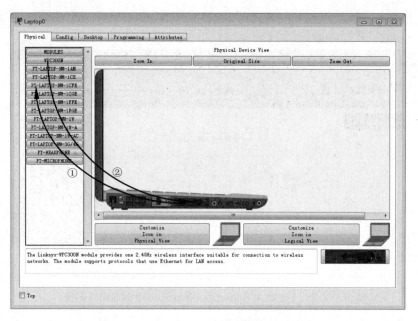

图 8.21 笔记本计算机安装无线网卡过程

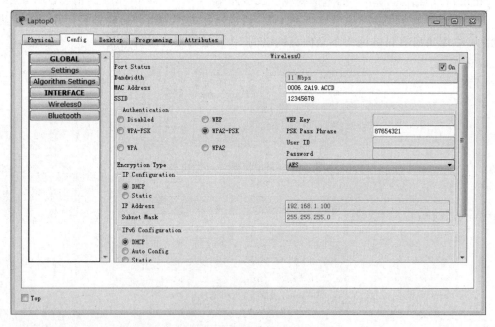

图 8.22 笔记本计算机无线接口配置界面

(7) 完成互联网终端和 Web Server2 网络信息配置过程,完成内部网络 Web Server1 配置过程,对 Web Server1 手工配置私有 IP 地址 192.168.1.3。笔记本计算机建立与无线路由器之间的关联后,允许发起访问 Internet 的过程。图 8.23 所示是笔记本计算机 Laptop0 访问 Web Server2 的界面。内部网络终端发起访问互联网中终端和 Web Server2 后,无线路由器 Wireless Router NAT 表如图 8.24 所示。

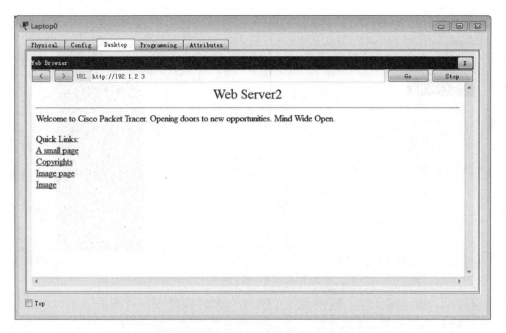

图 8.23　笔记本计算机 Laptop0 访问 Web Server2 的界面

图 8.24　无线路由器 Wireless Router NAT 表一

(8) 无线路由器自动启动的 PAT 功能允许内部网络终端发起访问互联网的过程,但互联网终端无法发起访问内部网络中 Web Server1 的过程。无线路由器需要静态建立全局端口号与 Web Server1 的私有 IP 地址之间的关联。图 8.25 所示是无线路由器 Wireless Router 配置端口映射界面,配置项表明全局端口号和本地端口号都是 HTTP 对应的著名端口号 80,与该全局端口号绑定的内部网络私有 IP 地址是 192.168.1.3。完成端口映射配置过程后,无线路由器 Wireless Router NAT 表中增添一项将全局端口号 80 与私有 IP 地址 192.168.1.3 绑定的地址转换项,如图 8.26 所示。互联网终端可以用无线路由器 Wireless Router 的全球 IP 地址 192.1.3.1 和全局端口号 80 访问内部网络中的 Web Server1。图 8.27 所示就是 PC1 访问 Web Server1 界面,在浏览器地址栏中需要输入全球 IP 地址 192.1.3.1 和全局端口号 80,由于 80 是 HTTP 对应的著名端口号,因此,可以省略。同样,根据图 8.25 所示的端口映射配置信息,互联网终端无法通过 Ping 操作发起访问 Web Server1 的过程。

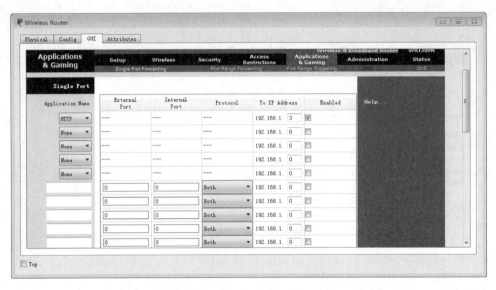

图 8.25　无线路由器 Wireless Router 配置端口映射界面

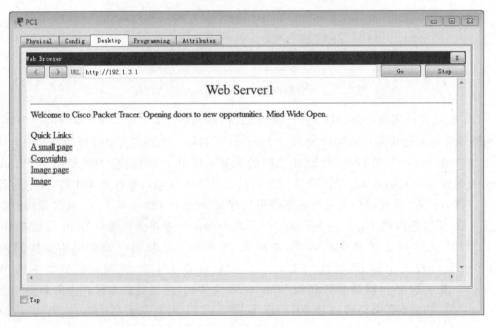

图 8.26　无线路由器 Wireless Router NAT 表二

图 8.27　PC1 访问 Web Server1 界面

8.3 多个内部网络串联接入互联网实验

8.3.1 实验内容

对于通过无线路由器将小型内部网络接入互联网的应用场景,存在以下限制:一是无线路由器的无线通信范围受到限制,因此,单个无线路由器只能将有限范围内的移动终端接入互联网;二是如果每一个小型内部网络都是划分一个大型物理以太网后产生的 VLAN,单个无线路由器只能实现单个 VLAN 访问互联网的过程。

如果需要将分布范围超出单个无线路由器无线通信范围的移动终端接入互联网,或者需要将多个 VLAN 接入互联网,需要采用如图 8.28 所示的多个小型内部网络串联接入互联网的方式。图 8.28 中,两个内部网络可以是两个不同的 VLAN,也可以是分布在相隔一定距离的两个区域中的移动终端集合。对于互联网,内部网络 1 和内部网络 2 都是透明的。对于内部网络 1,内部网络 2 是透明的。通过配置无线路由器 1 和无线路由器 2,可以实现以下访问过程。

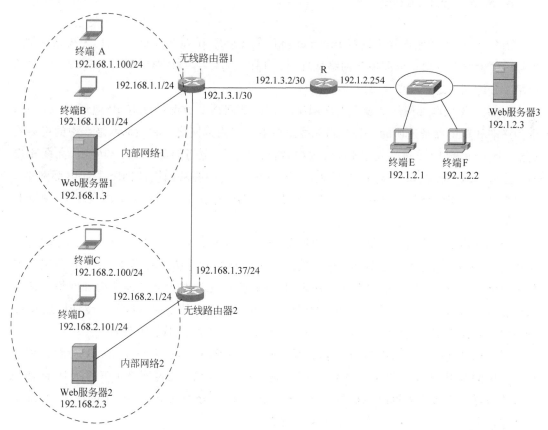

图 8.28 两个小型内部网络串联接入互联网过程

(1) 允许内部网络 2 中终端发起访问内部网络 1 和互联网的过程。
(2) 允许内部网络 1 中终端发起访问互联网的过程。
(3) 允许互联网中终端发起访问 Web 服务器 1 和 Web 服务器 2 的过程,但必须用两个不同的全局端口号唯一标识这两个 Web 服务器。
(4) 允许内部网络 1 中终端发起访问 Web 服务器 2 的过程。

8.3.2 实验目的

(1) 进一步验证无线路由器静态 IP 地址接入方式接入 Internet 的过程。
(2) 验证多个小型内部网络同时接入 Internet 的过程。
(3) 验证无线路由器端口映射配置过程。
(4) 验证无线路由器 PAT 功能实现过程。
(5) 验证通过端口映射实现互联网终端访问多个内部网络中多个不同的 Web 服务器的过程。

8.3.3 实验原理

图 8.28 中无线路由器 1 连接 Internet 接口分配全球 IP 地址 192.1.3.1,无线路由器 2 连接内部网络 1 的接口分配属于网络地址 192.168.1.0/24 的 IP 地址 192.168.1.37。内部网络 2 分配网络地址 192.168.2.0/24。

内部网络 1、内部网络 2 及为内部网络 1 和内部网络 2 分配的私有 IP 地址对 Internet 中的终端和路由器是透明的,因此,当无线路由器 1 将内部网络 1 和内部网络 2 中的终端发送给 Internet 的 IP 分组转发给 Internet 时,需要将该 IP 分组的源 IP 地址转换成无线路由器 1 连接 Internet 接口的全球 IP 地址。当 Internet 中的终端向内部网络 1 和内部网络 2 中的终端发送 IP 分组时,这些 IP 分组以无线路由器 1 连接 Internet 接口的全球 IP 地址为目的 IP 地址。

内部网络 2 及为内部网络 2 分配的私有 IP 地址对内部网络 1 中的终端和无线路由器 1 是透明的,因此,当无线路由器 2 将内部网络 2 中的终端发送给内部网络 1 的 IP 分组转发给内部网络 1 时,需要将该 IP 分组的源 IP 地址转换成无线路由器 2 连接内部网络 1 的接口的私有 IP 地址。当内部网络 1 中的终端向内部网络 2 中的终端发送 IP 分组时,这些 IP 分组以无线路由器 2 连接内部网络 1 的接口的私有 IP 地址为目的 IP 地址。

对于内部网络 2 中的终端 C 传输给 Internet 中的终端 E 的 IP 分组,该 IP 分组在内部网络 2 中的源 IP 地址是终端 C 的私有 IP 地址。该 IP 分组在内部网络 1 中的源 IP 地址是无线路由器 2 连接内部网络 1 的接口的 IP 地址。该 IP 分组在 Internet 中的源 IP 地址是无线路由器 1 连接 Internet 接口的全球 IP 地址。

对于 Internet 中的终端 E 传输给内部网络 2 中的终端 C 的 IP 分组,该 IP 分组在 Internet 中的目的 IP 地址是无线路由器 1 连接 Internet 接口的全球 IP 地址。该 IP 分组在内部网络1中的目的IP地址是无线路由器2连接内部网络1的接口的IP地址。该IP分组在内部网络2中的目的IP地址是终端C的私有IP地址。

在配置静态地址转换项前,只允许内部网络2和内部网络1中的终端发起访问Internet,只允许内部网络2中的终端发起访问内部网络1,不允许Internet中的终端发起访问内部网络2和内部网络1,不允许内部网络1中的终端发起访问内部网络2。

配置允许Internet中的终端发起访问内部网络2中的Web服务器2和内部网络1中的Web服务器1的静态地址转换项时,必须用唯一的端口号标识Internet中的终端分别传输给内部网络2中的Web服务器2和内部网络1中的Web服务器1的TCP报文。

8.3.4 实验步骤

(1) 按照图8.28所示的网络结构放置和连接设备,完成设备放置和连接后的逻辑工作区界面如图8.29所示。

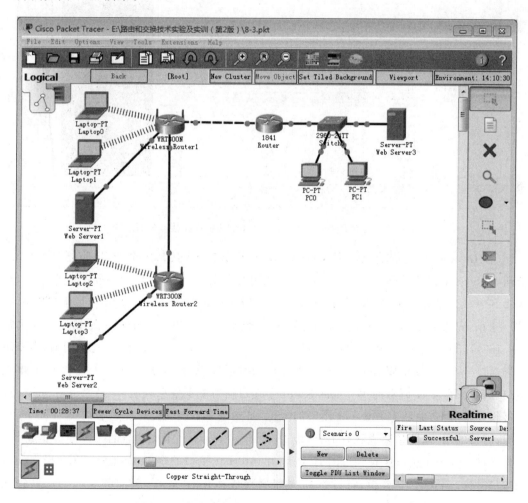

图8.29 完成设备放置和连接后的逻辑工作区界面

（2）无线路由器 Wireless Router2 Internet 接口配置界面如图 8.30 所示。一是由于 Internet 接口连接在无线路由器 Wireless Router1 LAN 接口连接的内部网络上，因而配置属于网络地址 192.168.1.0/24 的私有 IP 地址；二是为 LAN 接口配置私有 IP 地址和子网掩码 192.168.2.1/24，由此确定图 8.30 所示的无线路由器 Wireless Router2 DHCP 服务器允许配置的私有 IP 地址范围。

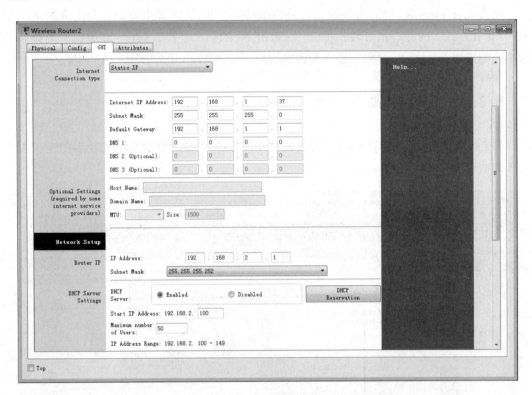

图 8.30　无线路由器 Wireless Router2 Internet 接口配置界面

（3）Internet 中的终端统一用 Wireless Router1 Internet 接口的全球 IP 地址 192.1.3.1 访问 Web Server1 和 Web Server2，因此，必须用两个全局端口号唯一标识 Web Server1 和 Web Server2，如图 8.31 所示，用全局端口号 80 唯一标识 Web Server1，用全局端口号 8000 唯一标识 Web Server2。因此，用全局端口号 80 绑定 Web Server1 的私有 IP 地址 192.168.1.3 和本地端口号 80。由于 Web Server2 对于 Wireless Router1 是透明的，需要用全局端口号 8000 绑定 Wireless Router2 Internet 接口的私有 IP 地址 192.168.1.37 和本地端口号 80。图 8.31 所示的 Wireless Router1 端口映射配置信息表明，一旦通过 Internet 接口接收到目的 IP 地址为 Internet 接口的全球 IP 地址、TCP 报文的目的端口号为 80 的 IP 分组，将目的 IP 地址替换成私有 IP 地址 192.168.1.3，TCP 报文的目的端口号替换成 80。一旦通过 Internet 接口接收到目的 IP 地址为 Internet 接口的全球 IP 地址、TCP 报文的目的端口号为 8000 的 IP 分组，将目的 IP 地址替换成私有 IP 地址 192.168.1.37、TCP 报文的目的端口号替换成 80。

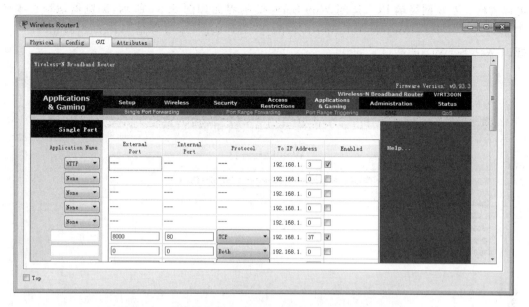

图 8.31　无线路由器 Wireless Router1 端口映射配置界面

（4）无线路由器 Wireless Router2 端口映射配置界面如图 8.32 所示。配置信息表明，一旦通过 Internet 接口接收到目的 IP 地址为 Internet 接口的 IP 地址（这里是私有 IP 地址 192.168.1.37）、TCP 报文的目的端口号为 80 的 IP 分组，将目的 IP 地址替换成私有 IP 地址 192.168.2.3、TCP 报文的目的端口号替换成 80。

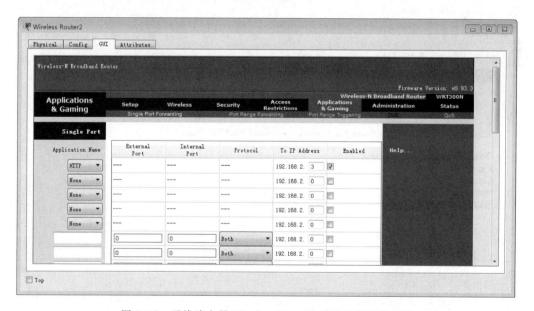

图 8.32　无线路由器 Wireless Router2 端口映射配置界面

（5）互联网终端 PC0 访问 Web Server1 的界面如图 8.33 所示，浏览器地址栏中的 IP 地址是无线路由器 Wireless Router1 Internet 接口的全球 IP 地址，端口号是 Wireless Router1 唯一标识 Web Server1 的端口号 80。由于 80 是 HTTP 对应的著名端口号，因此可以省略。互联网终端 PC0 访问 Web Server2 的界面如图 8.34 所示,浏览器地址栏中的 IP 地址是 Wireless Router1 Internet 接口的全球 IP 地址,端口号是 Wireless Router1 唯一标识 Web Server2 的端口号 8000。

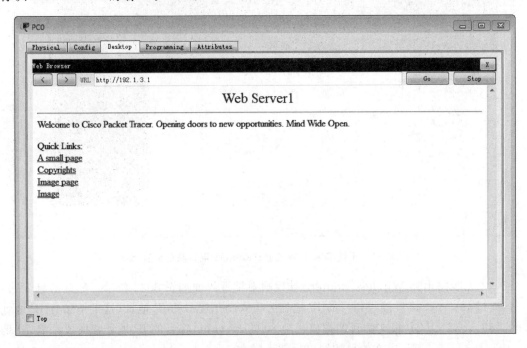

图 8.33　PC0 访问 Web Server1 的界面

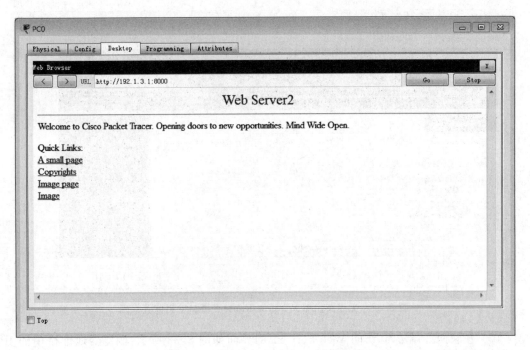

图 8.34　PC0 访问 Web Server2 的界面

(6) 内部网络 1 中终端 Laptop0 访问 Web Server2 的界面如图 8.35 所示，浏览器地址栏中的 IP 地址是无线路由器 Wireless Router2 Internet 接口的 IP 地址（这里是私有 IP 地址 192.168.1.37）、端口号是 Wireless Router2 唯一标识 Web Server2 的端口号 80。由于 80 是 HTTP 对应的著名端口号，因此可以省略。

值得说明的是，互联网终端无法通过 Ping 操作发起访问 Web Server1 和 Web Server2 的过程。内部网络 1 中的终端无法通过 Ping 操作发起访问 Web Server2 的过程。

图 8.35　Laptop 访问 Web Server2 的界面

(7) 内部网络 2 中的 Laptop2 至互联网终端 PC0 ICMP 报文传输过程中，Laptop2 至 Wireless Router2 这一段的 IP 分组格式如图 8.36 所示，源 IP 地址（SRC IP）是 Laptop2 的私有 IP 地址 192.168.2.100。Wireless Router2 至 Wireless Router1 这一段的 IP 分组格式如图 8.37 所示，源 IP 地址（SRC IP）被 Wireless Router2 替换成 Wireless Router2 Internet 接口的私有 IP 地址 192.168.1.37。Wireless Router1 至 PC0 这一段的 IP 分组格式如图 8.38 所示，源 IP 地址（SRC IP）被 Wireless Router1 替换成 Wireless Router1 Internet 接口的全球 IP 地址 192.1.3.1。

(8) 互联网终端 PC0 至内部网络 2 中的 Laptop2 ICMP 报文传输过程中，PC0 至 Wireless Router1 这一段的 IP 分组格式如图 8.39 所示，目的 IP 地址（DST IP）是 Wireless Router1 Internet 接口的全球 IP 地址 192.1.3.1。Wireless Router1 至 Wireless Router2 这一段的 IP 分组格式如图 8.40 所示，目的 IP 地址（DST IP）被 Wireless Router1 替换成 Wireless Router2 Internet 接口的私有 IP 地址 192.168.1.37。Wireless Router2 至 Laptop2 这一段的 IP 分组格式如图 8.41 所示，目的 IP 地址（DST IP）被 Wireless Router2 替换成 Laptop2 的私有 IP 地址 192.168.2.100。

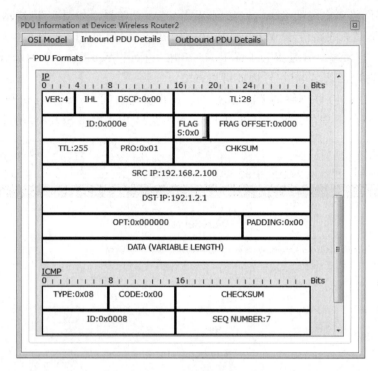

图 8.36　Laptop2→PC0 ICMP 报文 Laptop2 至无线路由器 Wireless Router2 这一段格式

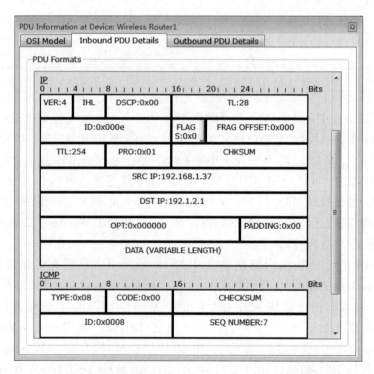

图 8.37　Laptop2→PC0 ICMP 报文 Wireless Router2 至 Wireless Router1 这一段格式

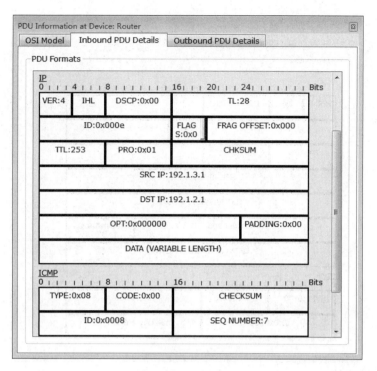

图 8.38　Laptop2→PC0 ICMP 报文无线路由器 Wireless Router1 至 PC0 这一段格式

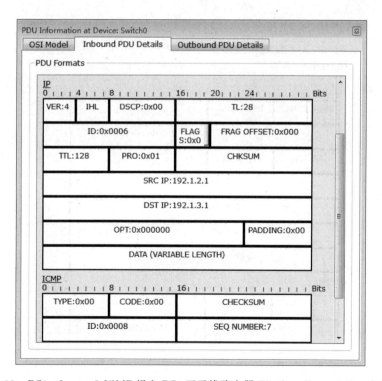

图 8.39　PC0→Laptop2 ICMP 报文 PC0 至无线路由器 Wireless Router1 这一段格式

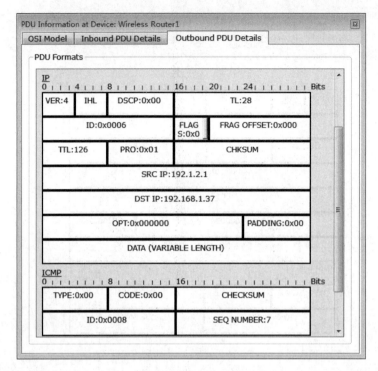

图 8.40　PC0→Laptop2 ICMP 报文 Wireless Router1 至 Wireless Router2 这一段格式

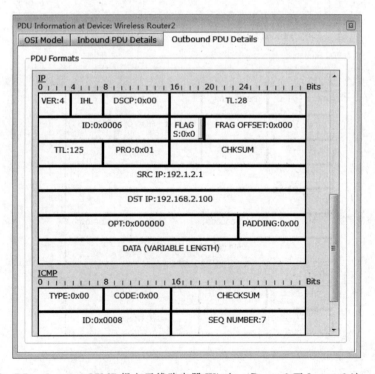

图 8.41　PC0→Laptop2 ICMP 报文无线路由器 Wireless Router2 至 Laptop2 这一段格式

8.4 动态 NAT 配置实验

8.4.1 实验内容

内部网络与公共网络互联的互联网结构如图 8.42 所示,允许分配私有 IP 地址的内部网络终端发起访问公共网络的过程,允许公共网络终端发起访问内部网络中服务器 1 的过程。要求路由器 R1 采用 NAT 技术实现上述功能。

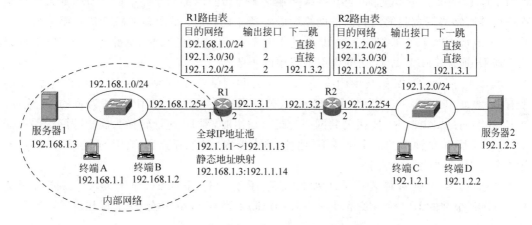

图 8.42 内部网络连接公共网络过程

8.4.2 实验目的

(1) 掌握内部网络设计过程和私有 IP 地址使用方法。
(2) 验证 NAT 工作过程。
(3) 掌握路由器动态 NAT 配置过程。
(4) 验证私有 IP 地址与全球 IP 地址之间的转换过程。
(5) 验证 IP 分组的格式转换过程。

8.4.3 实验原理

PAT 要求将私有 IP 地址映射到单个全球 IP 地址,因此,无法用全球 IP 地址唯一标识内部网络终端,需要通过全球端口号或全球标识符唯一标识内部网络终端,因此,只能对封装 TCP/UDP 报文的 IP 分组或是封装 ICMP 报文的 IP 分组实施 PAT 操作。动态 NAT 和 PAT 不同,动态 NAT 允许将私有 IP 地址映射到一组全球 IP 地址,通过定义全球 IP 地址池指定这一组全球 IP 地址,全球 IP 地址池中的全球 IP 地址数量决定了可以同时访问公共网络的内部网络终端数量。某个内部网络终端的私有 IP 地址与全球 IP 地址池中某个全球 IP 地址之间的映射是动态建立的,该内部网络终端一旦完成对公共网络的访问过程,将撤销已经建立的私有 IP 地址与该全球 IP 地址之间的映射,释放该全球 IP 地址,其他内部网络终端可以通过建立自己的私有 IP 地址与该全球 IP 地址之间的映射访问公共网络。

实现动态 NAT 的互联网结构如图 8.42 所示,内部网络私有 IP 地址 192.168.1.0/24 不能参与 RIP 创建动态路由项的过程,因此,路由器 R2 路由表中不包含目的网络为 192.168.1.0/24 的路由项。需要为路由器 R1 配置全球 IP 地址池,在创建用于指明某个内部网络私有 IP 地址与全球 IP 地址池中某个全球 IP 地址之间映射的动态地址转换项后,公共网络用该全球 IP 地址标识内部网络中配置该私有 IP 地址的终端,因此,路由器 R2 中必须建立目的网络为全球 IP 地址池指定的一组全球 IP 地址,下一跳为路由器 R1 的静态路由项,保证将目的 IP 地址属于这一组全球 IP 地址的 IP 分组转发给路由器 R1。

对于公共网络终端,私有 IP 地址空间 192.168.1.0/24 是不可见的,在建立私有 IP 地址与全球 IP 地址之间映射前,公共网络终端是无法访问内部网络终端的,因此,如果需要实现由公共网络终端发起的访问内部网络中服务器 1 的过程,那么必须静态建立服务器 1 的私有 IP 地址 192.168.1.3 与全球 IP 地址 192.1.1.14 之间的映射,使得公共网络终端可以用全球 IP 地址 192.1.1.14 访问内部网络中的服务器 1。

图 8.42 所示的内部网络中的终端 A 访问公共网络终端时发送的 IP 分组以终端 A 的私有 IP 地址 192.168.1.1 为源 IP 地址,以公共网络终端的全球 IP 地址为目的 IP 地址。该 IP 分组通过路由器 R1 连接公共网络的接口输出时,源 IP 地址转换为属于分配给路由器 R1 的全球 IP 地址池中的某个全球 IP 地址,路由器 R1 动态建立私有 IP 地址 192.168.1.1 与该全球 IP 地址之间的映射。

动态 NAT 可以对封装任何类型报文的 IP 分组进行 NAT 操作,PAT 只能对封装 TCP/UDP 报文的 IP 分组,或是对封装 ICMP 报文的 IP 分组实施 PAT 操作。

8.4.4 关键命令说明

1. 建立全球 IP 地址池与一组私有 IP 地址之间的关联

```
Router (config)# access-list 1 permit 192.168.1.0 0.0.0.255
Router (config)# ip nat pool a1 192.1.1.1 192.1.1.13 netmask 255.255.255.240
Router (config)# ip nat inside source list 1 pool a1
```

access-list 1 permit 192.168.1.0 0.0.0.255 的功能与 PAT 相同,定义允许进行 NAT 操作的私有 IP 地址范围 192.168.1.0/24。

ip nat pool a1 192.1.1.1 192.1.1.13 netmask 255.255.255.240 是全局模式下使用的命令,该命令的作用是定义一个全球 IP 地址池,a1 是全球 IP 地址池名,192.1.1.1 是一组全球 IP 地址的起始地址,192.1.1.13 是一组全球 IP 地址的结束地址。全球 IP 地址池是一组从起始地址到结束地址且包含起始和结束地址的连续全球 IP 地址。255.255.255.240 是这一组全球 IP 地址的子网掩码。

ip nat inside source list 1 pool a1 是全局模式下使用的命令,该命令的作用是将编号为 1 的访问控制列表指定的私有 IP 地址范围与名为 a1 的全球 IP 地址池绑定在一起。

执行上述命令后,如果路由器通过连接内部网络的接口接收到某个 IP 分组且该 IP 分组满足下述条件。

- 该 IP 分组的源 IP 地址属于 CIDR 地址块 192.168.1.0/24;

- 确定该 IP 分组通过连接公共网络的接口输出。

路由器对其进行 NAT 操作,从全球 IP 地址池中选择一个未分配的全球 IP 地址,创建地址转换项< IP 分组源 IP 地址(Inside Local),全球 IP 地址(Inside Global)>,IP 分组的源 IP 地址作为地址转换项中的内部本地地址(Inside Local),从全球 IP 地址池中选择的全球 IP 地址作为内部全球地址(Inside Global),用内部全球地址取代 IP 分组的源 IP 地址。

当路由器通过连接公共网络的接口接收到某个 IP 分组,首先用该 IP 分组的目的 IP 地址检索地址转换表,如果找到内部全球地址与该 IP 分组的目的 IP 地址相同的地址转换项,用地址转换项中的内部本地地址取代 IP 分组的目的 IP 地址。

2. 创建静态地址转换项

```
Router (config) # ip nat inside source static 192.168.1.3 192.1.1.14
```

ip nat inside source static 192.168.1.3 192.1.1.14 是全局模式下使用的命令,该命令的作用是创建静态地址转换项< 192.168.1.3(Inside Local),192.1.1.14(Inside Global)>。

路由器执行该命令后,对于通过连接内部网络的接口接收到的源 IP 地址为 192.168.1.3 的 IP 分组,用内部全球地址 192.1.1.14 取代该 IP 分组的源 IP 地址 192.168.1.3。对于通过连接公共网络的接口接收到的目的 IP 地址为 192.1.1.14 的 IP 分组,用内部本地地址 192.168.1.3 取代该 IP 分组的目的 IP 地址 192.1.1.14。

8.4.5 实验步骤

(1) 启动 Cisco Packet Tracer,在逻辑工作区按照图 8.42 所示的互联网结构放置和连接设备,完成设备放置和连接后的逻辑工作区界面如图 8.43 所示。

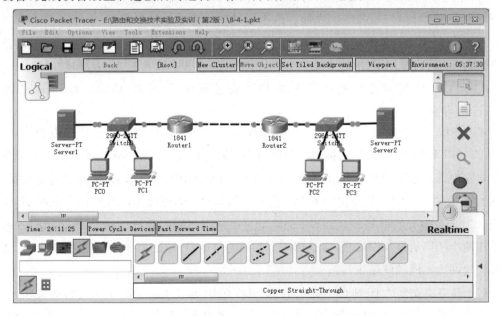

图 8.43 完成设备放置和连接后的逻辑工作区界面

(2) 根据图 8.42 所示的路由器接口配置信息为各个路由器接口配置 IP 地址和子网掩码,完成路由器 Router1 和 Router2 的 RIP 配置,在配置 Router1 参与 RIP 创建动态路由项过程的网络时,不能包含网络 192.168.1.0/24,因此 Router2 的路由表中不包含目的网络为 192.168.1.0/24 的路由项。在 Router2 中配置目的网络地址为 192.1.1.0/28、下一跳地址为 192.1.3.1 的静态路由项。完成上述配置过程后,路由器 Router1 和 Router2 路由表分别如图 8.44 和图 8.45 所示。

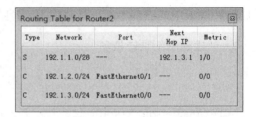

图 8.44　路由器 Router1 路由表　　　　图 8.45　路由器 Router2 路由表

(3) 完成路由器 Router1 有关 NAT 的配置过程：一是指定允许进行 NAT 操作的私有 IP 地址范围；二是定义全球 IP 地址池；三是建立允许进行 NAT 操作的私有 IP 地址范围与全球 IP 地址池之间的关联；四是配置允许公共网络终端发起访问内部网络服务器的静态地址转换项；五是指定连接内部网络和公共网络的路由器接口。

(4) 根据图 8.42 所示的终端配置信息完成各个终端 IP 地址、子网掩码和默认网关地址配置过程,通过 Ping 操作验证由内部网络终端发起的、与公共网络终端之间的通信过程。验证无法完成由公共网络终端发起的、与内部网络终端之间的通信过程。

(5) 内部网络终端可以通过浏览器访问公共网络中的服务器。图 8.46 所示是内部网络终端 PC0 成功访问 Server2 的界面。由于通过配置静态地址转换项<192.1.1.14,192.168.1.3>已经建立了全球 IP 地址 192.1.1.14 和私有 IP 地址 192.168.1.3 之间的关联,公共网络终端可以通过全球 IP 地址 192.1.1.14 访问内部网络中私有 IP 地址为 192.168.1.3 的 Server1。图 8.47 所示是公共网络终端 PC2 通过全球 IP 地址 192.1.1.14 成功访问 Server1 的界面。

(6) 完成上述访问过程后,Router1 创建如图 8.48 所示的 NAT 表。值得强调的是,动态 NAT 用不同的全球 IP 地址标识内部网络中不同的终端,因此,NAT 表中的地址转换项主要建立内部网络终端的私有 IP 地址与全球 IP 地址池中某个全球 IP 地址之间的关联,对 IP 分组封装的 TCP/UDP 报文和 ICMP 报文不做修改。如图 8.48 所示,两个私有 IP 地址分别为 192.168.1.1 和 192.168.1.2 的终端可以采用相同的源端口号 1025,因为 Router1 不是用两个不同的全局端口号,而是用两个不同的全球 IP 地址 192.1.1.1 和 192.1.1.2 分别标识这两个不同的终端。

(7) 静态建立全球 IP 地址 192.1.1.14 和私有 IP 地址 192.168.1.3 之间的关联后,公共网络终端可以用全球 IP 地址 192.1.1.14 访问私有 IP 地址为 192.168.1.3 的 Server1,且该访问过程对 IP 分组封装的净荷类型没有限制。图 8.49 所示就是公共网络终端 PC2

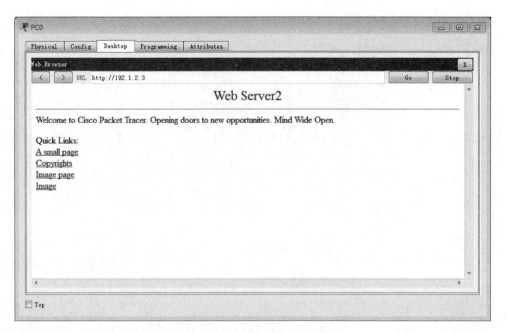

图 8.46　PC0 访问 Server2 界面

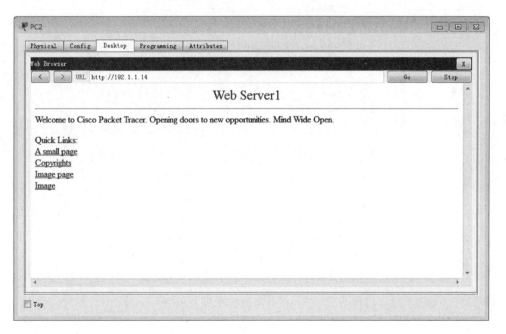

图 8.47　PC2 访问 Server1 界面

发送给 Server1 的 ICMP 报文,该 ICMP 报文封装成目的 IP 地址(Destination IP Address)为 192.1.1.14 的 IP 分组。互联网能够成功完成该 IP 分组 PC2 至 Server1 的传输过程,当 Router1 将该 IP 分组转发给内部网络时,目的 IP 地址替换成 Server1 的私有 IP 地址 192.168.1.3。

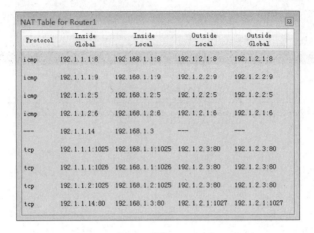

图 8.48 路由器 Router1 NAT 表

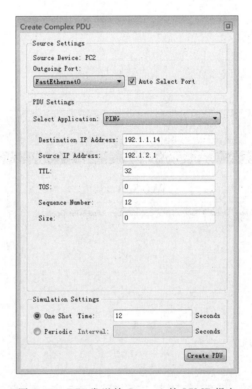

图 8.49 PC2 发送给 Server1 的 ICMP 报文

8.4.6 命令行接口配置过程

1. Router1 命令行接口配置过程

Router>enable
Router#configure terminal
Router(config)#hostname Router1

```
Router1(config)#interface FastEthernet0/0
Router1(config-if)#no shutdown
Router1(config-if)#ip address 192.168.1.254 255.255.255.0
Router1(config-if)#exit
Router1(config)#interface FastEthernet0/1
Router1(config-if)#no shutdown
Router1(config-if)#ip address 192.1.3.1 255.255.255.252
Router1(config-if)#exit
Router1(config)#router rip
Router1(config-router)#version 2
Router1(config-router)#no auto-summary
Router1(config-router)#network 192.1.3.0
Router1(config-router)#exit
Router1(config)#access-list 1 permit 192.168.1.0 0.0.0.255
Router1(config)#ip nat pool a1 192.1.1.1 192.1.1.13 netmask 255.255.255.240
Router1(config)#ip nat inside source list 1 pool a1
Router1(config)#ip nat inside source static 192.168.1.3 192.1.1.14
Router1(config)#interface FastEthernet0/0
Router1(config-if)#ip nat inside
Router1(config-if)#exit
Router1(config)#interface FastEthernet0/1
Router1(config-if)#ip nat outside
Router1(config-if)#exit
```

2. Router2 命令行配置过程

```
Router>enable
Router#configure terminal
Router(config)#hostname Router2
Router2(config)#interface FastEthernet0/0
Router2(config-if)#no shutdown
Router2(config-if)#ip address 192.1.3.2 255.255.255.252
Router2(config-if)#exit
Router2(config)#interface FastEthernet0/1
Router2(config-if)#no shutdown
Router2(config-if)#ip address 192.1.2.254 255.255.255.0
Router2(config-if)#exit
Router2(config)#router rip
Router2(config-router)#version 2
Router2(config-router)#no auto-summary
Router2(config-router)#network 192.1.3.0
Router2(config-router)#network 192.1.2.0
Router2(config-router)#exit
Router2(config)#ip route 192.1.1.0 255.255.255.240 192.1.3.1
```

3. 命令列表

路由器命令行接口配置过程中使用的命令及功能和参数说明如表 8.2 所示。

表 8.2 命令列表

命 令 格 式	功能和参数说明
ip nat pool *name start-ip end-ip* netmask *netmask*	定义全球 IP 地址池。参数 *name* 是全球 IP 地址池名，参数 *start-ip* 是起始地址，参数 *end-ip* 是结束地址，参数 *netmask* 是定义的一组全球 IP 地址的子网掩码
ip nat inside source list *access-list-number* pool *name*	用于将允许进行地址转换的私有 IP 地址范围与某个全球 IP 地址池绑定在一起。参数 *access-list-number* 用于指定允许进行地址转换的私有 IP 地址范围的访问控制列表的编号，参数 *name* 是已经定义的全球 IP 地址池的名字
ip nat inside source static *local-ip global-ip*	创建用于指明私有 IP 地址与全球 IP 地址之间关联的静态地址转换项。参数 *local-ip* 用于指定私有 IP 地址，参数 *global-ip* 用于指定全球 IP 地址

8.5 静态 NAT 配置实验

8.5.1 实验内容

实现两个内部网络互联的互联网结构如图 8.50 所示，由于内部网络 1 和内部网络 2 独立分配私有 IP 地址，因此，两个内部网络可以分配相同的私有 IP 地址空间。要求通过 NAT 技术实现以下功能。

（1）允许内部网络 1 中的终端访问内部网络 2 中的服务器 2；

（2）允许内部网络 2 中的终端访问内部网络 1 中的服务器 1。

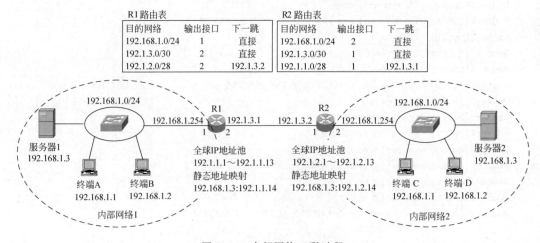

图 8.50 内部网络互联过程

8.5.2 实验目的

(1) 掌握内部网络设计过程和私有 IP 地址使用方法。
(2) 验证 NAT 工作过程。
(3) 掌握路由器 NAT 配置过程。
(4) 验证私有 IP 地址与全球 IP 地址之间的转换过程。
(5) 验证 IP 分组格式转换过程。
(6) 验证两个分配相同私有 IP 地址空间的内部网络之间的通信过程。

8.5.3 实验原理

分配给某个内部网络的私有 IP 地址空间对另一个内部网络中的终端是不可见的，因此，任何一个内部网络中的终端必须用全球 IP 地址访问其他内部网络中的终端。这一方面使得每一个内部网络分配的私有 IP 地址只有本地意义，不同内部网络可以分配相同的私有 IP 地址空间；另一方面在建立某个内部网络的私有 IP 地址与全球 IP 地址之间映射前，其他内部网络中的终端无法访问该内部网络中的终端。虽然不同内部网络可以分配相同的私有 IP 地址空间，但与这些私有 IP 地址建立映射的全球 IP 地址必须是全球唯一的。如图 8.50 所示，虽然内部网络 1 和内部网络 2 分配了相同的私有 IP 地址空间 192.168.1.0/24，但分配给这两个内部网络的全球 IP 地址池必须是不同的，如分配给内部网络 1 的全球 IP 地址池是 192.1.1.0/28，分配给内部网络 2 的全球 IP 地址池是 192.1.2.0/28。这样，其他网络可以用唯一的全球 IP 地址标识某个内部网络中的终端。如内部网络 1 中的某个终端需要用属于全球 IP 地址池 1 的某个全球 IP 地址访问其他网络，其他网络中的终端用该全球 IP 地址唯一标识该内部网络 1 中的终端。

同样，如果需要实现由其他网络中的终端发起访问内部网络 1 中服务器 1 的过程，必须建立服务器 1 的私有 IP 地址 192.168.1.3 与某个全球 IP 地址（这里是 192.1.1.14）之间的映射，其他网络中的终端用该全球 IP 地址访问服务器 1。根据图 8.50 所示的配置信息，内部网络 1 中的终端可以用全球 IP 地址 192.1.2.14 访问内部网络 2 中的服务器 2，内部网络 2 中的终端可以用全球 IP 地址 192.1.1.14 访问内部网络 1 中的服务器 1。

图 8.50 所示的内部网络 1 中的终端 A 访问内部网络 2 中的服务器 2 时发送的 IP 分组，以终端 A 的私有地址 192.168.1.1 为源 IP 地址、以与服务器 2 的私有地址 192.168.1.3 建立映射的全球 IP 地址 192.1.2.14 为目的 IP 地址。该 IP 分组通过路由器 R1 连接公共网络的接口输出时，源 IP 地址转换为属于分配给路由器 R1 的全球 IP 地址池中的某个全球 IP 地址，路由器 R1 动态建立私有 IP 地址 192.168.1.1 与该全球 IP 地址之间的映射。当路由器 R2 通过连接内部网络 2 的接口输出该 IP 分组时，该 IP 分组的目的 IP 地址转换为服务器 2 的私有 IP 地址 192.168.1.3。

为了保证以属于全球 IP 地址池(192.1.1.0/28)中的全球 IP 地址为目的 IP 地址的 IP 分组能够到达路由器 R1，路由器 R2 需要配置目的网络为 192.1.1.0/28、下一跳为 192.1.3.1 的静态路由项，同样原因，路由器 R1 需要配置目的网络为 192.1.2.0/28、下一跳为 192.1.3.2 的静态路由项。

8.5.4 实验步骤

(1) 启动 Cisco Packet Tracer,在逻辑工作区按照图 8.50 所示的互联网结构放置和连接设备,完成设备放置和连接后的逻辑工作区界面如图 8.51 所示。

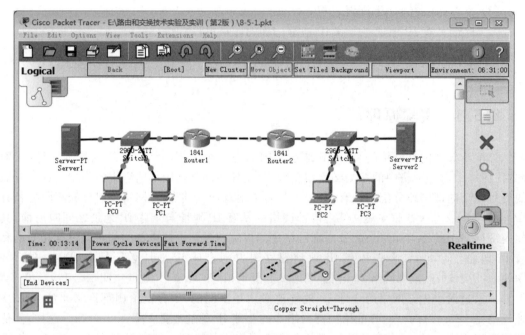

图 8.51 完成设备放置和连接后的逻辑工作区界面

(2) 根据图 8.50 所示的路由器接口配置信息为各个路由器接口配置 IP 地址和子网掩码。在路由器 Router1 中配置目的网络为 192.1.2.0/28、下一跳地址为 192.1.3.2 的静态路由项,在路由器 Router2 中配置目的网络为 192.1.1.0/28、下一跳地址为 192.1.3.1 的静态路由项。完成上述配置过程后,路由器 Router1 和 Router2 的路由表分别如图 8.52 和图 8.53 所示。

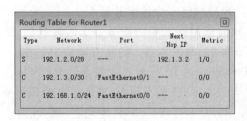

图 8.52 路由器 Router1 路由表

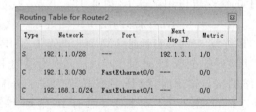

图 8.53 路由器 Router2 路由表

(3) 完成路由器 Router1 和 Router2 有关 NAT 的配置过程,一是指定允许进行 NAT 操作的私有 IP 地址范围;二是定义全球 IP 地址池;三是建立允许进行 NAT 操作的私有 IP 地址范围与全球 IP 地址池之间的关联;四是配置允许其他网络中的终端发起访问内部网络服务器的静态地址转换项;五是指定连接内部网络和公共网络的路由器接口。

(4) 根据图 8.50 所示的终端配置信息完成各个终端 IP 地址、子网掩码和默认网关地址配置过程。PC2 可以用与 Server1 的私有 IP 地址 192.168.1.3 建立关联的全球 IP 地址 192.1.1.14 访问 Server1,图 8.54 所示就是 PC2 访问 Server1 的界面。同样,PC0 可以用与 Server2 的私有 IP 地址 192.168.1.3 建立关联的全球 IP 地址 192.1.2.14 访问 Server2,图 8.55 所示就是 PC0 访问 Server2 的界面。

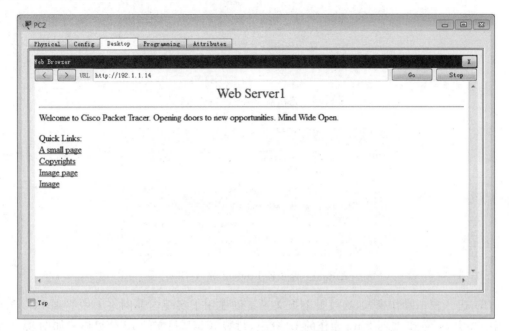

图 8.54　PC2 访问 Server1 的界面

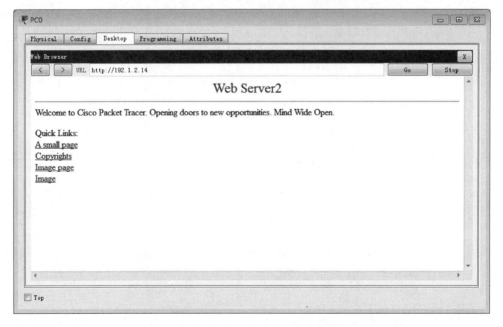

图 8.55　PC0 访问 Server2 的界面

(5) 完成上述访问过程后,路由器 Router1 的 NAT 表如图 8.56 所示,路由器 Router2 的 NAT 表如图 8.57 所示。

NAT Table for Router1

Protocol	Inside Global	Inside Local	Outside Local	Outside Global
---	192.1.1.14	192.168.1.3	---	---
tcp	192.1.1.1:1025	192.168.1.1:1025	192.1.2.14:80	192.1.2.14:80
tcp	192.1.1.1:1026	192.168.1.1:1026	192.1.2.14:80	192.1.2.14:80
tcp	192.1.1.1:1027	192.168.1.1:1027	192.1.2.14:80	192.1.2.14:80
tcp	192.1.1.14:80	192.168.1.3:80	192.1.2.1:1025	192.1.2.1:1025

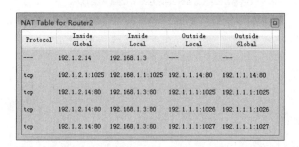

图 8.56 路由器 Router1 的 NAT 表

NAT Table for Router2

Protocol	Inside Global	Inside Local	Outside Local	Outside Global
---	192.1.2.14	192.168.1.3	---	---
tcp	192.1.2.1:1025	192.168.1.1:1025	192.1.1.14:80	192.1.1.14:80
tcp	192.1.2.14:80	192.168.1.3:80	192.1.1.1:1025	192.1.1.1:1025
tcp	192.1.2.14:80	192.168.1.3:80	192.1.1.1:1026	192.1.1.1:1026
tcp	192.1.2.14:80	192.168.1.3:80	192.1.1.1:1027	192.1.1.1:1027

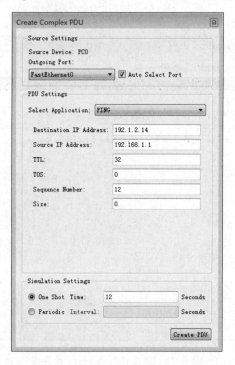

图 8.57 路由器 Router2 的 NAT 表

(6) 进入模拟操作模式,通过复杂报文工具创建用于实现内部网络 1 中终端 PC0 与内部网络 2 中 Server2 之间 Ping 操作的 IP 分组,封装 ICMP 报文的 IP 分组格式如图 8.58 所

图 8.58 封装 PC0→Server2 ICMP 报文的 IP 分组格式

示。源 IP 地址(Source IP Address)是 PC0 的私有 IP 地址 192.168.1.1,目的 IP 地址(Destination IP Address)是与 Server2 的私有 IP 地址建立关联的全球 IP 地址 192.1.2.14。启动 PC0 至 Server2 IP 分组传输过程,PC0 至 Router1 这一段路径的 IP 分组格式如图 8.59 所示,源 IP 地址(SRC IP)是 PC0 的私有 IP 地址 192.168.1.1,目的 IP 地址(DST IP)是与 Server2 的私有地址 192.168.1.3 建立映射的全球 IP 地址 192.1.2.14。Router1 至 Router2 这一段路径的 IP 分组格式如图 8.60 所示,源 IP 地址(SRC IP)是与 PC0 的私有地址 192.168.1.1 建立映射的全球 IP 地址 192.1.1.1,目的 IP 地址(DST IP)依然是与 Server2 的私有地址 192.168.1.3 建立映射的全球 IP 地址 192.1.2.14。Router2 至 Server2 这一段路径的 IP 分组格式如图 8.61 所示,源 IP 地址(SRC IP)依然是与 PC0 的私有地址 192.168.1.1 建立映射的全球 IP 地址 192.1.1.1,目的 IP 地址(DST IP)是 Server2 的私有地址 192.168.1.3。

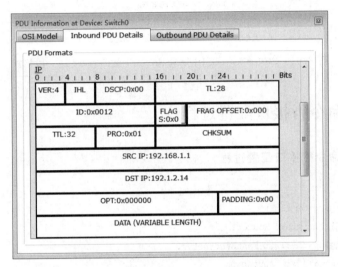

图 8.59　PC0→Server2 IP 分组 PC0 至 Router1 这一段格式

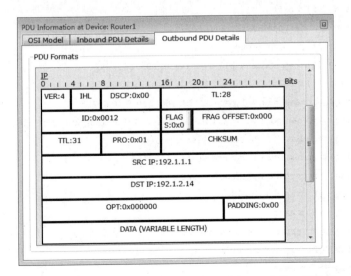

图 8.60　PC0→Server2 IP 分组 Router1 至 Router2 这一段格式

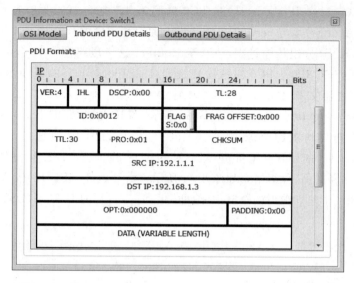

图 8.61　PC0→Server2 IP 分组 Router2 至 Server2 这一段格式

8.5.5　命令行接口配置过程

1. Router1 命令行接口配置过程

Router＞enable
Router#configure terminal
Router(config)#hostname Router1
Router1(config)#interface FastEthernet0/0
Router1(config-if)#no shutdown
Router1(config-if)#ip address 192.168.1.254 255.255.255.0
Router1(config-if)#exit
Router1(config)#interface FastEthernet0/1
Router1(config-if)#no shutdown
Router1(config-if)#ip address 192.1.3.1 255.255.255.252
Router1(config-if)#exit
Router1(config)#access-list 1 permit 192.168.1.0 0.0.0.255
Router1(config)#ip nat pool a1 192.1.1.1 192.1.1.13 netmask 255.255.255.240
Router1(config)#ip nat inside source list 1 pool a1
Router1(config)#ip nat inside source static 192.168.1.3 192.1.1.14
Router1(config)#interface FastEthernet0/0
Router1(config-if)#ip nat inside
Router1(config-if)#exit
Router1(config)#interface FastEthernet0/1
Router1(config-if)#ip nat outside
Router1(config-if)#exit
Router1(config)#ip route 192.1.2.0 255.255.255.240 192.1.3.2

2. Router2 命令行接口配置过程

```
Router>enable
Router#configure terminal
Router(config)#hostname Router2
Router2(config)#interface FastEthernet0/0
Router2(config-if)#no shutdown
Router2(config-if)#ip address 192.1.3.2 255.255.255.252
Router2(config-if)#exit
Router2(config)#interface FastEthernet0/1
Router2(config-if)#no shutdown
Router2(config-if)#ip address 192.168.1.254 255.255.255.0
Router2(config-if)#exit
Router2(config)#ip nat pool a2 192.1.2.1 192.1.2.13 netmask 255.255.255.240
Router2(config)#access-list 2 permit 192.168.1.0 0.0.0.255
Router2(config)#ip nat inside source list 2 pool a2
Router2(config)#ip nat inside source static 192.168.1.3 192.1.2.14
Router2(config)#interface FastEthernet0/1
Router2(config-if)#ip nat inside
Router2(config-if)#exit
Router2(config)#interface FastEthernet0/0
Router2(config-if)#ip nat outside
Router2(config-if)#exit
Router2(config)#ip route 192.1.1.0 255.255.255.240 192.1.3.1
```

8.6 综合 NAT 配置实验

8.6.1 实验内容

互联网结构如图 8.62 所示,内部网络中一个子网的网络地址与公共网络中一个子网的网络地址相同,即内部网络与公共网络存在地址重叠问题。在这种情况下,要求通过 NAT 技术实现以下功能。
(1) 内部网络各个子网之间能够相互通信;
(2) 允许内部网络终端发起访问与内部网络地址重叠的公共网络服务器 3 的过程;
(3) 允许公共网络终端发起访问内部网络服务器 1 和服务器 2 的过程。

8.6.2 实验目的

(1) 掌握内部网络设计过程和私有 IP 地址使用方法。
(2) 验证 NAT 工作过程。

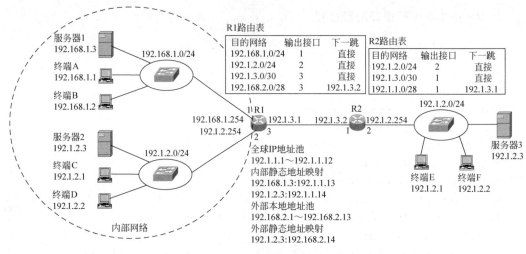

图 8.62 互联网结构

(3) 掌握路由器 NAT 配置过程。
(4) 验证私有 IP 地址与全球 IP 地址之间的转换过程。
(5) 验证 IP 分组格式转换过程。
(6) 验证地址重叠的内部网络与公共网络之间的通信过程。
(7) 掌握公共网络全球地址与外部本地地址之间的转换过程。

8.6.3 实验原理

图 8.62 所示的内部网络中的其中一个子网和公共网络中的其中一个子网都分配了网络地址 192.1.2.0/24,这就使得内部网络中的终端无法直接用公共网络地址访问公共网络中的终端,如果图 8.62 中的终端 A 用 192.1.2.3 访问公共网络中的服务器 3,其结果是访问内部网络中的服务器 2。为了解决内部网络与存在地址重叠的公共网络之间的通信问题,需要在内部网络为这一部分与内部网络地址重叠的公共网络地址分配内部网络唯一的本地地址空间,如图 8.62 所示的外部本地地址池 192.168.2.0/28,内部网络用该组本地地址映射与内部网络地址重叠的公共网络地址。和前面 NAT 实例不同,这里不仅内部网络终端发送给公共网络终端的 IP 分组,离开内部网络时,源 IP 地址需要转换为全球 IP 地址池中某个与内部网络地址建立映射的全球 IP 地址,IP 地址与内部网络地址重叠的公共网络终端发送给内部网络终端的 IP 分组,进入内部网络时,源 IP 地址需要转换为本地地址池中某个与公共网络地址建立映射的本地 IP 地址。在建立某个公共网络地址与本地地址池中某个本地地址之间的映射前,内部网络终端无法访问 IP 地址与内部网络地址重叠的公共网络终端,如果内部网络终端想要发起访问公共网络服务器 3 的过程,必须建立某个本地地址与服务器 3 的公共网络地址之间的映射,如建立图 8.62 所示的公共网络地址 192.1.2.3 与本地地址 192.168.2.14 之间的静态映射 192.1.2.3:192.168.2.14。内部网络终端在内部网络中用该本地地址 192.168.2.14 唯一标识公共网络中的服务器 3。

图 8.62 中,公共网络终端用全球 IP 地址 192.1.1.13 和 192.1.1.14 访问内部网络中

的服务器 1 和服务器 2,公共网络终端发送给内部网络中服务器 1 和服务器 2 的 IP 分组一旦进入内部网络,其目的 IP 地址由 192.1.1.13 和 192.1.1.4 转换为 192.168.1.3 和 192.1.2.3。内部网络终端发送给公共网络终端的 IP 分组一旦离开内部网络,其源 IP 地址转换为全球 IP 地址池中与该内部网络终端地址建立映射的全球 IP 地址。

图 8.62 中,内部网络终端用外部本地地址 192.168.2.14 访问公共网络中的服务器 3,内部网络终端发送给公共网络服务器 3 的 IP 分组一旦离开内部网络,其目的 IP 地址由 192.168.2.14 转换为服务器 3 的公共网络地址 192.1.2.3。公共网络终端发送给内部网络终端的 IP 分组一旦进入内部网络,其源 IP 地址转换为外部本地地址池中与该公共网络终端地址建立映射的外部本地地址。

8.6.4 关键命令说明

1. 建立外部本地地址池与一组公共网络地址之间的关联

Router(config)#access - list 2 permit 192.1.2.0 0.0.0.255
Router(config)#ip nat pool a2 192.168.2.1 192.168.2.13 netmask 255.255.255.240
Router(config)#ip nat outside source list 2 pool a2

access-list 2 permit 192.1.2.0 0.0.0.255 定义需要进行 NAT 操作的公共网络地址范围 192.1.2.0/24。

ip nat pool a2 192.168.2.1 192.168.2.13 netmask 255.255.255.240 是全局模式下使用的命令,该命令用于定义外部本地地址池,a2 是外部本地地址池名,192.168.2.1 是一组本地地址的起始地址,192.168.2.13 是一组本地地址的结束地址,外部本地地址池是一组从起始地址到结束地址且包含起始和结束地址的连续本地地址。255.255.255.240 是这一组本地地址的子网掩码。

ip nat outside source list 2 pool a2 是全局模式下使用的命令,该命令的作用是将编号为 2 的访问控制列表指定的公共网络地址范围与名为 a2 的外部本地地址池绑定在一起。需要强调一下命令中关键词 outside 与 inside 的区别,关键词 outside 指明该命令用于实现外部网络至内部网络的 IP 分组的源 IP 地址转换过程,由外部网络至内部网络的 IP 分组触发建立地址转换项的过程,该地址转换项同时用于实现内部网络至外部网络的 IP 分组的目的 IP 地址转换过程。之所以称为外部本地地址池或外部本地地址是因为内部网络用该本地地址唯一标识外部网络中的终端。关键词 inside 指明该命令用于实现内部网络至外部网络的 IP 分组的源 IP 地址转换过程,由内部网络至外部网络的 IP 分组触发建立地址转换项的过程,该地址转换项同时用于实现外部网络至内部网络的 IP 分组的目的 IP 地址转换过程。

执行上述命令后,如果路由器通过连接公共网络的接口接收到某个 IP 分组且该 IP 分组满足下述条件。

- IP 分组源 IP 地址属于 CIDR 地址块 192.1.2.0/24;
- 确定 IP 分组通过连接内部网络的接口输出。

路由器对其进行 NAT 操作,从外部本地地址池中选择一个未分配的本地地址,创建地址转换项<IP 分组的源 IP 地址(Outside Global),外部本地地址池中选择的本地地址

(Outside Local)>，IP 分组的源 IP 地址作为地址转换项中的外部全球地址（Outside Global），从外部本地地址池中选择的本地地址作为外部本地地址（Outside Local），用外部本地地址取代 IP 分组的源 IP 地址。

当路由器通过连接内部网络的接口接收到某个 IP 分组，首先用该 IP 分组的目的 IP 地址检索地址转换表，如果找到外部本地地址与该 IP 分组的目的 IP 地址相同的地址转换项，用地址转换项中的外部全球地址取代 IP 分组的目的 IP 地址。

2. 创建静态地址转换项

```
Router (config)# ip nat outside source static 192.1.2.3 192.168.2.14
```

ip nat outside source static 192.1.2.3 192.168.2.14 是全局模式下使用的命令，该命令的作用是创建静态地址转换项<192.1.2.3（外部全球地址），192.168.2.14（外部本地地址）>。

路由器执行该命令后，对于通过连接公共网络接口接收到的、源 IP 地址为 192.1.2.3 的 IP 分组，用外部本地地址 192.168.2.14 取代源 IP 地址 192.1.2.3。对于通过连接内部网络接口接收到的、目的 IP 地址为 192.168.2.14 的 IP 分组，用外部全球地址 192.1.2.3 取代目的 IP 地址 192.168.2.14。

8.6.5 实验步骤

（1）启动 Cisco Packet Tracer，在逻辑工作区按照图 8.62 所示的互联网结构放置和连接设备，完成设备放置和连接后的逻辑工作区界面如图 8.63 所示。

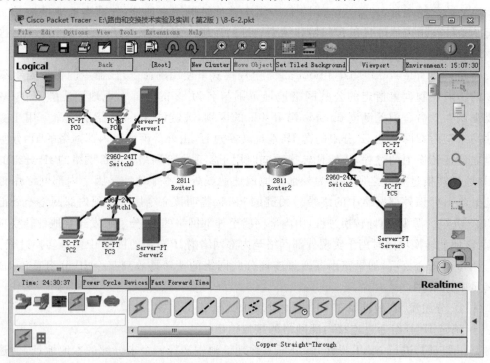

图 8.63 完成设备放置和连接后的逻辑工作区界面

(2) 根据图 8.62 所示的路由器接口配置信息为各个路由器接口配置 IP 地址和子网掩码。在 Router1 中配置目的网络为 192.168.2.0/28、下一跳地址为 192.1.3.2 的静态路由项，在 Router2 中配置目的网络为 192.1.1.0/28、下一跳地址为 192.1.3.1 的静态路由项。完成上述配置过程后，Router1 和 Router2 的路由表分别如图 8.64 和图 8.65 所示。

Routing Table for Router1

Type	Network	Port	Next Hop IP	Metric
C	192.1.2.0/24	FastEthernet0/1	---	0/0
C	192.1.3.0/30	FastEthernet1/0	---	0/0
C	192.168.1.0/24	FastEthernet0/0	---	0/0
S	192.168.2.0/28	---	192.1.3.2	1/0

图 8.64　路由器 Router1 路由表

Routing Table for Router2

Type	Network	Port	Next Hop IP	Metric
S	192.1.1.0/28	---	192.1.3.1	1/0
C	192.1.2.0/24	FastEthernet0/1	---	0/0
C	192.1.3.0/30	FastEthernet0/0	---	0/0

图 8.65　路由器 Router2 路由表

(3) 完成路由器 Router1 有关 NAT 的配置过程，这里涉及两方面的 NAT 操作：一是内部网络终端本地地址至全球地址之间的相互转换过程；二是公共网络中与内部网络重叠的那部分地址与外部本地地址之间的相互转换过程。针对内部网络终端本地地址至全球地址之间的相互转换过程，一是指定允许进行 NAT 操作的内部网络私有 IP 地址范围；二是定义全球 IP 地址池；三是建立允许进行 NAT 操作的私有 IP 地址范围与全球 IP 地址池之间的关联；四是配置允许公共网络终端发起访问内部网络服务器的静态地址转换项；五是指定连接内部网络和公共网络的路由器接口。针对公共网络中与内部网络重叠的那部分地址跟外部本地地址之间的相互转换过程，一是指定允许进行 NAT 操作的公共网络地址范围；二是定义外部本地地址池；三是建立允许进行 NAT 操作的公共网络地址范围与外部本地地址池之间的关联；四是配置允许内部终端发起访问公共网络服务器的静态地址转换项。完成上述配置过程后的路由器 Router1 的 NAT 表如图 8.66 所示。

NAT Table for Router1

Protocol	Inside Global	Inside Local	Outside Local	Outside Global
---	192.1.1.14	192.1.2.3	---	---
---	192.1.1.13	192.168.1.3	---	---
---	---	---	192.168.2.14	192.1.2.3

图 8.66　路由器 Router1 NAT 表一

(4) 根据图 8.62 所示的终端配置信息完成各个终端和服务器 IP 地址、子网掩码和默认网关地址配置过程。

（5）内部网络终端可以通过浏览器访问公共网络中的 Server3，但必须使用与 Server3 的公共网络地址 192.1.2.3 建立映射的外部本地地址 192.168.2.14，图 8.67 所示是 PC2 访问 Server3 的界面。公共网络终端可以通过浏览器访问内部网络中的 Server1 和 Server2，但必须使用与 Server1 和 Server2 的本地地址 192.168.1.3 和 192.1.2.3 建立映射的全球 IP 地址 192.1.1.13 和 192.1.1.14。图 8.68 和图 8.69 所示分别是 PC4 访问 Server1、PC5 访问 Server2 的界面。完成上述访问过程后的 Router1 NAT 表如图 8.70 所示。

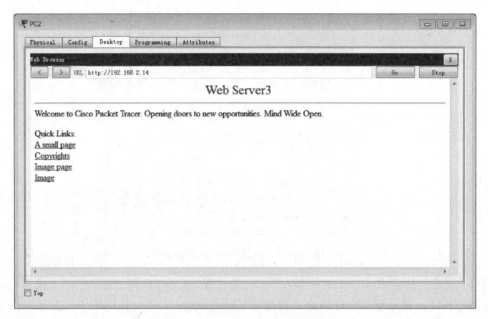

图 8.67　PC2 访问 Server3 的界面

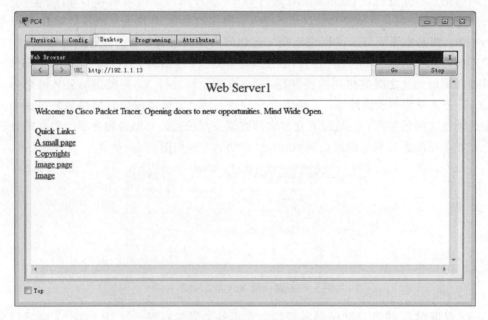

图 8.68　PC4 访问 Server1 的界面

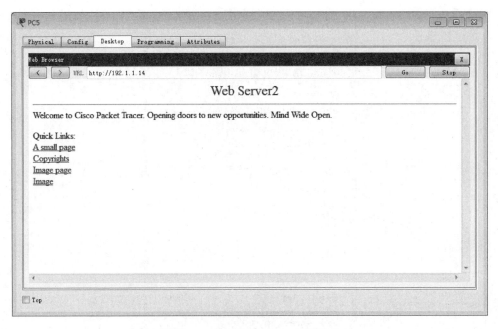

图 8.69　PC5 访问 Server2 的界面

图 8.70　路由器 Router1 NAT 表二

（6）进入模拟操作模式，创建封装 PC2 至 Server3 的 ICMP 报文的 IP 分组，如图 8.71 所示，源 IP 地址（Source IP Address）是 PC2 的内部网络本地地址 192.1.2.1，目的 IP 地址（Destination IP Address）是与 Server3 公共网络地址 192.1.2.3 建立关联的外部本地地址 192.168.2.14。PC2 至 Server3 的 IP 分组传输过程中，PC2 至 Router1 这一段路径的 IP 分组格式如图 8.72 所示，源 IP 地址（SRC IP）是 PC2 的内部网络本地地址 192.1.2.1，目的 IP 地址（DST IP）是与 Server3 公共网络地址 192.1.2.3 建立关联的外部本地地址 192.168.2.14。Router1 至 Server3 这一段路径的 IP 分组格式如图 8.73 所示，源 IP 地址（SRC IP）是与 PC2 的内部网络本地地址 192.1.2.1 建立映射的全球 IP 地址 192.1.1.1，目的 IP 地址（DST IP）是 Server3 的公共网络地址 192.1.2.3。

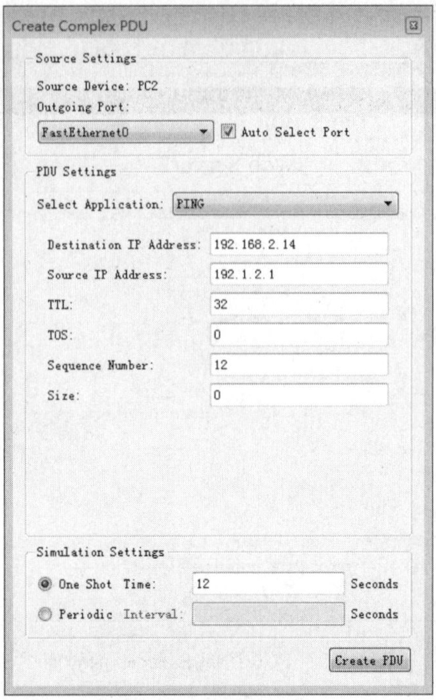

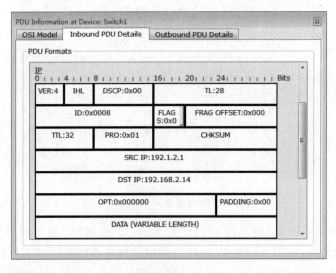

图 8.71 封装 PC2→Server3 ICMP 报文的 IP 分组格式

图 8.72 PC2→Server3 IP 分组 PC2 至 Router1 这一段格式

(7) Server3 至 PC2 的 IP 分组传输过程中,Server3 至 Router1 这一段路径的 IP 分组格式如图 8.74 所示,源 IP 地址(SRC IP)是 Server3 的公共网络地址 192.1.2.3,目的 IP 地址(DST IP)是与 PC2 的内部网络本地地址 192.1.2.1 建立映射的全球 IP 地址 192.1.1.1。Router1 至 PC2 这一段路径的 IP 分组格式如图 8.75 所示,源 IP 地址(SRC IP)是与 Server3 公共网络地址 192.1.2.3 建立关联的外部本地地址 192.168.2.14,目的 IP 地址(DST IP)是 PC2 的内部网络本地地址 192.1.2.1。

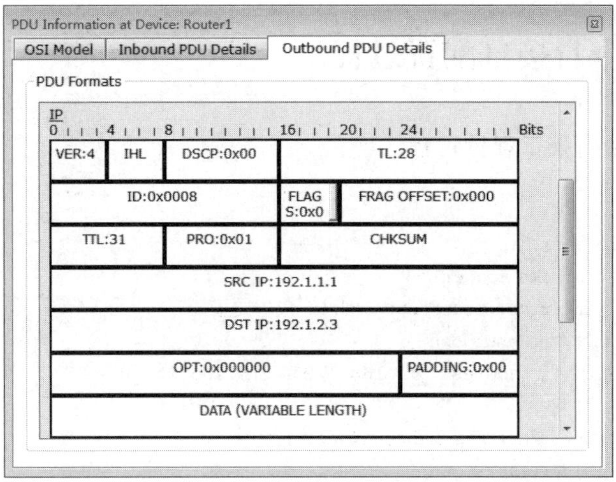

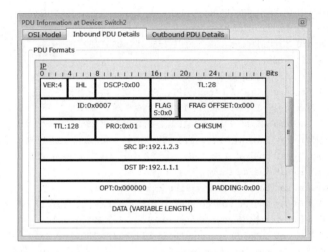

图 8.73　PC2→Server3 IP 分组 Router1 至 Server3 这一段格式

图 8.74　Server3→PC2 IP 分组 Server3 至 Router1 这一段格式

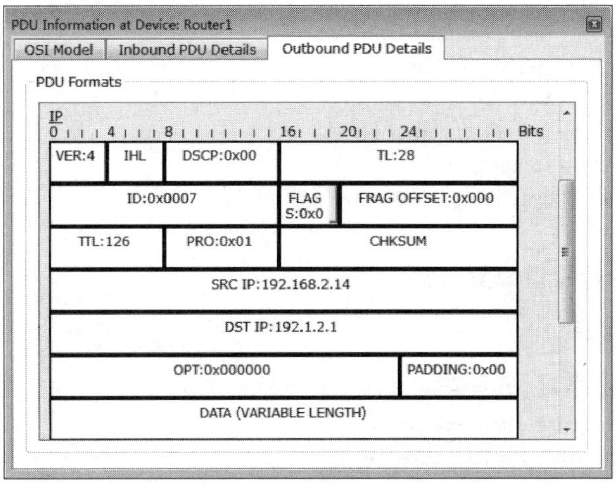

图 8.75　Server3→PC2 IP 分组 Router1 至 PC2 这一段格式

8.6.6 命令行接口配置过程

1. Router1 命令行接口配置过程

Router > enable
Router # configure terminal
Router(config) # hostname Router1
Router1(config) # interface FastEthernet0/0
Router1(config - if) # no shutdown
Router1(config - if) # ip address 192.168.1.254 255.255.255.0
Router1(config - if) # exit
Router1(config) # interface FastEthernet0/1
Router1(config - if) # no shutdown
Router1(config - if) # ip address 192.1.2.254 255.255.255.0
Router1(config - if) # exit
Router1(config) # interface FastEthernet1/0
Router1(config - if) # no shutdown
Router1(config - if) # ip address 192.1.3.1 255.255.255.252
Router1(config - if) # exit
Router1(config) # ip route 192.168.2.0 255.255.255.240 192.1.3.2
Router1(config) # access - list 1 permit 192.168.1.0 0.0.0.255
Router1(config) # access - list 1 permit 192.1.2.0 0.0.0.255
Router1(config) # access - list 2 permit 192.1.2.0 0.0.0.255
Router1(config) # ip nat pool a1 192.1.1.1 192.1.1.12 netmask 255.255.255.240
Router1(config) # ip nat pool a2 192.168.2.1 192.168.2.13 netmask 255.255.255.240
Router1(config) # ip nat inside source list 1 pool a1
Router1(config) # ip nat outside source list 2 pool a2
Router1(config) # ip nat inside source static 192.168.1.3 192.1.1.13
Router1(config) # ip nat inside source static 192.1.2.3 192.1.1.14
Router1(config) # ip nat outside source static 192.1.2.3 192.168.2.14
Router1(config) # interface FastEthernet0/0
Router1(config - if) # ip nat inside
Router1(config - if) # exit
Router1(config) # interface FastEthernet0/1
Router1(config - if) # ip nat inside
Router1(config - if) # exit
Router1(config) # interface FastEthernet1/0
Router1(config - if) # ip nat outside
Router1(config - if) # exit

2. Router2 命令行接口配置过程

Router > enable
Router # configure terminal
Router(config) # hostname Router2
Router2(config) # interface FastEthernet0/0
Router2(config - if) # no shutdown
Router2(config - if) # ip address 192.1.3.2 255.255.255.252

Router2(config-if)#exit
Router2(config)#interface FastEthernet0/1
Router2(config-if)#no shutdown
Router2(config-if)#ip address 192.1.2.254 255.255.255.0
Router2(config-if)#exit
Router2(config)#ip route 192.1.1.0 255.255.255.240 192.1.3.1

3. 命令列表

路由器命令行接口配置过程中使用的命令及功能和参数说明如表 8.3 所示。

表 8.3 命令列表

命 令 格 式	功能和参数说明
ip nat outside source list *access-list-number* **pool** *name*	用于将需要进行地址转换的公共网络地址范围与某个外部本地地址池绑定在一起。参数 *access-list-number* 用于指定需要进行地址转换的公共网络地址范围的访问控制列表的编号，参数 *name* 是已经定义的外部本地地址池的名字
ip nat outside source static *global-ip local-ip*	创建用于指明外部本地地址与公共网络地址之间映射的静态地址转换项。参数 *local-ip* 用于指定外部本地地址，参数 *global-ip* 用于指定公共网络地址

第 9 章 三层交换机和三层交换实验

通过三层交换机和三层交换实验,深刻理解三层交换机 IP 分组转发机制和实现 VLAN 间通信的原理。掌握用三层交换机设计、实现校园网的方法和步骤,正确区分路由器和三层交换机之间的差别,深刻体会三层交换机集路由和交换功能于一身的含义。

9.1 多端口路由器互联 VLAN 实验

9.1.1 实验内容

构建如图 9.1 所示的互联网结构,在交换机中创建三个 VLAN,分别是 VLAN 2、VLAN 3 和 VLAN 4,将交换机端口 1、2 和 3 分配给 VLAN 2,将交换机端口 4、5 和 6 分配给 VLAN 3,将交换机端口 7、8 和 9 分配给 VLAN 4,路由器三个接口分别连接交换机端口 3、6 和 9。实现连接在属于不同 VLAN 的交换机端口的终端之间的通信过程。

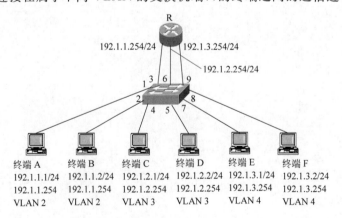

图 9.1 多端口路由器互联 VLAN 过程

9.1.2 实验目的

(1) 掌握交换机 VLAN 配置过程。

(2) 掌握路由器接口配置过程。
(3) 验证 VLAN 间 IP 分组传输过程。
(4) 验证多端口路由器实现多个 VLAN 互联的过程。

9.1.3 实验原理

在交换机中创建三个 VLAN，分别是 VLAN 2、VLAN 3 和 VLAN 4，并根据表 9.1 所示的 VLAN 与交换机端口之间的映射，将交换机端口分配给各个 VLAN。

如表 9.1 所示，路由器三个接口分别连接属于三个不同 VLAN 的交换机端口，如交换机端口 3、6 和 9，且这三个交换机端口必须作为接入端口分别分配给三个不同的 VLAN。路由器接口分配 IP 地址和子网掩码，每一个路由器接口分配的 IP 地址和子网掩码决定了该接口连接的 VLAN 的网络地址，连接在该 VLAN 上的终端以该接口的 IP 地址作为默认网关地址。如图 9.2 所示，路由器接口 1 连接 VLAN 2，连接在 VLAN 2 上的终端以路由器接口 1 的 IP 地址作为默认网关地址。完成路由器三个接口的 IP 地址和子网掩码配置过程后，路由器自动生成如图 9.2 所示的直连路由项。

表 9.1 VLAN 与交换机端口映射表

VLAN	接 入 端 口
VLAN 2	1,2,3
VLAN 3	4,5,6
VLAN 4	7,8,9

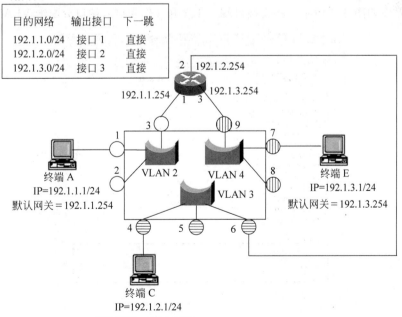

图 9.2 多端口路由器实现 VLAN 互联原理

9.1.4 实验步骤

(1) 启动 Cisco Packet Tracer,在逻辑工作区根据图 9.1 所示的互联网结构放置和连接设备,完成设备放置和连接后的逻辑工作区界面如图 9.3 所示。

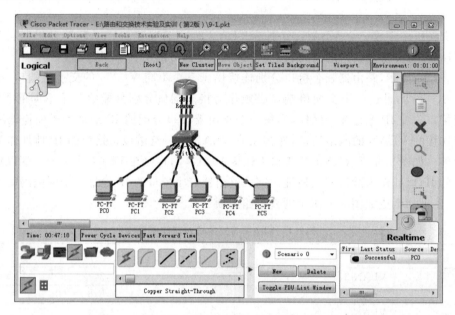

图 9.3　完成设备放置和连接后的逻辑工作区界面

(2) 在交换机 Switch 中创建三个 VLAN,图形接口(Config)配置方式下,Switch 创建 VLAN 的界面如图 9.4 所示。将交换机端口 1、2 和 3 作为接入端口分配给 VLAN 2,将交换

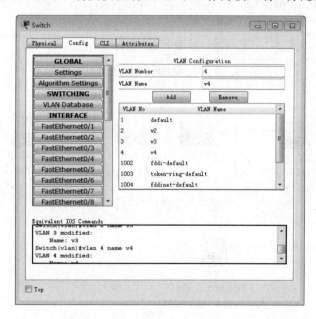

图 9.4　图形接口配置方式下 Switch 创建 VLAN 的界面

机端口 4、5 和 6 作为接入端口分配给 VLAN 3,将交换机端口 7、8 和 9 作为接入端口分配给 VLAN 4。在图形接口配置方式下,将交换机端口作为接入端口分配给 VLAN 的界面如图 9.5 所示。

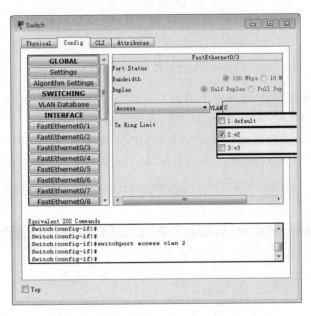

图 9.5 图形接口配置方式下为 VLAN 分配接入端口的界面

(3) 为路由器 Router 连接各个 VLAN 的物理接口配置 IP 地址和子网掩码,图形接口 (Config)配置方式下,路由器接口 FastEthernet0/0 配置 IP 地址和子网掩码的界面如图 9.6 所示。完成 Router 各个物理接口的 IP 地址和子网掩码配置后,Router 自动生成如图 9.7 所示的直连路由项。

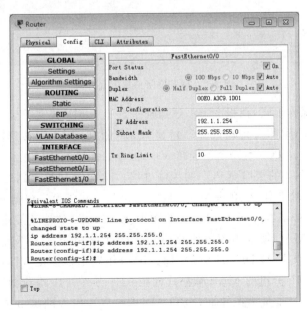

图 9.6 图形接口配置方式下路由器接口配置界面

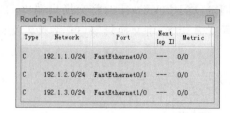

图 9.7　路由器 Router 路由表

（4）为各个终端配置 IP 地址和子网掩码,每一个终端配置的 IP 地址和子网掩码必须和该终端所连接的 VLAN 的网络地址一致,和该终端连接在同一个 VLAN 上的路由器物理接口的 IP 地址作为该终端的默认网关地址。PC0 完成 IP 地址(IP Address)、子网掩码(Subnet Mask)和默认网关地址(Default Gateway)配置过程的界面如图 9.8 所示。

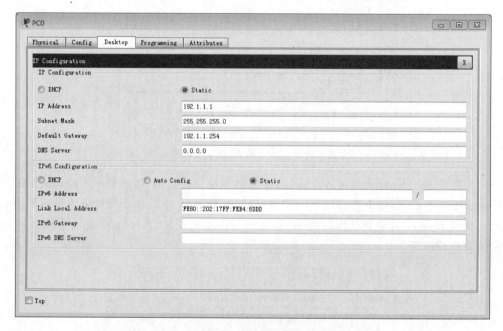

图 9.8　PC0 网络信息配置界面

（5）进入模拟操作模式,在报文类型过滤框中选中 ICMP 报文类型,通过简单报文工具启动 PC0 至 PC5 ICMP 报文传输过程。封装 ICMP 报文的 IP 分组 PC0 至 PC5 传输过程中,通过 VLAN 2 完成 PC0 至路由器连接 VLAN 2 的接口的传输过程。通过 VLAN 4 完成路由器连接 VLAN 4 的接口至 PC5 的传输过程。IP 分组 PC0 至路由器连接 VLAN 2 的接口的传输过程中,封装 IP 分组的 MAC 帧格式如图 9.9 所示。根据表 9.2 所示的 PC0、PC5 与路由器连接 VLAN 2 和 VLAN 4 的物理接口的 MAC 地址发现,IP 分组封装成以 PC0 以太网接口的 MAC 地址为源地址(SRC ADDR)、Router 连接 VLAN 2 接口的 MAC 地址为目的地址(DEST ADDR)的 MAC 帧。IP 分组路由器连接 VLAN 4 的接口至 PC5 的传输过程中,封装 IP 分组的 MAC 帧格式如图 9.10 所示。IP 分组封装成以 Router 连接 VLAN 4 接口的 MAC 地址为源地址(SRC ADDR)、PC5 以太网接口的 MAC 地址为目的地址(DEST ADDR)的 MAC 帧。

表 9.2 终端和路由器接口 MAC 地址

终端或路由器接口	MAC 地址
PC0	0002.17B4.8DDD
PC5	0001.C9C2.39B3
FastEthernet0/0(连接 VLAN 2 接口)	00E0.A3C9.1D01
FastEthernet1/0(连接 VLAN 4 接口)	00E0.B086.E725

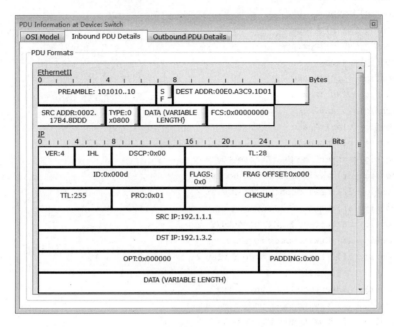

图 9.9 VLAN 2 内传输的 IP 分组的 MAC 帧格式

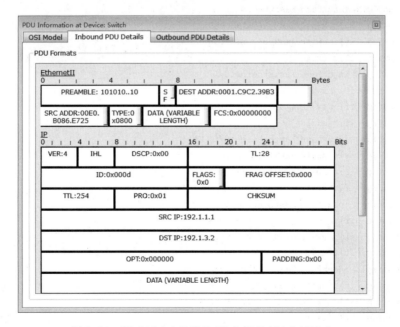

图 9.10 VLAN 4 内传输的 IP 分组的 MAC 帧格式

9.1.5 命令行接口配置过程

1. 交换机 Switch 命令行接口配置过程

Switch＞enable
Switch#configure terminal
Switch(config)#vlan 2
Switch(config-vlan)#name v2
Switch(config-vlan)#exit
Switch(config)#vlan 3
Switch(config-vlan)#name v3
Switch(config-vlan)#exit
Switch(config)#vlan 4
Switch(config-vlan)#name v4
Switch(config-vlan)#exit
Switch(config)#interface FastEthernet0/1
Switch(config-if)#switchport mode access
Switch(config-if)#switchport access vlan 2
Switch(config-if)#exit
Switch(config)#interface FastEthernet0/2
Switch(config-if)#switchport mode access
Switch(config-if)#switchport access vlan 2
Switch(config-if)#exit
Switch(config)#interface FastEthernet0/3
Switch(config-if)#switchport mode access
Switch(config-if)#switchport access vlan 2
Switch(config-if)#exit
Switch(config)#interface FastEthernet0/4
Switch(config-if)#switchport mode access
Switch(config-if)#switchport access vlan 3
Switch(config-if)#exit
Switch(config)#interface FastEthernet0/5
Switch(config-if)#switchport mode access
Switch(config-if)#switchport access vlan 3
Switch(config-if)#exit
Switch(config)#interface FastEthernet0/6
Switch(config-if)#switchport mode access
Switch(config-if)#switchport access vlan 3
Switch(config-if)#exit
Switch(config)#interface FastEthernet0/7
Switch(config-if)#switchport mode access
Switch(config-if)#switchport access vlan 4
Switch(config-if)#exit
Switch(config)#interface FastEthernet0/8
Switch(config-if)#switchport mode access
Switch(config-if)#switchport access vlan 4
Switch(config-if)#exit
Switch(config)#interface FastEthernet0/9

```
Switch(config-if)#switchport mode access
Switch(config-if)#switchport access vlan 4
Switch(config-if)#exit
```

2. 路由器 Router 命令行接口配置过程

```
Router>enable
Router#configure terminal
Router(config)#interface FastEthernet0/0
Router(config-if)#ip address 192.1.1.254 255.255.255.0
Router(config-if)#no shutdown
Router(config-if)#exit
Router(config)#interface FastEthernet0/1
Router(config-if)#ip address 192.1.2.254 255.255.255.0
Router(config-if)#no shutdown
Router(config-if)#exit
Router(config)#interface FastEthernet1/0
Router(config-if)#ip address 192.1.3.254 255.255.255.0
Router(config-if)#no shutdown
Router(config-if)#exit
```

9.2 三层交换机三层接口实验

9.2.1 实验内容

构建如图 9.11 所示的互联网结构，在交换机上创建三个 VLAN，分别将交换机端口 1、2 和 3 分配给 VLAN 2，将交换机端口 4、5 和 6 分配给 VLAN 3，将交换机端口 7、8 和 9 分配给 VLAN 4，实现连接在不同 VLAN 上的终端之间的通信过程。

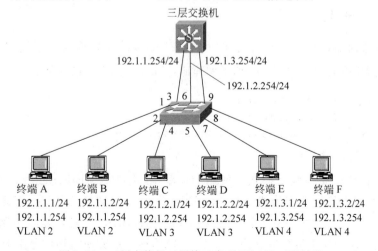

图 9.11 三层交换机三层接口实现 VLAN 互联过程

默认状态下,三层交换机端口是交换端口,即在定义 VLAN 对应的 IP 接口之前,三层交换机等同于二层交换机。但可以将指定三层交换机端口转换为三层接口,某个三层交换机端口一旦转换为三层接口,该三层交换机端口完全等同于路由器以太网接口。因此,如果将 24 端口的三层交换机的所有端口全部转换为三层接口,该三层交换机不再有二层交换机功能,变为有 24 个以太网接口的路由器。

9.2.2 实验目的

(1) 验证三层交换机的 IP 分组转发机制。
(2) 验证三层交换机三层接口配置过程。
(3) 体会三层交换机三层接口等同于路由器以太网接口的含义。
(4) 学会区分三层接口与 VLAN 对应的 IP 接口之间的差别。

9.2.3 实验原理

将图 9.11 中三层交换机连接二层交换机端口 3、6 和 9 的三个端口转换成三层接口,三层交换机这三个三层接口完全等同于路由器以太网接口。图 9.11 所示的实现 VLAN 互联的过程等同于图 9.1 所示的实现 VLAN 互联的过程。可以分别为这三个三层接口分配 IP 地址和子网掩码,每一个三层接口分配的 IP 地址和子网掩码决定了该三层接口连接的 VLAN 的网络地址,完成这三个三层接口的 IP 地址和子网掩码配置过程后,三层交换机自动生成包含三项直连路由项的路由表。

9.2.4 关键命令说明

1. 定义三层接口

以下命令序列实现将三层交换机端口 FastEthernet0/1 转换成三层接口,并实现为该三层接口分配 IP 地址 192.1.1.254 和子网掩码 255.255.255.0 的功能。

```
Switch(config)#interface FastEthernet0/1
Switch(config-if)#no switchport
Switch(config-if)#ip address 192.1.1.254 255.255.255.0
Switch(config-if)#exit
```

no switchport 是接口配置模式下使用的命令,在接口 FastEthernet0/1 的接口配置模式下,该命令的作用是取消交换机端口 FastEthernet0/1 的交换功能。一旦取消交换机端口 FastEthernet0/1 的交换功能,交换机端口 FastEthernet0/1 完全等同于路由器物理接口。只有取消三层交换机端口的交换功能后,才能为该三层交换机端口分配 IP 地址和子网掩码。

2. 启动三层交换机的路由功能

Switch(config)#ip routing

ip routing 是全局模式下使用的命令,该命令的作用是启动三层交换机的 IP 分组路由功能。默认状态下,三层交换机只有 MAC 帧转发功能,如果需要三层交换机具有 IP 分组转发功能,用该命令启动三层交换机的 IP 分组路由功能。路由器由于默认状态下已经具有 IP 分组路由功能,因此,无须使用该命令。需要说明的是,在为三层交换机配置路由协议前,必须事先通过该命令启动三层交换机的路由功能。

9.2.5 实验步骤

(1) 启动 Cisco Packet Tracer,在逻辑工作区根据图 9.11 所示的互联网结构放置和连接设备,完成设备放置和连接后的逻辑工作区界面如图 9.12 所示。

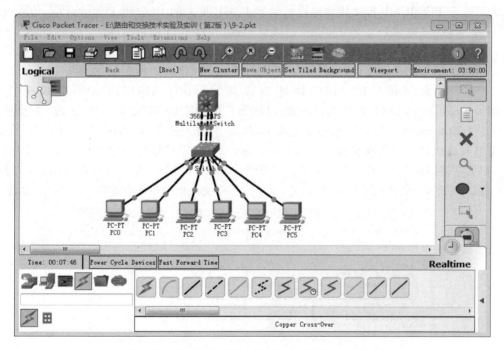

图 9.12 完成设备放置和连接后的逻辑工作区界面

(2) 按照图 9.11 所示的要求,在二层交换机 Switch 上创建三个 VLAN,并将交换机端口分配给 VLAN。

(3) 按照图 9.11 所示的要求,将三层交换机 Multilayer Switch 连接二层交换机的端口转换为三层接口,并完成接口 IP 地址和子网掩码配置过程。这个过程只能在命令行接口(CLI)配置方式下完成。完成三层接口配置过程后,三层接口信息如图 9.13 所示,自动生成的三项直连路由项如图 9.14 所示。

(4) 按照图 9.11 所示的要求,完成各个终端网络信息配置过程。

```
Port Status Summary Table for Multilayer Switch
Port              Link   VLAN   IP Address        IPv6 Address    MAC Address
FastEthernet0/1   Up     1      192.1.1.254/24    <not set>       0004.9AD9.BD01
FastEthernet0/2   Up     1      192.1.2.254/24    <not set>       0004.9AD9.BD02
FastEthernet0/3   Up     1      192.1.3.254/24    <not set>       0004.9AD9.BD03
```

图 9.13 三层接口信息

```
Routing Table for Multilayer Switch
Type   Network       Port             Next Hop II   Metric
C      192.1.1.0/24  FastEthernet0/1  ---           0/0
C      192.1.2.0/24  FastEthernet0/2  ---           0/0
C      192.1.3.0/24  FastEthernet0/3  ---           0/0
```

图 9.14 三层交换机 Multilayer Switch 路由表

（5）进入模拟操作模式，在报文类型过滤框中选中 ICMP 报文类型，通过简单报文工具启动 PC0 至 PC5 ICMP 报文传输过程。封装 ICMP 报文的 IP 分组 PC0 至 PC5 传输过程中，通过 VLAN 2 完成 PC0 至三层交换机接口 FastEthernet0/1 的传输过程。通过 VLAN 4 完成三层交换机接口 FastEthernet0/3 至 PC5 的传输过程。IP 分组 PC0 至三层交换机接口 FastEthernet0/1 的传输过程中，封装 IP 分组的 MAC 帧格式如图 9.15 所示。IP 分组封装成以 PC0 以太网接口的 MAC 地址为源地址（SRC ADDR）、三层交换机接口 FastEthernet0/1 的 MAC 地址为目的地址（DEST ADDR）的 MAC 帧。IP 分组三层交换机接口 FastEthernet0/3 至 PC5 的传输过程中，封装 IP 分组的 MAC 帧格式如图 9.16 所示。IP 分组封装成以三层交换机接口 FastEthernet0/3 的 MAC 地址为源地址（SRC ADDR）、PC5 以太网接口的 MAC 地址为目的地址（DEST ADDR）的 MAC 帧。值得指出的是，三层交换机端口由于可以转换成三层接口，因此，每一个三层交换机端口都有着唯一的 MAC 地址。

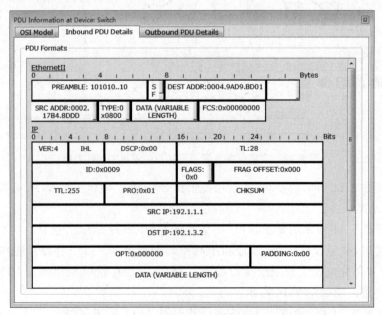

图 9.15 VLAN 2 内传输的 IP 分组的 MAC 帧格式

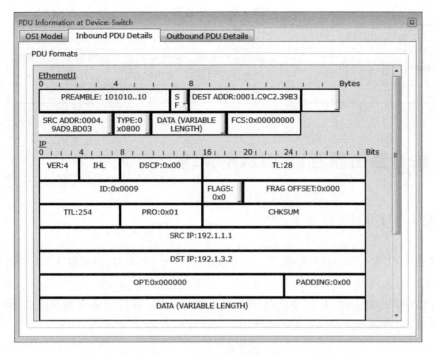

图 9.16　VLAN 4 内传输的 IP 分组的 MAC 帧格式

9.2.6　命令行接口配置过程

1. 三层交换机 Multilayer Switch 命令行接口配置过程

```
Switch> enable
Switch# configure terminal
Switch(config)# interface FastEthernet0/1
Switch(config-if)# no switchport
Switch(config-if)# ip address 192.1.1.254 255.255.255.0
Switch(config-if)# exit
Switch(config)# interface FastEthernet0/2
Switch(config-if)# no switchport
Switch(config-if)# ip address 192.1.2.254 255.255.255.0
Switch(config-if)# exit
Switch(config)# interface FastEthernet0/3
Switch(config-if)# no switchport
Switch(config-if)# ip address 192.1.3.254 255.255.255.0
Switch(config-if)# exit
Switch(config)# ip routing
```

二层交换机命令行接口配置过程与 9.1 节相同,不再赘述。

2. 命令列表

三层交换机命令行接口配置过程中使用的命令及功能和参数说明如表 9.3 所示。

表 9.3 命令列表

命 令 格 式	功能和参数说明
no switchport	取消某个三层交换机端口的交换功能,将该三层交换机端口转换为三层接口(路由接口)
ip routing	启动三层交换机的 IP 分组路由功能

9.3 单臂路由器互联 VLAN 实验

9.3.1 实验内容

构建图 9.17 所示的网络结构,将以太网划分为三个 VLAN,分别是 VLAN 2、VLAN 3 和 VLAN 4,并使得终端 A、B 和 G 属于 VLAN 2,终端 E、F 和 H 属于 VLAN 3,终端 C 和 D 属于 VLAN 4。路由器 R 用单个物理接口连接以太网,通过用单个物理接口连接以太网的路由器 R,实现属于不同 VLAN 的终端之间的通信过程。

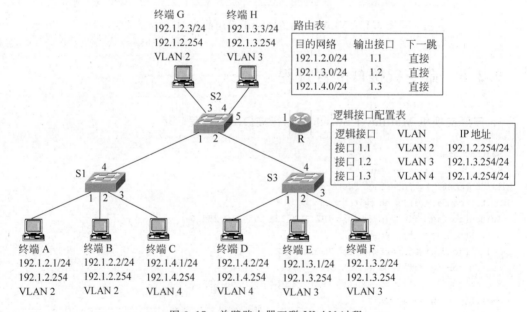

图 9.17 单臂路由器互联 VLAN 过程

9.3.2 实验目的

(1) 验证用单个路由器物理接口实现 VLAN 互联的机制。
(2) 验证单臂路由器的配置过程。
(3) 验证 VLAN 划分过程。
(4) 验证 VLAN 间 IP 分组传输过程。

9.3.3 实验原理

如图 9.17 所示，路由器 R 物理接口 1 连接交换机 S2 端口 5。对于交换机 S2 端口 5，一是必须被所有 VLAN 共享；二是必须存在至所有终端的交换路径。因此，交换机 S1、S2 和 S3 中创建的 VLAN 及 VLAN 与端口之间的映射分别如表 9.4～表 9.6 所示。对于路由器 R 物理接口 1，一是必须划分为多个逻辑接口，每一个逻辑接口连接一个 VLAN；二是路由器 R 物理接口 1 与交换机 S2 端口 5 之间传输的 MAC 帧必须携带 VLAN ID，路由器和交换机通过 VLAN ID 确定该 MAC 帧对应的逻辑接口和该 MAC 帧所属的 VLAN。

每一个逻辑接口需要分配 IP 地址和子网掩码，为某个逻辑接口分配的 IP 地址和子网掩码确定了该逻辑接口连接的 VLAN 的网络地址，该逻辑接口的 IP 地址成为连接在该 VLAN 上的终端的默认网关地址。为所有逻辑接口分配 IP 地址和子网掩码后，路由器 R 自动生成如图 9.17 所示的路由表。

表 9.4 交换机 S1 VLAN 与端口映射表

VLAN	接 入 端 口	共 享 端 口
VLAN 2	1,2	4
VLAN 4	3	4

表 9.5 交换机 S2 VLAN 与端口映射表

VLAN	接 入 端 口	共 享 端 口
VLAN 2	3	1,5
VLAN 3	4	2,5
VLAN 4		1,2,5

表 9.6 交换机 S3 VLAN 与端口映射表

VLAN	接 入 端 口	共 享 端 口
VLAN 3	2,3	4
VLAN 4	1	4

9.3.4 关键命令说明

路由器物理接口可以被划分为多个逻辑接口，每一个逻辑接口连接一个 VLAN，因此，定义逻辑接口时，需要指定该逻辑接口连接的 VLAN 的 VLAN ID。可以为逻辑接口分配 IP 地址和子网掩码，以下是定义逻辑接口的命令序列。

```
Router(config)#interface FastEthernet0/0.1
Router(config-subif)#encapsulation dot1q 2
Router(config-subif)#ip address 192.1.2.254 255.255.255.0
Router(config-subif)#exit
```

interface FastEthernet0/0.1 是全局模式下使用的命令，该命令的作用是在物理接口 FastEthernet0/0 基础上定义子接口编号为 1 的逻辑接口，并进入逻辑接口配置模式。用 FastEthernet0/0.1 表示在物理接口 FastEthernet0/0 基础上定义的子接口编号为 1 的逻辑接口。

encapsulation dot1q 2 是逻辑接口配置模式下使用的命令，该命令的作用是将通过该逻辑接口输入输出的 MAC 帧的封装格式指定为 VLAN ID＝2 的 802.1q 封装格式，同时建立逻辑接口 FastEthernet0/0.1 与 VLAN 2 之间的关联。

路由器完成连接在不同 VLAN 上的终端之间通信过程的机制如下：一是能够确定接收到的 MAC 帧所对应的逻辑接口，能够从输入逻辑接口连接的 VLAN 所对应的 802.1q 封装格式中分离出 IP 分组；二是根据 IP 分组的目的 IP 地址和路由表确定输出逻辑接口；三是将 IP 分组重新封装成输出逻辑接口连接的 VLAN 所对应的 802.1q 封装格式。因此需要为每一个逻辑接口建立如下关联：一是与输入输出该逻辑接口的 MAC 帧 802.1q 封装格式之间的关联；二是与该逻辑接口连接的 VLAN 的 VLAN ID 之间的关联。只有建立上述关联后，才能为该逻辑接口分配 IP 地址和子网掩码。

9.3.5 实验步骤

（1）启动 Cisco Packet Tracer，在逻辑工作区根据图 9.17 所示的互联网结构放置和连接设备，完成设备放置和连接后的逻辑工作区界面如图 9.18 所示。

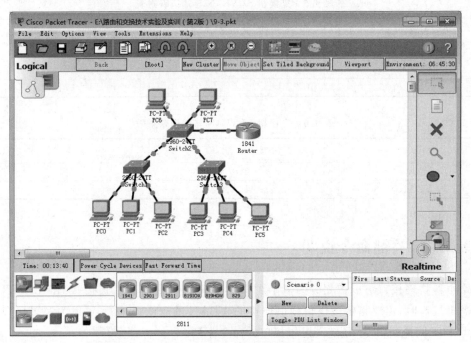

图 9.18　完成设备放置和连接后的逻辑工作区界面

（2）根据表 9.4～表 9.6 所示的 VLAN 与端口之间的映射，分别在交换机 Switch1、Switch2 和 Switch3 中完成 VLAN 创建和将相关端口分配给对应的 VLAN 的过程。

(3) 在命令行接口(CLI)配置方式下,在路由器物理接口 FastEthernet0/0 基础上,定义逻辑接口 FastEthernet0/0.1、FastEthernet0/0.2 和 FastEthernet0/0.3,建立这三个逻辑接口与对应的 MAC 帧 802.1q 封装格式和 VLAN 之间的关联,并为这三个逻辑接口分配 IP 地址和子网掩码。完成这三个逻辑接口的配置过程后,路由器 Router 自动生成如图 9.19 所示的直连路由项。

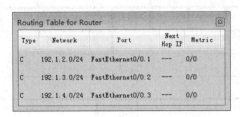

图 9.19　路由器 Router 路由表

(4) 根据图 9.17 所示的终端网络信息,完成终端 IP 地址、子网掩码和默认网关地址的配置过程。与终端连接的 VLAN 关联的逻辑接口的 IP 地址就是该终端的默认网关地址。

(5) 进入模拟操作模式,启动 IP 分组 PC0 至 PC5 传输过程,在 Switch2 至 Router 这一段,IP 分组封装成以 PC0 的 MAC 地址为源地址(SRC ADDR)、Router 物理接口 FastEthernet0/0 的 MAC 地址为目的地址(DEST ADDR)、VLAN ID=2(TCI：0x0002)的 MAC 帧,MAC 帧格式如图 9.20 所示。在 Router 至 Switch2 这一段,IP 分组封装成以 Router 物理接口 FastEthernet0/0 的 MAC 地址为源地址(SRC ADDR)、PC5 的 MAC 地址为目的地址(DEST ADDR)、VLAN ID=3(TCI：0x0003)的 MAC 帧,MAC 帧格式如图 9.21 所示。

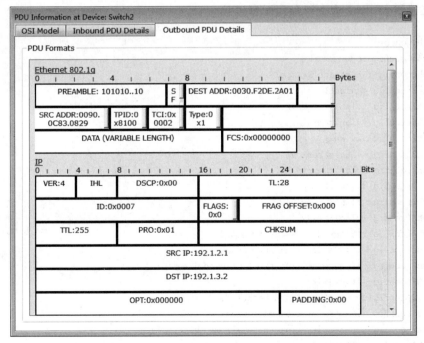

图 9.20　从逻辑接口 FastEthernet0/0.1 输入的 MAC 帧格式

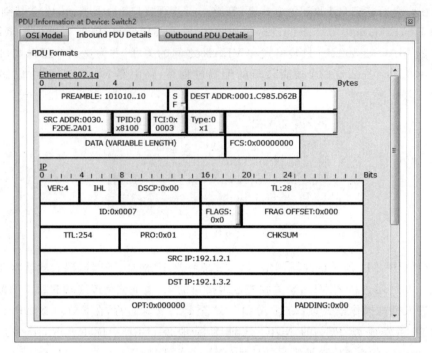

图 9.21　从逻辑接口 FastEthernet0/0.2 输出的 MAC 帧格式

9.3.6　命令行接口配置过程

1. 交换机 Switch2 命令行接口配置过程

```
Switch>enable
Switch#configure terminal
Switch(config)#hostname Switch2
Switch2(config)#vlan 2
Switch2(config-vlan)#name v2
Switch2(config-vlan)#exit
Switch2(config)#vlan 3
Switch2(config-vlan)#name v3
Switch2(config-vlan)#exit
Switch2(config)#vlan 4
Switch2(config-vlan)#name v4
Switch2(config-vlan)#exit
Switch2(config)#interface FastEthernet0/1
Switch2(config-if)#switchport mode trunk
Switch2(config-if)#switchport trunk allowed vlan 2,4
Switch2(config-if)#exit
Switch2(config)#interface FastEthernet0/2
Switch2(config-if)#switchport mode trunk
Switch2(config-if)#switchport trunk allowed vlan 3,4
Switch2(config-if)#exit
Switch2(config)#interface FastEthernet0/3
```

```
Switch2(config-if)#switchport mode access
Switch2(config-if)#switchport access vlan 2
Switch2(config-if)#exit
Switch2(config)#interface FastEthernet0/4
Switch2(config-if)#switchport mode access
Switch2(config-if)#switchport access vlan 3
Switch2(config-if)#exit
Switch2(config)#interface FastEthernet0/5
Switch2(config-if)#switchport mode trunk
Switch2(config-if)#switchport trunk allowed vlan 2,3,4
Switch2(config-if)#exit
```

2. 路由器 Router 命令行接口配置过程

```
Router>enable
Router#configure terminal
Router(config)#interface FastEthernet0/0
Router(config-subif)#no shutdown
Router(config-subif)#exit
Router(config)#interface FastEthernet0/0.1
Router(config-subif)#encapsulation dot1q 2
Router(config-subif)#ip address 192.1.2.254 255.255.255.0
Router(config-subif)#exit
Router(config)#interface FastEthernet0/0.2
Router(config-subif)#encapsulation dot1q 3
Router(config-subif)#ip address 192.1.3.254 255.255.255.0
Router(config-subif)#exit
Router(config)#interface FastEthernet0/0.3
Router(config-subif)#encapsulation dot1q 4
Router(config-subif)#ip address 192.1.4.254 255.255.255.0
Router(config-subif)#exit
```

3. 命令列表

路由器命令行接口配置过程中使用的命令及功能和参数说明如表 9.7 所示。

表 9.7 命令列表

命令格式	功能和参数说明
interface *type number . subinterface-number*	定义逻辑接口，并进入逻辑接口配置模式。参数 *type number* 用于指定物理接口，参数 *subinterface-number* 是子接口编号。允许将单个物理接口划分为多个子接口编号不同的逻辑接口
encapsulation dot1q *vlan-id*	将通过某个逻辑接口输入输出的 MAC 帧格式定义为由参数 *vlan-id* 指定的 VLAN 对应的 802.1q 格式，同时建立该逻辑接口与由参数 *vlan-id* 指定的 VLAN 之间的关联

9.4 三层交换机 IP 接口实验

9.4.1 实验内容

构建图 9.22 所示的网络结构,在三层交换机 S1 上创建两个 VLAN,分别是 VLAN 2 和 VLAN 3,终端 A 和终端 B 属于 VLAN 2,终端 C 和终端 D 属于 VLAN 3,由三层交换机 S1 实现属于同一 VLAN 的终端之间的通信过程和属于不同 VLAN 的终端之间的通信过程。

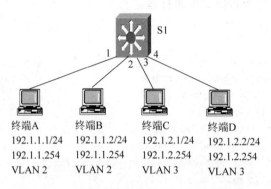

图 9.22 三层交换机实现 VLAN 互联过程

9.4.2 实验目的

(1) 验证三层交换机的路由功能。
(2) 验证三层交换机的交换功能。
(3) 验证三层交换机实现 VLAN 间通信的过程。
(4) 区分 VLAN 关联的 IP 接口与路由器接口之间的差别。

9.4.3 实验原理

图 9.22 中的交换机 S1 是一个三层交换机,具有二层交换功能和三层路由功能。二层交换功能用于实现属于同一 VLAN 的终端之间的通信过程。三层路由功能用于实现属于不同 VLAN 的终端之间的通信过程。图 9.23 给出交换机 S1 二层交换功能和三层路由功能的实现原理。每一个 VLAN 对应的网桥用于实现二层交换功能。路由模块能够为每一个 VLAN 定义一个 IP 接口,并为该 IP 接口分配 IP 地址和子网掩码,该 IP 接口的 IP 地址和子网掩码确定了该 IP 接口关联的 VLAN 的网络地址。连接在每一个 VLAN 上的终端与该 VLAN 关联的 IP 接口之间必须建立交换路径,与某个 VLAN 关联的 IP 接口的 IP 地址作为连接在该 VLAN 上的终端的默认网关地址。为每一个 VLAN 定义的 IP 接口在实

现 VLAN 间 IP 分组转发功能方面等同于路由器逻辑接口。由于三层交换机中可以定义大量 VLAN,因此,三层交换机的路由模块可以看作是存在大量逻辑接口的路由器,且接口数量可以随着需要定义 IP 接口的 VLAN 数量变化而变化。

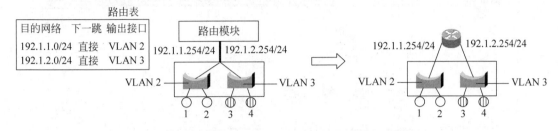

图 9.23 二层交换功能和三层路由功能的实现原理

9.4.4 关键命令说明

以下命令序列用于定义 VLAN 2 关联的 IP 接口,并为该 IP 接口分配 IP 地址和子网掩码。

```
Switch(config) # interface vlan 2
Switch(config - if) # ip address 192.1.1.254 255.255.255.0
Switch(config - if) # exit
```

interface vlan 2 是全局模式下使用的命令,该命令的作用是定义 VLAN 2 对应的 IP 接口,并进入 IP 接口配置模式。如果将三层交换机的路由模块看作是路由器,则 IP 接口等同于路由器的逻辑接口。路由模块通过不同的 IP 接口连接不同的 VLAN,连接在某个 VLAN 上的终端必须建立与该 VLAN 对应的 IP 接口之间的交换路径,该终端发送给连接在其他 VLAN 上的终端的 IP 分组,封装成 MAC 帧后,通过 VLAN 内该终端与 IP 接口之间的交换路径发送给 IP 接口。

三层交换机中定义某个 VLAN 对应的 IP 接口的前提是,已经在三层交换机中创建该 VLAN,并已经有端口分配给该 VLAN。分配给该 VLAN 的端口可以是接入端口,也可以是共享端口。定义某个 VLAN 对应的 IP 接口后,可以为该 IP 接口分配 IP 地址和子网掩码。

9.4.5 实验步骤

(1) 启动 Cisco Packet Tracer,在逻辑工作区根据图 9.22 所示的互联网结构放置和连接设备,完成设备放置和连接后的逻辑工作区界面如图 9.24 所示。

(2) 在三层交换机 Multilayer Switch 中创建编号分别为 2 和 3 的两个 VLAN(VLAN 2 和 VLAN 3),在图形接口(Config)配置方式下,三层交换机 Multilayer Switch 创建 VLAN 的界面如图 9.25 所示。将端口 FastEthernet0/1、FastEthernet0/2 作为非标记端口(Access 端口)分配给 VLAN 2,将端口 FastEthernet0/3、FastEthernet0/4 作为非标记端口(Access 端口)分配给 VLAN 3。在图形接口(Config)配置方式下,三层交换机 Multilayer Switch 将端口分配给 VLAN 的界面如图 9.26 所示。由此说明,三层交换机有着与二层交换机相同的创建 VLAN、为 VLAN 分配端口的功能。

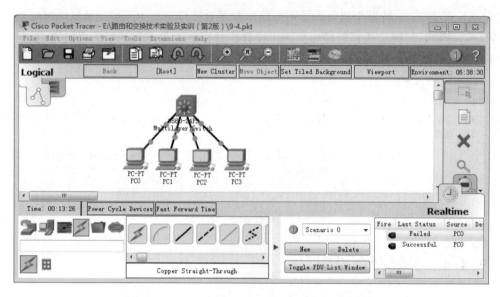

图 9.24　完成设备放置和连接后的逻辑工作区界面

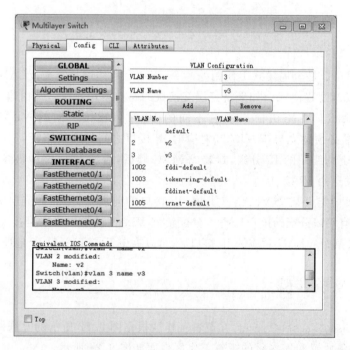

图 9.25　三层交换机 Multilayer Switch 创建 VLAN 的界面

(3) 在命令行接口(CLI)配置方式下,分别为编号为 2 和 3 的 VLAN 定义 IP 接口,为这两个 IP 接口配置 IP 地址和子网掩码。完成所有 IP 接口配置后,Multilayer Switch 的端口状态信息如图 9.27 所示,与 VLAN 2 和 VLAN 3 关联的 IP 接口由特殊的 MAC 地址标识。三层交换机生成的路由表如图 9.28 所示,每一项路由项的输出接口是与 IP 接口关联的 VLAN。即三层路由模块中的路由项只能给出用于输出封装 IP 分组的 MAC 帧的 VLAN,由二层交换模块确定该 VLAN 中用于输出封装 IP 分组的 MAC 帧的交换机端口。

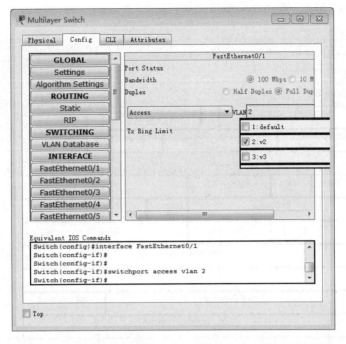

图 9.26　三层交换机 Multilayer Switch 将端口分配给 VLAN 的界面

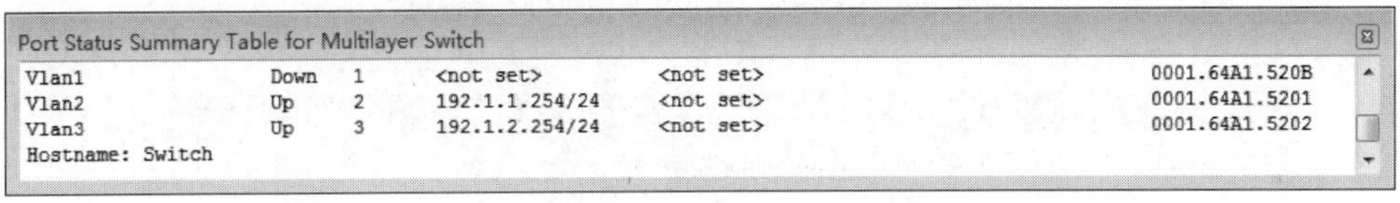

图 9.27　三层交换机 Multilayer Switch 的端口状态信息

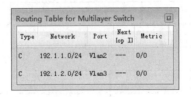

图 9.28　三层交换机生成的路由表

（4）根据图 9.22 所示的终端网络信息为各个终端配置 IP 地址、子网掩码和默认网关地址。三层交换机 IP 接口配置的 IP 地址和子网掩码确定该 IP 接口关联的 VLAN 的网络地址，与某个 VLAN 关联的 IP 接口的 IP 地址作为连接在该 VLAN 上的终端的默认网关地址。

（5）进入模拟操作模式，启动 IP 分组 PC0 至 PC3 传输过程，在 PC0 至 VLAN 2 关联的 IP 接口这一段，IP 分组封装成以 PC0 的 MAC 地址为源地址（SRC ADDR）、以标识 VLAN 2 关联的 IP 接口的特殊 MAC 地址为目的地址（DEST ADDR）的 MAC 帧，MAC 帧格式如图 9.29 所示。在 VLAN 3 关联的 IP 接口至 PC3 这一段，IP 分组封装成以标识 VLAN 3 关联的 IP 接口的特殊 MAC 地址为源地址（SRC ADDR）、以 PC3 的 MAC 地址为目的地址

（DEST ADDR）的 MAC 帧，MAC 帧格式如图 9.30 所示。

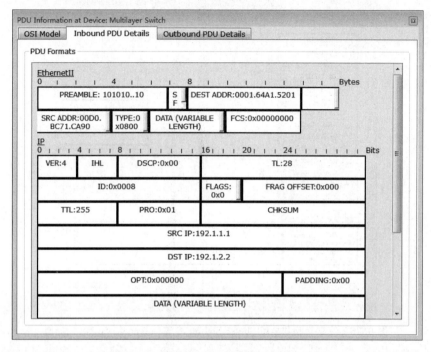

图 9.29　IP 分组 VLAN 2 内 MAC 帧格式

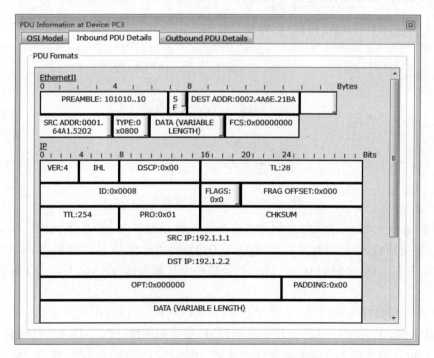

图 9.30　IP 分组 VLAN 3 内 MAC 帧格式

9.4.6 命令行接口配置过程

1. 三层交换机 Multilayer Switch 命令行接口配置过程

```
Switch>enable
Switch#configure terminal
Switch(config)#vlan 2
Switch(config-vlan)#name v2
Switch(config-vlan)#exit
Switch(config)#vlan 3
Switch(config-vlan)#name v3
Switch(config-vlan)#exit
Switch(config)#interface FastEthernet0/1
Switch(config-if)#switchport mode access
Switch(config-if)#switchport access vlan 2
Switch(config-if)#exit
Switch(config)#interface FastEthernet0/2
Switch(config-if)#switchport mode access
Switch(config-if)#switchport access vlan 2
Switch(config-if)#exit
Switch(config)#interface FastEthernet0/3
Switch(config-if)#switchport mode access
Switch(config-if)#switchport access vlan 3
Switch(config-if)#exit
Switch(config)#interface FastEthernet0/4
Switch(config-if)#switchport mode access
Switch(config-if)#switchport access vlan 3
Switch(config-if)#exit
Switch(config)#interface vlan 2
Switch(config-if)#ip address 192.1.1.254 255.255.255.0
Switch(config-if)#exit
Switch(config)#interface vlan 3
Switch(config-if)#ip address 192.1.2.254 255.255.255.0
Switch(config-if)#exit
Switch(config)#ip routing
```

2. 命令列表

三层交换机命令行接口配置过程中使用的命令及功能和参数说明如表 9.8 所示。

表 9.8 命令列表

命 令 格 式	功能和参数说明
interface vlan *vlan-id*	定义 IP 接口,并进入 IP 接口配置模式。参数 *vlan-id* 用于指定与 IP 接口关联的 VLAN。三层交换机路由模块的 IP 接口等同于路由器的逻辑接口

9.5 多个三层交换机互连实验

9.5.1 实验内容

构建如图 9.31 所示的网络结构。在三层交换机 S1 上创建两个 VLAN,分别是 VLAN 2 和 VLAN 3,终端 A 和终端 B 属于 VLAN 2,终端 C 和终端 D 属于 VLAN 3。在三层交换机 S2 上创建两个 VLAN,分别是 VLAN 4 和 VLAN 5,终端 E 和终端 F 属于 VLAN 4,终端 G 和终端 H 属于 VLAN 5。实现属于同一 VLAN 的两个终端之间的通信过程和属于不同 VLAN 的两个终端之间的通信过程。

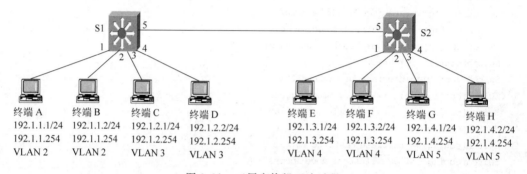

图 9.31 三层交换机互连过程

9.5.2 实验目的

(1) 加深理解三层交换机的路由功能。
(2) 验证三层交换机建立完整路由表的过程。
(3) 验证三层交换机 RIP 配置过程。
(4) 验证多个三层交换机互连过程。

9.5.3 实验原理

三层交换机 S1 针对 VLAN 2 和 VLAN 3 实现 VLAN 内和 VLAN 间通信的过程,以及三层交换机 S2 针对 VLAN 4 和 VLAN 5 实现 VLAN 内和 VLAN 间通信的过程,已经在 9.4 节中做了详细讨论。这一节讨论的重点是如何实现 VLAN 2 和 VLAN 3 与 VLAN 4 和 VLAN 5 之间的通信过程。

为了实现 VLAN 2 和 VLAN 3 与 VLAN 4 和 VLAN 5 之间的通信过程,需要创建一个实现三层交换机 S1 和 S2 互连的 VLAN,如图 9.32 所示的 VLAN 6。三层交换机 S1 中需要定义 VLAN 6 对应的 IP 接口,并为 IP 接口分配 IP 地址 192.1.5.1 和子网掩码 255.255.255.0,三层交换机 S2 中需要定义 VLAN 6 对应的 IP 接口,并为 IP 接口分配 IP 地址 192.1.5.2 和子网掩码 255.255.255.0。对于三层交换机 S1,通往 VLAN 4 和 VLAN 5 的传输路径上的下一跳是三层交换机 S2 中 VLAN 6 对应的 IP 接口。对于三层交换机 S2,通往 VLAN 2 和 VLAN 3 的传输路径上的下一跳是三层交换机 S1 中 VLAN 6 对应的 IP 接口。由此可以生成如图 9.32 所示的三层交换机 S1 和 S2 的完整路由表。三层交换机 S1 和 S2 路由表中用于指明通往没有直接连接的网络的传输路径的路由项可以通过路由协议 RIP 生成。

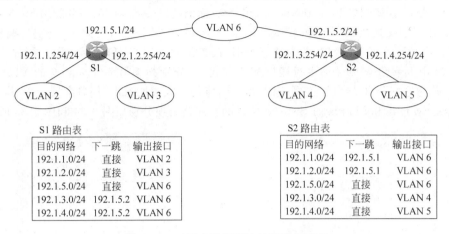

图 9.32　三层交换机互连过程实现原理

9.5.4　实验步骤

（1）启动 Cisco Packet Tracer，在逻辑工作区根据图 9.31 所示的互联网结构放置和连接设备，完成设备放置和连接后的逻辑工作区界面如图 9.33 所示。

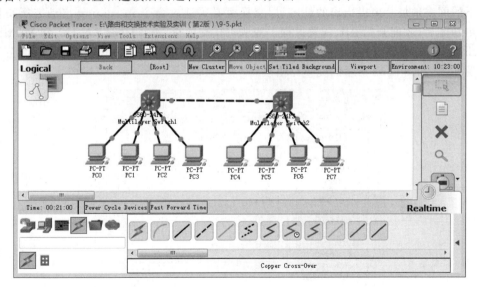

图 9.33　完成设备放置和连接后的逻辑工作区界面

（2）在三层交换机 Multilayer Switch1 中创建编号分别为 2、3 和 6 的三个 VLAN（VLAN 2、VLAN 3 和 VLAN 6），将端口 FastEthernet0/1、FastEthernet0/2 作为非标记端口（Access 端口）分配给 VLAN 2。将端口 FastEthernet0/3、FastEthernet0/4 作为非标记端口（Access 端口）分配给 VLAN 3。将端口 FastEthernet0/5 作为非标记端口（Access 端口）分配给 VLAN 6。

在三层交换机 Multilayer Switch2 中创建编号分别为 4、5 和 6 的三个 VLAN(VLAN 4、VLAN 5 和 VLAN 6),将端口 FastEthernet0/1、FastEthernet0/2 作为非标记端口(Access 端口)分配给 VLAN 4。将端口 FastEthernet0/3、FastEthernet0/4 作为非标记端口(Access 端口)分配给 VLAN 5。将端口 FastEthernet0/5 作为非标记端口(Access 端口)分配给 VLAN 6。

(3) 在三层交换机 Multilayer Switch1 命令行接口(CLI)配置方式下,分别为编号为 2、3 和 6 的 VLAN 定义 IP 接口,并为这三个 IP 接口配置 IP 地址和子网掩码。同样,在三层交换机 Multilayer Switch2 命令行接口配置方式下,分别为编号为 4、5 和 6 的 VLAN 定义 IP 接口,并为这三个 IP 接口配置 IP 地址和子网掩码。完成所有 IP 接口配置后,三层交换机 Multilayer Switch1 和 Multilayer Switch2 生成的直连路由项分别如图 9.34 和图 9.35 所示。

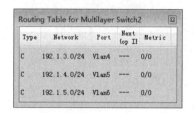

图 9.34　三层交换机 Multilayer Switch 1 直连路由项　　图 9.35　三层交换机 Multilayer Switch 2 直连路由项

(4) 完成三层交换机 Multilayer Switch1 和 Multilayer Switch2 的 RIP 配置过程,三层交换机 Multilayer Switch1 图形接口(Config)配置方式下的 RIP 配置界面如图 9.36 所示,192.1.1.0、192.1.2.0 和 192.1.5.0 是 Multilayer Switch1 直接连接的三个网络分类编址形式下的网络地址。值得指出的是,三层交换机必须通过命令 ip routing 启动三层交换机的路由功能后,才能开始 RIP 配置过程。完成三层交换机 Multilayer Switch1 和 Multilayer Switch2 的 RIP 配置过程后,三层交换机 Multilayer Switch1 和 Multilayer Switch2 分别生成如图 9.37 和图 9.38 所示的完整路由表。

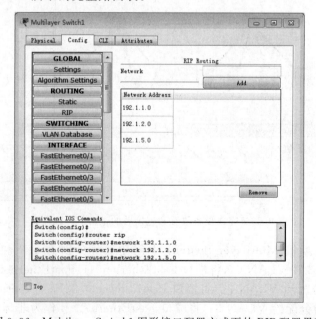

图 9.36　Multilayer Switch1 图形接口配置方式下的 RIP 配置界面

Routing Table for Multilayer Switch1

Type	Network	Port	Next Hop IP	Metric
C	192.1.1.0/24	Vlan2	---	0/0
C	192.1.2.0/24	Vlan3	---	0/0
R	192.1.3.0/24	Vlan6	192.1.5.2	120/1
R	192.1.4.0/24	Vlan6	192.1.5.2	120/1
C	192.1.5.0/24	Vlan6	---	0/0

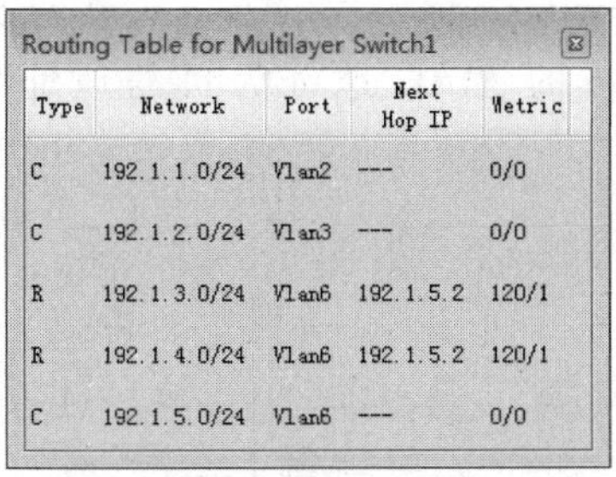

图 9.37　三层交换机 Multilayer Switch1 完整路由表

Routing Table for Multilayer Switch2

Type	Network	Port	Next Hop IP	Metric
R	192.1.1.0/24	Vlan6	192.1.5.1	120/1
R	192.1.2.0/24	Vlan6	192.1.5.1	120/1
C	192.1.3.0/24	Vlan4	---	0/0
C	192.1.4.0/24	Vlan5	---	0/0
C	192.1.5.0/24	Vlan6	---	0/0

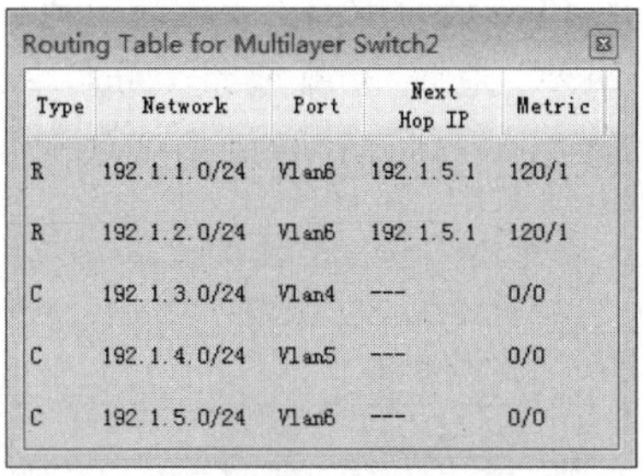

图 9.38　三层交换机 Multilayer Switch2 完整路由表

（5）根据图 9.31 所示的终端网络信息为各个终端配置 IP 地址、子网掩码和默认网关地址，三层交换机 IP 接口配置的 IP 地址和子网掩码确定该 IP 接口关联的 VLAN 的网络地址，与某个 VLAN 关联的 IP 接口的 IP 地址成为连接在该 VLAN 上的终端的默认网关地址。

（6）进入模拟操作模式，启动 IP 分组 PC0 至 PC7 的传输过程，在 PC0 至 VLAN 2 关联的 IP 接口这一段，IP 分组封装成以 PC0 的 MAC 地址为源地址（SRC ADDR）、以 Multilayer Switch1 标识 VLAN 2 关联的 IP 接口的特殊 MAC 地址为目的地址（DEST ADDR）的 MAC 帧，MAC 帧格式如图 9.39 所示。在 Multilayer Switch1 VLAN 6 关联的 IP 接口至 Multilayer Switch2 VLAN 6 关联的 IP 接口这一段，IP 分组封装成以 Multilayer Switch1 标识 VLAN 6 关联的 IP 接口的特殊 MAC 地址为源地址（SRC ADDR）、以 Multilayer Switch2 标识 VLAN 6 关联的 IP 接口的特殊 MAC 地址为目的地址（DEST ADDR）的 MAC 帧，MAC 帧格式如图 9.40 所示。在 Multilayer Switch2 VLAN 5 关联的

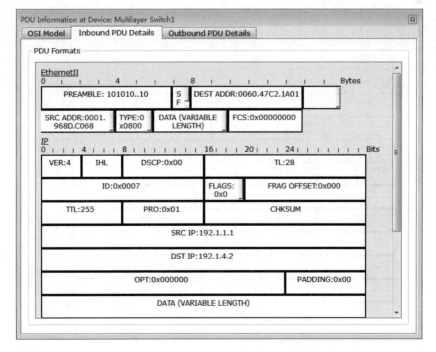

图 9.39　IP 分组 VLAN 2 内 MAC 帧格式

IP 接口至 PC7 这一段，IP 分组封装成以 Multilayer Switch2 标识 VLAN 5 关联的 IP 接口的特殊 MAC 地址为源地址（SRC ADDR）、以 PC7 的 MAC 地址为目的地址（DEST ADDR）的 MAC 帧，MAC 帧格式如图 9.41 所示。

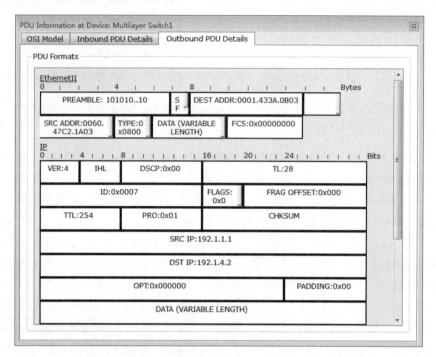

图 9.40　IP 分组 VLAN 6 内 MAC 帧格式

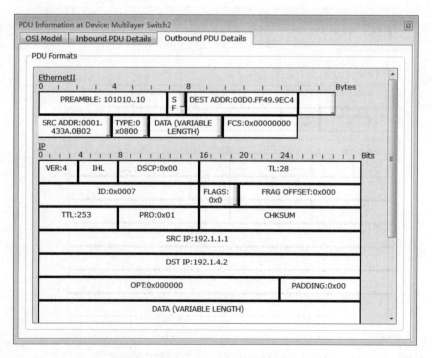

图 9.41　IP 分组 VLAN 5 内 MAC 帧格式

9.5.5 命令行接口配置过程

三层交换机 Multilayer Switch1 命令行接口配置过程如下。

```
Switch> enable
Switch# configure terminal
Switch(config)# vlan 2
Switch(config-vlan)# name v2
Switch(config-vlan)# exit
Switch(config)# vlan 3
Switch(config-vlan)# name v3
Switch(config-vlan)# exit
Switch(config)# vlan 6
Switch(config-vlan)# name v6
Switch(config-vlan)# exit
Switch(config)# interface FastEthernet0/1
Switch(config-if)# switchport mode access
Switch(config-if)# switchport access vlan 2
Switch(config-if)# exit
Switch(config)# interface FastEthernet0/2
Switch(config-if)# switchport mode access
Switch(config-if)# switchport access vlan 2
Switch(config-if)# exit
Switch(config)# interface FastEthernet0/3
Switch(config-if)# switchport mode access
Switch(config-if)# switchport access vlan 3
Switch(config-if)# exit
Switch(config)# interface FastEthernet0/4
Switch(config-if)# switchport mode access
Switch(config-if)# switchport access vlan 3
Switch(config-if)# exit
Switch(config)# interface FastEthernet0/5
Switch(config-if)# switchport mode access
Switch(config-if)# switchport access vlan 6
Switch(config-if)# exit
Switch(config)# interface vlan 2
Switch(config-if)# ip address 192.1.1.254 255.255.255.0
Switch(config-if)# exit
Switch(config)# interface vlan 3
Switch(config-if)# ip address 192.1.2.254 255.255.255.0
Switch(config-if)# exit
Switch(config)# interface vlan 6
Switch(config-if)# ip address 192.1.5.1 255.255.255.0
Switch(config-if)# exit
```

```
Switch(config)#ip routing
Switch(config)#router rip
Switch(config-router)#network 192.1.1.0
Switch(config-router)#network 192.1.2.0
Switch(config-router)#network 192.1.5.0
Switch(config-router)#exit
```

三层交换机 Multilayer Switch2 命令行接口配置过程与三层交换机 Multilayer Switch1 相似,不再赘述。

9.6 两个三层交换机互连实验

9.6.1 实验内容

构建如图 9.42 所示的互联网结构。在三层交换机 S1 上创建两个 VLAN,分别是 VLAN 2 和 VLAN 3,终端 A 和终端 B 属于 VLAN 2,终端 C 和终端 D 属于 VLAN 3。与 9.5 节不同的是,在三层交换机 S2 上同样创建两个编号分别是 2 和 3 的 VLAN,即 VLAN 2 和 VLAN 3,并使得终端 E 和终端 F 属于 VLAN 2,终端 G 和终端 H 属于 VLAN 3。实现属于同一 VLAN 的两个终端之间的通信过程和属于不同 VLAN 的两个终端之间的通信过程。

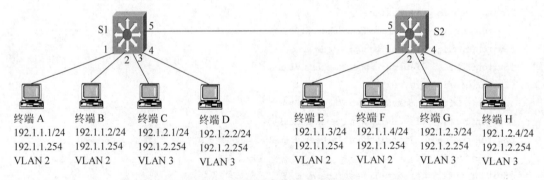

图 9.42 三层交换机互连过程

9.6.2 实验目的

(1) 进一步理解三层交换机的二层交换功能。
(2) 区分三层交换机 IP 接口与路由器逻辑接口之间的差别。
(3) 区分三层交换机与路由器之间的差别。
(4) 了解跨交换机 VLAN 与 IP 接口组合带来的便利。
(5) 验证 IP 分组逐跳转发过程。
(6) 验证三层交换机 RIP 配置过程。

9.6.3 实验原理

1. VLAN 配置

为实现 VLAN 内通信过程，属于同一 VLAN 的终端之间必须建立交换路径。表 9.9 和表 9.10 分别给出三层交换机 S1 和 S2 VLAN 与端口之间的映射。根据表 9.9 和表 9.10 所示的 VLAN 与端口之间的映射，完成三层交换机 S1 和 S2 VLAN 配置过程后，三层交换机 S1 和 S2 的 VLAN 内交换路径如图 9.43 所示。

表 9.9　S1 VLAN 与端口映射表

VLAN	接 入 端 口	共 享 端 口
VLAN 2	1,2	5
VLAN 3	3,4	5

表 9.10　S2 VLAN 与端口映射表

VLAN	接 入 端 口	共 享 端 口
VLAN 2	1,2	5
VLAN 3	3,4	5

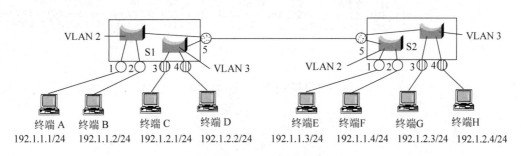

图 9.43　VLAN 配置过程

2. IP 接口配置方式一

S1 实现 VLAN 互联的过程如图 9.44 所示。图 9.44(a)给出 VLAN 内交换路径和 VLAN 间 IP 分组传输路径。图 9.44(b)给出由 S1 路由模块实现 VLAN 互联的逻辑结构。

在 S1 中定义两个分别对应 VLAN 2 和 VLAN 3 的 IP 接口。属于 VLAN 2 的终端必须建立与 VLAN 2 对应的 IP 接口之间的交换路径。属于 VLAN 3 的终端必须建立与 VLAN 3 对应的 IP 接口之间的交换路径。三层交换机 S2 完全作为二层交换机使用，用于建立属于同一 VLAN 的终端之间的交换路径和连接在三层交换机 S2 上的终端与对应的 IP 接口之间的交换路径。为两个 IP 接口分配 IP 地址和子网掩码，为某个 IP 接口分配的 IP 地址和子网掩码决定了该 IP 接口连接的 VLAN 的网络地址，连接在该 VLAN 上的终端以连接该 VLAN 的 IP 接口的 IP 地址为默认网关地址。属于同一 VLAN 的终端之间通过已经建立的终端之间的交换路径完成 MAC 帧传输过程。如终端 A 至终端 E MAC 帧传输过程经过的交换路径如下：S1.端口1→S1.端口5→S2.端口5→S2.端口1。

属于不同 VLAN 的终端之间的 IP 分组传输过程需要经过路由模块，由路由模块完成 IP 分组转发过程。因此，终端 E 至终端 G IP 分组传输路径分为两段：一段是终端 E 至连接 VLAN 2 的 IP 接口；另一段是连接 VLAN 3 的 IP 接口至终端 G。IP 分组终端 E 至连接 VLAN 2 的 IP 接口传输过程中，IP 分组封装成以终端 E 的 MAC 地址为源 MAC 地址、以 S1 标识 VLAN 2 关联的 IP 接口的特殊 MAC 地址为目的 MAC 地址的 MAC 帧，MAC 帧经过的交换路径如下：S2.端口1→S2.端口5→S1.端口5→连接 VLAN 2 的 IP 接口。路由模块通过连接 VLAN 2 的 IP 接口接收到该 MAC 帧，从该 MAC 帧中分离出 IP 分组，根据 IP 分组的目的 IP 地址和路由表，确定将 IP 分组通过连接 VLAN 3 的 IP 接口输出。IP 分组封装成以 S1 标识 VLAN 3 关联的 IP 接口的特殊 MAC 地址为源 MAC 地址、以终端 G 的 MAC 地址为目的 MAC 地址的 MAC 帧，MAC 帧经过的交换路径如下：连接 VLAN 3 的 IP 接口→S1.端口5→S2.端口5→S2.端口3。

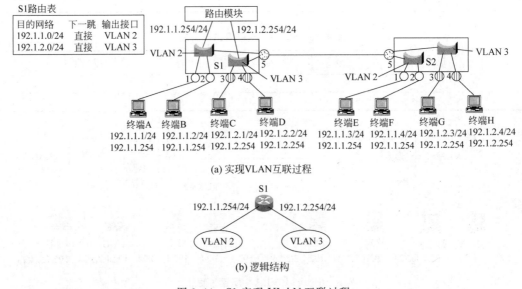

图 9.44　S1 实现 VLAN 互联过程

3. IP 接口配置方式二

S1 和 S2 同时实现 VLAN 互联的过程如图 9.45 所示。图 9.45(a)给出 VLAN 内交换路径和 VLAN 间 IP 分组传输路径。图 9.45(b)给出由 S1 和 S2 路由模块同时实现 VLAN 互联的逻辑结构。

在 S1 和 S2 中定义 VLAN 2 和 VLAN 3 对应的 IP 接口，S1 和 S2 中连接相同 VLAN 的 IP 接口配置网络号相同、主机号不同的 IP 地址，如 S1 中连接 VLAN 2 的 IP 接口配置的 IP 地址和子网掩码是 192.1.1.254/24，S2 中连接 VLAN 2 的 IP 接口配置的 IP 地址和子网掩码是 192.1.1.253/24。属于不同 VLAN 的终端之间的 IP 分组传输过程需要经过路由模块，但可以选择经过 S1 中的路由模块，或是经过 S2 中的路由模块。终端根据默认网关地址确定经过的路由模块。如果终端 A 的默认网关地址是 192.1.1.254，终端 G 的默认网关地址是 192.1.2.253，则终端 A 至终端 G 的 IP 分组传输路径是：终端 A→S1 路由模块→终端G，终端G至终端A的IP分组传输路径是：终端G→S2路由模块→终端A。

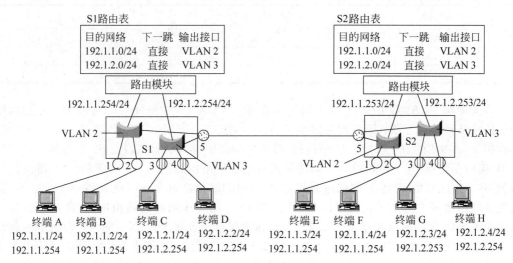

(a) 实现VLAN互联过程

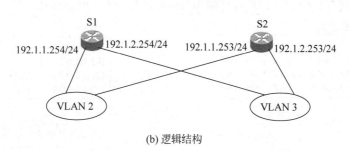

(b) 逻辑结构

图9.45 S1和S2同时实现VLAN互联的过程

4. IP接口配置方式三

IP接口配置方式三如图9.46所示，S1中只定义VLAN 2对应的IP接口，S2中只定义VLAN 3对应的IP接口，因此，连接在VLAN 2中的终端，如果需要向连接在VLAN 3中的终端传输IP分组，只能将IP分组传输给S1的路由模块。由于只有S2的路由模块中定义了连接VLAN 3的IP接口，因此，需要建立S1路由模块与S2路由模块之间的IP分组传输路径。为了建立S1路由模块与S2路由模块之间的IP分组传输路径，如图9.46(a)所示，在S1和S2中创建VLAN 4，同时在S1和S2中定义VLAN 4对应的IP接口，建立S1中VLAN 4对应的IP接口与S2中VLAN 4对应的IP接口之间的交换路径，因此，S1和S2中需要完成如表9.11和表9.12所示的VLAN与端口之间的映射。

表9.11 S1 VLAN与端口映射表

VLAN	接入端口	共享端口
VLAN 2	1,2	5
VLAN 3	3,4	5
VLAN 4		5

表 9.12 S2 VLAN 与端口映射表

VLAN	接入端口	共享端口
VLAN 2	1,2	5
VLAN 3	3,4	5
VLAN 4		5

当连接在 VLAN 2 中的终端 A 需要向连接在 VLAN 3 中的终端 C 传输 IP 分组时,IP 分组传输路径分为三段:第一段是终端 A 至 S1 中连接 VLAN 2 的 IP 接口;第二段是 S1 中连接 VLAN 4 的 IP 接口至 S2 中连接 VLAN 4 的 IP 接口;第三段是 S2 中连接 VLAN 3 的 IP 接口至终端 C。表示 VLAN 间传输路径的逻辑结构如图 9.46(b)所示。S1 路由模块根据 IP 分组的目的 IP 地址和路由表确定 IP 分组的输出接口和下一跳 IP 地址,因此,S1 路由模块的路由表中需要建立用于指明通往 VLAN 3 的传输路径的路由项,该路由项的目的网络是 VLAN 3 的网络地址 192.1.2.0/24,输出接口是连接 VLAN 4 的 IP 接口,下一跳是 S2 中连接 VLAN 4 的 IP 接口的 IP 地址 192.1.3.2。同样,S2 路由模块的路由表中需要建立目的网络是 VLAN 2 的网络地址 192.1.1.0/24,输出接口是连接 VLAN 4 的 IP 接口,下一跳是 S1 中连接 VLAN 4 的 IP 接口的 IP 地址 192.1.3.1 的路由项。

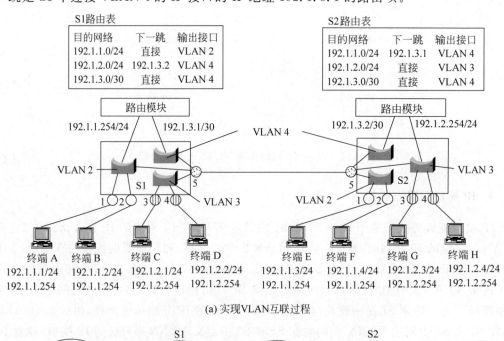

图 9.46 S1 和 S2 实现 VLAN 互联的过程

对应图 9.46(a)所示的 VLAN 内和 VLAN 间传输路径,终端 A 传输给终端 C 的 IP 分组,在终端 A 至 S1 中连接 VLAN 2 的 IP 接口这一段的传输过程中,封装成以终端 A 的 MAC 地址为源 MAC 地址、以 S1 标识 VLAN 2 关联的 IP 接口的特殊 MAC 地址为目的 MAC 地址的 MAC 帧,该 MAC 帧的交换路径如下:终端 A→S1.端口 1→S1 中连接

VLAN 2 的 IP 接口。IP 分组在 S1 中连接 VLAN 4 的 IP 接口至 S2 中连接 VLAN 4 的 IP 接口这一段的传输过程中,封装成以 S1 标识 VLAN 4 关联的 IP 接口的特殊 MAC 地址为源 MAC 地址、以 S2 标识 VLAN 4 关联的 IP 接口的特殊 MAC 地址为目的 MAC 地址的 MAC 帧,该 MAC 帧的交换路径如下:S1 中连接 VLAN 4 的 IP 接口→S1.端口 5→S2.端口 5→S2 中连接 VLAN 4 的 IP 接口。IP 分组在 S2 中连接 VLAN 3 的 IP 接口至终端 C 这一段的传输过程中,封装成以 S2 标识 VLAN 3 关联的 IP 接口的特殊 MAC 地址为源 MAC 地址、以终端 C 的 MAC 地址为目的 MAC 地址的 MAC 帧,该 MAC 帧的交换路径如下:S2 中连接 VLAN 3 的 IP 接口→S2.端口 5→S1.端口 5→S1.端口 3→终端 C。

9.6.4 关键命令说明

下述命令用于为三层交换机定义共享端口,并指定输入输出共享端口的 MAC 帧的封装格式。

```
Switch(config) # interface FastEthernet0/5
Switch(config - if) # switchport trunk encapsulation dot1q
Switch(config - if) # switchport mode trunk
```

switchport trunk encapsulation dot1q 是接口配置模式下使用的命令,该命令的作用是指定 802.1q 封装格式作为经过标记端口(trunk 端口)输入输出的 MAC 帧的封装格式。对于三层交换机的标记端口,该命令不能省略。

9.6.5 实验步骤

1. IP 接口配置方式一对应的实验步骤

(1) 启动 Cisco Packet Tracer,根据图 9.42 所示的互联网结构放置和连接设备,完成设备放置和连接后的逻辑工作区界面如图 9.47 所示。

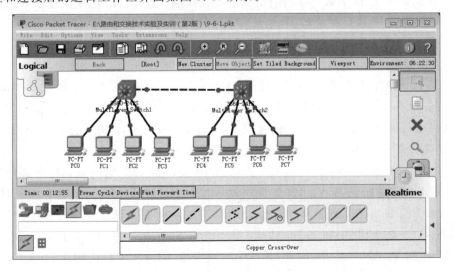

图 9.47 完成设备放置和连接后的逻辑工作区界面

(2) 分别在三层交换机 Multilayer Switch1 和 Multilayer Switch2 上创建两个编号为 2 和 3 的 VLAN，根据如表 9.9 和表 9.10 所示的 VLAN 与端口之间的映射为每一个 VLAN 分配端口。值得强调的是，将三层交换机 Multilayer Switch1 和 Multilayer Switch2 中的交换机端口 FastEthernet0/5 配置为被 VLAN 2 和 VLAN 3 共享的共享端口前，需要在命令行接口(CLI)配置方式下，通过命令 switchport trunk encapsulation dot1q 指定该共享端口的 MAC 帧格式。

(3) 在三层交换机 Multilayer Switch1 上定义 VLAN 2 和 VLAN 3 对应的 IP 接口，为 IP 接口分配 IP 地址和子网掩码。完成 IP 接口配置过程后，三层交换机 Multilayer Switch1 自动生成如图 9.48 所示的直连路由项。三层交换机 Multilayer Switch1 的 IP 接口状态如图 9.49 所示，分别用特殊的 MAC 地址标识 VLAN 2 和 VLAN 3 关联的 IP 接口。

值得强调的是，完成 IP 接口配置过程后，三层交换机 Multilayer Switch1 需要在命令行接口(CLI)配置方式下，通过命令 ip routing 启动三层交换机 Multilayer Switch1 的路由功能。

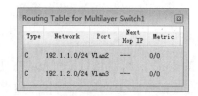

图 9.48　三层交换机 Multilayer Switch1 路由表

图 9.49　三层交换机 Multilayer Switch1 的 IP 接口状态

(4) 根据图 9.42 所示的终端网络信息为各个终端配置 IP 地址、子网掩码和默认网关地址，三层交换机 IP 接口配置的 IP 地址和子网掩码确定该 IP 接口关联的 VLAN 的网络地址，与某个 VLAN 关联的 IP 接口的 IP 地址作为连接在该 VLAN 上的终端的默认网关地址。

(5) 进入模拟操作模式，启动 IP 分组 PC0 至 PC7 的传输过程，在 PC0 至 Multilayer Switch1 与 VLAN 2 关联的 IP 接口这一段，IP 分组封装成以 PC0 的 MAC 地址为源地址(SRC ADDR)、以 Multilayer Switch1 标识与 VLAN 2 关联的 IP 接口的特殊 MAC 地址为目的地址(DEST ADDR)的 MAC 帧，MAC 帧格式如图 9.50 所示。

在 Multilayer Switch1 与 VLAN 3 关联的 IP 接口至 PC7 这一段，IP 分组封装成以 Multilayer Switch1 标识与 VLAN 3 关联的 IP 接口的特殊 MAC 地址为源地址(SRC ADDR)、以 PC7 的 MAC 地址为目的地址(DEST ADDR)的 MAC 帧。该 MAC 帧经过两段交换路径：一是 Multilayer Switch1 至 Multilayer Switch2 这一段，由于这一段交换路径被 VLAN 2 和 VLAN 3 共享，因此，该 MAC 帧携带 VLAN 3 对应的 VLAN ID(TCI＝0x0003)，MAC 帧格式如图 9.51 所示；二是 Multilayer Switch2 至 PC7 这一段，由于这一

段交换路径只属于 VLAN 3，该 MAC 帧无须携带 VLAN 3 对应的 VLAN ID，MAC 帧格式如图 9.52 所示。值得强调的是，经过这两段交换路径的 MAC 帧的源和目的 MAC 地址是不变的。

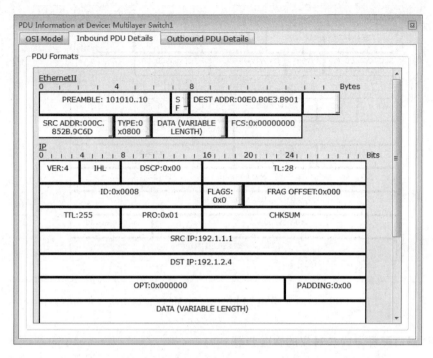

图 9.50　PC0→PC7 IP 分组 PC0 至 Multilayer Switch1 这一段封装格式

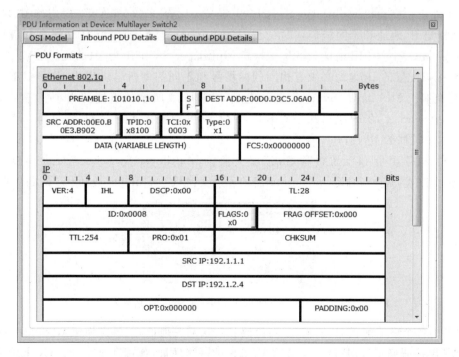

图 9.51　PC0→PC7 IP 分组 Multilayer Switch1 至 Multilayer Switch2 这一段封装格式

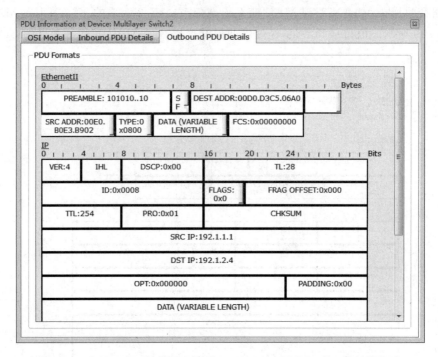

图 9.52 PC0→PC7 IP 分组 Multilayer Switch2 至 PC7 这一段封装格式

2. IP 接口配置方式二对应的实验步骤

(1) 在 IP 接口配置方式一的基础上完成以下实验步骤。

(2) 在三层交换机 Multilayer Switch2 上定义 VLAN 2 和 VLAN 3 对应的 IP 接口,为 IP 接口分配 IP 地址和子网掩码,三层交换机 Multilayer Switch2 为 VLAN 2 和 VLAN 3 关联的 IP 接口配置的 IP 地址与三层交换机 Multilayer Switch1 为 VLAN 2 和 VLAN 3 关联的 IP 接口配置的 IP 地址必须有相同的网络号和不同的主机号。完成 IP 接口配置过程后,三层交换机 Multilayer Switch2 自动生成如图 9.53 所示的直连路由项。三层交换机 Multilayer Switch2 的 IP 接口状态如图 9.54 所示,分别用特殊的 MAC 地址标识 VLAN 2 和 VLAN 3 关联的 IP 接口。

同样,完成 IP 接口配置过程后,三层交换机 Multilayer Switch2 需要在命令行接口 (CLI)配置方式下,通过命令 ip routing 启动三层交换机 Multilayer Switch2 的路由功能。

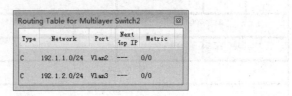

图 9.53 三层交换机 Multilayer Switch2 路由表

(3) 为各个终端配置 IP 地址、子网掩码和默认网关地址,三层交换机 IP 接口配置的 IP 地址和子网掩码确定该 IP 接口关联的 VLAN 的网络地址,连接在某个 VLAN 上的终端可

图 9.54 三层交换机 Multilayer Switch2 的 IP 接口状态

以在 Multilayer Switch1 和 Multilayer Switch2 为该 VLAN 关联的 IP 接口配置的 IP 地址中任选一个 IP 地址作为默认网关地址。

（4）进入模拟操作模式，启动 IP 分组 PC7 至 PC0 的传输过程，这里假定 PC7 选择 Multilayer Switch2 为与 VLAN 3 关联的 IP 接口配置的 IP 地址作为默认网关地址。在 PC7 至 Multilayer Switch2 与 VLAN 3 关联的 IP 接口这一段，IP 分组封装成以 PC7 的 MAC 地址为源地址（SRC ADDR）、以 Multilayer Switch2 标识与 VLAN 3 关联的 IP 接口的特殊 MAC 地址为目的地址（DEST ADDR）的 MAC 帧，MAC 帧格式如图 9.55 所示。

在 Multilayer Switch2 与 VLAN 2 关联的 IP 接口至 PC0 这一段，IP 分组封装成以 Multilayer Switch2 标识与 VLAN 2 关联的 IP 接口的特殊 MAC 地址为源地址（SRC ADDR）、以 PC0 的 MAC 地址为目的地址（DEST ADDR）的 MAC 帧。该 MAC 帧经过两段交换路径：一是 Multilayer Switch2 至 Multilayer Switch1 这一段，由于这一段交换路径被 VLAN 2 和 VLAN 3 共享，因此，该 MAC 帧携带 VLAN 2 对应的 VLAN ID（TCI＝0x0002），MAC 帧格式如图 9.56 所示；二是 Multilayer Switch1 至 PC0 这一段，由于这一段交换路径只属于 VLAN 2，该 MAC 帧无须携带 VLAN 2 对应的 VLAN ID，MAC 帧格式如图 9.57 所示。值得强调的是，经过这两段交换路径的 MAC 帧的源和目的 MAC 地址是不变的。

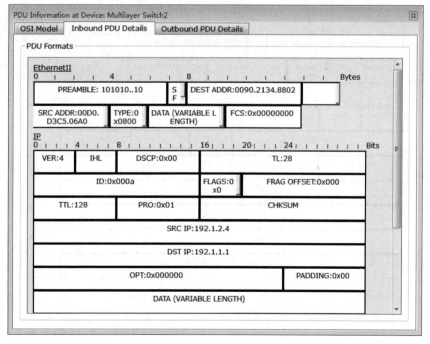

图 9.55　PC7→PC0 IP 分组 PC7 至 Multilayer Switch2 这一段封装格式

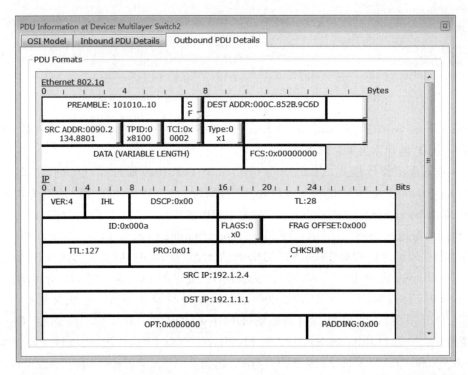

图 9.56　PC7→PC0 IP 分组 Multilayer Switch2 至 Multilayer Switch1 这一段封装格式

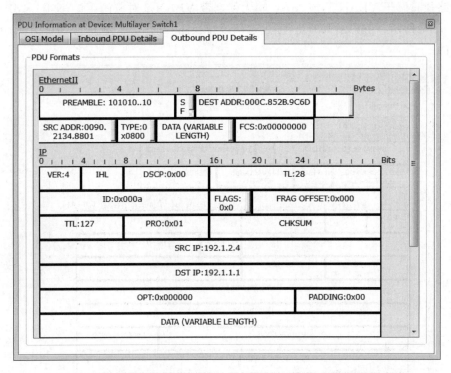

图 9.57　PC7→PC0 IP 分组 Multilayer Switch1 至 PC0 这一段封装格式

3. IP 接口配置方式三对应的实验步骤

(1) 完成设备放置和连接后的逻辑工作区界面如图 9.47 所示。

(2) 分别在三层交换机 Multilayer Switch1 和 Multilayer Switch2 上创建三个编号为 2、3 和 4 的 VLAN，根据表 9.11 和表 9.12 所示的 VLAN 与端口之间的映射为每一个 VLAN 分配端口。值得强调的是，在将三层交换机 Multilayer Switch1 和 Multilayer Switch2 中的交换机端口 FastEthernet0/5 配置为被 VLAN 2、3 和 4 共享的共享端口前，需要在命令行接口(CLI)配置方式下，通过命令 switchport trunk encapsulation dot1q 指定该共享端口的 MAC 帧格式。

(3) 在三层交换机 Multilayer Switch1 上定义 VLAN 2 和 VLAN 4 对应的 IP 接口，为 IP 接口分配 IP 地址和子网掩码，在三层交换机 Multilayer Switch2 上定义 VLAN 3 和 VLAN 4 对应的 IP 接口，为 IP 接口分配 IP 地址和子网掩码。完成 IP 接口配置过程后，三层交换机 Multilayer Switch1 和 Multilayer Switch2 自动生成如图 9.58 和图 9.59 所示的直连路由项。三层交换机 Multilayer Switch1 和 Multilayer Switch2 的 IP 接口状态分别如图 9.60 和图 9.61 所示，三层交换机分别用特殊的 MAC 地址标识这些 IP 接口。

同样，完成 IP 接口配置过程后，三层交换机 Multilayer Switch1 和 Multilayer Switch2 需要在命令行接口配置方式下，通过命令 ip routing 启动三层交换机 Multilayer Switch1 和 Multilayer Switch2 的路由功能。

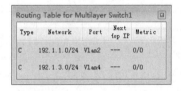

图 9.58　三层交换机 Multilayer Switch1 直连路由项

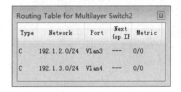

图 9.59　三层交换机 Multilayer Switch2 直连路由项

```
Port Status Summary Table for Multilayer Switch1
Vlan1          Down   1   <not set>         <not set>   00E0.B0E3.B95A
Vlan2          Up     2   192.1.1.254/24    <not set>   00E0.B0E3.B901
Vlan4          Up     4   192.1.3.1/24      <not set>   00E0.B0E3.B902
Hostname: Switch
```

图 9.60　三层交换机 Multilayer Switch1 的 IP 接口状态

```
Port Status Summary Table for Multilayer Switch2
Vlan1          Down   1   <not set>         <not set>   0090.2134.8853
Vlan3          Up     3   192.1.2.254/24    <not set>   0090.2134.8802
Vlan4          Up     4   192.1.3.2/24      <not set>   0090.2134.8801
Hostname: Switch
```

图 9.61　三层交换机 Multilayer Switch2 的 IP 接口状态

(4) 完成三层交换机 Multilayer Switch1 和 Multilayer Switch2 RIP 配置过程，图形接口（Config）配置方式下，Multilayer Switch1 配置 RIP 的界面如图 9.62 所示。完成 RIP 配置过程后，三层交换机 Multilayer Switch1 和 Multilayer Switch2 分别生成如图 9.63 和图 9.64 所示的完整路由表。

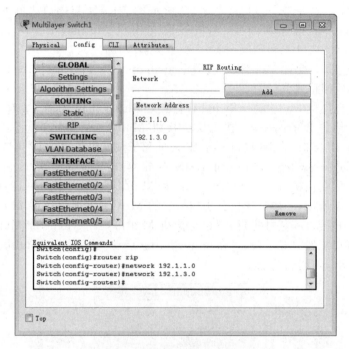

图 9.62　三层交换机 Multilayer Switch1 配置 RIP 的界面

Type	Network	Port	Next Hop IP	Metric
C	192.1.1.0/24	Vlan2	---	0/0
R	192.1.2.0/24	Vlan4	192.1.3.2	120/1
C	192.1.3.0/24	Vlan4	---	0/0

图 9.63　三层交换机 Multilayer Switch1 完整路由表

Type	Network	Port	Next Hop IP	Metric
R	192.1.1.0/24	Vlan4	192.1.3.1	120/1
C	192.1.2.0/24	Vlan3	---	0/0
C	192.1.3.0/24	Vlan4	---	0/0

图 9.64　三层交换机 Multilayer Switch2 完整路由表

（5）为各个终端配置 IP 地址、子网掩码和默认网关地址，三层交换机 IP 接口配置的 IP 地址和子网掩码确定该 IP 接口关联的 VLAN 的网络地址，与某个 VLAN 关联的 IP 接口的 IP 地址作为连接在该 VLAN 上的终端的默认网关地址。

（6）进入模拟操作模式，启动 IP 分组 PC0 至 PC2 的传输过程，在 PC0 至 Multilayer Switch1 与 VLAN 2 关联的 IP 接口这一段，IP 分组封装成以 PC0 的 MAC 地址为源地址（SRC ADDR）、以 Multilayer Switch1 标识与 VLAN 2 关联的 IP 接口的特殊 MAC 地址为目的地址（DEST ADDR）的 MAC 帧，MAC 帧格式如图 9.65 所示。在 Multilayer Switch1 与 VLAN4 关联的 IP 接口至 Multilayer Switch2 与 VLAN 4 关联的 IP 接口这一段，IP 分组封装成以 Multilayer Switch1 标识与 VLAN 4 关联的 IP 接口的特殊 MAC 地址为源地址（SRC ADDR）、以 Multilayer Switch2 标识与 VLAN 4 关联的 IP 接口的特殊 MAC 地址为目的地址（DEST ADDR）的 MAC 帧，MAC 帧格式如图 9.66 所示。由于 Multilayer Switch1 的交换机端口 FastEthernet0/5 是共享端口，因此，通过该端口输出的 MAC 帧携带 VLAN 4 对应的 VLAN ID(TCI＝0x0004)。在 Multilayer Switch2 与 VLAN 3 关联的 IP 接口至 PC2 这一段，IP 分组封装成以 Multilayer Switch2 标识与 VLAN 3 关联的 IP 接口的特殊 MAC 地址为源地址（SRC ADDR）、以 PC2 的 MAC 地址为目的地址（DEST ADDR）的 MAC 帧，该 MAC 帧经过两段交换路径：一是 Multilayer Switch2 至 Multilayer Switch1 这一段，由于这一段交换路径被 VLAN 2、VLAN 3 和 VLAN 4 共享，因此，该 MAC 帧携带 VLAN 3 对应的 VLAN ID(TCI＝0x0003)，MAC 帧格式如图 9.67 所示；二是 Multilayer Switch1 至 PC2 这一段，由于这一段交换路径只属于 VLAN 3，该 MAC 帧无须携带 VLAN 3 对应的 VLAN ID，MAC 帧格式如图 9.68 所示。值得强调的是，经过这两段交换路径的 MAC 帧的源和目的 MAC 地址是不变的。

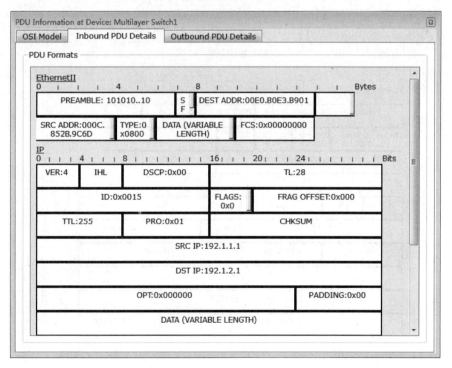

图 9.65　PC0→PC2 IP 分组 PC0 至 Multilayer Switch1 与 VLAN2 关联的 IP 接口这一段封装格式

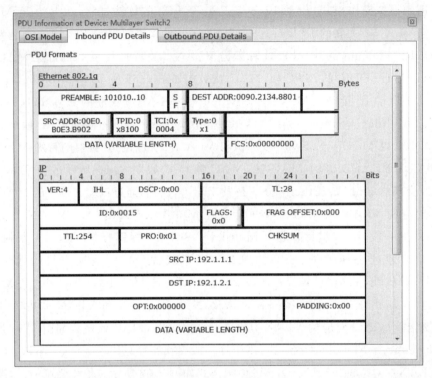

图 9.66　PC0→PC2 IP 分组 Multilayer Switch1 与 VLAN4 关联的 IP 接口至 Multilayer Switch2 与 VLAN4 关联的 IP 接口这一段封装格式

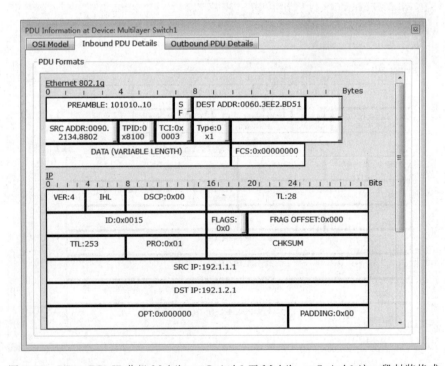

图 9.67　PC0→PC2 IP 分组 Multilayer Switch2 至 Multilayer Switch1 这一段封装格式

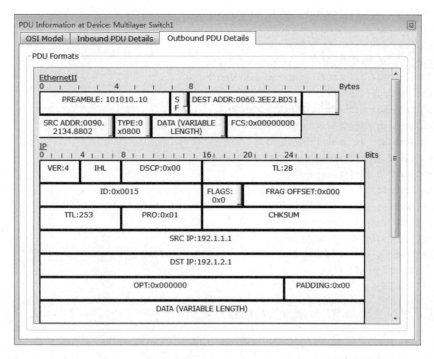

图 9.68　PC0→PC2 IP 分组 Multilayer Switch1 至 PC2 这一段封装格式

9.6.6　命令行接口配置过程

1. IP 接口配置方式一对应的命令行接口配置过程

1) Multilayer Switch1 命令行接口配置过程

```
Switch>enable
Switch#configure terminal
Switch(config)#hostname Switch1
Switch1(config)#vlan 2
Switch1(config-vlan)#name v2
Switch1(config-vlan)#exit
Switch1(config)#vlan 3
Switch1(config-vlan)#name v3
Switch1(config-vlan)#exit
Switch1(config)#interface FastEthernet0/1
Switch1(config-if)#switchport mode access
Switch1(config-if)#switchport access vlan 2
Switch1(config-if)#exit
Switch1(config)#interface FastEthernet0/2
Switch1(config-if)#switchport mode access
Switch1(config-if)#switchport access vlan 2
Switch1(config-if)#exit
Switch1(config)#interface FastEthernet0/3
Switch1(config-if)#switchport mode access
```

```
Switch1(config-if)#switchport access vlan 3
Switch1(config-if)#exit
Switch1(config)#interface FastEthernet0/4
Switch1(config-if)#switchport mode access
Switch1(config-if)#switchport access vlan 3
Switch1(config-if)#exit
Switch1(config)#interface FastEthernet0/5
Switch1(config-if)#switchport trunk encapsulation dot1q
Switch1(config-if)#switchport mode trunk
Switch1(config-if)# switchport trunk allowed vlan 2,3
Switch1(config-if)#exit
Switch1(config)#interface vlan 2
Switch1(config-if)#ip address 192.1.1.254 255.255.255.0
Switch1(config-if)#exit
Switch1(config)#interface vlan 3
Switch1(config-if)#ip address 192.1.2.254 255.255.255.0
Switch1(config-if)#exit
Switch1(config)#ip routing
```

2) Multilayer Switch2 命令行接口配置过程

```
Switch>enable
Switch#configure terminal
Switch(config)#hostname Switch2
Switch2(config)#vlan 2
Switch2(config-vlan)#name v2
Switch2(config-vlan)#exit
Switch2(config)#vlan 3
Switch2(config-vlan)#name v3
Switch2(config-vlan)#exit
Switch2(config)#interface FastEthernet0/1
Switch2(config-if)#switchport mode access
Switch2(config-if)#switchport access vlan 2
Switch2(config-if)#exit
Switch2(config)#interface FastEthernet0/2
Switch2(config-if)#switchport mode access
Switch2(config-if)#switchport access vlan 2
Switch2(config-if)#exit
Switch2(config)#interface FastEthernet0/3
Switch2(config-if)#switchport mode access
Switch2(config-if)#switchport access vlan 3
Switch2(config-if)#exit
Switch2(config)#interface FastEthernet0/4
Switch2(config-if)#switchport mode access
Switch2(config-if)#switchport access vlan 3
Switch2(config-if)#exit
Switch2(config)#interface FastEthernet0/5
Switch2(config-if)#switchport trunk encapsulation dot1q
Switch2(config-if)#switchport mode trunk
Switch2(config-if)# switchport trunk allowed vlan 2,3
Switch2(config-if)#exit
```

2. IP 接口配置方式二对应的命令行接口配置过程

Multilayer Switch1 命令行接口配置过程与 IP 接口配置方式一对应的命令行接口配置过程相同,以下是 Multilayer Switch2 命令行接口配置过程。

```
Switch>enable
Switch#configure terminal
Switch(config)#hostname Switch2
Switch2(config)#vlan 2
Switch2(config-vlan)#name v2
Switch2(config-vlan)#exit
Switch2(config)#vlan 3
Switch2(config-vlan)#name v3
Switch2(config-vlan)#exit
Switch2(config)#interface FastEthernet0/1
Switch2(config-if)#switchport mode access
Switch2(config-if)#switchport access vlan 2
Switch2(config-if)#exit
Switch2(config)#interface FastEthernet0/2
Switch2(config-if)#switchport mode access
Switch2(config-if)#switchport access vlan 2
Switch2(config-if)#exit
Switch2(config)#interface FastEthernet0/3
Switch2(config-if)#switchport mode access
Switch2(config-if)#switchport access vlan 3
Switch2(config-if)#exit
Switch2(config)#interface FastEthernet0/4
Switch2(config-if)#switchport mode access
Switch2(config-if)#switchport access vlan 3
Switch2(config-if)#exit
Switch2(config)#interface FastEthernet0/5
Switch2(config-if)#switchport trunk encapsulation dot1q
Switch2(config-if)#switchport mode trunk
Switch2(config-if)# switchport trunk allowed vlan 2,3
Switch2(config-if)#exit
Switch2(config)#interface vlan 2
Switch2(config-if)#ip address 192.1.1.253 255.255.255.0
Switch2(config-if)#exit
Switch2(config)#interface vlan 3
Switch2(config-if)#ip address 192.1.2.253 255.255.255.0
Switch2(config-if)#exit
Switch2(config)#ip routing
```

3. IP 接口配置方式三对应的命令行接口配置过程

1) Multilayer Switch1 命令行接口配置过程

```
Switch>enable
Switch#configure terminal
Switch(config)#hostname Switch1
```

```
Switch1(config)#vlan 2
Switch1(config-vlan)#name v2
Switch1(config-vlan)#exit
Switch1(config)#vlan 3
Switch1(config-vlan)#name v3
Switch1(config-vlan)#exit
Switch1(config)#vlan 4
Switch1(config-vlan)#name v4
Switch1(config-vlan)#exit
Switch1(config)#interface FastEthernet0/1
Switch1(config-if)#switchport mode access
Switch1(config-if)#switchport access vlan 2
Switch1(config-if)#exit
Switch1(config)#interface FastEthernet0/2
Switch1(config-if)#switchport mode access
Switch1(config-if)#switchport access vlan 2
Switch1(config-if)#exit
Switch1(config)#interface FastEthernet0/3
Switch1(config-if)#switchport mode access
Switch1(config-if)#switchport access vlan 3
Switch1(config-if)#exit
Switch1(config)#interface FastEthernet0/4
Switch1(config-if)#switchport mode access
Switch1(config-if)#switchport access vlan 3
Switch1(config-if)#exit
Switch1(config)#interface FastEthernet0/5
Switch1(config-if)#switchport trunk encapsulation dot1q
Switch1(config-if)#switchport mode trunk
Switch1(config-if)# switchport trunk allowed vlan 2,3,4
Switch1(config-if)#exit
Switch1(config)#interface vlan 2
Switch1(config-if)#ip address 192.1.1.254 255.255.255.0
Switch1(config-if)#exit
Switch1(config)#interface vlan 4
Switch1(config-if)#ip address 192.1.3.1 255.255.255.0
Switch1(config-if)#exit
Switch1(config)#ip routing
Switch1(config)#router rip
Switch1(config-router)#network 192.1.1.0
Switch1(config-router)#network 192.1.3.0
Switch1(config-router)#exit
```

2) Multilayer Switch2 命令行接口配置过程

```
Switch>enable
Switch#configure terminal
```

```
Switch(config)#hostname Switch2
Switch2(config)#vlan 2
Switch2(config-vlan)#name v2
Switch2(config-vlan)#exit
Switch2(config)#vlan 3
Switch2(config-vlan)#name v3
Switch2(config-vlan)#exit
Switch2(config)#vlan 4
Switch2(config-vlan)#name v4
Switch2(config-vlan)#exit
Switch2(config)#interface FastEthernet0/1
Switch2(config-if)#switchport mode access
Switch2(config-if)#switchport access vlan 2
Switch2(config-if)#exit
Switch2(config)#interface FastEthernet0/2
Switch2(config-if)#switchport mode access
Switch2(config-if)#switchport access vlan 2
Switch2(config-if)#exit
Switch2(config)#interface FastEthernet0/3
Switch2(config-if)#switchport mode access
Switch2(config-if)#switchport access vlan 3
Switch2(config-if)#exit
Switch2(config)#interface FastEthernet0/4
Switch2(config-if)#switchport mode access
Switch2(config-if)#switchport access vlan 3
Switch2(config-if)#exit
Switch2(config)#interface FastEthernet0/5
Switch2(config-if)#switchport trunk encapsulation dot1q
Switch2(config-if)#switchport mode trunk
Switch2(config-if)# switchport trunk allowed vlan 2,3,4
Switch2(config-if)#exit
Switch2(config)#interface vlan 3
Switch2(config-if)#ip address 192.1.2.254 255.255.255.0
Switch2(config-if)#exit
Switch2(config)#interface vlan 4
Switch2(config-if)#ip address 192.1.3.2 255.255.255.0
Switch2(config-if)#exit
Switch2(config)#ip routing
Switch2(config)#router rip
Switch2(config-router)#network 192.1.2.0
Switch2(config-router)#network 192.1.3.0
Switch2(config-router)#exit
```

4. 命令列表

三层交换机命令行接口配置过程中使用的命令及功能和参数说明如表 9.13 所示。

表 9.13 命令列表

命令格式	功能和参数说明
switchport trunk encapsulation dot1q	将经过共享端口（标记端口）输入输出的 MAC 帧封装格式指定为 802.1q 封装格式。三层交换机标记端口不能省略该命令

9.7 三层交换机链路聚合实验

9.7.1 实验内容

互联网结构如图 9.69 所示，三层交换机 S1 和 S2 的端口 3～5 构成端口通道，这一对端口通道作为实现 S1 和 S2 互连的三层接口。三层交换机 S1 和 S2 的端口 6～8 构成端口通道，这一对端口通道构成三层交换机 S1 和 S2 之间的二层交换路径，且该交换路径被 VLAN 2 和 VLAN 3 共享。

分别在三层交换机 S1 和 S2 中创建 VLAN 2 和 VLAN 3，终端 A 和终端 C 属于 VLAN 2，终端 B 和终端 D 属于 VLAN 3，三层交换机 S1 中定义 VLAN 2 对应的 IP 接口，不允许定义 VLAN 3 对应的 IP 接口。三层交换机 S2 中定义 VLAN 3 对应的 IP 接口，不允许定义 VLAN 2 对应的 IP 接口。在满足上述要求的情况下，实现属于同一 VLAN 的两个终端之间的通信过程和属于不同 VLAN 的两个终端之间的通信过程。

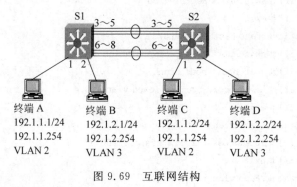

图 9.69 互联网结构

9.7.2 实验目的

(1) 进一步理解三层交换机的二层交换和三层路由功能。
(2) 区分三层交换机三层接口与 IP 接口之间的差别。
(3) 掌握三层交换机三层接口的端口通道配置过程。
(4) 掌握三层交换机共享端口的端口通道配置过程。
(5) 掌握三层交换机三层接口和 IP 接口的配置过程。
(6) 验证 IP 分组 VLAN 间传输过程。

9.7.3 实验原理

三层交换机 S1 和 S2 三层接口之间的聚合链路只能用于实现三层交换机 S1 和 S2 路由模块之间的互连,如图 9.70(a)所示。为了实现 VLAN 内通信过程,必须建立三层交换机 S1 和 S2 之间的交换路径。

由于三层交换机 S1 中不允许定义 VLAN 3 对应的 IP 接口,三层交换机 S2 中不允许定义 VLAN 2 对应的 IP 接口,因此,需要通过三层交换机 S1 和 S2 三层接口之间的聚合链路实现 VLAN 2 和 VLAN 3 之间的通信过程。

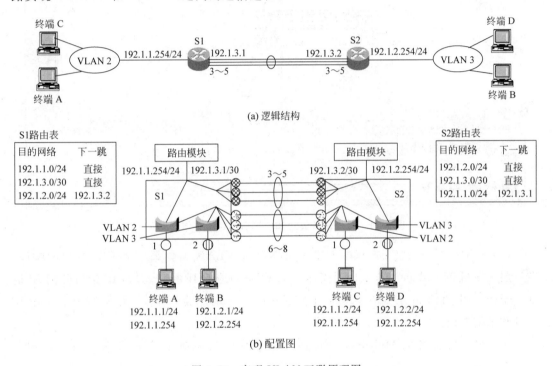

图 9.70 实现 VLAN 互联原理图

三层交换机的三层接口等同于路由器物理接口,因此,三层接口无须与 VLAN 绑定,只能接收、发送不携带 VLAN ID 的 MAC 帧,不能建立跨三层接口的 VLAN。

根据图 9.70(b)所示的配置图,终端 A 至终端 D IP 分组传输路径由三部分组成:一是终端 A 至 S1 路由模块;二是 S1 路由模块至 S2 路由模块,这一段路径只经过两个三层接口之间的聚合链路;三是 S2 路由模块至终端 D。由此可见,终端 A 至终端 D IP 分组传输路径无须经过 S1 和 S2 之间的二层交换路径。

终端 A 至终端 B IP 分组传输路径也由三部分组成:一是终端 A 至 S1 路由模块;二是 S1 路由模块至 S2 路由模块,这一段路径只经过两个三层接口之间的聚合链路;三是 S2 路由模块至终端 B,这一段路径需要经过 S1 和 S2 之间的二层交换路径。

9.7.4 实验步骤

（1）启动 Cisco Packet Tracer，在逻辑工作区根据图 9.69 所示的互联网结构放置和连接设备，完成设备放置和连接后的逻辑工作区界面如图 9.71 所示。

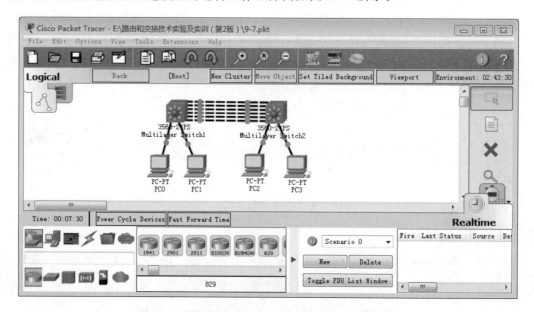

图 9.71 完成设备放置和连接后的逻辑工作区界面

（2）分别在两个三层交换机中创建 VLAN 2 和 VLAN 3，为每一个 VLAN 分配端口，在三层交换机 Multilayer Switch1 上定义 VLAN 2 对应的 IP 接口，并为 IP 接口分配 IP 地址和子网掩码，在 Multilayer Switch2 上定义 VLAN 3 对应的 IP 接口，并为 IP 接口分配 IP 地址和子网掩码。

（3）在三层交换机 Multilayer Switch1 中创建端口通道 1(Port-channel 1)，将端口 FastEthernet0/3～FastEthernet0/5 分配给端口通道 1，将端口通道 1 定义为三层接口，并分配 IP 地址和子网掩码 192.1.3.1/30。在三层交换机 Multilayer Switch2 中创建端口通道 1(Port-channel 1)，将端口 FastEthernet0/3～FastEthernet0/5 分配给端口通道 1，将端口通道 1 定义为三层接口，并分配 IP 地址和子网掩码 192.1.3.2/30。

（4）在三层交换机 Multilayer Switch1 中创建端口通道 2(Port-channel 2)，将端口 FastEthernet0/6～FastEthernet0/8 分配给端口通道 2，将端口通道 2 定义为共享端口，并指定 802.1q MAC 帧格式作为经过共享端口输入输出的 MAC 帧的封装格式。在三层交换机 Multilayer Switch2 中创建端口通道 2(Port-channel 2)，将端口 FastEthernet0/6～FastEthernet0/8 分配给端口通道 2，将端口通道 2 定义为共享端口，并指定 802.1q MAC 帧格式作为经过共享端口输入输出的 MAC 帧的封装格式。完成上述配置过程后，三层交换机 Multilayer Switch1 和 Multilayer Switch2 的端口状态分别如图 9.72 和图 9.73 所示。

```
Port Status Summary Table for Multilayer Switch1
Port                Link   VLAN   IP Address       IPv6 Address    MAC Address
Port-channel1       Up     1      192.1.3.1/30     <not set>       0060.2F36.30ED
Port-channel2       Up     --     <not set>        <not set>       0010.1167.74D8
FastEthernet0/1     Up     2      <not set>        <not set>       000A.F334.A401
FastEthernet0/2     Up     3      <not set>        <not set>       000A.F334.A402
FastEthernet0/3     Up     1      <not set>        <not set>       000A.F334.A403
FastEthernet0/4     Up     1      <not set>        <not set>       000A.F334.A404
FastEthernet0/5     Up     1      <not set>        <not set>       000A.F334.A405
FastEthernet0/6     Up     --     <not set>        <not set>       000A.F334.A406
FastEthernet0/7     Up     --     <not set>        <not set>       000A.F334.A407
FastEthernet0/8     Up     --     <not set>        <not set>       000A.F334.A408
FastEthernet0/9     Down   1      <not set>        <not set>       000A.F334.A409
FastEthernet0/10    Down   1      <not set>        <not set>       000A.F334.A40A
FastEthernet0/11    Down   1      <not set>        <not set>       000A.F334.A40B
FastEthernet0/12    Down   1      <not set>        <not set>       000A.F334.A40C
FastEthernet0/13    Down   1      <not set>        <not set>       000A.F334.A40D
FastEthernet0/14    Down   1      <not set>        <not set>       000A.F334.A40E
FastEthernet0/15    Down   1      <not set>        <not set>       000A.F334.A40F
FastEthernet0/16    Down   1      <not set>        <not set>       000A.F334.A410
FastEthernet0/17    Down   1      <not set>        <not set>       000A.F334.A411
FastEthernet0/18    Down   1      <not set>        <not set>       000A.F334.A412
FastEthernet0/19    Down   1      <not set>        <not set>       000A.F334.A413
FastEthernet0/20    Down   1      <not set>        <not set>       000A.F334.A414
FastEthernet0/21    Down   1      <not set>        <not set>       000A.F334.A415
FastEthernet0/22    Down   1      <not set>        <not set>       000A.F334.A416
FastEthernet0/23    Down   1      <not set>        <not set>       000A.F334.A417
FastEthernet0/24    Down   1      <not set>        <not set>       000A.F334.A418
GigabitEthernet0/1  Down   1      <not set>        <not set>       000A.F334.A419
GigabitEthernet0/2  Down   1      <not set>        <not set>       000A.F334.A41A
Vlan1               Down   1      <not set>        <not set>       0007.EC56.BC27
Vlan2               Up     2      192.1.1.254/24   <not set>       0007.EC56.BC01
```

图 9.72 Multilayer Switch1 的端口状态

```
Port Status Summary Table for Multilayer Switch2
Port                Link   VLAN   IP Address       IPv6 Address    MAC Address
Port-channel1       Up     1      192.1.3.2/30     <not set>       00D0.D34E.1935
Port-channel2       Up     --     <not set>        <not set>       00D0.975E.3CEA
FastEthernet0/1     Up     2      <not set>        <not set>       0006.2A03.BA01
FastEthernet0/2     Up     3      <not set>        <not set>       0006.2A03.BA02
FastEthernet0/3     Up     1      <not set>        <not set>       0006.2A03.BA03
FastEthernet0/4     Up     1      <not set>        <not set>       0006.2A03.BA04
FastEthernet0/5     Up     1      <not set>        <not set>       0006.2A03.BA05
FastEthernet0/6     Up     --     <not set>        <not set>       0006.2A03.BA06
FastEthernet0/7     Up     --     <not set>        <not set>       0006.2A03.BA07
FastEthernet0/8     Up     --     <not set>        <not set>       0006.2A03.BA08
FastEthernet0/9     Down   1      <not set>        <not set>       0006.2A03.BA09
FastEthernet0/10    Down   1      <not set>        <not set>       0006.2A03.BA0A
FastEthernet0/11    Down   1      <not set>        <not set>       0006.2A03.BA0B
FastEthernet0/12    Down   1      <not set>        <not set>       0006.2A03.BA0C
FastEthernet0/13    Down   1      <not set>        <not set>       0006.2A03.BA0D
FastEthernet0/14    Down   1      <not set>        <not set>       0006.2A03.BA0E
FastEthernet0/15    Down   1      <not set>        <not set>       0006.2A03.BA0F
FastEthernet0/16    Down   1      <not set>        <not set>       0006.2A03.BA10
FastEthernet0/17    Down   1      <not set>        <not set>       0006.2A03.BA11
FastEthernet0/18    Down   1      <not set>        <not set>       0006.2A03.BA12
FastEthernet0/19    Down   1      <not set>        <not set>       0006.2A03.BA13
FastEthernet0/20    Down   1      <not set>        <not set>       0006.2A03.BA14
FastEthernet0/21    Down   1      <not set>        <not set>       0006.2A03.BA15
FastEthernet0/22    Down   1      <not set>        <not set>       0006.2A03.BA16
FastEthernet0/23    Down   1      <not set>        <not set>       0006.2A03.BA17
FastEthernet0/24    Down   1      <not set>        <not set>       0006.2A03.BA18
GigabitEthernet0/1  Down   1      <not set>        <not set>       0006.2A03.BA19
GigabitEthernet0/2  Down   1      <not set>        <not set>       0006.2A03.BA1A
Vlan1               Down   1      <not set>        <not set>       0001.C7C6.ED23
Vlan3               Up     3      192.1.2.254/24   <not set>       0001.C7C6.ED01
```

图 9.73 Multilayer Switch2 的端口状态

（5）在三层交换机 Multilayer Switch1 和 Multilayer Switch2 上完成 RIP 相关配置，Multilayer Switch1 和 Multilayer Switch2 分别建立如图 9.74 和图 9.75 所示的路由表。

（6）根据图 9.69 所示的终端配置信息完成各个终端 IP 地址、子网掩码和默认网关地址配置过程，通过 Ping 操作验证 VLAN 内和 VLAN 间终端之间的通信过程。完成上述通信过程后，Multilayer Switch1 和 Multilayer Switch2 的转发表分别如图 9.76 和图 9.77 所示。值得注意的是，转发表中没有输出端口是 Port-channel1 的转发项，因为该端口通道被定义为三层接口，VLAN 内交换路径不会经过三层接口。

Routing Table for Multilayer Switch1

Type	Network	Port	Next Hop IP	Metric
C	192.1.1.0/24	Vlan2	---	0/0
R	192.1.2.0/24	Port-channel1	192.1.3.2	120/1
C	192.1.3.0/30	Port-channel1	---	0/0

图 9.74 Multilayer Switch1 路由表

Routing Table for Multilayer Switch2

Type	Network	Port	Next Hop IP	Metric
R	192.1.1.0/24	Port-channel1	192.1.3.1	120/1
C	192.1.2.0/24	Vlan3	---	0/0
C	192.1.3.0/30	Port-channel1	---	0/0

图 9.75 Multilayer Switch2 路由表

MAC Table for Multilayer Switch1

VLAN	Mac Address	Port
1	0006.2A03.BA06	Port-channel2
1	0006.2A03.BA07	Port-channel2
1	0006.2A03.BA08	Port-channel2
1	00D0.975E.3CEA	Port-channel2
2	000B.BE9D.BE25	FastEthernet0/1
2	00D0.5877.D130	Port-channel2
2	00D0.975E.3CEA	Port-channel2
3	0001.C7C6.ED01	Port-channel2
3	0006.2A03.BA06	FastEthernet0/6
3	0006.2A03.BA07	FastEthernet0/7
3	0006.2A03.BA08	FastEthernet0/8
3	0030.F20C.1654	Port-channel2
3	0090.0C3D.E4AE	FastEthernet0/2
3	00D0.975E.3CEA	Port-channel2

图 9.76 Multilayer Switch1 的转发表

MAC Table for Multilayer Switch2

VLAN	Mac Address	Port
1	000A.F334.A406	Port-channel2
1	000A.F334.A407	Port-channel2
1	000A.F334.A408	Port-channel2
1	0010.1167.74D8	Port-channel2
2	0007.EC56.BC01	Port-channel2
2	000A.F334.A406	FastEthernet0/6
2	000A.F334.A407	FastEthernet0/7
2	000A.F334.A408	FastEthernet0/8
2	000B.BE9D.BE25	Port-channel2
2	00D0.5877.D130	FastEthernet0/1
3	0030.F20C.1654	FastEthernet0/2
3	0090.0C3D.E4AE	Port-channel2

图 9.77 Multilayer Switch2 的转发表

(7) 进入模拟操作模式,启动 PC0 至 PC1 IP 分组传输过程。PC0 至 PC1 IP 分组传输路径由三部分组成:一是 PC0 至三层交换机 Multilayer Switch1 与 VLAN 2 关联的 IP 接口这一段传输路径,IP 分组封装成以 PC0 的 MAC 地址为源地址(SRC ADDR)、以三层交换机 Multilayer Switch1 标识与 VLAN 2 关联的 IP 接口的特殊 MAC 地址为目的地址(DEST ADDR)的 MAC 帧,MAC 帧格式如图 9.78 所示;二是三层交换机 Multilayer Switch1 三层接口(端口通道 1)至三层交换机 Multilayer Switch2 三层接口(端口通道 1)这一段传输路径,IP 分组封装成以表明三层交换机 Multilayer Switch1 端口通道 1 的特殊 MAC 地址为源地址(SRC ADDR)、以表明三层交换机 Multilayer Switch2 端口通道 1 的特殊 MAC 地址为目的地址(DEST ADDR)的 MAC 帧,MAC 帧格式如图 9.79 所示;三是三层交换机 Multilayer Switch2 与 VLAN 3 关联的 IP 接口至 PC1 这一段传输路径,IP 分组封装成以三层交换机 Multilayer Switch2 标识与 VLAN 3 关联的 IP 接口的特殊 MAC 地址为源地址(SRC ADDR)、以 PC1 的 MAC 地址为目的地址(DEST ADDR)的 MAC 帧。该 MAC 帧经过两段交换路径,一段是 Multilayer Switch2 至 Multilayer Switch1 这一段,由于这一段交换路径被 VLAN 2 和 VLAN 3 共享,因此,该 MAC 帧携带 VLAN 3 对应的 VLAN ID(TCI=0x0003),MAC 帧格式如图 9.80 所示;另一段是 Multilayer Switch1 至

PC1 这一段，由于这一段交换路径只属于 VLAN 3，该 MAC 帧无须携带 VLAN 3 对应的 VLAN ID，MAC 帧格式如图 9.81 所示。值得强调的是，经过这两段交换路径的 MAC 帧的源和目的 MAC 地址是不变的。

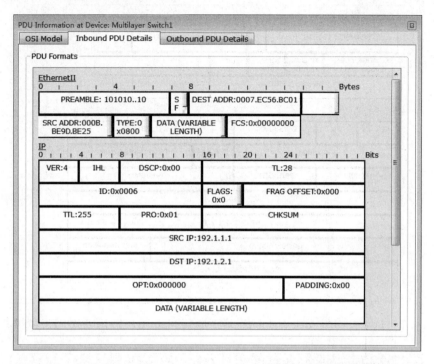

图 9.78　PC0→PC1 IP 分组 PC0 至 Multilayer Switch1 与 VLAN2 关联的 IP 接口这一段封装格式

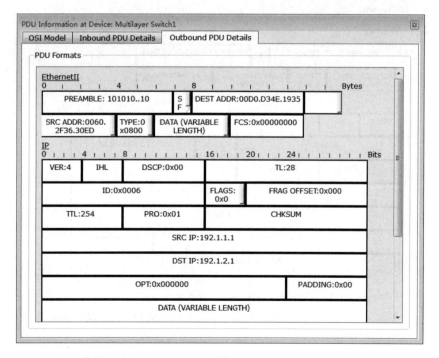

图 9.79　PC0→PC1 IP 分组 Multilayer Switch1 三层接口至 Multilayer Switch2 三层接口这一段封装格式

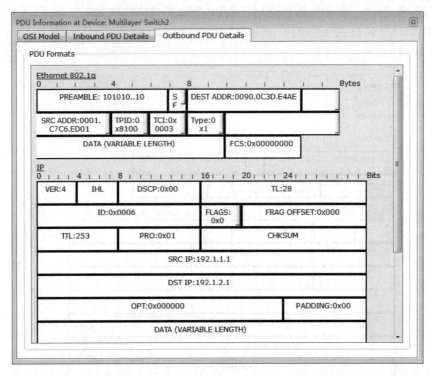

图 9.80　PC0→PC1 IP 分组 Multilayer Switch2 至 Multilayer Switch1 这一段封装格式

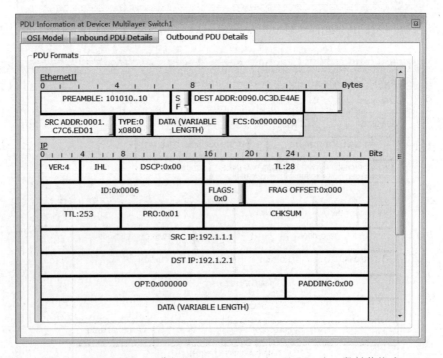

图 9.81　PC0→PC1 IP 分组 Multilayer Switch1 至 PC1 这一段封装格式

9.7.5 命令行接口配置过程

1. Multilayer Switch1 命令行接口配置过程

```
Switch> enable
Switch# configure terminal
Switch(config)# hostname Switch1
Switch1(config)# vlan 2
Switch1(config-vlan)# name v2
Switch1(config-vlan)# exit
Switch1(config)# vlan 3
Switch1(config-vlan)# name v3
Switch1(config-vlan)# exit
Switch1(config)# interface FastEthernet0/1
Switch1(config-if)# switchport mode access
Switch1(config-if)# switchport access vlan 2
Switch1(config-if)# exit
Switch1(config)# interface FastEthernet0/2
Switch1(config-if)# switchport mode access
Switch1(config-if)# switchport access vlan 3
Switch1(config-if)# exit
Switch1(config)# interface vlan 2
Switch1(config-if)# ip address 192.1.1.254 255.255.255.0
Switch1(config-if)# exit
Switch1(config)# interface FastEthernet0/3
Switch1(config-if)# no switchport
Switch1(config-if)# no ip address
Switch1(config-if)# channel-group 1 mode active
Switch1(config-if)# channel-protocol lacp
Switch1(config-if)# exit
Switch1(config)# interface FastEthernet0/4
Switch1(config-if)# no switchport
Switch1(config-if)# no ip address
Switch1(config-if)# channel-group 1 mode active
Switch1(config-if)# channel-protocol lacp
Switch1(config-if)# exit
Switch1(config)# interface FastEthernet0/5
Switch1(config-if)# no switchport
Switch1(config-if)# no ip address
Switch1(config-if)# channel-group 1 mode active
Switch1(config-if)# channel-protocol lacp
Switch1(config-if)# exit
Switch1(config)# interface port-channel 1
Switch1(config-if)# ip address 192.1.3.1 255.255.255.252
Switch1(config-if)# exit
Switch1(config)# interface FastEthernet0/6
Switch1(config-if)# switchport trunk encapsulation dot1q
Switch1(config-if)# switchport mode trunk
```

```
Switch1(config-if)#channel-group 2 mode active
Switch1(config-if)#channel-protocol lacp
Switch1(config-if)#exit
Switch1(config)#interface FastEthernet0/7
Switch1(config-if)#switchport trunk encapsulation dot1q
Switch1(config-if)#switchport mode trunk
Switch1(config-if)#channel-group 2 mode active
Switch1(config-if)#channel-protocol lacp
Switch1(config-if)#exit
Switch1(config)#interface FastEthernet0/8
Switch1(config-if)#switchport trunk encapsulation dot1q
Switch1(config-if)#switchport mode trunk
Switch1(config-if)#channel-group 2 mode active
Switch1(config-if)#channel-protocol lacp
Switch1(config-if)#exit
Switch1(config)#interface port-channel 2
Switch1(config-if)#switchport trunk encapsulation dot1q
Switch1(config-if)#switchport mode trunk
Switch1(config-if)#exit
Switch1(config)#ip routing
Switch1(config)#router rip
Switch1(config-router)#version 2
Switch1(config-router)#no auto-summary
Switch1(config-router)#network 192.1.1.0
Switch1(config-router)#network 192.1.3.0
Switch1(config-router)#exit
```

2. Multilayer Switch2 命令行接口配置过程

```
Switch>enable
Switch#configure terminal
Switch(config)#hostname Switch2
Switch2(config)#vlan 2
Switch2(config-vlan)#name v2
Switch2(config-vlan)#exit
Switch2(config)#vlan 3
Switch2(config-vlan)#name v3
Switch2(config-vlan)#exit
Switch2(config)#interface FastEthernet0/1
Switch2(config-if)#switchport mode access
Switch2(config-if)#switchport access vlan 2
Switch2(config-if)#exit
Switch2(config)#interface FastEthernet0/2
Switch2(config-if)#switchport mode access
Switch2(config-if)#switchport access vlan 3
Switch2(config-if)#exit
Switch2(config)#interface vlan 3
Switch2(config-if)#ip address 192.1.2.254 255.255.255.0
Switch2(config-if)#exit
Switch2(config)#interface FastEthernet0/3
```

```
Switch2(config-if)#no switchport
Switch2(config-if)#no ip address
Switch2(config-if)#channel-group 1 mode active
Switch2(config-if)#channel-protocol lacp
Switch2(config-if)#exit
Switch2(config)#interface FastEthernet0/4
Switch2(config-if)#no switchport
Switch2(config-if)#no ip address
Switch2(config-if)#channel-group 1 mode active
Switch2(config-if)#channel-protocol lacp
Switch2(config-if)#exit
Switch2(config)#interface FastEthernet0/5
Switch2(config-if)#no switchport
Switch2(config-if)#no ip address
Switch2(config-if)#channel-group 1 mode active
Switch2(config-if)#channel-protocol lacp
Switch2(config-if)#exit
Switch2(config)#interface port-channel 1
Switch2(config-if)#ip address 192.1.3.2 255.255.255.252
Switch2(config-if)#exit
Switch2(config)#interface FastEthernet0/6
Switch2(config-if)#switchport trunk encapsulation dot1q
Switch2(config-if)#switchport mode trunk
Switch2(config-if)#channel-group 2 mode active
Switch2(config-if)#channel-protocol lacp
Switch2(config-if)#exit
Switch2(config)#interface FastEthernet0/7
Switch2(config-if)#switchport trunk encapsulation dot1q
Switch2(config-if)#switchport mode trunk
Switch2(config-if)#channel-group 2 mode active
Switch2(config-if)#channel-protocol lacp
Switch2(config-if)#exit
Switch2(config)#interface FastEthernet0/8
Switch2(config-if)#switchport trunk encapsulation dot1q
Switch2(config-if)#switchport mode trunk
Switch2(config-if)#channel-group 2 mode active
Switch2(config-if)#channel-protocol lacp
Switch2(config-if)#exit
Switch2(config)#interface port-channel 2
Switch2(config-if)#switchport trunk encapsulation dot1q
Switch2(config-if)#switchport mode trunk
Switch2(config-if)#exit
Switch2(config)#ip routing
Switch2(config)#router rip
Switch2(config-router)#version 2
Switch2(config-router)#no auto-summary
Switch2(config-router)#network 192.1.2.0
Switch2(config-router)#network 192.1.3.0
Switch2(config-router)#exit
```

第 10 章 IPv6 实验
CHAPTER 10

IPv6 实验主要包括两部分：一是验证 IPv6 网络连通性的实验，主要验证与保障 IPv6 网络内终端之间 IPv6 分组传输过程有关的知识，如终端自动获取全球 IPv6 地址过程、自动生成链路本地地址过程、静态路由项配置过程、路由协议生成动态路由项过程等；二是验证 IPv6 网络与 IPv4 网络互联过程的实验，主要验证有关双协议栈、隧道与网络地址和协议转换（Network Address Translation-Protocol Translation，NAT-PT）等知识。

10.1 基本配置实验

10.1.1 实验内容

简单互联网结构如图 10.1 所示，由两个以太网接口的路由器 R 互联两个独立的以太网而成。终端 A 和终端 B 分别连接在两个独立的以太网上，实现终端 A 与终端 B 之间 IPv6 分组传输过程。

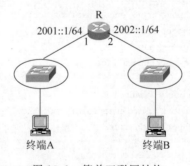

图 10.1 简单互联网结构

10.1.2 实验目的

（1）掌握路由器接口 IPv6 地址和前缀长度的配置过程。
（2）验证链路本地地址生成过程。

(3) 验证邻站发现协议工作过程。

(4) 验证 IPv6 网络的连通性。

10.1.3 实验原理

启动图 10.1 中路由器接口的 IPv6 功能后，两个路由器接口自动生成链路本地地址。终端一旦选择自动配置选项，能够自动生成链路本地地址。在手工配置两个路由器接口的全球 IPv6 地址和前缀长度后，终端通过邻站发现协议获取和该终端连接在相同以太网上的路由器接口的全球 IPv6 地址前缀和链路本地地址，终端根据该路由器接口的全球 IPv6 地址前缀生成全球 IPv6 地址，并将该路由器接口的链路本地地址作为默认网关地址，在此基础上实现连接在不同以太网上的两个终端之间的 IPv6 分组传输过程。

10.1.4 关键命令说明

1. 配置 IPv6 地址和启动路由器接口的 IPv6 功能

```
Router3(config)#interface FastEthernet0/0
Router3(config-if)#no shutdown
Router3(config-if)#ipv6 address 2001::1/64
Router3(config-if)#ipv6 enable
```

ipv6 address 2001::1/64 是接口配置模式下使用的命令，该命令的作用为指定接口（这里是接口 FastEthernet0/0）配置全球 IPv6 地址 2001::1 和地址前缀长度 64。如果需要配合终端的自动配置功能，地址前缀长度必须为 64。

ipv6 enable 是接口配置模式下使用的命令，该命令的作用是启动指定接口（这里是接口 FastEthernet0/0）的 IPv6 功能。一旦启动接口的 IPv6 功能，该接口自动生成链路本地地址。为路由器接口配置 IPv6 地址的过程将自动启动该接口的 IPv6 功能。路由器默认功能是路由 IPv4 分组，因此，需要路由器路由 IPv6 分组时，通过手工配置启动路由器和路由器接口的 IPv6 功能。

2. 启动 IPv6 分组转发功能

```
Router(config)#ipv6 unicast-routing
```

ipv6 unicast-routing 是全局模式下使用的命令，该命令的作用是启动路由器转发单播 IPv6 分组的功能，执行该命令后，路由器才能路由 IPv6 分组。

10.1.5 实验步骤

(1) 启动 Cisco Packet Tracer，在逻辑工作区根据图 10.1 所示的互联网结构放置和连接设备，完成设备放置和连接后的逻辑工作区界面如图 10.2 所示。

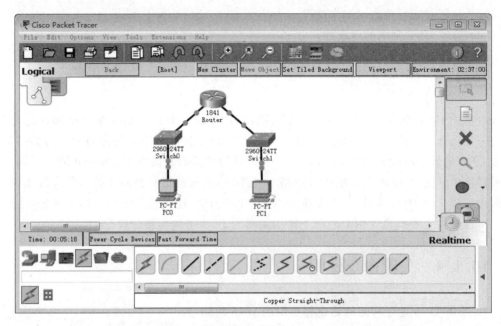

图 10.2　完成设备放置和连接后的逻辑工作区界面

　　(2) 为路由器接口配置全球 IPv6 地址和前缀长度。为接口 FastEthernet0/0 配置全球 IPv6 地址和前缀长度 2001::1/64,其中 2001::1 是接口的全球 IPv6 地址,64 是前缀长度。为接口 FastEthernet0/1 配置全球 IPv6 地址和前缀长度 2002::1/64。

　　(3) 开启路由器转发单播 IPv6 分组的功能。

　　(4) 完成路由器接口配置后,路由器自动生成如图 10.3 所示的路由表。其中,类型(Type)C 表示直连路由项,用于指明通往直接连接的 IPv6 网络的传输路径;类型(Type)L 表示本地接口地址,用于给出为路由器接口配置的全球 IPv6 地址;端口(Port)Null0 是伪接口,伪接口与其他接口之间不能转发 IPv6 分组。

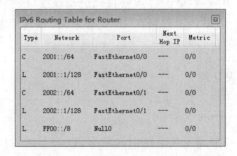

图 10.3　路由器 Router 路由表

　　(5) 终端 PC0 选择自动配置模式。PC0 自动生成的链路本地地址和通过自动配置模式获得的全球 IPv6 地址如图 10.4 所示。终端 PC0 通过自动配置模式获得的路由器接口 FastEthernet0/0 的链路本地地址如图 10.5 所示,该路由器接口的链路本地地址成为终端 PC0 的默认网关地址。PC0 的链路本地地址通过 PC0 的 MAC 地址导出,PC0 的全球 IPv6 地址通过路由器接口 FastEthernet0/0 的 64 位全球 IPv6 地址前缀和 PC0 的 MAC 地址导出。同样，路由器接口 FastEthernet0/0 的链路本地地址通过该接口的 MAC 地址导出。

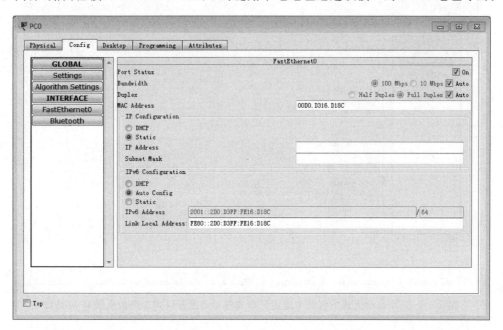

图 10.4　PC0 自动生成的链路本地地址和通过自动配置模式获得的全球 IPv6 地址

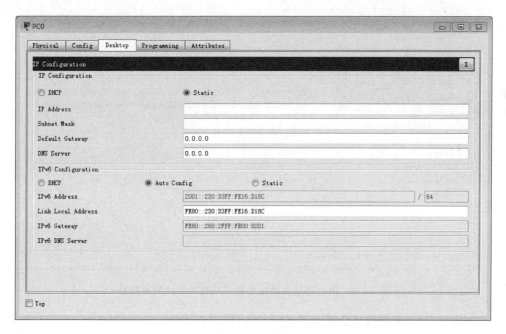

图 10.5　PC0 通过自动配置模式获得的默认网关地址

（6）终端 PC1 选择自动配置模式。PC1 自动生成的链路本地地址和通过自动配置模式获得的全球 IPv6 地址如图 10.6 所示。终端 PC1 通过自动配置模式获得的路由器接口 FastEthernet0/1 的链路本地地址图 10.7 所示，该路由器接口的链路本地地址成为终端 PC1 的默认网关地址。

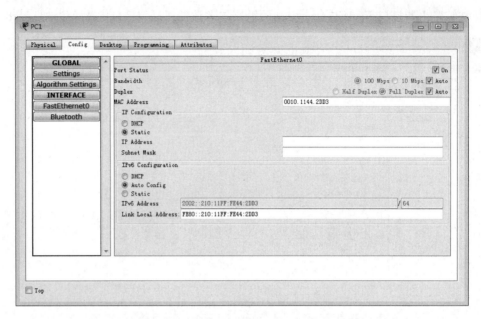

图 10.6 PC1 自动生成的链路本地地址和通过自动配置模式获得的全球 IPv6 地址

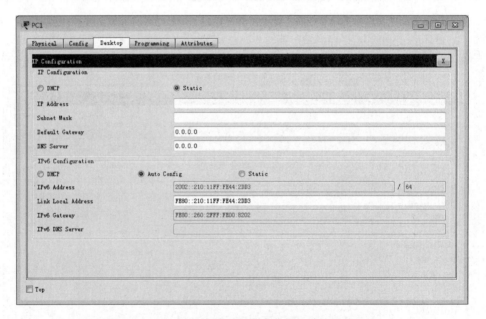

图 10.7 PC1 通过自动配置模式获得的默认网关地址

(7) 通过 Ping 操作验证终端 PC0 和 PC1 之间的连通性。

(8) 为了在模拟操作模式截获 PC0 传输给 PC1 的 IPv6 分组,报文类型勾选 ICMPv6 报文,如图 10.8 所示。PC0 至 PC1 IPv6 分组的传输路径由两段路径组成:一段是 PC0 至 Router 的传输路径,IPv6 分组封装成以 PC0 的 MAC 地址为源地址(SRC ADDR)、以路由器接口 FastEthernet0/0 的 MAC 地址为目的地址(DEST ADDR)的 MAC 帧,MAC 帧格式如图 10.9 所示,由于 MAC 帧数据字段中的数据是 IPv6 分组,类型(TYPE)字段值为十六进制值 86DD(0x86dd);另一段是 Router 至 PC1 的传输路径,IPv6 分组封装成以路由器接口 FastEthernet0/1 的 MAC 地址为源地址(SRC ADDR)、以 PC1 的 MAC 地址为目的地址(DEST ADDR)的 MAC 帧,MAC 帧格式如图 10.10 所示。IPv6 分组 PC0 至 PC1 传输过程中,源和目的 IPv6 地址是不变的。

图 10.8　勾选 ICMPv6 报文界面

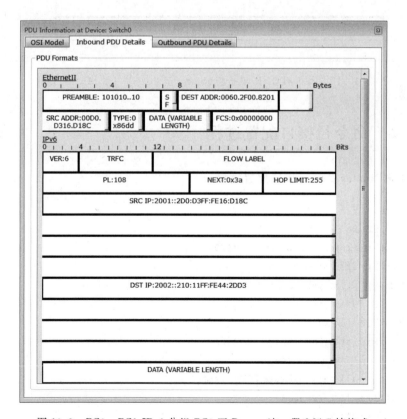

图 10.9　PC0→PC1 IPv6 分组 PC0 至 Router 这一段 MAC 帧格式

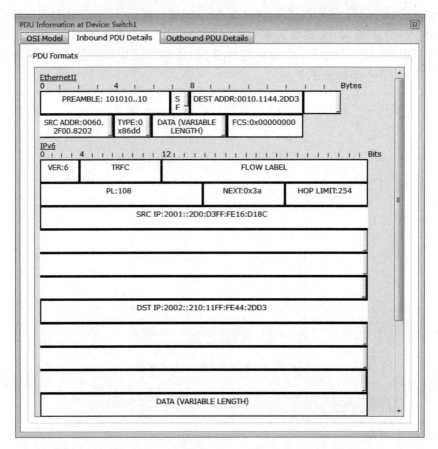

图 10.10　PC0→PC1 IPv6 分组 Router 至 PC1 这一段 MAC 帧格式

10.1.6　命令行接口配置过程

1. 路由器 Router 命令行接口配置过程

Router＞enable
Router#configure terminal
Router(config)#interface FastEthernet0/0
Router(config-if)#no shutdown
Router(config-if)#ipv6 address 2001∷1/64
Router(config-if)#ipv6 enable
Router(config-if)#exit
Router(config)#interface FastEthernet0/1
Router(config-if)#no shutdown
Router(config-if)#ipv6 address 2002∷1/64
Router(config-if)#ipv6 enable
Router(config-if)#exit
Router(config)#ipv6 unicast-routing

2. 命令列表

路由器命令行接口配置过程中使用的命令及功能和参数说明如表 10.1 所示。

表 10.1 命令列表

命 令 格 式	功能和参数说明
ipv6 address *ipv6-address*/*prefix-length*	用于为路由器接口配置全球 IPv6 地址和前缀长度。参数 *ipv6-address* 是全球 IPv6 地址，参数 *prefix-length* 是前缀长度。前缀长度为 1~128
ipv6 enable	启动接口的 IPv6 功能，并自动生成接口的链路本地地址
ipv6 unicast-routing	启动路由器转发单播 IPv6 分组的功能

10.2 静态路由项配置实验

10.2.1 实验内容

IPv6 互联网结构如图 10.11 所示，由两个路由器互联三个不同的网络而成，其中网络 2001::/64 和网络 2002::/64 分别连接在两个不同的路由器上。实现连接在网络 2001::/64 上的终端 A 和连接在网络 2002::/64 上的终端 B 之间的通信过程。

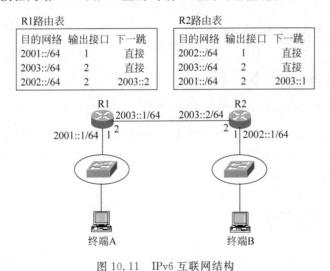

图 10.11 IPv6 互联网结构

10.2.2 实验目的

（1）掌握路由器接口 IPv6 地址和前缀长度的配置过程。
（2）验证终端自动获取配置信息过程。

(3) 掌握路由器静态路由项配置过程。
(4) 验证 IPv6 网络的连通性。
(5) 掌握 IPv6 分组逐跳转发过程。

10.2.3 实验原理

如图 10.11 所示，网络 2001::/64 和网络 2002::/64 分别连接在两个不同的路由器上，因此，每一个路由器的路由表中必须包含用于指明通往没有与其直接连接的网络的传输路径的路由项，该路由项可以通过路由协议生成或手工配置。如果采取手工配置静态路由项的方式，需要通过分析图 10.11 所示的互联网结构得出每一个路由器通往没有与其直接连接的网络的最短路径，并获得该最短路径上的下一跳路由器的 IPv6 地址。对于路由器 R1，得出路由器 R1 通往网络 2002::/64 的最短路径为 R1→R2→网络 2002::/64，下一跳路由器的 IPv6 地址为 2003::2，并因此得出如图 10.11 所示的路由器 R1 路由表中目的网络为 2002::/64 的静态路由项。

和 IPv4 互联网络相同，终端 A 至终端 B IPv6 分组传输路径由三段路径组成，分别是终端 A 至路由器 R1、路由器 R1 至路由器 R2 和路由器 R2 至终端 B。IPv6 分组经过这三段路径传输时，源和目的 IPv6 地址保持不变，但封装该 IPv6 分组的 MAC 帧的源和目的地址分别是这三段路径始结点和终结点的 MAC 地址。如 IPv6 分组经过终端 A 至路由器 R1 这一段路径传输时，封装该 IPv6 分组的 MAC 帧的源 MAC 地址是终端 A 的 MAC 地址，目的 MAC 地址是路由器 R1 接口 1 的 MAC 地址。

10.2.4 关键命令说明

以下命令用于配置 IPv6 静态路由项。

Router(config)# ipv6 route 2002::/64 2003::2

ipv6 route 2002::/64 2003::2 是全局模式下使用的命令，该命令的作用是配置静态路由项，其中 2002::/64 是目的网络地址，2003::2 是下一跳路由器地址，目的网络地址中 2002:: 是地址前缀，64 是前缀长度。

10.2.5 实验步骤

(1) 启动 Cisco Packet Tracer，在逻辑工作区根据图 10.11 所示的互联网结构放置和连接设备，完成设备放置和连接后的逻辑工作区界面如图 10.12 所示。

(2) 按照图 10.11 所示的配置信息完成各个路由器接口的 IPv6 地址和前缀长度的配置过程。在各个路由器中手工配置用于指明通往没有与其直接连接的网络的传输路径的静态路由项。完成上述配置过程后，路由器 Router1 和 Router2 的路由表分别如图 10.13 和图 10.14 所示，类型(Type)S 表示静态路由项。

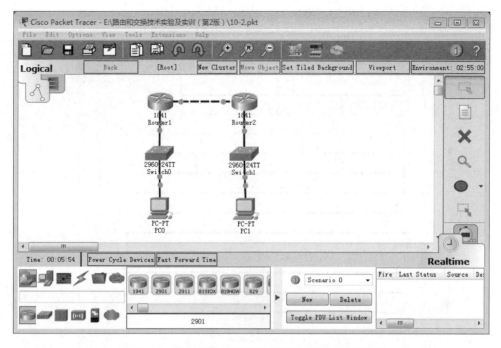

图 10.12 完成设备放置和连接后的逻辑工作区界面

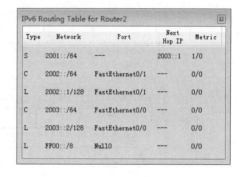

图 10.13 路由器 Router1 路由表　　　　图 10.14 路由器 Router2 路由表

(3) 通过 Ping 操作验证终端 PC0 和 PC1 之间的连通性。

(4) 在模拟操作模式截获 PC0 传输给 PC1 的 IPv6 分组。PC0 至 PC1 IPv6 分组的传输路径由三段路径组成：第一段是 PC0 至 Router1 的传输路径，IPv6 分组封装成以 PC0 的 MAC 地址为源地址 (SRC ADDR)、以 Router1 接口 FastEthernet0/0 的 MAC 地址为目的地址 (DEST ADDR) 的 MAC 帧，MAC 帧格式如图 10.15 所示；第二段是 Router1 至 Router2 的传输路径，IPv6 分组封装成以 Router1 接口 FastEthernet0/1 的 MAC 地址为源地址 (SRC ADDR)、以 Router2 接口 FastEthernet0/0 的 MAC 地址为目的地址 (DEST ADDR) 的 MAC 帧，MAC 帧格式如图 10.16 所示；第三段是 Router2 至 PC1 的传输路径，IPv6 分组封装成以 Router2 接口 FastEthernet0/1 的 MAC 地址为源地址 (SRC ADDR)、以 PC1 的 MAC 地址为目的地址 (DEST ADDR) 的 MAC 帧，MAC 帧格式如图 10.17 所示。IPv6 分组 PC0 至 PC1 传输过程中，源和目的 IPv6 地址是不变的。

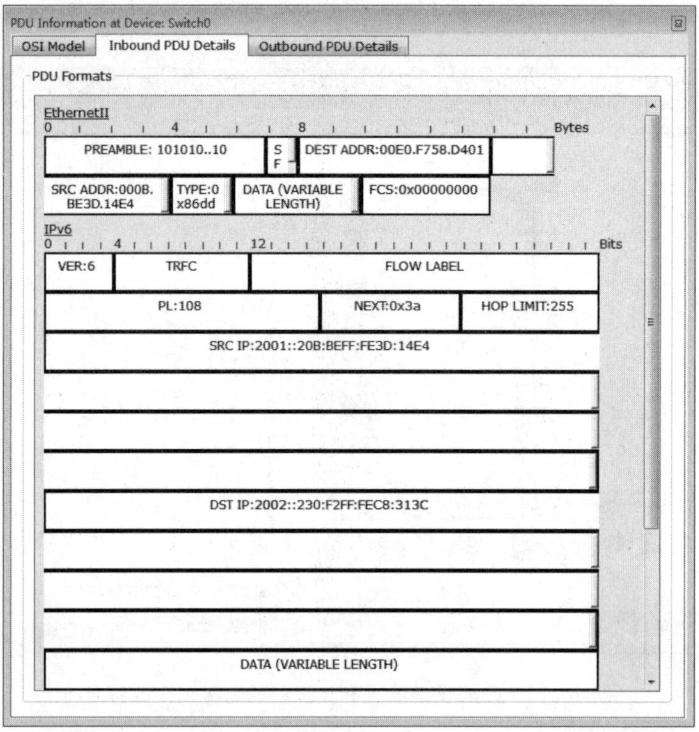

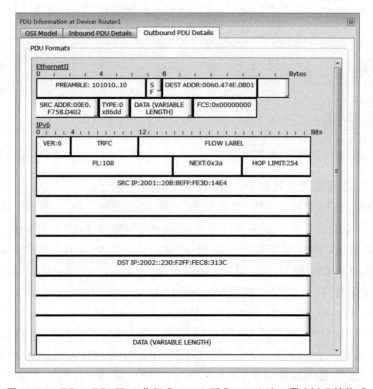

图 10.15　PC0→PC1 IPv6 分组 PC0 至 Router1 这一段 MAC 帧格式

图 10.16　PC0→PC1 IPv6 分组 Router1 至 Router2 这一段 MAC 帧格式

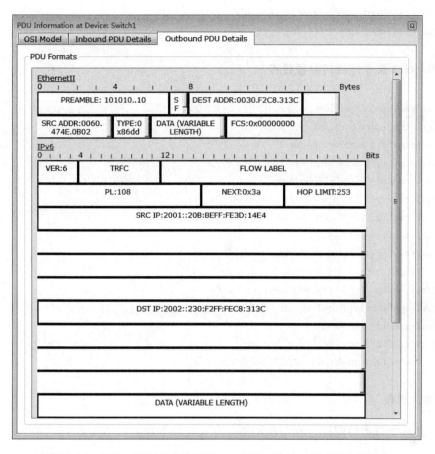

图 10.17 PC0→PC1 IPv6 分组 Router2 至 PC1 这一段 MAC 帧格式

10.2.6 命令行接口配置过程

1. Router1 命令行接口配置过程

Router>enable
Router#configure terminal
Router(config)#hostname Router1
Router1(config)#interface FastEthernet0/0
Router1(config-if)#no shutdown
Router1(config-if)#ipv6 address 2001::1/64
Router1(config-if)#ipv6 enable
Router1(config-if)#exit
Router1(config)#interface FastEthernet0/1
Router1(config-if)#no shutdown
Router1(config-if)#ipv6 address 2003::1/64
Router1(config-if)#ipv6 enable
Router1(config-if)#exit

```
Router1(config)#ipv6 unicast-routing
Router1(config)#ipv6 route 2002::/64 2003::2
```

2. Router2 命令行接口配置过程

```
Router>enable
Router#configure terminal
Router(config)#hostname Router2
Router2(config)#interface FastEthernet0/0
Router2(config-if)#no shutdown
Router2(config-if)#ipv6 address 2003::2/64
Router2(config-if)#ipv6 enable
Router2(config-if)#exit
Router2(config)#interface FastEthernet0/1
Router2(config-if)#no shutdown
Router2(config-if)#ipv6 address 2002::1/64
Router2(config-if)#ipv6 enable
Router2(config-if)#exit
Router2(config)#ipv6 unicast-routing
Router2(config)#ipv6 route 2001::/64 2003::1
```

3. 命令列表

路由器命令行接口配置过程中使用的命令及功能和参数说明如表 10.2 所示。

表 10.2 命令列表

命令格式	功能和参数说明
ipv6 route *ipv6-prefix/prefix-length ipv6-address*	配置静态路由项。参数 *ipv6-prefix/prefix-length* 用于指定目的网络地址,其中 *ipv6-prefix* 是地址前缀,*prefix-length* 是前缀长度;参数 *ipv6-address* 用于指定下一跳路由器地址

10.3 RIP 配置实验

10.3.1 实验内容

互联网结构如图 10.18 所示,路由器 R1、R2 和 R3 分别连接网络 2001::/64、2002::/64 和 2003::/64,用网络 2004::/64 互连这三个路由器,每一个路由器通过 RIP 建立用于指明通往其他两个没有与其直接连接的网络的传输路径的路由项。终端 D 可以选择这三个路由器连接网络 2004::/64 的三个接口中的任何一个接口的链路本地地址作为默认网关地址。实现连接在不同网络上的终端之间的通信过程。

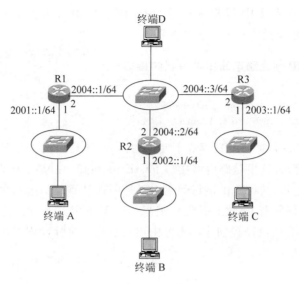

图 10.18 互联网结构

10.3.2 实验目的

(1) 掌握路由器接口 IPv6 地址和前缀长度的配置过程。
(2) 验证终端自动获取配置信息的过程。
(3) 掌握路由器 RIP 的配置过程。
(4) 验证 RIP 建立动态路由项过程。
(5) 验证 IPv6 网络的连通性。

10.3.3 实验原理

由于 RIP 的功能是使得每一个路由器能够在直连路由项的基础上,创建用于指明通往没有与其直接连接的网络的传输路径的动态路由项,因此,路由器的配置过程分为两部分:一是通过配置路由器接口的 IPv6 地址和前缀长度自动生成直连路由项;二是通过配置 RIP 相关信息,启动通过 RIP 生成用于指明通往没有与其直接连接的网络的传输路径的动态路由项的过程。

10.3.4 关键命令说明

1. 启动 RIP 路由进程

```
Router(config)# ipv6 router rip a1
Router(config-rtr)#
```

ipv6 router rip a1 是全局模式下使用的命令,该命令的作用是启动 RIP 路由进程,并进入 RIP 配置模式。a1 是 RIP 进程标识符，用于唯一标识启动的 RIP 路由进程。Router(config-rtr)♯是 RIP 配置模式下的命令提示符。

2. 指定参与 RIP 创建动态路由项过程的接口

Router(config)♯ interface FastEthernet0/0
Router(config - if)♯ ipv6 rip a1 enable

ipv6 rip a1 enable 是接口配置模式下使用的命令，该命令的作用是指定参与 RIP 创建动态路由项过程的接口(这里是路由器接口 FastEthernet0/0)，某个接口一旦指定参与 RIP 创建动态路由项的过程，其他路由器将创建用于指明通往该接口连接的网络的传输路径的动态路由项，该接口将发送、接收 RIP 路由消息。a1 是 RIP 进程标识符，表明该接口参与进程标识符为 a1 的 RIP 路由进程创建动态路由项的过程。进程标识符由启动 RIP 路由进程的命令分配。

10.3.5　实验步骤

(1) 启动 Cisco Packet Tracer，在逻辑工作区根据图 10.18 所示的互联网结构放置和连接设备，完成设备放置和连接后的逻辑工作区界面如图 10.19 所示。

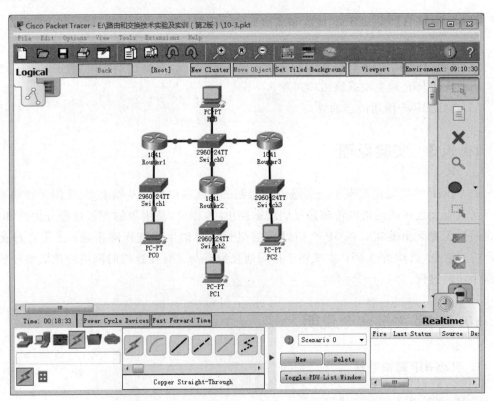

图 10.19　完成设备放置和连接后的逻辑工作区界面

（2）按照图 10.18 所示的配置信息完成各个路由器接口的 IPv6 地址和前缀长度的配置过程。

（3）在各个路由器中启动 RIP 路由进程，指定参与 RIP 路由进程创建动态路由项过程的接口。完成上述配置后，路由器 Router1、Router2 和 Router3 分别建立如图 10.20～图 10.22 所示的完整路由表，类型（Type）为 R 的路由项是由 RIP 建立的动态路由项。

Type	Network	Port	Next Hop IP	Metric
C	2001::/64	FastEthernet0/0	----	0/0
L	2001::1/128	FastEthernet0/0	----	0/0
R	2002::/64	FastEthernet0/1	FE80::240:BFF:FE2A:C102	120/2
R	2003::/64	FastEthernet0/1	FE80::2E0:F9FF:FE9B:1802	120/2
C	2004::/64	FastEthernet0/1	----	0/0
L	2004::1/128	FastEthernet0/1	----	0/0
L	FF00::/8	Null0	----	0/0

图 10.20　路由器 Router1 路由表

Type	Network	Port	Next Hop IP	Metric
R	2001::/64	FastEthernet0/1	FE80::20B:BEFF:FED4:B902	120/2
C	2002::/64	FastEthernet0/0	----	0/0
L	2002::1/128	FastEthernet0/0	----	0/0
R	2003::/64	FastEthernet0/1	FE80::2E0:F9FF:FE9B:1802	120/2
C	2004::/64	FastEthernet0/1	----	0/0
L	2004::2/128	FastEthernet0/1	----	0/0
L	FF00::/8	Null0	----	0/0

图 10.21　路由器 Router2 路由表

Type	Network	Port	Next Hop IP	Metric
R	2001::/64	FastEthernet0/1	FE80::20B:BEFF:FED4:B902	120/2
R	2002::/64	FastEthernet0/1	FE80::240:BFF:FE2A:C102	120/2
C	2003::/64	FastEthernet0/0	----	0/0
L	2003::1/128	FastEthernet0/0	----	0/0
C	2004::/64	FastEthernet0/1	----	0/0
L	2004::3/128	FastEthernet0/1	----	0/0
L	FF00::/8	Null0	----	0/0

图 10.22　路由器 Router3 路由表

（4）通过 Ping 操作验证各个终端之间的连通性。

10.3.6 命令行接口配置过程

1. Router1 命令行接口配置过程

```
Router>enable
Router#configure terminal
Router(config)#hostname Router1
Router1(config)#interface FastEthernet0/0
Router1(config-if)#no shutdown
Router1(config-if)#ipv6 address 2001::1/64
Router1(config-if)#ipv6 enable
Router1(config-if)#exit
Router1(config)#interface FastEthernet0/1
Router1(config-if)#no shutdown
Router1(config-if)#ipv6 address 2004::1/64
Router1(config-if)#ipv6 enable
Router1(config-if)#exit
Router1(config)#ipv6 unicast-routing
Router1(config)#ipv6 router rip a1
Router1(config-rtr)#exit
Router1(config)#interface FastEthernet0/0
Router1(config-if)#ipv6 rip a1 enable
Router1(config-if)#exit
Router1(config)#interface FastEthernet0/1
Router1(config-if)#ipv6 rip a1 enable
Router1(config-if)#exit
```

Router2 和 Router3 命令行接口配置过程与 Router1 相似，不再赘述。

2. 命令列表

路由器命令行接口配置过程中使用的命令及功能和参数说明如表 10.3 所示。

表 10.3 命令列表

命令格式	功能和参数说明
ipv6 router rip *word*	启动路由器 RIP 路由进程，并进入 RIP 配置模式。参数 *word* 是用户分配的 RIP 路由进程标识符
ipv6 rip *name* **enable**	指定参与 RIP 路由进程创建动态路由项过程的接口。参数 *name* 是 RIP 路由进程标识符，由启动 RIP 路由进程的命令分配

10.4 单区域 OSPF 配置实验

10.4.1 实验内容

互联网结构如图 10.23 所示，除了互连路由器 R11 和 R13 的链路外，其他链路的传输速率都是 100Mb/s，互连路由器 R11 和 R13 的链路的传输速率是 10Mb/s。每一个路由器通过 OSPF 建立用于指明通往没有与其直接连接的网络的传输路径的动态路由项。实现连接在不同网络上的两个终端之间的通信过程。

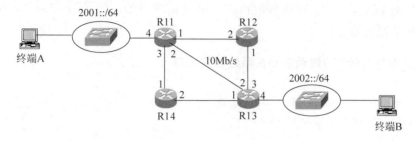

图 10.23　互联网结构

10.4.2　实验目的

（1）掌握路由器接口 IPv6 地址和前缀长度的配置过程。
（2）验证终端自动获取配置信息的过程。
（3）掌握路由器 OSPF 的配置过程。
（4）验证 OSPF 建立动态路由项的过程。
（5）区分 RIP 建立的传输路径与 OSPF 建立的传输路径的区别。
（6）验证 IPv6 网络的连通性。

10.4.3　实验原理

如图 10.23 所示，四个路由器构成一个区域——area 1，路由器 R11 和路由器 R13 连接 IPv6 网络 2001::/64 和 2002::/64 的接口需要配置全球 IPv6 地址 2001::1/64 和 2002::1/64，路由器其他接口只需启动 IPv6 功能。某个路由器接口一旦启动 IPv6 功能，将自动生成链路本地地址。可以用路由器接口的链路本地地址实现相邻路由器之间 OSPF 报文传输和解析下一跳链路层地址的功能。由于 OSPF 将经过链路的代价之和最小的传输路径作为最短传输路径，默认情况下，链路代价与链路传输速率相关，链路传输速率越高，链路代价越小。因此路由器 R11 通往网络 2002::/64 的传输路径或者是 R11→R12→R13→网络 2002::/64，或者是 R11→R14→R13→网络 2002::/64，与 RIP 建立的传输路径不同。

10.4.4　关键命令说明

1. 启动 OSPF 路由进程并分配路由器标识符

Router(config)# ipv6 router ospf 11
Router(config-rtr)# router-id 192.1.1.11

ipv6 router ospf 11 是全局模式下使用的命令，该命令的作用是启动 OSPF 路由进程，并进入 OSPF 配置模式，11 是用户分配的进程标识符。Router(config-rtr)# 是 OSPF 配置模式的命令提示符。

router-id 192.1.1.11 是 OSPF 配置模式下使用的命令，该命令的作用是为路由器分配标识符 192.1.1.11，每一个路由器的标识符必须是唯一的。Cisco Packet Tracer 只支持 IPv4 地址作为路由器标识符。

2. 指定参与 OSPF 创建动态路由项过程的接口

```
Router(config)# interface FastEthernet0/0
Router(config-if)# ipv6 ospf 11 area 1
```

ipv6 ospf 11 area 1 是接口配置模式下使用的命令，该命令的作用是指定参与 OSPF 路由进程创建动态路由项过程的接口(这里是路由器接口 FastEthernet0/0)，并确定该接口所属的 OSPF 区域。某个接口一旦指定参与 OSPF 路由进程创建动态路由项的过程，一是其他路由器将创建用于指明通往该接口连接的网络的传输路径的动态路由项，二是该接口将发送、接收 OSPF 路由消息。11 是 OSPF 路由进程标识符，表明该接口参与进程标识符为 11 的 OSPF 路由进程创建动态路由项的过程。进程标识符由启动 OSPF 路由进程的命令分配。1 是区域标识符，表明该接口属于区域 1。

10.4.5 实验步骤

（1）启动 Cisco Packet Tracer，在逻辑工作区根据如图 10.23 所示的互联网结构放置和连接设备，完成设备放置和连接后的逻辑工作区界面如图 10.24 所示。需要强调的是，互连 Router11 和 Router13 的链路的传输速率是 10Mb/s。其他链路的传输速率是 100Mb/s。

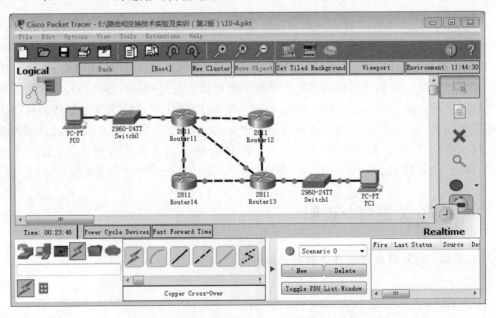

图 10.24　完成设备放置和连接后的逻辑工作区界面

(2) 完成路由器接口 IPv6 地址和前缀长度的配置过程,只需对连接末梢网络的接口配置 IPv6 地址和前缀长度,其他路由器接口只需启动 IPv6 功能,某个路由器接口一旦启动 IPv6 功能,将自动生成链路本地地址。

(3) 完成路由器 OSPF 相关参数配置过程,一是启动 OSPF 路由进程,并在 OSPF 配置模式下为路由器分配唯一的路由器标识符;二是指定参与 OSPF 路由进程创建动态路由项过程的接口。必须在启动路由器转发单播 IPv6 分组功能后,进行 OSPF 相关配置。

(4) 完成 OSPF 配置过程后,路由器 Router11 建立如图 10.25 所示的路由表,类型(Type)为 O 的路由项是 OSPF 建立的动态路由项。对于路由器 Router11,两项不同的路由项指明了两条下一跳不同但距离相同的通往 IPv6 网络 2002::/64 的传输路径。值得说明的是,两项用于指明通往 IPv6 网络 2002::/64 的传输路径的动态路由项中,下一跳地址分别是 Router12 连接路由器 Router11 的接口的本地链路地址和 Router14 连接路由器 Router11 的接口的本地链路地址,因此,路由器 Router11 通往 IPv6 网络 2002::/64 的两条传输路径分别是 R11→R12→R13→网络 2002::/64 和 R11→R14→R13→网络 2002::/64,而不是经过跳数最少的传输路径 R11→R13→网络 2002::/64。路由器 Router12 连接路由器 Router11 的接口的 MAC 地址如图 10.26 所示,路由器 Router14 连接路由器 Router11

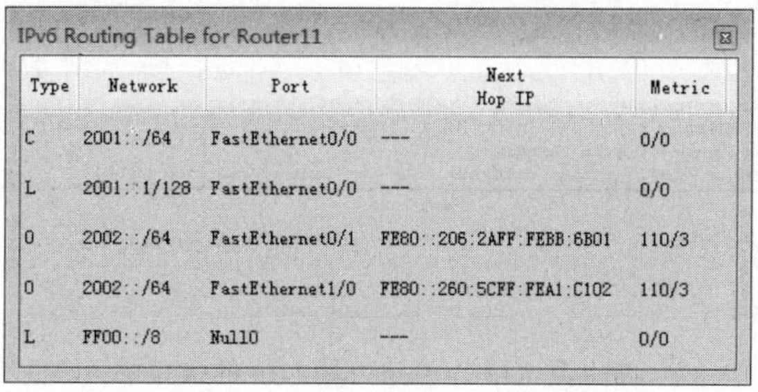

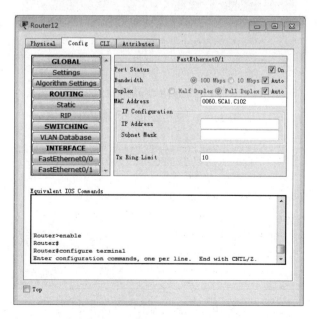

图 10.25 路由器 Router11 的路由表

图 10.26 路由器 R12 连接路由器 R11 的接口的 MAC 地址

的接口的 MAC 地址如图 10.27 所示。Router12、Router13 和 Router14 的路由表分别如图 10.28～图 10.30 所示。

如果路由表中存在多项用于指明通往同一 IPv6 网络的多条传输路径的路由项，路由器可以将目的网络为该 IPv6 网络的 IPv6 分组均衡地分配到这些传输路径上。

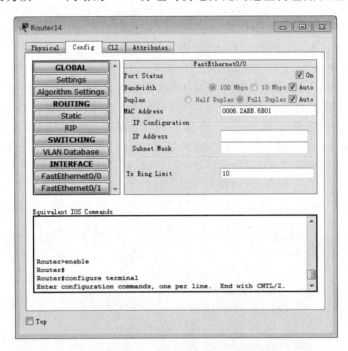

图 10.27　路由器 R14 连接路由器 R11 的接口的 MAC 地址

IPv6 Routing Table for Router12

Type	Network	Port	Next Hop IP	Metric
O	2001::/64	FastEthernet0/1	FE80::2D0:D3FF:FE8B:1731	110/2
O	2002::/64	FastEthernet0/0	FE80::2D0:97FF:FEDB:79B4	110/2
L	FF00::/8	Null0	---	0/0

图 10.28　路由器 R12 的路由表

IPv6 Routing Table for Router13

Type	Network	Port	Next Hop IP	Metric
O	2001::/64	FastEthernet0/1	FE80::206:2AFF:FEBB:6B02	110/3
O	2001::/64	FastEthernet1/0	FE80::260:5CFF:FEA1:C101	110/3
C	2002::/64	FastEthernet0/0	---	0/0
L	2002::1/128	FastEthernet0/0	---	0/0
L	FF00::/8	Null0	---	0/0

图 10.29　路由器 R13 的路由表

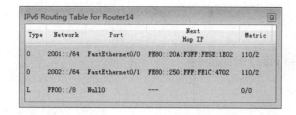

图 10.30 路由器 R14 的路由表

（5）通过 Ping 操作验证 PC0 和 PC1 之间的连通性。

10.4.6 命令行接口配置过程

1. Router11 命令行接口配置过程

```
Router > enable
Router # configure terminal
Router(config) # hostname Router11
Router11(config) # interface FastEthernet0/0
Router11(config - if) # no shutdown
Router11(config - if) # ipv6 address 2001::1/64
Router11(config - if) # ipv6 enable
Router11(config - if) # exit
Router11(config) # interface FastEthernet0/1
Router11(config - if) # no shutdown
Router11(config - if) # ipv6 enable
Router11(config - if) # exit
Router11(config) # interface Ethernet0/3/0
Router11(config - if) # no shutdown
Router11(config - if) # ipv6 enable
Router11(config - if) # exit
Router11(config) # interface FastEthernet1/0
Router11(config - if) # no shutdown
Router11(config - if) # ipv6 enable
Router11(config - if) # exit
Router11(config) # ipv6 unicast - routing
Router11(config) # ipv6 router ospf 11
Router11(config - rtr) # router - id 192.1.1.11
Router11(config - rtr) # exit
Router11(config) # interface FastEthernet0/0
Router11(config - if) # ipv6 ospf 11 area 1
Router11(config - if) # exit
Router11(config) # interface FastEthernet0/1
Router11(config - if) # ipv6 ospf 11 area 1
Router11(config - if) # exit
Router11(config) # interface Ethernet0/3/0
Router11(config - if) # ipv6 ospf 11 area 1
Router11(config - if) # exit
Router11(config) # interface FastEthernet1/0
```

```
Router11(config-if)#ipv6 ospf 11 area 1
Router11(config-if)#exit
```

2. Router12 命令行接口配置过程

```
Router>enable
Router#configure terminal
Router(config)#hostname Router12
Router12(config)#interface FastEthernet0/0
Router12(config-if)#no shutdown
Router12(config-if)#ipv6 enable
Router12(config-if)#exit
Router12(config)#interface FastEthernet0/1
Router12(config-if)#no shutdown
Router12(config-if)#ipv6 enable
Router12(config-if)#exit
Router12(config)#ipv6 unicast-routing
Router12(config)#ipv6 router ospf 12
Router12(config-rtr)#router-id 192.1.1.12
Router12(config-rtr)#exit
Router12(config)#interface FastEthernet0/0
Router12(config-if)#ipv6 ospf 12 area 1
Router12(config-if)#exit
Router12(config)#interface FastEthernet0/1
Router12(config-if)#ipv6 ospf 12 area 1
Router12(config-if)#exit
```

其他路由器命令行接口配置过程与此相似,不再赘述。

3. 命令列表

路由器命令行接口配置过程中使用的命令及功能和参数说明如表 10.4 所示。

表 10.4 命令列表

命 令 格 式	功能和参数说明
ipv6 router ospf *process-id*	启动路由器 OSPF 路由进程,并进入 OSPF 配置模式。参数 *process-id* 是用户分配的 OSPF 路由进程标识符
ipv6 ospf *process-id* **area** *area-id*	指定参与 OSPF 路由进程创建动态路由项过程的接口。参数 *process-id* 是 OSPF 路由进程标识符,由启动 OSPF 路由进程的命令分配。参数 *area-id* 是区域标识符,用于指定接口所属的区域
router-id *ip-address*	为路由器分配唯一标识符。参数 *ip-address* 是 IPv4 地址格式的路由器标识符

10.5 双协议栈配置实验

10.5.1 实验内容

实现双协议栈的互联网结构如图 10.31 所示，路由器每一个接口同时配置 IPv4 地址和子网掩码与 IPv6 地址和前缀长度，以此表示路由器接口同时连接 IPv4 网络和 IPv6 网络。分别实现 IPv4 网络内和 IPv6 网络内终端之间的通信过程，但 IPv4 网络与 IPv6 网络之间不能相互通信。

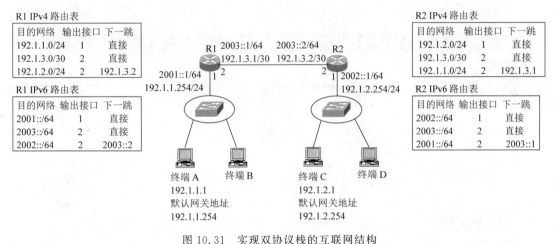

图 10.31 实现双协议栈的互联网结构

10.5.2 实验目的

（1）掌握路由器接口 IPv4 地址和子网掩码与 IPv6 地址和前缀长度的配置过程。
（2）掌握路由器 IPv4 静态路由项和 IPv6 静态路由项的配置过程。
（3）验证 IPv4 网络和 IPv6 网络共存于一个物理网络的工作机制。
（4）分别验证 IPv4 网络内和 IPv6 网络内终端之间的连通性。

10.5.3 实验原理

双协议栈工作机制下，图 10.31 中的每一个物理路由器相当于被划分为两个逻辑路由器，每一个逻辑路由器用于转发 IPv4 或 IPv6 分组，因此，路由器需要分别启动 IPv4 和 IPv6 路由进程，分别建立 IPv4 和 IPv6 路由表。同一物理路由器中的两个逻辑路由器是相互透明的，因此，图 10.31 所示的物理互联网结构完全等同于两个逻辑互联网，其中一个逻辑互联网实现 IPv4 网络互联，另一个逻辑互联网实现 IPv6 网络互联。

图 10.31 中的终端 A 和终端 C 分别连接在两个不同的 IPv4 网络上，终端 B 和终端 D

分别连接在两个不同的 IPv6 网络上。当路由器工作在双协议栈工作机制时，图 10.31 所示的 IPv4 网络和 IPv6 网络是相互独立的网络，因此，属于 IPv4 网络的终端和属于 IPv6 网络的终端之间不能相互通信。当然，如果某个终端也支持双协议栈，同时配置 IPv4 网络和 IPv6 网络相关信息，该终端既可以与属于 IPv4 网络的终端通信，又可以与属于 IPv6 网络的终端通信。

10.5.4　实验步骤

（1）启动 Cisco Packet Tracer，在逻辑工作区根据图 10.31 所示的互联网结构放置和连接设备，完成设备放置和连接后的逻辑工作区界面如图 10.32 所示。

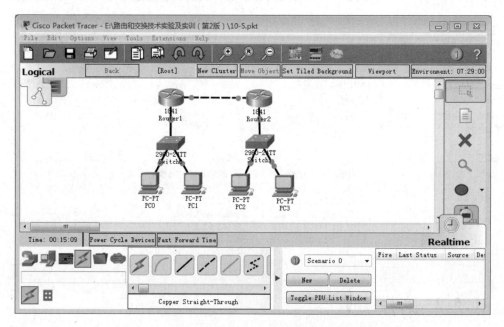

图 10.32　完成设备放置和连接后的逻辑工作区界面

（2）根据图 10.31 所示的配置信息完成路由器各个接口的 IPv4 地址和子网掩码与 IPv6 地址和前缀长度的配置过程。

（3）路由器 Router1 分别配置用于指明通往 IPv4 网络 192.1.2.0/24 和 IPv6 网络 2002::/64 的传输路径的静态路由项，路由器 Router2 分别配置用于指明通往 IPv4 网络 192.1.1.0/24 和 IPv6 网络 2001::/64 的传输路径的静态路由项。完成上述配置后的路由器 Router1 和 Router2 的 IPv4 路由表如图 10.33 和图 10.34 所示。路由器 Router1 和 Router2 的 IPv6 路由表如图 10.35 和图 10.36 所示。

（4）为终端 PC0 和 PC2 手工配置 IPv4 地址、子网掩码和默认网关地址。终端 PC1 和 PC3 通过自动配置方式获得全球 IPv6 地址和默认网关地址。

（5）通过 Ping 操作验证 IPv4 网络内终端之间的连通性和 IPv6 网络内终端之间的连通性。

Routing Table for Router1				
Type	Network	Port	Next Hop IP	Metric
C	192.1.1.0/24	FastEthernet0/0	---	0/0
S	192.1.2.0/24	---	192.1.3.2	1/0
C	192.1.3.0/30	FastEthernet0/1	---	0/0

图 10.33　路由器 Router1 的 IPv4 路由表

Routing Table for Router2				
Type	Network	Port	Next Hop IP	Metric
S	192.1.1.0/24	---	192.1.3.1	1/0
C	192.1.2.0/24	FastEthernet0/1	---	0/0
C	192.1.3.0/30	FastEthernet0/0	---	0/0

图 10.34　路由器 Router2 的 IPv4 路由表

IPv6 Routing Table for Router1				
Type	Network	Port	Next Hop IP	Metric
C	2001::/64	FastEthernet0/0	---	0/0
L	2001::1/128	FastEthernet0/0	---	0/0
S	2002::/64	---	2003::2	1/0
C	2003::/64	FastEthernet0/1	---	0/0
L	2003::1/128	FastEthernet0/1	---	0/0
L	FF00::/8	Null0	---	0/0

图 10.35　路由器 Router1 的 IPv6 路由表

IPv6 Routing Table for Router2				
Type	Network	Port	Next Hop IP	Metric
S	2001::/64	---	2003::1	1/0
C	2002::/64	FastEthernet0/1	---	0/0
L	2002::1/128	FastEthernet0/1	---	0/0
C	2003::/64	FastEthernet0/0	---	0/0
L	2003::2/128	FastEthernet0/0	---	0/0
L	FF00::/8	Null0	---	0/0

图 10.36　路由器 Router2 的 IPv6 路由表

（6）由于 PC 的以太网卡同时支持 IPv4 网络和 IPv6 网络，因此，能够自动生成 IPv6 链路本地地址。同一以太网内 PC 之间可以通过自动生成的 IPv6 链路本地地址完成 IPv6 分组传输过程。图 10.37 所示是 PC0 配置的 IPv4 网络信息和 PC0 自动生成的链路本地地

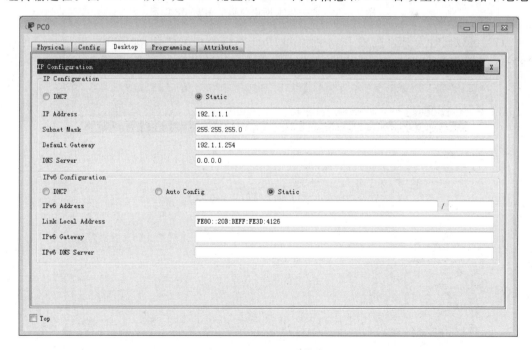

图 10.37　PC0 网络信息一

址。可以在PC0上创建如图10.38所示的以PC0链路本地地址为源IP地址(Source IP Address)、以PC1链路本地地址为目的IP地址(Destination IP Address)的IPv6分组,以太网能够保证该IPv6分组PC0至PC1的传输过程,但只有IPv6链路本地地址的PC0无法实现与PC3之间的IPv6分组传输过程。

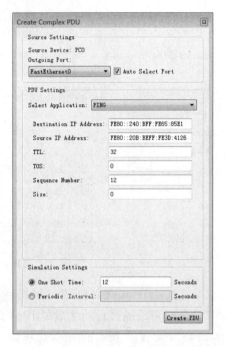

图10.38 同一以太网内传输的IPv6分组

(7)可以同时为PC0配置IPv4网络和IPv6网络的相关信息,如图10.39所示。这种情况下,PC0可以同时与IPv4网络和IPv6网络中的终端通信。

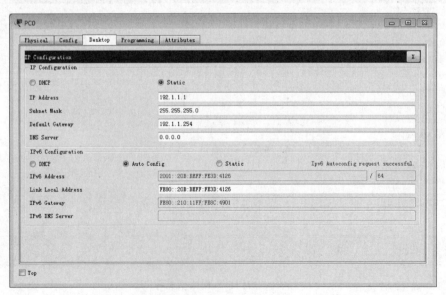

图10.39 PC0网络信息二

10.5.5 命令行接口配置过程

1. 路由器 Router1 命令行接口配置过程

Router＞enable
Router＃configure terminal
Router(config)＃hostname Router1
Router1(config)＃interface FastEthernet0/0
Router1(config‑if)＃no shutdown
Router1(config‑if)＃ip address 192.1.1.254 255.255.255.0
Router1(config‑if)＃ipv6 address 2001::1/64
Router1(config‑if)＃ipv6 enable
Router1(config‑if)＃exit
Router1(config)＃interface FastEthernet0/1
Router1(config‑if)＃no shutdown
Router1(config‑if)＃ip address 192.1.3.1 255.255.255.252
Router1(config‑if)＃ipv6 address 2003::1/64
Router1(config‑if)＃ipv6 enable
Router1(config‑if)＃exit
Router1(config)＃ipv6 unicast‑routing
Router1(config)＃ip route 192.1.2.0 255.255.255.0 192.1.3.2
Router1(config)＃ipv6 route 2002::/64 2003::2

2. 路由器 Router2 命令行接口配置过程

Router＞enable
Router＃configure terminal
Router(config)＃hostname Router2
Router2(config)＃interface FastEthernet0/0
Router2(config‑if)＃no shutdown
Router2(config‑if)＃ip address 192.1.3.2 255.255.255.252
Router2(config‑if)＃ipv6 address 2003::2/64
Router2(config‑if)＃ipv6 enable
Router2(config‑if)＃exit
Router2(config)＃interface FastEthernet0/1
Router2(config‑if)＃no shutdown
Router2(config‑if)＃ip address 192.1.2.254 255.255.255.0
Router2(config‑if)＃ipv6 address 2002::1/64
Router2(config‑if)＃ipv6 enable
Router2(config‑if)＃exit
Router2(config)＃ipv6 unicast‑routing
Router2(config)＃ip route 192.1.1.0 255.255.255.0 192.1.3.1
Router2(config)＃ipv6 route 2001::/64 2003::1

10.6 隧道配置实验

10.6.1 实验内容

隧道技术实现过程如图 10.40 所示，路由器 R1 接口 1 和路由器 R3 接口 2 分别连接 IPv6 网络 2001::/64 和 2002::/64，路由器 R1 接口 2、路由器 R2 和路由器 R3 接口 1 构成 IPv4 网络，创建路由器 R1 接口 2 与路由器 R3 接口 1 之间的隧道，为隧道两端分别分配 IPv6 地址 2003::1/64 和 2003::2/64。对于路由器 R1，通往 IPv6 网络 2002::/64 的传输路径的下一跳是隧道另一端，因此，下一跳地址为 2003::2/64。同样，对于路由器 R3，通往 IPv6 网络 2001::/64 的传输路径的下一跳也是隧道另一端，因此，下一跳地址为 2003::1/64。通过隧道，实现终端 A 与终端 B 之间 IPv6 分组传输过程。

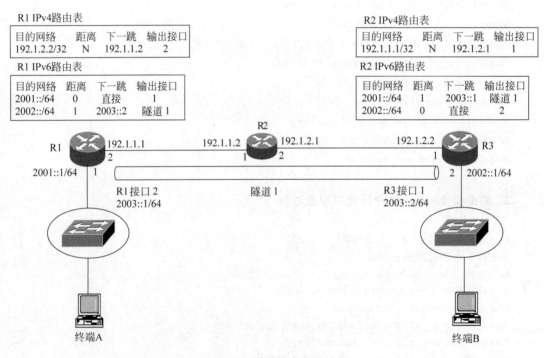

图 10.40　隧道技术实现过程

10.6.2　实验目的

(1) 掌握路由器接口 IPv4 地址和子网掩码与 IPv6 地址和前缀长度的配置过程。
(2) 掌握路由器静态路由项的配置过程。
(3) 掌握隧道的配置过程。
(4) 掌握经过隧道实现两个被 IPv4 网络分隔的 IPv6 网络之间互联的过程。

10.6.3 实验原理

图 10.40 所示是用隧道实现两个 IPv6 孤岛互联的互联网结构,分别在路由器 R1 和 R3 中定义 IPv4 隧道,隧道两个端点的 IPv4 地址分别为 192.1.1.1 和 192.1.2.2。同时在路由器中设置到达隧道另一端的 IPv4 路由项,路由器配置的信息如图 10.40 所示。对于 IPv6 网络,IPv4 隧道等同于点对点链路,因此,IPv4 隧道两端还需分配网络前缀相同的 IPv6 地址,如图 10.40 所示的 2003::1/64 和 2003::2/64。对于路由器 R1,通往目的网络 2002::/64 传输路径上的下一跳是 IPv4 隧道连接路由器 R3 的一端。同样,对于路由器 R3,通往目的网络 2001::/64 传输路径上的下一跳是 IPv4 隧道连接路由器 R1 的一端。

当终端 A 需要给终端 B 发送 IPv6 分组时,终端 A 构建以终端 A 的全球 IPv6 地址为源地址、以终端 B 的全球 IPv6 地址为目的地址的 IPv6 分组,并根据自动获取的默认网关地址将该 IPv6 分组传输给路由器 R1。路由器 R1 用 IPv6 分组的目的地址检索 IPv6 路由表,找到下一跳路由器,但发现连接下一跳路由器的是隧道 1。根据路由器 R1 配置隧道 1 时给出的信息(隧道 1 源地址为 192.1.1.1、目的地址为 192.1.2.2),路由器 R1 将 IPv6 分组封装成隧道格式。由于隧道 1 是 IPv4 隧道,因此,隧道格式外层首部为 IPv4 首部。由 IPv4 网络实现隧道格式经过隧道 1 的传输过程,即路由器 R1 接口 1 至路由器 R3 接口 2 的传输过程。

10.6.4 关键命令说明

以下命令序列用于定义一个隧道,通过该隧道实现在 IPv4 网络中传输 IPv6 分组的过程。

```
Router(config)#interface tunnel 1
Router(config-if)#tunnel source FastEthernet0/1
Router(config-if)#tunnel destination 192.1.2.2
Router(config-if)#tunnel mode ipv6ip
Router(config-if)#ipv6 address 2003::1/64
Router(config-if)#exit
```

interface tunnel 1 是全局模式下使用的命令,该命令的作用有两个:一是创建一个编号为 1 的隧道;二是进入该隧道的隧道配置模式。

tunnel source FastEthernet0/1 是隧道配置模式下使用的命令,该命令的作用是指定隧道一端(源端)为当前路由器接口 FastEthernet0/1。

tunnel destination 192.1.2.2 是隧道配置模式下使用的命令,该命令的作用是指定隧道另一端(目的端)是 IPv4 地址为 192.1.2.2 的路由器接口。

tunnel mode ipv6ip 是隧道配置模式下使用的命令,该命令的作用是指定隧道的封装模式为 IPv6IP。IPv6IP 是 IPv6-over-IP 封装模式,即将 IPv6 分组作为净荷,直接封装在以隧道源端 IPv4 地址为源 IP 地址、以隧道目的端 IPv4 地址为目的 IP 地址的 IPv4 分组中。

10.6.5　实验步骤

（1）启动 Cisco Packet Tracer，在逻辑工作区根据图 10.40 所示的互联网结构放置和连接设备，完成设备放置和连接后的逻辑工作区界面如图 10.41 所示。

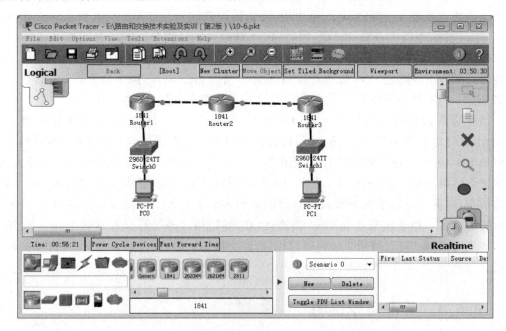

图 10.41　完成设备放置和连接后的逻辑工作区界面

（2）根据图 10.40 所示的配置信息完成路由器各个接口的 IPv4 地址和子网掩码与 IPv6 地址和前缀长度的配置过程。

（3）完成路由器 Router1、Router2 和 Router3 IPv4 RIP 配置过程，三个路由器建立的 IPv4 路由表分别如图 10.42～图 10.44 所示。三个路由器中的路由项主要用于建立隧道两端之间的 IPv4 分组传输路径。

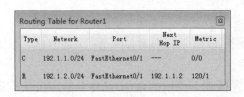

图 10.42　路由器 Router1 的 IPv4 路由表

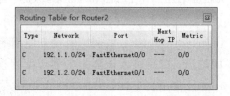

图 10.43　路由器 Router2 的 IPv4 路由表

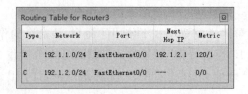

图 10.44　路由器 Router3 的 IPv4 路由表

（4）完成隧道创建过程，隧道 Router1 一端分配 IPv6 地址和前缀长度 2003::1/64，隧道 Router3 一端分配 IPv6 地址和前缀长度 2003::2/64，由于隧道等同于互连路由器 Router1 和路由器 Router3 的点对点链路，因此，对于路由器 Router1，配置目的网络为 2002::/64、下一跳地址为 2003::2 的静态路由项，对于路由器 Router3，配置目的网络为 2001::/64、下一跳地址为 2003::1 的静态路由项。完成静态路由项配置过程后的路由器 Router1 和 Router3 的 IPv6 路由表分别如图 10.45 和图 10.46 所示。

IPv6 Routing Table for Router1				
Type	Network	Port	Next Hop IP	Metric
C	2001::/64	FastEthernet0/0	---	0/0
L	2001::1/128	FastEthernet0/0	---	0/0
S	2002::/64	---	2003::2	1/0
C	2003::/64	Tunnel1	---	0/0
L	2003::1/128	Tunnel1	---	0/0
L	FF00::/8	Null0	---	0/0

IPv6 Routing Table for Router3				
Type	Network	Port	Next Hop IP	Metric
S	2001::/64	---	2003::1	1/0
C	2002::/64	FastEthernet0/1	---	0/0
L	2002::1/128	FastEthernet0/1	---	0/0
C	2003::/64	Tunnel1	---	0/0
L	2003::2/128	Tunnel1	---	0/0
L	FF00::/8	Null0	---	0/0

图 10.45　路由器 Router1 的 IPv6 路由表　　图 10.46　路由器 Router3 的 IPv6 路由表

（5）进入模拟操作模式，启动 PC0 至 PC1 IPv6 分组传输过程，PC0 至 PC1 IPv6 分组在 IPv6 网络中的封装格式如图 10.47 所示，源 IPv6 地址（SRC IP）和目的 IPv6 地址（DST IP）分别是 PC0 和 PC1 的全球 IPv6 地址。PC0 至 PC1 IPv6 分组经过隧道传输时的封装格式如图 10.48 所示，隧道格式为 IPv4 分组，源 IPv4 地址（SRC IP）和目的 IPv4 地址（DST IP）分别是隧道 Router1 一端的 IPv4 地址 192.1.1.1 和隧道 Router3 一端的 IPv4 地址 192.1.2.2，协议字段值为 0x29（PRO：0x29，0x29 等于十进制数 41），表明净荷是 IPv6 分组。PC0 至 PC1 IPv6 分组作为该 IPv4 分组的净荷。这也是 IPv6IP 封装模式的本质含义。

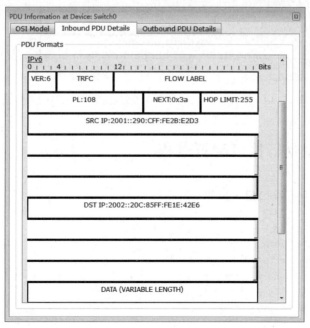

图 10.47　PC0 至 PC1 IPv6 分组在 IPv6 网络中的封装格式

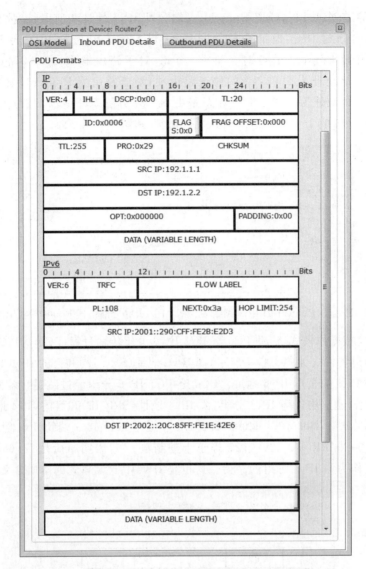

图 10.48 PC0 至 PC1 IPv6 分组经过隧道传输时的封装格式

10.6.6 命令行接口配置过程

1. Router1 命令行接口配置过程

```
Router > enable
Router # configure terminal
Router(config) # interface FastEthernet0/0
Router(config - if) # no shutdown
Router(config - if) # ipv6 address 2001::1/64
Router(config - if) # ipv6 enable
Router(config - if) # exit
Router(config) # interface FastEthernet0/1
```

```
Router(config - if) # no shutdown
Router(config - if) # ip address 192.1.1.1 255.255.255.0
Router(config - if) # exit
Router(config) # ipv6 unicast - routing
Router(config) # router rip
Router(config - router) # network 192.1.1.0
Router(config - router) # exit
Router(config) # interface tunnel 1
Router(config - if) # tunnel source FastEthernet0/1
Router(config - if) # tunnel destination 192.1.2.2
Router(config - if) # tunnel mode ipv6ip
Router(config - if) # ipv6 address 2003::1/64
Router(config - if) # exit
Router(config) # ipv6 route 2002::/64 2003::2
```

2. Router2 命令行接口配置过程

```
Router > enable
Router # configure terminal
Router(config) # interface FastEthernet0/0
Router(config - if) # no shutdown
Router(config - if) # ip address 192.1.1.2 255.255.255.0
Router(config - if) # exit
Router(config) # interface FastEthernet0/1
Router(config - if) # no shutdown
Router(config - if) # ip address 192.1.2.1 255.255.255.0
Router(config - if) # exit
Router(config) # router rip
Router(config - router) # network 192.1.1.0
Router(config - router) # network 192.1.2.0
Router(config - router) # exit
```

3. Router3 命令行接口配置过程

```
Router > enable
Router # configure terminal
Router(config) # interface FastEthernet0/0
Router(config - if) # no shutdown
Router(config - if) # ip address 192.1.2.2 255.255.255.0
Router(config - if) # exit
Router(config) # interface FastEthernet0/1
Router(config - if) # no shutdown
Router(config - if) # ipv6 address 2002::1/64
Router(config - if) # ipv6 enable
Router(config - if) # exit
Router(config) # ipv6 unicast - routing
Router(config) # router rip
Router(config - router) # network 192.1.2.0
Router(config - router) # exit
```

```
Router(config)#interface tunnel 1
Router(config-if)#tunnel source FastEthernet0/0
Router(config-if)#tunnel destination 192.1.1.1
Router(config-if)#tunnel mode ipv6ip
Router(config-if)#ipv6 address 2003::2/64
Router(config-if)#exit
Router(config)#ipv6 route 2001::/64 2003::1
```

4. 命令列表

路由器命令行接口配置过程中使用的命令及功能和参数说明如表 10.5 所示。

表 10.5 命令列表

命令格式	功能和参数说明
interface tunnel *number*	创建一个编号由参数 *number* 指定的隧道,并进入该隧道的隧道配置模式
tunnel source *interface-type interface-number*	指定隧道源端,用参数 *interface-type interface-number* 指定当前路由器中作为隧道源端的接口
tunnel destination *ip-address*	指定隧道目的端,参数 *ip-address* 是作为隧道目的端的路由器接口的 IPv4 地址
tunnel mode{ gre | ipv6ip}	指定隧道的封装模式。GRE 封装模式用于经过隧道传输 IPv4 分组,即 IPv4 分组作为隧道格式的净荷。IPv6IP 封装模式用于经过隧道传输 IPv6 分组,即 IPv6 分组作为隧道格式的净荷。隧道格式是以隧道两端的 IPv4 地址为源和目的 IPv4 地址的 IPv4 分组

10.7 NAT-PT 配置实验一

10.7.1 实验内容

图 10.49 所示是实现 IPv4 网络与 IPv6 网络互联的互联网结构,终端 A 和终端 B 连接在 IPv6 网络上,终端 C 和终端 D 连接在 IPv4 网络上,允许 IPv6 网络中的终端发起访问 IPv4 网络中的终端的过程。

10.7.2 实验目的

(1) 掌握路由器接口 IPv4 地址和子网掩码与 IPv6 地址和前缀长度的配置过程。
(2) 掌握路由器静态路由项的配置过程。
(3) 掌握路由器有关 NAT-PT(网络地址和协议转换)的配置过程。
(4) 验证 IPv6 网络和 IPv4 网络之间的单向访问过程。
(5) 验证 IPv4 分组和 IPv6 分组之间的转换过程。

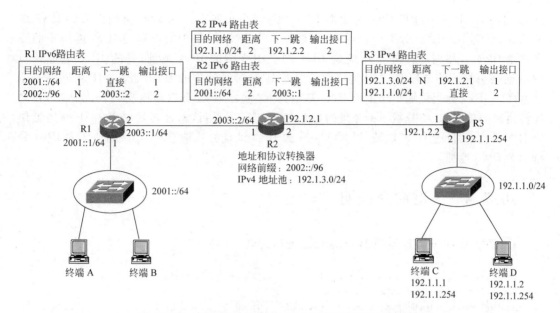

图 10.49　实现 IPv4 网络与 IPv6 网络互联的互联网结构

10.7.3　实验原理

对于图 10.49 所示的实现 IPv4 网络与 IPv6 网络互联的互联网结构,实现 IPv6 网络中的终端访问 IPv4 网络中的终端的过程必须做到以下三点:一是能够在 IPv6 网络中用 IPv6 地址标识 IPv4 网络中需要访问的终端;二是 IPv6 网络能够将以标识 IPv4 网络中的终端的 IPv6 地址为目的地址的 IPv6 分组传输给地址和协议转换器——路由器 R2;三是路由器 R2 能够完成 IPv6 分组至 IPv4 分组的转换过程。为了实现这三点,一是用 96 位前缀 2002::‖ IPv4 网络中终端的 32 位 IPv4 地址的方式构成 IPv6 网络唯一标识 IPv4 网络中终端的 IPv6 地址;二是 IPv6 网络中各个路由器必须将目的 IPv6 地址的 96 位前缀为 2002::/96 的 IPv6 分组传输给路由器 R2;三是在路由器 R2 中定义 IPv4 地址池,一旦接收到源 IP 地址属于需要进行地址转换的 IPv6 地址范围的 IPv6 分组,在 IPv4 地址池中选择一个未分配的 IPv4 地址,并在地址转换表建立该 IPv4 地址与 IPv6 分组源 IPv6 地址之间的映射,在将该 IPv6 分组转换成 IPv4 分组时,将该 IPv4 地址作为 IPv4 分组的源 IP 地址;四是指定 IPv6 分组目的地址转换方式,将该 IPv6 分组转换成 IPv4 分组时,将 IPv6 分组目的 IPv6 地址的低 32 作为 IPv4 分组的目的 IP 地址。

路由器 R2 必须支持双协议栈,接口 1 连接 IPv6 网络,接口 2 连接 IPv4 网络。由于路由器 R2 用网络地址 192.1.3.0/24 作为 IPv4 地址池中的一组 IPv4 地址,因此,IPv4 网络必须将已属于网络地址 192.1.3.0/24 的 IPv4 地址为目的地址的 IPv4 分组传输给路由器 R2。

本实验要求由 IPv6 网络中的终端发起访问 IPv4 网络中的终端的过程。当 IPv6 网络中的终端向 IPv4 网络中的终端发送 IPv6 分组时,源 IPv6 地址是 IPv6 网络中终端的全球 IPv6 地址,目的 IPv6 地址是 96 位前缀 2002::‖IPv4 网络中终端的 32 位 IPv4 地址,IPv6 网络必须将这样的 IPv6 分组传输给路由器 R2。路由器 R2 将该 IPv6 分组转换成 IPv4 分组时,在配置的 IPv4 地址池中选择一个没有分配的 IPv4 地址作为 IPv4 分组的源 IPv4 地址,并建立该 IPv4 地址和 IPv6 分组源 IPv6 地址之间的映射。用 IPv6 分组的目的 IPv6 地址的低 32 位作为 IPv4 分组的目的 IPv4 地址。当 IPv4 网络中的终端向 IPv6 网络中的终端发送 IPv4 分组时,源 IPv4 地址是 IPv4 网络中终端的 IPv4 地址,目的 IPv4 地址是与 IPv6 网络中终端的全球 IPv6 地址建立映射的 IPv4 地址池中的 IPv4 地址。IPv4 网络必须将这样的 IPv4 分组传输给路由器 R2。路由器 R2 将该 IPv4 分组转换成 IPv6 分组时,在地址转换表中检索 IPv4 分组目的地址对应的地址转换项,用该地址转换项中的 IPv6 地址作为 IPv6 分组的目的 IPv6 地址,以 2002::‖源 IPv4 地址方式构建的 IPv6 地址作为 IPv6 分组的源 IPv6 地址。

10.7.4 关键命令说明

1. 建立源 IPv6 地址与源 IPv4 地址之间的关联

```
Router(config)# ipv6 nat v6v4 pool a1 192.1.3.1 192.1.3.100 prefix-length 24
Router(config)# ipv6 access-list a2
Router(config-ipv6-acl)# permit ipv6 2001::/64 any
Router(config-ipv6-acl)# exit
Router(config)# ipv6 nat v6v4 source list a2 pool a1
```

ipv6 nat v6v4 pool a1 192.1.3.1 192.1.3.100 prefix-length 24 是全局模式下使用的命令,该命令的作用是指定 IPv4 地址 192.1.3.1～192.1.3.100 为 IPv4 地址池中的一组 IPv4 地址,其中 a1 是 IPv4 地址池名,192.1.3.1 是起始地址,192.1.3.100 是结束地址,24 是前缀长度。

```
Router(config)# ipv6 access-list a2
Router(config-ipv6-acl)# permit ipv6 2001::/64 any
Router(config-ipv6-acl)# exit
```

这一组命令是指定允许进行源 IPv6 地址至 IPv4 地址转换的 IPv6 分组范围,其中命令 ipv6 access-list a2 定义名为 a2 的访问控制列表,并进入访问控制列表配置模式,permit ipv6 2001::/64 any 指定允许进行源 IPv6 地址至 IPv4 地址转换的 IPv6 分组范围为源 IPv6 地址属于 2001::/64、目的 IPv6 地址任意的 IPv6 分组。

ipv6 nat v6v4 source list a2 pool a1 是全局模式下使用的命令,该命令的作用是建立允许进行源 IPv6 地址至 IPv4 地址转换的 IPv6 分组范围与 IPv4 地址池之间的关联。

执行上述命令后,一旦接收到源 IPv6 地址属于 2001::/64、目的 IPv6 地址任意的 IPv6 分组,在由一组 IPv4 地址 192.1.3.1～192.1.3.100 构成的 IPv4 地址池中选择一个未分配的 IPv4 地址,建立该 IPv4 地址与该 IPv6 分组中源 IPv6 地址之间的映射,并在进行 IPv6 分组至 IPv4 分组转换时,用该 IPv4 地址作为 IPv4 分组的源 IPv4 地址。

2. 指定目的 IPv6 地址转换方式

```
Router(config)# ipv6 nat prefix 2002::/96
Router(config)# interface FastEthernet0/0
Router(config-if)# ipv6 nat prefix 2002::/96 v4-mapped a2
```

ipv6 nat prefix 2002::/96 是全局模式下使用的命令,该命令的作用是指定允许进行 IPv6 分组至 IPv4 分组转换的 IPv6 分组范围是目的 IPv6 地址的前缀为 2002::/96 的 IPv6 分组。该命令指定的条件与通过定义访问控制列表指定的条件是与关系,综合得出允许进行 IPv6 分组至 IPv4 分组转换的 IPv6 分组范围是源 IPv6 地址属于 2001::/64、目的 IPv6 地址的前缀为 2002::/96 的 IPv6 分组。

ipv6 nat prefix 2002::/96 v4-mapped a2 是接口配置模式下使用的命令,该命令的作用一是指定允许进行 IPv6 分组至 IPv4 分组转换的 IPv6 分组范围是源 IPv6 地址属于 2001::/64、目的 IPv6 地址的前缀为 2002::/96 的 IPv6 分组;二是给出目的 IPv6 地址至 IPv4 地址的转换方式是直接将目的 IPv6 地址的低 32 位作为 IPv4 地址。a2 是定义 IPv6 分组范围的访问控制列表名。

3. 指定触发分组格式转换过程的接口

```
Router(config)#interface FastEthernet0/0
Router(config-if)#ipv6 nat
```

ipv6 nat 是接口配置模式下使用的命令,该命令的作用是将指定接口(这里为接口 FastEthernet0/0)定义为触发分组格式转换过程的接口,路由器只对通过这样的接口接收到 IPv6 分组或 IPv4 分组进行分组格式转换条件匹配操作,并在满足分组格式转换条件的前提下进行分组格式转换操作。

10.7.5　实验原理

(1) 启动 Cisco Packet Tracer,在逻辑工作区根据图 10.49 所示的互联网结构放置和连接设备,完成设备放置和连接后的逻辑工作区界面如图 10.50 所示。

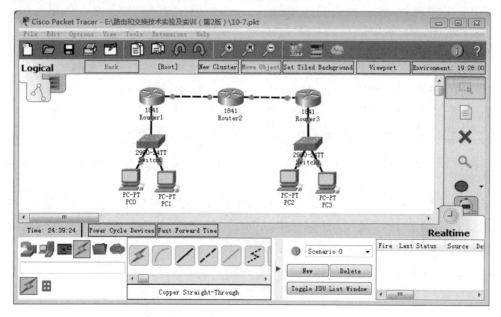

图 10.50　完成设备放置和连接后的逻辑工作区界面

(2) 根据图 10.49 所示的配置信息完成路由器各个接口 IPv4 地址和子网掩码、IPv6 地址和前缀长度的配置过程。

(3) 在路由器 Router2 中完成 NAT-PT 相关配置,一是建立允许进行 IPv6 分组至 IPv4 分组转换的 IPv6 分组范围与 IPv4 地址池之间的关联,并因此确定 IPv6 分组源 IPv6 地址至 IPv4 分组源 IPv4 地址的转换方式;二是指定 IPv6 分组目的 IPv6 地址至 IPv4 分组目的 IPv4 地址的转换方式;三是指定触发分组格式转换过程的路由器接口。

(4) 虽然 IPv6 网络中没有前缀为 2002::/96 的网络,但需在路由器 Router1 配置实现将目的 IPv6 地址的 96 位前缀为 2002::/96 的 IPv6 分组传输给路由器 Router2 的静态路由项。同样,需在路由器 Router3 配置实现将目的网络为 192.1.3.0/24 的 IPv4 分组传输给路由器 Router2 的静态路由项。路由器 Router2 和 Router3 的 IPv4 路由表分别如图 10.51 和图 10.52 所示,路由器 Router1 和 Router2 的 IPv6 路由表分别如图 10.53 和图 10.54 所示。

图 10.51 路由器 Router2 的 IPv4 路由表　　图 10.52 路由器 Router3 的 IPv4 路由表

图 10.53 路由器 Router1 的 IPv6 路由表　　图 10.54 路由器 Router2 的 IPv6 路由表

(5) 为了验证 PC0 与 PC2 之间的连通性,在 PC0 通过创建复杂 PDU 工具生成一个如图 10.55 所示的源 IPv6 地址(Source IP Address)为 PC0 的全球 IPv6 地址 2001::202: 16FF:FE0C:422A、目的 IPv6 地址(Destination IP Address)为 2002::192.1.1.1 的 IPv6 分组,192.1.1.1 是 PC2 的 IPv4 地址。

图 10.55　PC0 构建的 PC0 至 PC2 IPv6 分组

（6）进入模拟操作模式，截获 PC0 发送给 PC2 的分组。PC0 至 PC2 传输路径由两段分别属于 IPv6 网络和 IPv4 网络的路径组成，PC0 至 Router2 是一段属于 IPv6 网络的路径，IPv6 分组格式如图 10.56 所示，源 IPv6 地址（SRC IP）是 PC0 的全球 IPv6 地址 2001::202:16FF:FE0C:422A、目的 IPv6 地址（DST IP）是以 96 位前缀 2002:: ‖ 32 位 PC2 的 IPv4 地址形式的 IPv6 地址 2002::192.1.1.1（由于 192.1.1.1 对应的 32 位二进制数是 11000000 00000001 00000001 00000001，因此，以 16 位为单位分段后的形式为 2002::C001:101）。Router2 至 PC2 是一段属于 IPv4 网络的路径，IPv4 分组格式如图 10.57 所示，源 IPv4 地址（SRC IP）是 IPv4 地址池中选择的 IPv4 地址 192.1.3.1、目的 IPv4 地址（DST IP）是目的 IPv6 地址 2002::192.1.1.1 中的低 32 位 192.1.1.1。PC2 至 PC0 传输路径由两段分别属于 IPv4 网络和 IPv6 网络的路径组成，PC2 至 Router2 是一段属于 IPv4 网络的路径，IPv4 分组格式如图 10.58 所示，源 IPv4 地址（SRC IP）是 PC2 的 IPv4 地址 192.1.1.1、目的 IPv4 地址（DST IP）是与 PC0 的全球 IPv6 地址建立映射的 IPv4 地址 192.1.3.1。Router2 至 PC0 是一段属于 IPv6 网络的路径，IPv6 分组格式如图 10.59 所示，源 IPv6 地址（SRC IP）是以 96 位前缀 2002:: ‖ 32 位 PC2 的 IPv4 地址形式的 IPv6 地址 2002::192.1.1.1（以 16 位为单位分段后的形式为 2002::C001:101）、目的 IPv6 地址（DST IP）是与 IPv4 地址 192.1.3.1 建立映射的全球 IPv6 地址 2001::202:16FF:FE0C:422A。

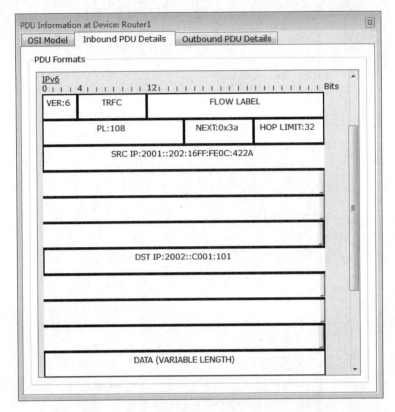

图 10.56　PC0 至 PC2 IP 分组 IPv6 网络内格式

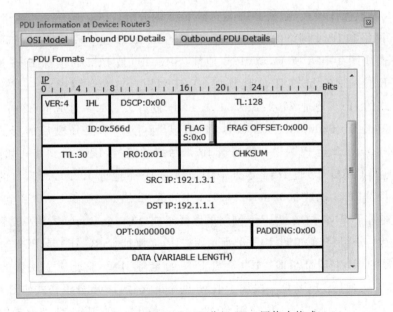

图 10.57　PC0 至 PC2 IP 分组 IPv4 网络内格式

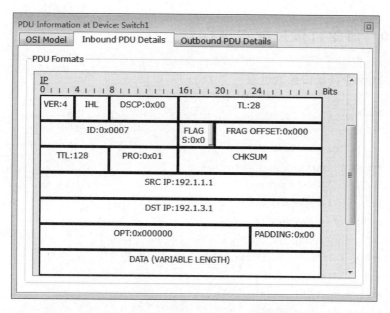

图 10.58　PC2 至 PC0 IP 分组 IPv4 网络内格式

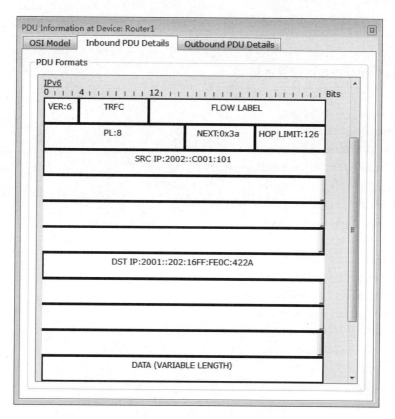

图 10.59　PC2 至 PC0 IP 分组 IPv6 网络内格式

10.7.6 命令行接口配置过程

1. Router1 命令行接口配置过程

```
Router>enable
Router#configure terminal
Router(config)#hostname Router1
Router1(config)#interface FastEthernet0/0
Router1(config-if)#no shutdown
Router1(config-if)#ipv6 address 2001::1/64
Router1(config-if)#ipv6 enable
Router1(config-if)#exit
Router1(config)#interface FastEthernet0/1
Router1(config-if)#no shutdown
Router1(config-if)#ipv6 address 2003::1/64
Router1(config-if)#ipv6 enable
Router1(config-if)#exit
Router1(config)#ipv6 unicast-routing
Router1(config)#ipv6 route 2002::/96 2003::2
```

2. Router2 命令行接口配置过程

```
Router>enable
Router#configure terminal
Router(config)#hostname Router2
Router2(config)#interface FastEthernet0/0
Router2(config-if)#no shutdown
Router2(config-if)#ipv6 address 2003::2/64
Router2(config-if)#ipv6 enable
Router2(config-if)#ipv6 nat
Router2(config-if)#ipv6 nat prefix 2002::/96 v4-mapped a2
Router2(config-if)#exit
Router2(config)#interface FastEthernet0/1
Router2(config-if)#no shutdown
Router2(config-if)#ip address 192.1.2.1 255.255.255.0
Router2(config-if)#ipv6 nat
Router2(config-if)#exit
Router2(config)#ipv6 nat prefix 2002::/96
Router2(config)#ipv6 nat v6v4 pool a1 192.1.3.1 192.1.3.100 prefix-length 24
Router2(config)#ipv6 access-list a2
Router2(config-ipv6-acl)#permit ipv6 2001::/64 any
Router2(config-ipv6-acl)#exit
Router2(config)#ipv6 nat v6v4 source list a2 pool a1
```

```
Router2(config)# ipv6 unicast-routing
Router2(config)# ip route 192.1.1.0 255.255.255.0 192.1.2.2
Router2(config)# ipv6 route 2001::/64 2003::1
```

3. Router3 命令行接口配置过程

```
Router>enable
Router#configure terminal
Router(config)# hostname Router3
Router3(config)# interface FastEthernet0/0
Router3(config-if)# no shutdown
Router3(config-if)# ip address192.1.2.2 255.255.255.0
Router3(config-if)# exit
Router3(config)# interface FastEthernet0/1
Router3(config-if)# no shutdown
Router3(config-if)# ip address192.1.1.254 255.255.255.0
Router3(config-if)# exit
Router3(config)# ip route 192.1.3.0 255.255.255.0 192.1.2.1
```

4. 命令列表

路由器命令行接口配置过程中使用的命令及功能和参数说明如表 10.6 所示。

表 10.6 命令列表

命 令 格 式	功能和参数说明
ipv6 nat	指定触发分组格式转换过程的接口
ipv6 nat prefix *ipv6-prefix*/*prefix-length*	将目的 IPv6 地址前缀等于指定值作为触发 IPv6 分组至 IPv4 分组转换过程的其中一个条件。参数 *ipv6-prefix* 是前缀,参数 *prefix-length* 是前缀长度
ipv6 nat prefix *ipv6-prefix* **v4-mapped** *access-list-name*	指定将目的 IPv6 地址转换成 IPv4 地址的方式及转换条件。参数 *ipv6-prefix* 是 96 位目的 IPv6 地址前缀,参数 *access-list-name* 是用于指定允许进行 IPv6 分组格式至 IPv4 分组格式转换的 IPv6 分组范围的访问控制列表名。该命令指定用目的 IPv6 地址的低 32 位作为 IPv4 地址
ipv6 nat v6v4 pool *name start-ipv4 end-ipv4* **prefix-length** *prefix-length*	指定构成 IPv4 地址池的一组 IPv4 地址。参数 *name* 是地址池名,参数 *start-ipv4* 是起始 IPv4 地址,参数 *end-ipv4* 是结束 IPv4 地址,参数 prefix-length 是前缀长度
ipv6 nat v6v4 source {**list** *access-list-name* **pool** *name* | *ipv6-address ipv4-address*}	将允许进行 IPv6 分组格式至 IPv4 分组格式转换的 IPv6 分组范围与 IPv4 地址池绑定在一起或者建立 IPv6 地址与 IPv4 地址之间的静态映射。参数 *access-list-name* 是用于指定允许进行 IPv6 分组格式至 IPv4 分组格式转换的 IPv6 分组范围的访问控制列表名,参数 *name* 是 IPv4 地址池名,参数 *ipv6-address* 是建立静态映射的 IPv6 地址,参数 *ipv4-address* 是建立静态映射的 IPv4 地址

续表

命 令 格 式	功能和参数说明
ipv6 access-list *access-list-name*	创建访问控制列表，并进入访问控制列表配置模式。参数 *access-list-name* 是访问控制列表名
permit *protocol* { *source-ipv6-prefix/ prefix-length* | **any** | **host** *source-ipv6-address* } { *destination-ipv6-prefix/ prefix-length* | **any** | **host** *destination-ipv6-address* }	定义允许进行 IPv6 分组至 IPv4 分组转换操作的 IPv6 分组范围。参数 *protocol* 用于指定协议，这里为 IPv6，参数 *source-ipv6-prefix/prefix-length* 指定源 IPv6 地址前缀，参数 *source-ipv6-address* 指定源 IPv6 地址，参数 *destination-ipv6-prefix/prefix-length* 指定目的 IPv6 地址前缀，参数 *destination-ipv6-address* 指定目的 IPv6 地址，**any** 表示任意 IPv6 地址，**host** 表示单个主机地址

10.8 NAT-PT 配置实验二

10.8.1 实验内容

实现 IPv6 网络和 IPv4 网络之间双向访问过程的互联网结构如图 10.60 所示，允许 IPv4 网络中的终端 C 和终端 D 发起访问 IPv6 网络中终端 A 的过程，允许 IPv6 网络中的终端 A 发起访问 IPv4 网络中的终端 C 的过程。

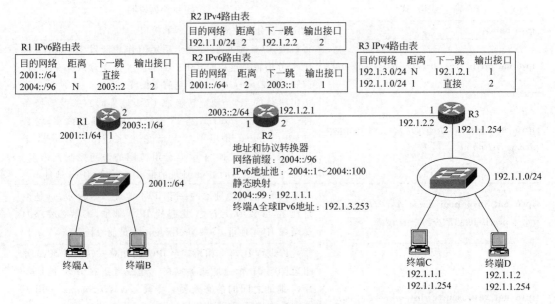

图 10.60 实现 IPv6 网络和 IPv4 网络之间双向访问过程的互联网结构

10.8.2 实验目的

(1) 掌握路由器接口 IPv4 地址和子网掩码与 IPv6 地址和前缀长度的配置过程。
(2) 掌握路由器静态路由项的配置过程。
(3) 掌握路由器 NAT-PT 的配置过程。
(4) 验证 IPv6 网络和 IPv4 网络之间的双向访问过程。
(5) 验证 IPv4 分组和 IPv6 分组之间的转换过程。

10.8.3 实验原理

针对图 10.60 所示的实现 IPv6 网络和 IPv4 网络之间双向访问过程的互联网结构，为了实现 IPv6 网络中的终端 A 发起访问 IPv4 网络中的终端 C 的访问过程，一是需要定义用于实现 IPv6 分组源 IPv6 地址至 IPv4 分组源 IPv4 地址转换过程的静态地址映射：终端 A 全球 IPv6 地址↔192.1.3.253，由于只建立了终端 A 的全球 IPv6 地址与 IPv4 地址之间的静态映射，因此，IPv6 网络中只允许终端 A 发起访问 IPv4 网络中的终端的过程；二是定义用于实现 IPv6 分组目的 IPv6 地址至 IPv4 分组目的 IPv4 地址转换过程的静态地址映射：2004::99↔192.1.1.1，由于只建立了 IPv4 网络中终端 C 的 IPv4 地址与 IPv6 地址之间的静态映射，因此，IPv6 网络中的终端 A 只能发起访问 IPv4 网络中的终端 C。

为了实现 IPv4 网络中的终端发起访问 IPv6 网络中的终端的过程，一是需要在路由器 R2 定义 IPv6 地址池，当路由器 R2 接收到允许进行 IPv4 分组至 IPv6 分组格式转换过程的 IPv4 分组时，在 IPv6 地址池中选择一个未分配的 IPv6 地址，并建立该 IPv6 地址与 IPv4 分组中源 IPv4 地址之间的映射。如果将允许进行 IPv4 分组至 IPv6 分组格式转换过程的 IPv4 分组范围定义为源 IPv4 地址属于网络 192.1.1.0/24 的 IPv4 分组，允许图 10.60 中的终端 C 和终端 D 发起访问 IPv6 网络中的终端的过程。二是需要定义用于实现 IPv4 分组目的 IPv4 地址至 IPv6 分组目的 IPv6 地址转换过程的静态地址映射：终端 A 全球 IPv6 地址↔192.1.3.253，由于只建立了 IPv6 网络中终端 A 的全球 IPv6 地址与 IPv4 地址之间的静态映射，因此，IPv4 网络中的终端只能发起访问 IPv6 网络中的终端 A 的过程。

10.8.4 关键命令说明

1. 建立源 IPv4 地址与 IPv6 地址之间的关联

```
Router2(config)#ipv6 nat v4v6 pool v6a2 2004::1 2004::100 prefix-length 96
Router2(config)#access-list 1 permit 192.1.1.0 0.0.0.255
Router2(config)#ipv6 nat v4v6 source list 1 pool v6a2
```

ipv6 nat v4v6 pool v6a2 2004::1 2004::100 prefix-length 96 是全局模式下使用的命令，该命令的作用是定义了由一组 2004::1~2004::100 IPv6 地址构成的 IPv6 地址池。其中 v6a2 是地址池名，2004::1 是起始 IPv6 地址，2004::100 是结束 IPv6 地址，96 是前缀长

度。命令中关键词 v4v6 与 v6v4 的区别在于，v4v6 是定义用于实现 IPv4 分组源 IPv4 地址至 IPv6 分组源 IPv6 地址转换过程的 IPv6 地址池，主要作用于由 IPv4 网络中的终端发起访问 IPv6 网络中的终端的过程；v6v4 是定义用于实现 IPv6 分组源 IPv6 地址至 IPv4 分组源 IPv4 地址转换过程的 IPv4 地址池，主要作用于由 IPv6 网络中的终端发起访问 IPv4 网络中的终端的过程；IPv4 网络至 IPv6 网络传输过程中建立的 IPv4 分组源 IPv4 地址至 IPv6 分组源 IPv6 地址之间的映射，可以用于实现 IPv6 网络至 IPv4 网络传输过程中 IPv6 分组目的 IPv6 地址至 IPv4 分组目的 IPv4 地址的转换过程，其前提是，IPv6 网络至 IPv4 网络的传输过程是由建立地址映射的 IPv4 网络至 IPv6 网络的传输过程引起的。

access-list 1 permit 192.1.1.0 0.0.0.255 是全局模式下使用的命令，该命令的作用是将允许进行 IPv4 分组至 IPv6 分组转换过程的 IPv4 分组范围定义为所有源 IPv4 地址属于网络 192.1.1.0/24 的 IPv4 分组。

ipv6 nat v4v6 source list 1 pool v6a2 是全局模式下使用的命令，该命令的作用是将允许进行 IPv4 分组至 IPv6 分组转换过程的 IPv4 分组范围与 IPv6 地址池绑定在一起。其中，1 是用于定义允许进行 IPv4 分组至 IPv6 分组转换过程的 IPv4 分组范围的访问控制列表编号，v6a2 是 IPv6 地址池名。

2. 建立 IPv4 地址与 IPv6 地址之间的静态映射

```
Router2(config)# ipv6 nat v6v4 source 2001::240:BFF:FE39:B8DE 192.1.3.253
Router2(config)# ipv6 nat v4v6 source 192.1.1.1 2004::99
```

ipv6 nat v6v4 source 2001::240:BFF:FE39:B8DE 192.1.3.253 是全局模式下使用的命令，该命令的作用是建立全球 IPv6 地址 2001::240:BFF:FE39:B8DE 与 IPv4 地址 192.1.3.253 之间的静态映射。关键词 v6v4 表明该地址映射或是用于实现 IPv6 网络至 IPv4 网络传输过程中 IPv6 分组源 IPv6 地址至 IPv4 分组源 IPv4 地址的转换过程，或是用于实现 IPv4 网络至 IPv6 网络传输过程中 IPv4 分组目的 IPv4 地址至 IPv6 分组目的 IPv6 地址的转换过程。

ipv6 nat v4v6 source 192.1.1.1 2004::99 是全局模式下使用的命令，该命令的作用是建立 IPv4 地址 192.1.1.1 与 IPv6 地址 2004::99 之间的静态映射。关键词 v4v6 表明该地址映射或是用于实现 IPv4 网络至 IPv6 网络传输过程中 IPv4 分组源 IPv4 地址至 IPv6 分组源 IPv6 地址的转换过程，或是用于实现 IPv6 网络至 IPv4 网络传输过程中 IPv6 分组目的 IPv6 地址至 IPv4 分组目的 IPv4 地址的转换过程。由于已经定义了用于实现 IPv4 网络至 IPv6 网络传输过程中 IPv4 分组源 IPv4 地址至 IPv6 分组源 IPv6 地址转换过程的 IPv6 地址池，该命令的主要作用是用于实现 IPv6 网络至 IPv4 网络传输过程中 IPv6 分组目的 IPv6 地址至 IPv4 分组目的 IPv4 地址的转换过程。

10.8.5 实验步骤

（1）启动 Cisco Packet Tracer，在逻辑工作区根据图 10.60 所示的互联网结构放置和连接设备，完成设备放置和连接后的逻辑工作区界面如图 10.61 所示。

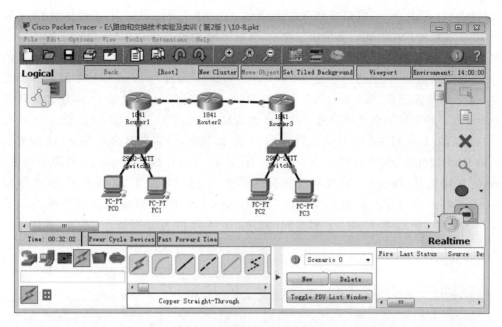

图 10.61 完成设备放置和连接后的逻辑工作区界面

（2）根据图 10.60 所示的配置信息完成路由器各个接口 IPv4 地址和子网掩码、IPv6 地址和前缀长度的配置过程。PC0 自动获取的全球 IPv6 地址如图 10.62 所示。

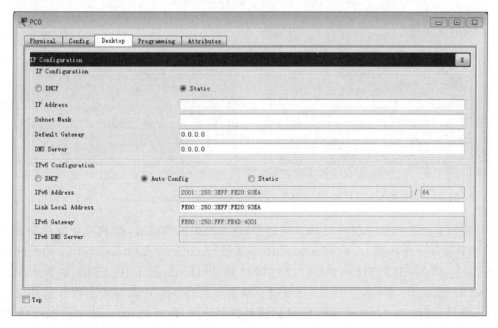

图 10.62　PC0 自动获取的全球 IPv6 地址

（3）在路由器 Router2 中完成 NAT-PT 相关配置，一是建立允许进行 IPv4 分组至 IPv6 分组转换的 IPv4 分组范围与 IPv6 地址池之间的关联，并因此确定 IPv4 分组源 IPv4 地址至全球 IPv6 地址的转换方式；二是通过建立 PC0 全球 IPv6 地址与 IPv4 地址之间的静态地址映射，确定 IPv4 网络中终端发送给 PC0 的 IPv4 分组目的 IPv4 地址至 IPv6 分组目的 IPv6 地址的转换方式；三是通过建立 PC2 IPv4 地址与全球 IPv6 地址之间的静态地址映射，确定 PC0 发送给 PC2 的 IPv6 分组目的 IPv6 地址至 IPv4 分组目的 IPv4 地址的转换方式，需要说明的是，通过已经建立的 PC0 全球 IPv6 地址与 IPv4 地址之间的静态地址映射，确定 PC0 发送给 PC2 的 IPv6 分组源 IPv6 地址至 IPv4 分组源 IPv4 地址的转换方式；四是指定触发分组格式转换过程的路由器接口。

（4）虽然 IPv6 网络中没有前缀为 2004::/96 的网络，但需在路由器 Router1 配置实现将目的 IPv6 地址的 96 位前缀为 2004::/96 的 IPv6 分组传输给 Router2 的静态路由项。同样，需在路由器 Router3 配置实现将目的网络为 192.1.3.0/24 的 IPv4 分组传输给 Router2 的静态路由项。路由器 Router2 和 Router3 的 IPv4 路由表分别如图 10.63 和图 10.64 所示。路由器 Router1 和 Router2 的 IPv6 路由表分别如图 10.65 和图 10.66 所示。

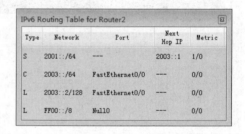

图 10.63　路由器 Router2 的 IPv4 路由表　　图 10.64　路由器 Router3 的 IPv4 路由表

图 10.65　路由器 Router1 的 IPv6 路由表　　图 10.66　路由器 Router2 的 IPv6 路由表

（5）为了验证 PC0 发起访问 PC2 的过程，进入模拟操作模式，在 PC0 上通过创建复杂 PDU 工具生成一个如图 10.67 所示的源 IPv6 地址（Source IP Address）为 PC0 的全球 IPv6 地址 2001::260:3EFF:FE20:93EA、目的 IPv6 地址（Destination IP Address）为 2004::99 的 IPv6 分组，2004::99 是与 192.1.1.1 建立静态映射的全球 IPv6 地址。PC0 至 PC2 传输路径由两段分别属于 IPv6 网络和 IPv4 网络的路径组成，PC0 至 Router2 是一段属于 IPv6 网络的路径，IPv6 分组格式如图 10.68 所示，源 IPv6 地址（SRC IP）是 PC0 的全球 IPv6 地址 2001::260:3EFF:FE20:93EA、目的 IPv6 地址（DST IP）是 2004::99。Router2 至 PC2 是一段属于 IPv4 网络的路径，IPv4 分组格式如图 10.69 所示，源 IPv4 地址（SRC IP）是与 2001::260:3EFF:FE20:93EA 建立静态映射的 IPv4 地址 192.1.3.253、目的 IPv4 地址（DST IP）是与 2004::99 建立静态映射的 IPv4 地址 192.1.1.1。

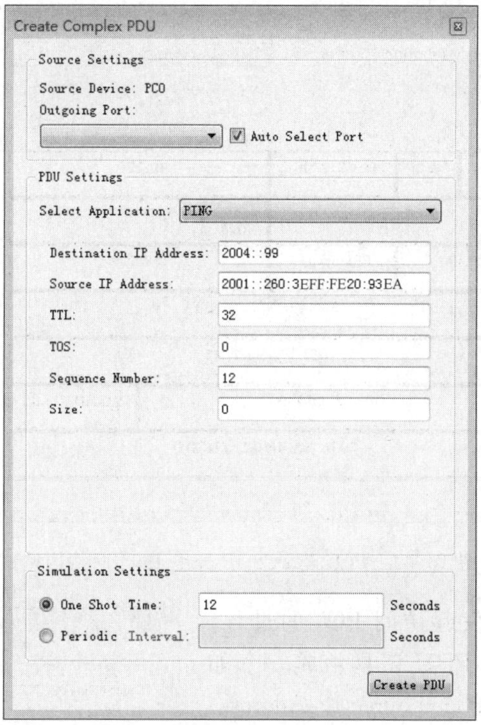

图 10.67 PC0 构建的 PC0 至 PC2 IPv6 分组

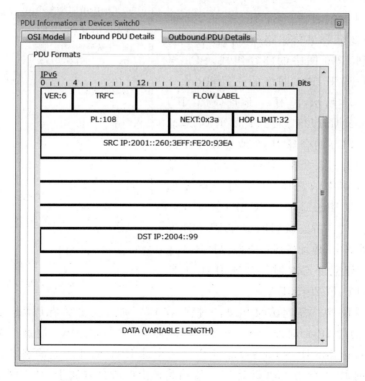

图 10.68 PC0 至 PC2 IP 分组 IPv6 网络内格式

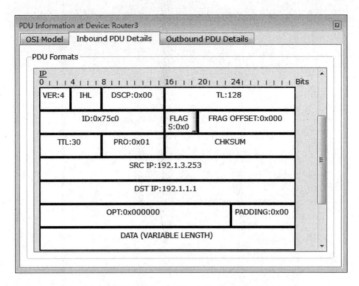

图 10.69　PC0 至 PC2 IP 分组 IPv4 网络内格式

(6) 为了验证 PC2 发起访问 PC0 的过程，在 PC2 上通过创建复杂 PDU 工具生成一个如图 10.70 所示的源 IPv4 地址(Source IP Address)为 PC2 的 IPv4 地址 192.1.1.1、目的 IPv4 地址(Destination IP Address)是与 PC0 的全球 IPv6 地址建立静态映射的 IPv4 地址 192.1.3.253 的 IPv4 分组。PC2 至 PC0 传输路径由两段分别属于 IPv4 网络和 IPv6 网络的路径组成，PC2 至 Router2 是一段属于 IPv4 网络的路径，IPv4 分组格式如图 10.71 所示，源 IPv4 地址(SRC IP)是 PC2 的 IPv4 地址 192.1.1.1、目的 IPv4 地址(DST IP)是与 PC0 的全球 IPv6 地址建立映射的 IPv4 地址 192.1.3.253。Router2 至 PC0 是一段属于 IPv6 网络的路径，IPv6 分组格式如图 10.72 所示，源 IPv6 地址(SRC IP)是与 IPv4 地址 192.1.1.1 建立静态映射的全球 IPv6 地址 2004::99、目的 IPv6 地址(DST IP)是与 IPv4 地址 192.1.3.253 建立静态映射的全球 IPv6 地址 2001::260:3EFF:FE20:93EA。

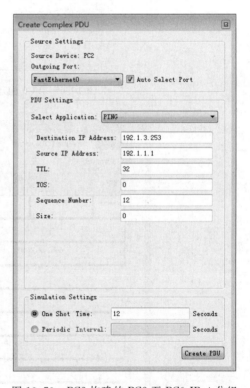

图 10.70　PC2 构建的 PC2 至 PC0 IPv4 分组

(7) 为了验证 PC3 发起访问 PC0 的过程，在 PC3 通过创建复杂 PDU 工具生成一个如图 10.73 所示的源 IPv4 地址(Source IP Address)为 PC3 的 IPv4 地址 192.1.1.2、目的 IPv4 地址(Destination IP Address)是与 PC0 的全球 IPv6 地址建立静态映射的 IPv4 地址 192.1.3.253 的 IPv4 分组。PC3 至 PC0 传输路径由两段分别属于 IPv4 网络和 IPv6 网络的路径组成，PC3 至 Router2 是一段属于 IPv4 网络的路径，IPv4 分组格式如图 10.74 所示，

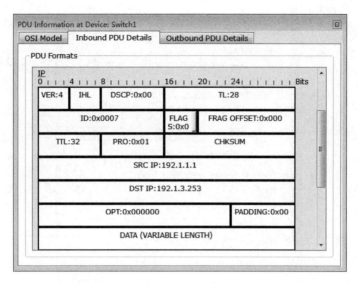

图 10.71　PC2 至 PC0 IP 分组 IPv4 网络内格式

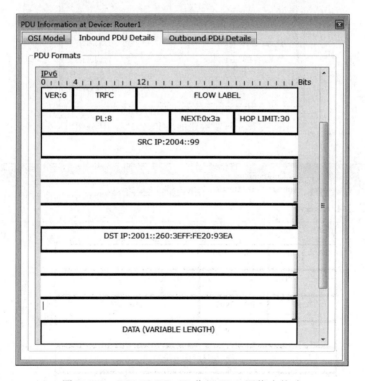

图 10.72　PC2 至 PC0 IP 分组 IPv6 网络内格式

源 IPv4 地址（SRC IP）是 PC3 的 IPv4 地址 192.1.1.2、目的 IPv4 地址（DST IP）是与 PC0 的全球 IPv6 地址建立映射的 IPv4 地址 192.1.3.253。Router2 至 PC0 是一段属于 IPv6 网络的路径，IPv6 分组格式如图 10.75 所示，源 IPv6 地址（SRC IP）是 IPv6 地址池中选择的未分配的全球 IPv6 地址 2004::1、目的 IPv6 地址（DST IP）是与 IPv4 地址 192.1.3.253 建立静态映射的全球 IPv6 地址 2001::260:3EFF:FE20:93EA。

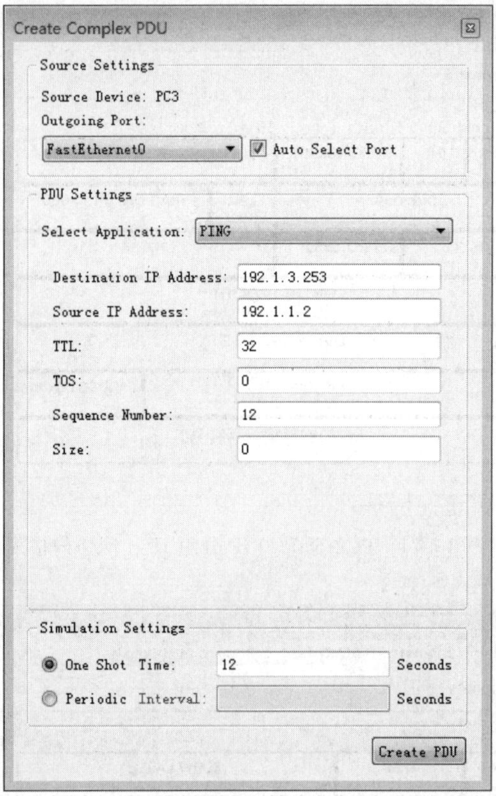

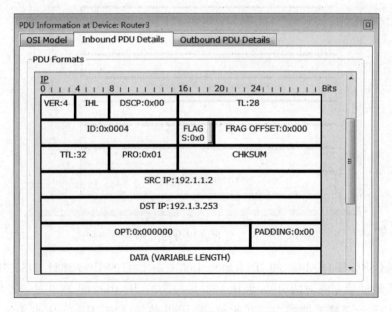

图 10.73　PC3 构建的 PC3 至 PC0 IP 分组

图 10.74　PC3 至 PC0 IP 分组 IPv4 网络内格式

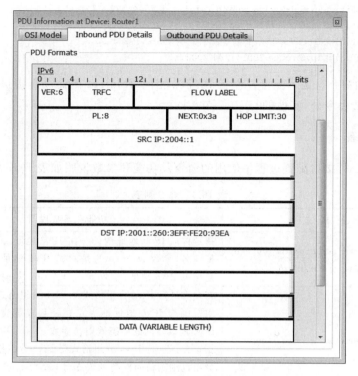

图 10.75　PC3 至 PC0 IP 分组 IPv6 网络内格式

10.8.6　命令行接口配置过程

1. Router2 命令行接口配置过程

Router＞enable
Router＃configure terminal
Router(config)＃hostname Router2
Router2(config)＃interface FastEthernet0/0
Router2(config-if)＃no shutdown
Router2(config-if)＃ipv6 address 2003::2/64
Router2(config-if)＃ipv6 enable
Router2(config-if)＃ipv6 nat
Router2(config-if)＃exit
Router2(config)＃interface FastEthernet0/1
Router2(config-if)＃no shutdown
Router2(config-if)＃ip address 192.1.2.1 255.255.255.0
Router2(config-if)＃ipv6 nat
Router2(config-if)＃exit
Router2(config)＃ipv6 nat prefix 2004::/96
Router2(config)＃ipv6 nat v4v6 pool v6a2 2004::1 2004::100 prefix-length 96
Router2(config)＃access-list 1 permit 192.1.1.0 0.0.0.255
Router2(config)＃ipv6 nat v4v6 source list 1 pool v6a2
Router2(config)＃ipv6 nat v6v4 source 2001::260:3EFF:FE20:93EA 192.1.3.253

```
Router2(config)#ipv6 nat v4v6 source 192.1.1.1 2004::99
Router2(config)#ipv6 unicast-routing
Router2(config)#ip route 192.1.1.0 255.255.255.0 192.1.2.2
Router2(config)#ipv6 route 2001::/64 2003::1
```

Router3 的命令行接口配置过程与 10.7 节相同，Router1 的命令行接口配置过程除了静态路由项配置命令外，其他的与 10.7 节相同。

2. 命令列表

路由器命令行接口配置过程中使用的命令及功能和参数说明如表 10.7 所示。

表 10.7 命令列表

命令格式	功能和参数说明
ipv6 nat v4v6 pool *name start-ipv6 end-ipv6* **prefix-length** *prefix-length*	指定构成 IPv6 地址池的一组 IPv6 地址。参数 *name* 是地址池名，参数 *start-ipv6* 是起始 IPv6 地址，参数 *end-ipv6* 是结束 IPv6 地址，参数 *prefix-length* 是前缀长度
ipv6 nat v4v6 source{**list** *access-list-number* **pool** *name* | *ipv4-address ipv6-address*}	将允许进行 IPv4 分组格式至 IPv6 分组格式转换的 IPv4 分组范围与 IPv6 地址池绑定在一起或者建立 IPv4 地址与 IPv6 地址之间的静态映射。参数 *access-list-number* 是用于指定允许进行 IPv4 分组格式至 IPv6 分组格式转换的 IPv4 分组范围的访问控制列表编号，参数 *name* 是 IPv6 地址池名，参数 *ipv4-address* 是建立静态映射的 IPv4 地址，参数 *ipv6-address* 是建立静态映射的 IPv6 地址

参 考 文 献

[1] PETERSON L L, DAVIE B S. 计算机网络：系统方法(英文版)[M]. 5版. 北京：机械工业出版社，2012.
[2] TANENBAUM A S. 计算机网络(英文版)[M]. 5版. 北京：机械工业出版社，2011.
[3] CLARK K, HAMILTON K. Cisco LAN Switching[M]. 北京：人民邮电出版社，2003.
[4] DOYLE J. TCP/IP路由技术：第一卷[M]. 葛建立，吴剑章，译. 北京：人民邮电出版社，2003.
[5] DOYLE J, Carroll J D. TCP/IP路由技术：第二卷(英文版)[M]. 北京：人民邮电出版社，2003.
[6] 沈鑫剡. 计算机网络技术及应用[M]. 2版. 北京：清华大学出版社，2010.
[7] 沈鑫剡. 计算机网络[M]. 2版. 北京：清华大学出版社，2010.
[8] 沈鑫剡. 计算机网络技术及应用学习辅导和实验指南[M]. 北京：清华大学出版社，2011.
[9] 沈鑫剡. 计算机网络学习辅导与实验指南[M]. 北京：清华大学出版社，2011.
[10] 沈鑫剡. 路由和交换技术[M]. 北京：清华大学出版社，2013.
[11] 沈鑫剡. 路由和交换技术实验及实训[M]. 北京：清华大学出版社，2013.
[12] 沈鑫剡. 计算机网络工程[M]. 北京：清华大学出版社，2013.
[13] 沈鑫剡. 计算机网络工程实验教程[M]. 北京：清华大学出版社，2013.
[14] 沈鑫剡. 网络技术基础与计算思维[M]. 北京：清华大学出版社，2016.
[15] 沈鑫剡. 网络技术基础与计算思维实验教程[M]. 北京：清华大学出版社，2016.
[16] 沈鑫剡. 网络技术基础与计算思维习题详解[M]. 北京：清华大学出版社，2016.